中国地质调查成果 CGS 2020-009

中国地质调查局地质矿产调查项目《南岭成矿带中西段地质矿产调查》（编号：DD20160033）和《南岭成矿带大义山-骑田岭锡矿地质调查》（编号：DD20190154）联合资助

# 南岭成矿带中西段地质矿产调查成果集成

NANLING CHENGKUANGDAI ZHONGXIDUAN
DIZHI KUANGCHAN DIAOCHA CHENGGUO JICHENG

付建明　卢友月　秦拯纬　陈希清
马丽艳　程顺波　李剑锋　张遵遵　等编著

参编单位　武汉地质调查中心　　　　郑州矿产综合利用研究所
　　　　　湖南省地质调查院　　　　广东省地质调查院
　　　　　广西壮族自治区地质调查院　湖南省有色地质勘查局
　　　　　广东省核工业地质局　　　　广西壮族自治区区域地质
　　　　　　　　　　　　　　　　　　调查研究院

## 内容简介

南岭成矿带是我国有色金属、稀有金属、贵金属的重要资源地和产区。2016—2018 年,中国地质调查局部署了"南岭成矿带中西段地质矿产调查"二级项目,涉及 22 个子项目,包括 1:5 万区域地质调查、1:5 万矿产地质调查和综合研究,书中集中反映了这期间该项目在基础地质和矿产地质方面取得的主要成果与进展。

本书可供地质学、岩石学、地球化学、矿床学及矿产资源勘查评价等领域从事生产、研究和教学的科研人员及高等院校相关专业学生参考使用。

**图书在版编目(CIP)数据**

南岭成矿带中西段地质矿产调查成果集成/付建明等编著. —武汉:中国地质大学出版社,2020.12

ISBN 978-7-5625-4885-0

Ⅰ.①南…

Ⅱ.①付…

Ⅲ.①南岭-成矿带-矿产地质调查

Ⅳ.①P622

中国版本图书馆 CIP 数据核字(2020)第 207615 号

---

**南岭成矿带中西段地质矿产调查成果集成**　　　　　　　　　　　　　　付建明　等编著

| | | |
|---|---|---|
| 责任编辑:王凤林　王　敏 | 选题策划:张晓红 | 责任校对:徐蕾蕾 |

出版发行:中国地质大学出版社(武汉市洪山区鲁磨路 388 号)　　　　　　　邮编:430074

电　　话:(027)67883511　　　　　传　　真:(027)67883580　　　E-mail:cbb@cug.edu.cn

经　　销:全国新华书店　　　　　　　　　　　　　　　　　　　　　http://cugp.cug.edu.cn

开本:880 毫米×1 230 毫米　1/16　　　　　　　　　　　字数:576 千字　　印张:18.75

版次:2020 年 12 月第 1 版　　　　　　　　　　　　　　印次:2020 年 12 月第 1 次印刷

印刷:武汉精一佳印刷有限公司

ISBN 978-7-5625-4885-0　　　　　　　　　　　　　　　　　　　　　　　定价:168.00 元

如有印装质量问题请与印刷厂联系调换

# 前 言

南岭成矿带位于华南中南部,是世界著名的有色金属、稀有金属和稀土金属矿床集中区之一,横跨湘南、赣南、桂北、粤北等地(图1)。成矿带面积约23万 km²,主要拐点坐标:东经116.00°,北纬26.5°;东经114.61°,北纬23.83°;东经109.15°,北纬22.89°;东经108.08°,北纬24.62°;东经110.09°,北纬26.56°。

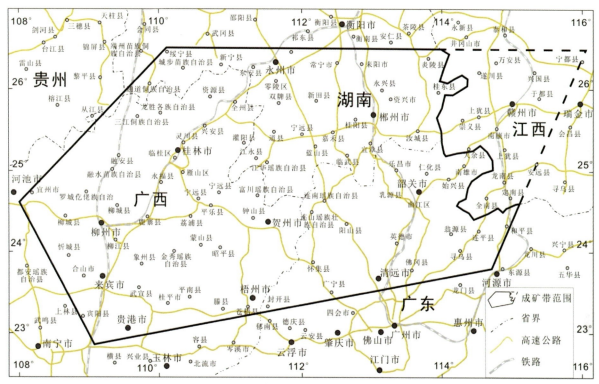

图1 南岭成矿带交通位置图

南岭地区水、陆交通发达,京广、京九、焦柳、洛湛、湘桂、贵广等铁路及京珠、大广、二广、包茂、泉南、厦蓉等高速公路,107、207等国道纵横全区,构成以铁路干线为主的陆地交通网络;水上具有北达长江航道、南抵大海的水运能力。便利的交通对该区经济发展及地质调查工作极其有利。

南岭地区地势总体为中低山区,间有少量河谷盆地、冲积平原及坡地丘陵。中部为横贯东西的南岭山脉,是华南地理分区的天然屏障,形成南、北两区并在,其气候、人文、地理、经济等方面表现出明显的差异。东部与西部山脉走向北东,东部为武夷山与罗霄山,西部为云贵高原东南缘的雪峰山、九万大山、元宝山、越城岭。山区地形陡峻,切割强烈,最高海拔2 141m(越城岭主峰猫儿山,华南第一高峰),最低500m,最大高差达1 500m。盆地、丘陵区海拔一般为200~500m。

南岭地区水系发育,主要河流有湘江、赣江、沅水、资江与珠江。湘江、赣江、珠江源于南岭,沅水与资江源于雪峰山脉,以横贯东西的南岭山脉为分水岭,南、北分别形成珠江和长江两大主要水系。北区主要河流为湘江、资江、沅水、赣江,洞庭湖与鄱阳湖接纳四水,吞吐长江,形成向心水系,是国内严重水患地区之一;南区河流主要是通达大海的珠江水系(支流主要有西江、东江、北江及珠江三角洲扇形河流)。

区内属亚热带湿润型气候,一月平均气温为4~8℃,七月为27~30℃,山区气温略低。全年无霜期为260~300天,年均降雨量为1 250~1 750mm。

南岭地区是中国有色金属、稀有金属、贵金属的重要资源地和产区。因特有的矿产资源优势，矿业成为该区的支柱产业之一。其中湘南、赣南、桂西大厂、粤北凡口已形成较大的采、选、冶生产规模和能力，钨、锡、铋、铅锌、稀土金属矿等产量位居全国前列，是中国有色金属生产、加工的重要产业基地。

"南岭成矿带中西段地质矿产调查项目"属于"扬子陆块及周缘地质矿产调查工程"，含22个子项目（专题）（表1）。

表1　子项目（专题）基本信息表

| 序号 | 名　称 | 承担单位 | 负责人 | 工作周期（年） |
| --- | --- | --- | --- | --- |
| 1 | 广东1∶5万丰阳公社幅、大路边公社幅、东陂幅、连县幅区域地质矿产调查 | 广东省地质调查院 | 张伟 | 2014—2016 |
| 2 | 广东1∶5万大布公社幅、罗坑圩幅、八宝山幅、横石塘幅区域地质矿产调查 | 广东省地质调查院 | 严成文 | 2014—2016 |
| 3 | 广西1∶5万汀坪幅、两水幅、千家寺幅区域地质矿产调查 | 广西壮族自治区地质调查院 | 黄锡强 | 2014—2016 |
| 4 | 湖南1∶5万铁丝塘幅、草市幅、冠市街幅、樟树脚幅区域地质矿产调查 | 湖南省地质调查院 | 王先辉 | 2014—2016 |
| 5 | 广东1∶5万大镇幅、官渡幅、高岗圩幅、白沙圩幅区域地质调查 | 广东省地质调查院 | 郭敏 | 2016—2018 |
| 6 | 广东1∶5万丰顺县幅、坪上幅、五经富幅、揭阳县幅区域地质调查 | 广东省地质调查院 | 李瑞 | 2016—2018 |
| 7 | 广西1∶5万绍水幅、全州县幅区域地质调查 | 武汉地质调查中心 | 崔森 | 2017—2018 |
| 8 | 广西1∶5万界首镇幅、石塘幅区域地质调查 | 广西壮族自治区地质调查院 | 周开华 | 2017—2018 |
| 9 | 湖南1∶5万寿雁圩幅、上江圩幅、江永县幅区域地质调查 | 湖南省地质调查院 | 梁恩云 | 2017—2018 |
| 10 | 南岭成矿带中西段地质矿产调查（1∶5万西头村幅、桥头幅区域地质调查） | 郑州矿产综合利用研究所 | 郭俊刚 | 2017—2018 |
| 11 | 广西五将地区矿产地质调查 | 广西壮族自治区地质调查院 | 孙兴庭 | 2014—2016 |
| 12 | 广东黄坑—百顺地区矿产地质调查 | 广东省核工业地质局 | 刘军 | 2013—2016 |
| 13 | 湖南新宁—广西江头村地区矿产地质调查 | 武汉地质调查中心 | 崔森 | 2014—2016 |
| 14 | 湖南苗儿山地区矿产地质调查 | 湖南省地质调查院 | 杜云 | 2014—2016 |
| 15 | 湖南省临武县香花岭地区矿产地质调查 | 湖南省有色地质勘查局 | 周念峰 | 2014—2016 |
| 16 | 湖南通道—广西泗水地区1∶5万地质矿产综合调查 | 武汉地质调查中心 | 陈希清 | 2015—2018 |
| 17 | 广西宝坛地区1∶5万地质矿产综合调查 | 广西壮族自治区地质调查院 | 石伟民 | 2015—2018 |
| 18 | 湖南浣溪地区1∶5万地质矿产综合调查 | 湖南省地质调查院 | 陈必河 | 2015—2018 |
| 19 | 广东1∶5万筋竹圩幅、连滩镇幅、泗纶圩幅、罗定县幅强烈风化区填图试点 | 武汉地质调查中心 | 卜建军 | 2014—2016 |
| 20 | 中南重大岩浆事件及其成矿作用和构造背景综合研究 | 武汉地质调查中心 | 马丽艳 | 2014—2016 |
| 21 | 多金属矿样品测试新技术支撑与应用示范 | 武汉地质调查中心 | 杨小丽 | 2016—2018 |
| 22 | 南岭成矿带中西段成果集成及找矿靶区优选 | 武汉地质调查中心 | 卢友月 | 2016—2018 |

工作周期：2016—2018年。

主要实物工作量：1∶5万区域地质调查7 977 km²，1∶5万矿产地质调查5 160 km²。

总体目标任务：①以锡、铅锌、金、铜矿为主攻矿种，兼顾锰、钨、银、铀等其他矿种，力争在越城岭、融安—三江、诸广山—万洋山和乐昌—翁源等地区取得找矿重大突破或进展；②初步查明南岭成矿带中西段地区成矿地质背景，查明区域含矿建造、构造特征，发现新矿(化)点与异常，总结区域成矿规律和资源禀赋特征，评价资源潜力，优选资源集中区和重要找矿远景区，开展重要找矿远景区矿产资源潜力动态评价；③建立成钨、成锡花岗岩判别标志和复杂多金属矿多元素快速分析方法；④力争在花岗岩成矿专属性方面有所创新，以南岭地区特色的花岗岩地质为主，组织开展相关的科普活动；⑤提交找矿靶区16～22处，新发现矿产地1处；提交22幅1∶5万比例尺基础地质图件；提交项目成果报告；⑥将中国地质调查局花岗岩成岩成矿地质研究中心建设成为国内外有一定影响的科技平台；⑦发表论文25～35篇，出版专著1部；建成华南花岗岩与成矿作用研究团队；力争培养优秀地质人才1～2名。

通过3年的艰苦工作，全面完成了项目任务，达到了预期目的，取得了以下主要成果与认识。

# 一、重大基础地质进展

1. 以国际地层表(2016)、中国区域地层表(2014)为基础，结合近年来地层、古生物工作方面的进展对南岭成矿带地层序列进行了综合对比与研究，重新厘定了南岭地区各时代岩石地层单位，完善了地层分区系统，为区域地层划分与对比提供了基础支撑。

(1)广东揭阳地区新建中更新世炮台组，进一步划分为钟厝洋段和水路尾层，获得光释光年龄为157 ka，为广东第四系研究提供了新材料。

(2)广东大镇地区新发现多处具有重要意义的古生物化石产地，特别是在石炭纪地层中首次发现了完整的三叶虫化石，丰富了华南$C_1$—$T_3$时期的化石资料；广东丰顺县上龙水组地层中发现大量的动植物化石及遗迹化石，为区域沉积环境对比提供了依据；广西寒武系清溪组三段灰岩及白洞组中采集到了微古化石，对下一步准确确定桂北乃至整个广西区内寒武系与奥陶系的界线提供了重要线索。

(3)对湘桂交界地区晚古生代生物化石进行了详细研究，建立了11个化石组合及化石带，进一步完善了华南地区生物地层格架。

(4)通过对弗拉斯阶—法门阶(F—F)界线附近的牙形石种属变化、腕足类生物种属和数量变化，以及沉积环境的变化探讨，为认识华南地区的弗拉斯阶—法门阶事件的性质提供了新资料。

2. 获得一批高质量成岩成矿年龄新数据，初步构建了南岭地区构造-岩浆-成矿事件序列，为南岭花岗岩及与花岗岩有关矿床的成矿规律研究提供了年代学资料。

(1)广东大顶发现的早侏罗世(200～180 Ma)花岗岩成岩成矿事件，为南岭地区成岩成矿"平静期"的产物。

(2)获得桂北宝坛-洞锡矿锡石LA-ICP-MS U-Pb年龄为829±13 Ma，为新元古代成锡矿提供了直接的年龄证据。

(3)九毛矽卡岩型锡铜矿石中的云母Ar-Ar坪年龄为389±3 Ma、石榴子石Sm-Nd等时线年龄为405.1±4.7 Ma，锡石LA-ICP-MS U-Pb等时线年龄为433±54 Ma，确认桂北元宝山地区除了晋宁期成矿作用外可能还存在加里东期成矿作用，为区域找矿提供了新思路。

(4)对部分花岗岩体的形成时代有了新的认识。如：湘东北庙山花岗岩形成于晋宁期、粤北大坝花岗岩形成于印支期，而不是以前一致认为的形成于燕山期；都庞岭复式岩体、川口大型钨矿及相关花岗岩形成于印支期，修正了以往认为的形成于燕山早期的普遍认识；确认砂子岭花岗岩形成于燕山早期而不是印支期。

3. 九嶷山含铁橄榄石和铁辉石的西山杂岩是典型铝质A型花岗质火山-侵入杂岩，形成于造山后的岩石圈强烈伸展减薄构造环境，是中下地壳物质部分熔融的产物。

4. 在广东韶关市曲江区发现一条糜棱岩、糜棱岩化花岗岩带,形成于加里东期,为吴川-四会断裂带穿越该区继续北延提供了新的有力佐证;发现广东连州推覆构造,为研究粤北中生代早期构造动力学背景提供了新材料。

## 二、找矿重大突破或新发现

1. 新圈定 1∶5 万水系沉积物综合异常 428 处(含甲类 98 处、乙类 146 处)、R 放射性综合异常 32 处,1∶5 万高磁异常群 10 处(63 个局部异常);新发现矿(化)点 105 处,以金银、铜钼、钨锡、铅锌等矿(化)点为主(图 2);提交找矿靶区 48 处(A 类 30 处,B 类 16 处),以钨锡、金银找矿靶区为主(图 3);提交新发现钨锡多金属、铀矿、稀土、高岭土、硅石等矿产地 6 处,其中稀土矿、高岭土矿和硅石矿等具有大型规模远景;成矿带重要矿产预测资源量(2 000m 以浅预测资源量):钨 805 万 t、锡 596 万 t、稀土 1 573 万 t、铅 2 605 万 t、锌 4 612 万 t。

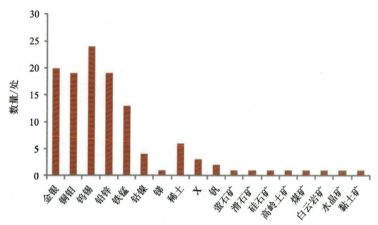

图 2 南岭成矿带中西段新发现矿(化)点直方图

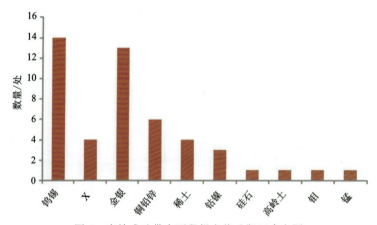

图 3 南岭成矿带中西段提交找矿靶区直方图

2. 系统总结了南岭成矿带成矿作用的时空演化规律,编制了地质过程与成矿作用时空格架图。南岭成矿带划分为 9 个主要成矿系列、13 个亚系列、19 个Ⅳ级和 56 个Ⅴ级成矿(区)带,圈定找矿远景区 19 处和找矿靶区 96 处,分析了主要矿产的资源潜力,指出了找矿方向。对南岭成矿带资源开发利用、环境影响进行了初步综合评价,认为该区内钨、锡、铅锌等主要矿产开发对环境的影响是可防可控的。

3. 提出了"南岭成矿带大义山-骑田岭锡矿地质调查"工作部署建议,助推形成湘南百万吨级锡资源基地,该项目已获批,于 2019 年开始实施。

## 三、科技创新与人才培养

1. 从成钨、成锡、成铜铅锌花岗岩的时空分布、野外地质特征、主量元素、微量元素和 Nd-Hf 同位素组成、形成温度、黑云母矿物化学、分异演化程度、氧逸度等方面建立了南岭成矿带成钨、成锡、成铜铅锌花岗岩综合判别标志,对指导区域找矿具有积极意义。

2. 完善了复杂多金属矿多元素快速分析方法,大幅降低了人工成本和试剂消耗量,分析效率获得了极大的提高,同时,推动了大型精密仪器在矿石分析检测中的应用。

3. 进一步完善了南岭地区主要锡矿成矿模式和找矿模型,为指导区域找矿勘查提供了理论依据。

4. 研究认为晚三叠世是华南中生代大规模成矿作用的一个次高峰期之一,提出南岭地区应加强加里东期和印支期钨锡多金属矿寻找的新认识,初步建立了印支期钨锡多金属矿成矿模式。

5. 系统总结了"1∶5 万强风化区填图方法",并作为新规范正在推广应用中,同时编制的地质灾害易发程度分区图拓展了地质图的服务范围,为地方经济建设提供了基础地质资料。

6. 项目实施为武汉地质调查中心培养 1 名项目负责人、2 名项目副负责人和 6 名子项目负责人。协助培养 4 名研究生,引进 1 名博士后。3 人次获"中国地质学会学术年会"优秀论文奖。2016 年获批"深地资源勘查开采"重点专项之专题 1 项,2018 年获批国家(青年)自然科学基金和湖北省(一般面上)自然科学基金各 1 项。3 人被评为首批图幅填图科学家。另外,还为各子项目承担单位培养了一批技术骨干,项目工作质量获得明显提高。同时,一批技术骨干依托项目成果通过了职称评审。武汉地质调查中心形成了稳定的华南花岗岩与成矿作用研究团队,支撑了"中国地质调查局花岗岩成岩成矿地质研究中心"平台建设,2016 年 12 月顺利通过了中国地质调查局组织的专家评估。郑州矿产综合利用研究所通过项目实施,建立了区域地质调查团队,促进了该所转型升级。另外,各省(区)地质调查院依托调查区的有利地质条件并结合该单位的学科优势形成了相关专业研究团队。

## 四、成果转化和应用服务

1. 发现了一批具有重要找矿前景的物化探异常和矿(化)点,以此为基础,拉动了其他资金的投入。据不完全统计,2016—2018 年利用南岭成矿带中西段项目成果申请各类项目 19 项,经费 4 069 万元。通过这些项目的进一步工作,新探明了资源量,为提高国内资源安全保障、服务国家矿产资源规划提供了支撑。

2. 调查成果助力国家特困地区人民脱贫致富。南岭成矿带中西段的部分地区集革命老区和少数民族地区于一体,自然环境恶劣,脱贫难度大。该项研究工作发现了一批矿(化)点和矿产地,以及一些具有开发利用价值的地质遗迹。矿业开发和旅游地质开发,为当地经济快速发展提供了新引擎,促进了美丽乡村的建设。

3. 出版专著 3 部,其中主编 2 部。据不完全统计,到 2018 年年底发表论文 43 篇(核心 24 篇,EI 6 篇)、通讯报道 28 篇。这些论著为该区提供了大量的地质基础资料信息、研究新成果,能更好地服务于社会。

4. 按全国统一格式,收集了大量高精度的成岩年龄数据,建立并提交了中南地区侵入岩年龄数据表,编制完成了 1∶250 万中南地区侵入岩地质图,为编制全国侵入岩地质图提供了基础材料。

5. 提交 1∶5 万区域地质图、矿产地质图、建造构造图各 31 幅;编制了 1∶75 万《南岭成矿带地质矿产图》《南岭成矿带成矿规律图》《南岭成矿带重要矿产综合预测区分布图》《南岭成矿带找矿远景区及找矿靶区划分图》和 1∶25 万《南岭成矿带大义山-骑田岭锡矿地质调查工作部署》,以及《南岭成矿带地质过程与成矿作用时空格架图》等系列图件。

6. 提交了"南岭成矿带中西段地质矿产调查项目"的空间数据库及建库报告。二级项目(含子项目)的全部资料均已上传到地质云平台,实现了数据共享与服务。

## 五、科学普及

编写出版了科普读物《"中南地区成矿带科普系列丛书"——南岭成矿带》,发表科普论文《湘西南屋脊——南山》和《南岭成矿带地质遗迹——国家地质公园》。组织地质科普活动2次,提交了"中国有色金属之乡——南岭成矿带"展板,不断满足人民群众日益增长的精神文化需要。

为能及时更好地展示中国地质调查局二级项目"南岭成矿带中西段地质矿产调查"取得的主要成果与认识,项目组编写了本书。章节大致按1∶5万区域地质调查、1∶5万矿产地质调查和专题研究排序,各子项目(专题)独立成章。

**致谢**:"南岭成矿带中西段地质矿产调查"项目在实施过程中得到了中国地质调查局和武汉地质调查中心领导与专家的指导与帮助,武汉地质调查中心各业务部门及郑州矿产综合利用研究所、广东省地质调查院、湖南省地质调查院、广西壮族自治区地质调查院、广西壮族自治区区域地质调查研究院、湖南省有色地质勘查局和广东省核工业地质局等单位给予了大力支持,同时还得到了北京离子探针中心、中国地质大学(武汉)地质过程与矿产资源国家重点实验室、南京大学内生金属矿床成矿机制研究国家重点实验室、国家地质实验测试中心、中国地质科学院地质研究所测试中心、中国科学院广州地球化学研究所测试中心、武汉上谱分析科技服务公司、天津市三叶虫岩矿技术服务有限公司等单位的帮助,在此一并表示感谢!

# 目 录

广东 1∶5 万丰阳公社幅、大路边公社幅、东陂幅、连县幅区域地质矿产调查 ……………… （1）

广东 1∶5 万大布公社幅、罗坑圩幅、八宝山幅、横石塘幅区域地质矿产调查 ……………… （14）

广西 1∶5 万汀坪幅、两水幅、千家寺幅区域地质矿产调查 ………………………………… （30）

湖南 1∶5 万铁丝塘幅、草市幅、冠市街幅、樟树脚幅区域地质矿产调查 ………………… （44）

广东 1∶5 万大镇幅、官渡幅、高岗圩幅、白沙圩幅区域地质调查 ………………………… （59）

广东 1∶5 万丰顺县幅、坪上幅、五经富幅、揭阳县幅区域地质调查 ……………………… （70）

广西 1∶5 万绍水幅、全州县幅区域地质调查 ………………………………………………… （85）

广西 1∶5 万界首镇幅、石塘幅区域地质调查 ………………………………………………… （97）

湖南 1∶5 万寿雁圩幅、上江圩幅、江永县幅区域地质调查 ………………………………… （108）

1∶5 万西头村幅、桥头幅区域地质调查 ……………………………………………………… （117）

广西五将地区矿产地质调查 …………………………………………………………………… （136）

广东黄坑—百顺地区矿产地质调查 …………………………………………………………… （149）

湖南新宁—广西江头村地区矿产地质调查 …………………………………………………… （150）

湖南苗儿山地区矿产地质调查 ………………………………………………………………… （165）

湖南省临武县香花岭地区矿产地质调查 ……………………………………………………… （185）

湖南通道—广西泗水地区 1∶5 万地质矿产综合调查 ……………………………………… （198）

广西宝坛地区 1∶5 万地质矿产综合调查 …………………………………………………… （212）

湖南浣溪地区 1∶5 万地质矿产综合调查 …………………………………………………… （224）

广东 1∶5 万筋竹圩幅、连滩镇幅、泗纶圩幅、罗定县幅强烈风化区填图试点 …………… （240）

中南重大岩浆事件及其成矿作用和构造背景综合研究 ……………………………………… （252）

多金属矿样品测试新技术支撑与应用示范 …………………………………………………… （264）

南岭成矿带中西段成果集成及找矿靶区优选 ………………………………………………… （272）

主要参考文献 …………………………………………………………………………………… （285）

# 广东1∶5万丰阳公社幅、大路边公社幅、东陂幅、连县幅区域地质矿产调查

张 伟 刘子宁 张高强 陈 恩 贾 磊 朱文斌 凌 恳 莫 滨 胡 弦 黄华谷

(广东省地质调查院)

**摘要** 项目组对调查区岩石地层进行了统一划分，包括27个组级岩石地层单位和9个非正式填图单位；重新厘定了泥盆纪底部、晚石炭世、晚二叠世地层序列；新划分出老虎头组、大埔组、黄龙组、船山组、水竹塘组、九陂组，为粤西北地区地层对比奠定了基础。解体了侵入岩体，按"岩性＋时代"的方案将侵入岩分为10个填图单位，开展了侵入岩岩石学、岩石地球化学研究，探讨了侵入岩形成构造环境及成因类型，分析了岩浆作用与成矿关系。建立了调查区构造格架，识别出了连州推覆构造。1∶5万水系沉积物测量圈定综合异常32处(甲类14处、乙类18处)，并对重要异常进行了检查。通过异常查证与矿产检查，新发现矿(化)点7处。在综合分析各种资料的基础上，划分找矿远景区4处，圈定找矿靶区7处，为今后矿产勘查工作部署提供了依据。

## 一、项目概况

调查区行政区划大部分为广东省连州市、连南县管辖，东北部为湖南省临武县所辖。地理坐标：东经112°15′00″—112°45′00″，北纬24°40′00″—25°10′00″，包括1∶5万丰阳公社幅、大路边公社幅、东陂幅、连县幅4个国际标准图幅，面积为1 865 km²。

工作周期：2014—2016年。

总体目标任务：按照1∶5万区域地质调查、区域地球化学调查有关规范和技术要求及中国地质调查局关于加强成矿带1∶5万区调工作的通知等有关要求，在系统收集和综合分析已有地质资料的基础上，开展1∶5万区域地质矿产调查工作，加强岩性填图和地质构造研究，系统查明区域地层、岩石、构造特征和成矿地质条件。完成区域地质调查总面积为1 865 km²。

## 二、主要成果与进展

(一)调查区地层隶属华南地层大区东南地层区中的桂湘赣地层分区，属于连州地层小区和阳山地层小区范围。地层分布广泛，除北西部及南东部出露岩浆岩外，其余地区均为地层分布区，总面积为1 645 km²，占调查区面积的88.20%，出露地层由老到新有寒武系、泥盆系、石炭系、二叠系、三叠系、白垩系、古近系和第四系，尤以晚古生代地层最为发育。沉积类型复杂多样，以浅海台地相碳酸盐沉积为主，浅海及海陆交互相碎屑沉积及含煤碎屑沉积次之。采用多重地层划分方法，重新厘定了填图单位，划分为27个组级岩石地层单位(表1)和9个非正式填图单位(表2)。

表 1  岩石地层单位划分表

| 年代地层 | | 岩石地层单位 | | 岩石特征 |
|---|---|---|---|---|
| 系 | 统 | 组（代号） | 厚度（m） | |
| 第四系 | 全新统 | 大湾镇组（$Qhdw$） | 1～15 | 以河流冲积层为主，岩性下部主要为松散砾石层、砂砾层、粗砂层，上部为砂土或砂质黏土层 |
| 古近系 | 古新统 | 丹霞组（$K_2E_1d$） | >700 | 由紫红色、红色、灰黑色厚层块状砾岩、砂岩及少量泥质岩组成，砾石成分复杂，以灰岩为主，亦见红色砂岩 |
| 白垩系 | 上统 | | | |
| | 下统 | 长坝组（$K_1c$） | >275 | 由棕红色、暗红色中薄层至中厚层状局砾岩、细粒砂岩、粉砂岩组成 |
| 三叠系 | 下统 | 大冶组（$T_1d$） | >508 | 下部为青灰色、灰色的薄层状泥岩、钙质泥岩、泥灰岩夹灰黄色泥质粉砂岩，粉砂质泥岩；上部为灰色、青灰色薄层状泥晶灰岩、泥灰岩、泥岩夹含生物屑灰岩透镜体 |
| 二叠系 | 上统 | 长兴组（$P_3c$） | >72 | 深灰色、灰色中至厚层状含燧石灰岩，灰色、灰白色厚层状块状灰岩 |
| | | 九陂组（$P_3j$） | >178 | 由灰白色中薄层状泥岩、粉砂质泥岩、粉砂岩及细砂岩，夹煤层组成 |
| | | 水竹塘组（$P_3s$） | >100 | 以灰色中厚层状含燧石灰岩、硅质灰岩为主，夹硅质岩 |
| | 中统 | 童子岩组（$P_2t$） | 178 | 由灰白色、灰褐色、灰黑色中薄层状细砂岩、粉砂岩、页岩，夹中粒砂岩、碳质页岩及煤层组成 |
| | | 茅口组（$P_2m$） | 30～105 | 由灰白色、灰黑色中厚层状灰岩、硅质灰岩、硅质岩组成，以灰岩为主，上部见厚层状硅质岩，局部夹薄煤层及页岩 |
| | 下统 | 栖霞组（$P_{1-2}q$） | 42～86 | 深灰、灰黑色厚层状灰岩、白云质灰岩，下部夹硅质岩，其中含较多燧石结核及条带 |
| 石炭系 | 上统 | 船山组（$C_2c$） | 136～305 | 灰色、灰白色厚层状微晶灰岩，夹灰色厚层状白云质灰岩，局部夹深灰色粗晶白云岩、角砾状灰岩 |
| | | 黄龙组（$C_2hl$） | 114～156 | 浅灰色、灰白色局部夹浅肉红色中—厚层状含生屑微晶灰岩、白云质灰岩、粉晶-细晶白云岩 |
| | | 大埔组（$C_2dp$） | 46～182 | 灰白色、浅灰色中厚层状细晶白云岩 |
| | 下统 | 梓门桥组（$C_1z$） | 51～139 | 由深灰色、黑色厚层状灰岩及白云岩组成，夹碳质页岩及薄层状泥灰岩 |
| | | 测水组（$C_1c$） | 17～283 | 深灰色、灰黄色、灰白色及杂色中薄层状砂岩、页岩，夹碳质页岩及煤层，局部夹泥灰岩、铁质砂岩、泥质粉砂岩等 |

续表1

| 年代地层 | | 岩石地层单位 | | 岩石特征 | |
|---|---|---|---|---|---|
| 系 | 统 | 组（代号） | 厚度(m) | | |
| 石炭系 | 下统 | 石磴子组 ($C_1sh$) | 276～527 | 以深灰色、灰黑色中至厚层状灰岩、细晶质灰岩为主，层间偶夹薄层状钙质砂岩、页岩，中上部夹深灰色、黑色燧石 | |
| | | 连县组 ($C_1l$) | 748 | 灰色、深灰色、灰黑色中厚层—厚层状灰岩、白云质灰岩、白云岩，局部夹薄层状灰黑色泥质灰岩、豹皮状泥质灰岩 | |
| 泥盆系 | 上统 | 长坜组 ($D_3C_1cl$) | >275 | 灰色、深灰色薄层状泥质灰岩、泥灰岩，夹中厚层状泥晶灰岩，局部夹薄层状泥岩 | |
| | | 榴江组 ($D_3lj$) >157 | 融县组 ($D_3r$) 424～867 | 灰黑色薄层硅质岩、硅质泥岩夹粉-微晶灰岩、页岩 | 以灰色、灰白色厚层状灰岩为主，夹白云质灰岩及白云岩 |
| | 中统 | 巴漆组 ($D_{2-3}b$) | 3～18 | 深灰色、灰黑色薄至中厚层状含碳、含硅质条带或结核的细—微晶灰岩 | |
| | | 东岗岭组 ($D_2d$) 112 | 棋梓桥组 ($D_2q$) 1075 | 中厚层层状灰岩、泥质灰岩 | 中厚层至块状白云质灰岩和白云岩 |
| | | 信都组 ($D_2x$) | >410 | 紫红色中厚层状中细粒石英岩屑砂岩、粉砂质页岩，夹紫红色粉砂岩及灰色、灰黑色薄层状粉砂质页岩，中上部夹一层稳定的豆状赤铁矿层 | |
| | | 老虎头组 ($D_2l$) | >133 | 紫红色中厚层状含砾石英砂岩、粗至细粒石英砂岩，底部为砾岩 | |
| 寒武系 | 中统 | 高滩组 ($\epsilon_3g$) | >825 | 以灰色、灰绿色块状厚层状石英杂砂岩、长石石英砂岩、砂质粉砂岩为主，夹砂质板岩、黑色板岩，近下部砂岩粒较粗，常为中至粗粒或含砾长石石英砂岩 | |
| | 底下统 | 牛角河组 ($\epsilon_{1-2}n$) | >2 562 | 由灰黑色、灰绿色薄至中厚层状板岩、含碳质板岩、泥质粉砂岩、浅变质长石石英砂岩、粉砂岩组成，底部常夹硅质板岩，石煤层，含少量磷质结核及黄铁矿团块 | |

**表2 地层非正式填图单位表**

| 序号 | 非正式填图单位 | 特征岩性 |
|---|---|---|
| 1 | $C_1c(ls)$ | 测水组灰岩 |
| 2 | $C_1l(ms)$ | 连县组泥岩 |
| 3 | $D_3r(ls)$ | 融县组泥质灰岩 |
| 4 | $D_3r(ls)$ | 融县组条带状灰岩（癞痢状灰岩） |
| 5 | $D_2q(ls)$ | 棋梓桥组含燧石灰岩 |
| 6 | $D_2x(ls)$ | 信都组灰岩 |
| 7 | $D_2l(qs)$ | 老虎头组含火山角砾石英砂岩 |
| 8 | $D_2l(cg)$ | 老虎头组底砾岩 |
| 9 | $\epsilon_{1-2}n(ls)$ | 牛角河组顶部灰岩透镜体 |

（二）重新厘定了泥盆纪底部地层序列，结合岩石组合特征、空间展布规律及与广东省岩石地层对比，新划分出老虎头组，即对原信都组进行解体，将其下部分布的一套粗碎屑岩划分为老虎头组；重新厘定了晚石炭世地层序列，新划分出大埔组、黄龙组、船山组，结合剖面测制及区域对比，黄龙组与船山组接触界线明显，解决了以往对黄龙组、船山组难以区分的问题；重新厘定了晚二叠世地层序列，查明了上二叠统岩石组合及空间分布特征，结合岩性特征、化石及区域对比，新划分出水竹塘组、九陂组，即对以往所划分的龙潭组进行了解体，为粤西北晚二叠世地层对比奠定了基础；通过岩性特征、岩石组合、沉积构造等的详细调查，结合相应的古生物特征，基本查明了泥盆纪各相区岩石地层叠置关系，分别以东岗岭组与棋梓桥组、榴江组与融县组代表两种不同类型的沉积，并确定其为同期异相，为调查区阳山地层小区和连县地层小区的划分提供了佐证。

（三）侵入岩较发育，出露面积约 218.07 km$^2$，占调查区总面积的 11.70%。其主要以岩基或岩株状分布于调查区北西部及东部，为西山岩体南缘及大东山岩体的北西缘。侵入岩形成时代主要为燕山期，尤以燕山早期侵入岩分布最为广泛。根据野外详细的地质调查，对侵入岩进行了解体，基本查明了侵入体之间及其与地层围岩之间的接触关系，开展了侵入岩的岩石学、岩石化学、地球化学等研究。按"岩性+时代"的方案，将侵入岩分为 10 个填图单位（表3）。每个填图单位都获得了精确的同位素年龄，建立了岩浆作用精细时代格架和演化序列。探讨了侵入岩构造环境及成因类型：中侏罗世至晚侏罗世侵入岩为形成于板内构造环境到活动大陆边缘俯冲火山弧环境下的改造型花岗岩；早白垩世侵入岩为形成于火山岛弧构造环境下的改造型花岗岩。同时，基本查清了区内脉岩的分布、岩性、产状及地球化学特征。分析了岩浆作用与成矿的关系，主要矿产稀土、金、钨、锡、铜、铅、锌、银等与岩浆活动关系十分密切。

（四）调查区多旋回的地质演化历史造就了地层、构造、岩浆岩诸方面的复杂面貌，因不同构造期的构造单元划分在调查区内变化较大，目前主要根据泥盆纪—早三叠世沉积环境差异，结合中生代后强烈的构造-岩浆活动，在调查区简易划分构造单元。总体上以东陂断裂 $F_{27}$ 及黄泥坳断裂 $F_{21}$ 将调查区内郴州-怀集岩浆岩断褶带（梅田-连南段）分为 2 个四级构造单元，即北西西侧的连山-东陂隆起区（Ⅳ1）、南东东侧的连县凹陷断束（Ⅳ2）。通过对褶皱、断裂等构造调查，共梳理出 30 处褶皱构造，划分为加里东期、印支期、燕山早期、燕山晚期 4 个褶皱构造期次，并对不同类型的褶皱样式进行了对比、研究；厘定了 30 条主干断裂构造，分析、总结了各主要断裂的性状和展布规律。在此基础上建立基本构造格架（图1）。

（五）区内地质构造复杂，先后受加里东运动、海西-印支运动、燕山运动及其构造-岩浆活动的影响，岩石不同程度地发生了变形变质，包括区域变质、接触变质、动力变质、气-液交代变质等，形成了相应的变质岩。区内变质岩较发育，分布较广泛，分布面积约 203.4 km$^2$，占调查区总面积的 10.9%。其中，区域变质岩呈面状分布，占变质岩面积的 98% 以上；动力变质岩则多呈狭窄带状分布于不同方向断层域中；接触变质岩主要是沿不同期次花岗岩的接触带形成的一系列大理岩、角岩类岩石、接触交代变质类岩石；气-液交代变质岩主要是受岩浆热液作用和断裂构造热液作用影响，区内分布范围小且较分散。查明了区内变质岩的岩石类型及其分布规律，总结了各类变质岩的岩石组合和变质矿物学特征，划分出区域变质、接触变质、动力变质、气-液交代变质 4 种变质作用类型，厘定了变质相。

（六）区域构造调查研究获得较大进展，识别出了连州推覆构造。连州逆冲推覆构造西部受近南北向东陂断裂 $F_{27}$ 控制，南部顶界为近东西向外缘断裂龙坪断裂 $F_{41}$，东部被早白垩世红盆所掩盖，红盆边缘局部被晚期北东向断裂所截切，北部为后缘断裂——北西向麻布断裂，总体宽约 15 km。逆掩推覆断裂北西段由岭咀断裂 $F_{51}$、鲤鱼塘断裂 $F_{52}$、保安断裂 $F_{53}$ 组成，南东段并于底界保安断裂 $F_{53}$，总体长度约 26 km，早期主要推覆方向为南南西向，晚期改造推覆方向为北北西向，前锋带分布于保安、湾村、东田冲一线（图2）。

表 3 侵入岩填图单位划分表

| 地质时代 | | 代号 | 主体岩性 | 构造环境 | 出露面积 (km²) | 侵入体名称及编号 | 接触关系 上限 | 接触关系 下限 | 年龄(Ma) LA-ICP-MS |
|---|---|---|---|---|---|---|---|---|---|
| 白垩纪 | 晚白垩世 | $\gamma\pi K_2$ | 花岗斑岩 | | 1.22 | 冲头(22)、烟竹冲(26) | | | |
| | | $\gamma K_2$ | 细粒花岗岩 | | 0.34 | 麻油寨(19)、桃树坪(21) | | $K_1 c$ | |
| | 早白垩世 | $\zeta\pi K_1$ | 流纹斑岩 | 板内环境 | 0.14 | 凤头(25)、小里水(27) | | $K_1 c$ | $101.9\pm1.3$ |
| 侏罗纪 | 晚侏罗世 | $\zeta\pi J_3$ | 流纹斑岩 | | 2.6 | 湾冲(5)、丑冲尾(6)、马占(23) | | $\xi\gamma J_3^{3c}$ | $155.1\pm1.6$ |
| | | $\gamma\pi J_3$ | 花岗斑岩 | | 2.34 | 新八(4)、材狗坑(15)、黄连带(18)、带头冲(20) | | $\xi\gamma J_3^{3c}$ | $153.5\pm3.1$ |
| | | $\eta\gamma J_3^{3d}$ | 细粒斑状黑云母二长花岗岩 | | 0.43 | 老屋洞(8)、田洞心(16) | | $\xi\gamma J_3^{3c}$ | $155.1\pm1.6$ |
| | | $\xi\gamma J_3^{3c}$ | 细粒斑状黑云母正长花岗岩 | 板内环境 | 136.9 | 大坳(2)、大定坑(7)、梅树冲(11)、周联村(17) | $\eta\gamma J_3^{3d}$ | $\xi\gamma J_3^{3b}$ | $154.3\pm2.0$ $155.2\pm1.9$ |
| | | $\xi\gamma J_3^{3b}$ | 粗一中粒斑状黑云母正长花岗岩 | | 42.6 | 银盖窝顶(1)、旱禾界(3)、塔山坪(9)、平溪洞(10)、犁头咀(12)、小王洞(13)、黄白坑(14) | $\xi\gamma J_3^{3c}$ | | $153.8\pm2.0$ |
| | | $\eta\gamma J_3^{1c}$ | 细粒斑状黑云母二长花岗岩 | | 25.6 | 观头洞(24)、介木冲(29) | | $\eta\gamma J_2^{1b}$ | $154.3\pm1.8$ |
| | 中侏罗世 | $\eta\gamma J_2^{1b}$ | 中粒斑状黑云母二长花岗岩 | | 6.2 | 文珍洞(28)、梯子岭(30)、耙船洞(31)、鹿鸣关(32) | $\eta\gamma J_3^{1c}$ | $T_1 d$ | $165.4\pm1.9$ |

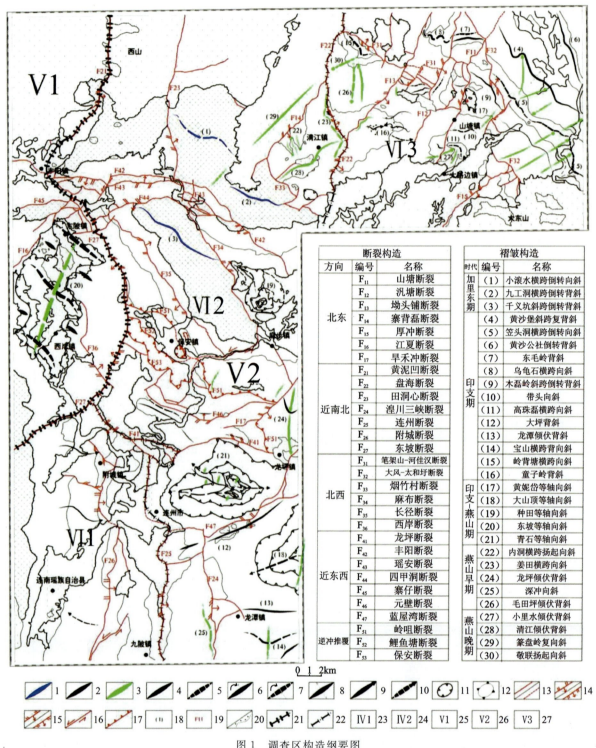

图 1 调查区构造纲要图

1.加里东期褶皱;2.印支期褶皱;3.燕山期褶皱;4.正常背斜;5.正常向斜;6.倒转背斜;7.倒转向斜;8.复式背斜;9.倾伏背斜;10.扬起向斜;11.等轴向斜;12.等轴背斜;13.断裂/推测断裂;14.逆断裂/正断裂;15.逆平移断裂/正平移断裂;16.平移断裂;17.逆冲推覆断裂;18.褶皱编号;19.断裂编号;20.地质界线/角度不整合界线;21.调查区Ⅳ级构造单元界线;22.调查区Ⅴ级构造单元界线;23.连山-东陂隆起区;24.连县凹陷断束;25.连南断褶带;26.印支期构造残留带;27.大东山断褶带

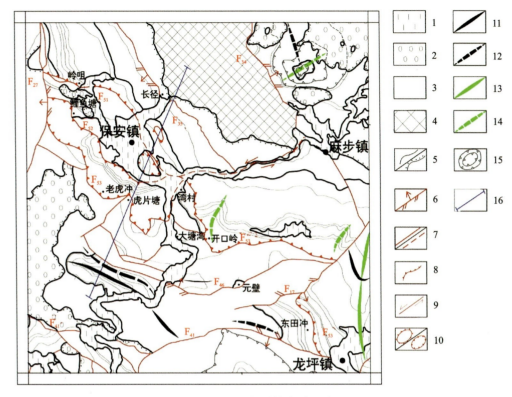

图 2 连州推覆构造平面图

1.第四纪构造层;2.白垩纪—古近纪构造层;3.泥盆纪—早三叠世构造层;4.寒武纪构造层;5.整合/角度不整合界线;6.斜冲断裂(锐角指示本盘运动方向);7.实测断裂/推测断裂;8.推覆逆掩断裂;9.平移断裂;10.飞来峰/构造窗;11.印支期背斜;12.印支期向斜;13.燕山期背斜;14.燕山期向斜;15.等轴向斜;16.剖面位置

**1.推覆构造的剖面结构**

(1)原地系统。原地系统为早二叠世—早三叠世地层,主要包括栖霞组、茅口组、童子岩组、水竹塘组、九陂组、长兴组、大冶组等,岩石以泥质碎屑岩、薄层泥灰岩、硅质岩等软弱层为主。于保安、鲤鱼塘、岭咀地区剥蚀风化较强,其被晚古生代零星产出的灰岩地貌叠覆掩盖,仅在低洼的第四系边缘出露地表。

(2)外来系统。逆冲推覆构造的外来系统由寒武纪—晚石炭世的地层组成,主要包括牛角河组、高滩组、信都组、融县组、连县组、石磴子组、测水组、梓门桥组、大埔组、黄龙组、船山组等。根带主要由(片理化)变质砂岩、(片理化)粉砂岩、板岩等组成,中带及峰带主要由厚层—块状灰岩、白云岩等刚性岩石层组成,局部为薄—中层状碳酸盐岩夹少量碎屑岩。

**2.逆冲推覆构造的分带性与变形特征**

根据连州推覆构造区域变形特点及构造组合样式,总体将龙坪断裂 $F_{41}$ 南西划为外缘带,龙坪断裂 $F_{41}$-元壁断裂 $F_{46}$ 间划为前缘推挤带,元壁断裂 $F_{46}$-麻布断裂 $F_{34}$ 划为中部滑动带、麻布断裂 $F_{34}$ 北东划为后缘拉伸带。因其主要组成部分为前缘推挤带及中部滑动带,故主要对其构造岩性组合及变形特征进行重点研究,中部滑动带可进一步划分为峰带、中带、根带(图3)。

(1)前缘推挤带。前缘推挤带为原地系统的软弱岩石地层,变形相对较强,地层发生强烈片理化,底界多形成走向近东西向弧形左行斜冲或压扭性的前缘断裂(元壁断裂 $F_{46}$),并常见轴面近直立北西西轴向的线性闭合褶皱。其顶界为龙坪断裂 $F_{24}$,在印支早期为控盆断裂,控制了其北部地区晚二叠世—早三叠世的沉积。

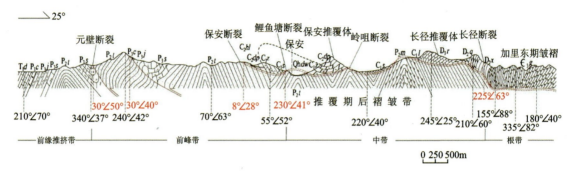

图 3 连州推覆构造剖面图

（2）峰带。推覆构造的峰带位于老虎冲—虎片塘—大塘湾—开口岭一带，南西侧以元壁断裂 $F_{46}$ 为边界，北东侧以脆性剪切变形带中的鲤鱼塘断裂 $F_{52}$ 为边界，总体包括外来系统前锋及前缘部分。该带走向北西，宽 1～4 km。在地貌上该带表现为由低山丘陵区向山间盆地过渡，海拔逐渐降低，带内外来石炭系褶皱较强，发育斜歪褶皱和倒转褶皱。峰带逆冲断裂主要由脆性剪切带构成。沿线发育宽 5～60 m 不等的断层岩带，其主要由片理化碎屑岩、硅质碎裂岩、灰质碎裂岩等组成。早期脆性剪切带之上多叠加了后期的构造作用，致使早期牵引褶皱的轴迹变形，且峰带南西缘发育推覆期后沉积的红盆。

（3）中带。推覆构造的中带位于岭咀—保安—湾村一带，南西侧以脆性剪切的鲤鱼塘断裂 $F_{52}$ 为边界，北东侧以长径断裂 $F_{35}$ 为边界。总体包括剥蚀出露的原地系统及外来系统上覆残留部分。该带走向为北西向，宽 3～4 km。在地貌上该带表现为剥蚀出露的构造窗及第四系洼地，局部为推覆期后的红盆沉积，以及其边缘残留的飞来峰等。带内褶皱强烈，外来系统中都发育大量轴面近水平的掩卧褶皱，指示了近水平方向的强烈剪切作用。中带断裂主要由韧脆性剪切带构成，下部由强烈压扁形成的片理化砂岩、粉砂岩和泥岩等组成，上部则由硅质及灰质碎裂岩系列组成。该韧脆性剪切带将早古生代地层分割成一系列叠瓦状逆冲岩片，向下收敛于主滑脱面，带内断裂普遍被后期脆性活动和剪切滑移改造，在横纵面上均不同程度地被切割或叠加改造，由保安中部向南东东侧龙坪方向，后期北西西向的挤压逐渐增强（北北东向褶皱叠加逐渐明显）。

（4）根带。推覆构造的根带大致位于长径—千义坑一带，南西侧以长径断裂 $F_{35}$ 为边界，北东侧以麻布断裂 $F_{34}$ 为边界。总体为外来系统根部的碎屑岩部分，以寒武系基底的浅变质碎屑岩为主。该带走向北西，宽约 5 km。在地貌上该带表现为从低山丘陵区向中低山地区过渡。带内岩层较陡，局部呈直立或倒转，中带边界的岩性差异层热活动较强，且矿化异常较强。加里东期强烈的陆内会聚，导致寒武系基底形成了紧闭线状复式褶皱系，并普遍发育轴面劈理系统，其间分布着若干强、弱变形带，强烈压扁地区发育横跨或斜跨紧闭同斜褶皱，并发育顺层劈理，带内被后期的脆性活动斜向剪切滑移，于南东侧红盆边缘具有显著切割改造。

**3. 逆冲推覆构造的形成时代和形成机制**

作为原地系统的晚古生代碎屑岩及碳酸盐岩普遍遭受韧脆性变形，早燕山构造层缺失而角度不整合在其之上的晚燕山构造层普遍未卷入变形，且该推覆构造明显受早燕山期北东向叠加改造，说明推覆构造的早期活动时间应在中三叠世，晚期改造时间应在中晚侏罗世，主要为印支期构造旋回的产物。印支期逆冲推覆构造与华南地区海西印支期大规模陆内造山有关。印支期随着古特提斯洋的闭合，华北板块、印支板块与华南板块发生强烈碰撞造山，在区域强烈会聚的背景下，在华南板块内部，华夏陆块与扬子陆块以及其间的微陆块发生陆内造山，加里东裂陷槽内的巨厚沉积物的变形遇到坚硬陆块基底，则以薄皮逆冲推覆和岩片堆叠的方式吸收挤压缩短量。

进而分析认为，调查区因印支运动中在区域北北东-南南西向的挤压下，发生寒武系基底与其盖层边缘的浅部滑脱并沿断坡逆冲，形成了连州推覆构造。保安推覆体向南南西运动的过程中，原地系统形成前缘挤压带，形成一系列轴面近直立的线性闭合褶皱及向南南西突出弧形前缘断裂。而外来系统前缘受挤压形成一近横卧闭合褶皱，枢纽走向北西西向，轴面低角度倾向北北东。其核部及北东翼多剥蚀，南西翼因后拽牵引而形成一向南南西突出的弧形弯曲，这些均反映了推覆体运移方向为南南西向。受晚期北北东向构造体制动力改造，向南南西突出的弧形构造变为波状弧形，且推覆断坪面于保安一带横向及纵向叠加变形，形成推覆期后褶皱。于两期叠加的外来系统内，地表先后呈现北西西及北北东向的剥蚀，地貌常形成负地形及落水洞，从而形成飞来峰、构造窗等推覆构造现象。认为该推覆构造主要形成于印支期北西西向构造体系，外来系由北北东-南南西向推覆，受晚期燕山构造期北北东向构造体系改造，转变为由南东东-北西西向挤压推覆，且外来总体系统顺时针旋转约20°，致使其根带构造线方向总体由北西西向变为北西向，结合图面结构分析，推测该外来系统北西端推覆距离约5km，南东侧推覆距离约8km。

（七）开展了1∶5万水系沉积物测量，编制完成了一系列地球化学图、单元素异常图、组合异常图、综合异常图，圈定出432个单元素异常，划分为32处综合异常（图4），其中甲类异常14处，乙类异常18处。重点对其中的14处甲类异常进行了解释与推断。结合地质特征分析，显示调查区具备寻找锡钨多金属矿、金多金属矿、锑多金属矿、稀土矿的找矿潜力。

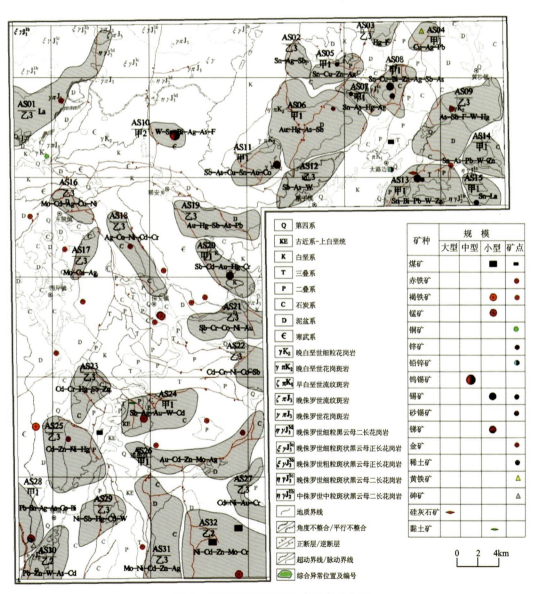

图4 调查区地球化学综合异常分布图

（八）通过异常查证与矿点检查，新发现金坪山钨锡矿、黄泥坳金矿、汛塘锡铜矿、河佳汉铜锡矿、观头洞锡矿、鹿鸣关铅锌矿、耙船洞稀土矿等7处矿（化）点（表4）。综合研究认为区内金、钨锡、稀土矿等具有较好的找矿前景。初步总结了区域成矿规律和主要矿种的找矿模型，划分了A级找矿远景区4处（表5，图5），圈定找矿靶区7处（表5，图5），并对其地质、物探、化探、遥感特征进行了总结，对其找矿潜力进行了分析。

表4 调查区新发现矿（化）点基本特征表

| 序号 | 矿（化）点名称 | 位置（坐标） | 地质特征 | 矿床类型 | 规模 | 研究程度 |
|---|---|---|---|---|---|---|
| 1 | 连南鹿鸣关铅锌矿（化）点 | 位于连南县南西方向2km（东经112°15′40″，北纬25°42′11″） | 出露寒武系高滩组长石石英砂岩、板岩，中泥盆统老虎头组底砾岩、石英砂岩，信都组泥质粉砂岩、泥岩等。含铅锌矿体赋存于断裂破碎带内，破碎带宽约2m，由构造角砾岩与断层泥组成，构造角砾呈棱角状，大小2~5cm，含量60%~70%，成分主要为石英砂岩、泥质粉砂组成，由断层泥胶结。旁侧为金属矿化透镜体，向上变窄，原岩被金属矿液破碎，为张性断裂。断面产状：25°∠60°，为一正断层。主要矿物有方铅矿、闪锌矿、黄铁矿、褐铁矿等，含Pb 0.85%，Zn 0.23%，Cu 0.019% | 热液充填型 | 矿化点 | 踏勘 |
| 2 | 连州观头洞锡矿点 | 位于连州市大路边镇观头洞村南500m（东经112°35′34″，北纬25°06′08″） | 位于童子岭背斜的北东翼，以出露石炭纪测水组砂岩为主，北部出露长坝组砂岩，总体上南东老北西新。燕山期汛塘断裂、坳头铺断裂两组北东向断裂控制两端边界。出露燕山期晚期侵入岩，岩性为细粒斑状黑云母二长花岗岩。有民采砂锡矿历史，未见民窿采矿活动。见硅化、大理岩化、褐铁矿化，铁帽发育，可见民采铁矿活动。工程揭露矿（化）带长300m，宽8~20m，走向北西。TC11揭露出20m宽的含矿全风化—半风化矽卡岩化泥质粉砂岩破碎带，走向北西，倾角50°，锡含量0.03%~0.23%，平均为0.11%；铜含量0.01%~0.03%，平均为0.02%；其中，8m宽的花岗岩锡含量为0.095%~0.15%，平均为0.1%。TC13揭露出8m硅化砂岩，可见细粒闪锌矿、锡石、铜蓝，锡含量0.035%~1.29%，平均为0.34%；锌含量0.03%~0.16%，平均为0.07% | 热液充填型 | 矿点 | 踏勘 |
| 3 | 连州金坪山钨锡矿点 | 位于连州大路边镇南东1km（东经112°39′54″，北纬25°01′26″） | 位于大东山岩体北缘，出露泥盆系、二叠系及三叠系地层，岩浆岩以晚侏罗世二长花岗岩为主，内部存在中侏罗世花岗岩残留。蚀变有矽卡岩化、绿帘石化、阳起石化、角岩化、绢云母化、黄铁矿化、萤石化、硅化、云英岩化等。其中矽卡岩化、绿帘石化和阳起石化见于钙质岩层与花岗岩接触带，常伴生锡石矿化。角岩化见于碎屑岩地层与花岗岩接触带。其余蚀变多见于花岗岩体内的构造裂隙带中。民窿中发现铅锌矿体与锡多金属矿体，走向北西310°，宽大于1m，长大于100m。捡块样锡1.25%，铜0.59%，锌12.52%，铅1.75%；在石旗塝大冶组中发现钨矿体，氧化钨0.35%，同时硅灰石中锡、锌、铋、钨含量均较高 | 矽卡岩型、热液充填型 | 矿化点 | 踏勘 |

续表4

| 序号 | 矿(化)点名称 | 位置(坐标) | 地质特征 | 矿床类型 | 规模 | 研究程度 |
|---|---|---|---|---|---|---|
| 4 | 连州何佳汉铜锡矿(化)点 | 位于大路边镇塘下村至河佳汉一带（东经112°34′44″，北纬25°07′43″） | 出露地层以石炭系为主，北部出露二叠系、三叠系，并零星出露白垩系长坝组地层，地层走向北东，岩性主要为灰岩、白云岩，局部为砂岩、砾岩，局部见煤层。褶皱发育，同时受北西向笔架山-河佳汉断裂与北东向坳头铺断裂控制。坳头铺断裂在坳头铺—河佳汉北东一带印支期早期构造线方向由近东西向牵引至北西向，是重要的融矿构造，呈现逆平移性质，影响规模较强，断裂附近出现硅化、大理岩化碎裂岩。矿石中主要金属矿物按工业价值分为孔雀石（含量15%），其次为菱铁矿和赤铁矿 | 热液充填型 | 矿化点 | 踏勘 |
| 5 | 连州山塘黄泥坳金矿(化)点 | 位于星子镇童子岭与顺头岭之间（东经112°34′27″，北纬25°05′19″） | 出露地层以泥盆系、石炭系为主，岩性主要为灰岩、白云岩。展布印支期童子岭横跨背斜，区内断裂发育，主要为北东向区域性的汛塘断裂、坳头铺断裂，北西向断裂为印支期断裂，北东向切割北西向断裂。该区北侧紧靠汛塘侏罗世岩株，南西出露清江白垩纪岩株，表明该区受两期岩浆侵入活动的影响。白云岩破碎带刻槽化学分析样，金含量为$0.114×10^{-6}$，厚1.5m；另见多处金矿（化）破碎带，含量$(0.01～0.1)×10^{-6}$。民采红土型金矿严重，推测深部金含量增高 | 热液充填型 | 矿化点 | 踏勘 |
| 6 | 连州耙船洞重稀土矿 | 位于大路边镇大东山耙船洞一带（东经112°43′13″，北纬25°00′09″） | 位于大东山岩体北缘，出露岩性为中粗粒、细粒斑状黑云母二长花岗岩。离子吸附型稀土矿产于大东山岩体西北缘侏罗世粗中粒斑状黑云母二长花岗岩和晚侏罗世粗中粒斑状黑云母二长花岗岩风化壳之中。风化壳厚度普遍在10～20m之间。矿体厚度一般为4～6m，最大厚度可达12m，REO一般0.085%～0.45%，具有风化壳上部富集轻稀土，下部富集重稀土的离子吸附型稀土成矿规律，浸出率分别为60.38%～75.82%。达到工业品位的样品中，$Eu_2O_3$小于0.02%，氧化钇($Y_2O_3$)主要介于20%～40%之间；在REO超过0.1%的样品中，$Dy_2O_3$为2.94%～7.15%，平均3.92%。整体上属于低铕富钇富镝型 | 离子吸附型 | 矿点 | 踏勘 |
| 7 | 连州山塘公社汛塘铜锡矿点 | 位于连州北东45°方向45km（东经112°38′00″，北纬25°06′30″） | 出露石炭系、二叠系及上白垩统，区内花岗斑岩、斑状花岗岩主要沿断裂侵入，矿点位于倒转背斜（北东东—东西走向，南南东倾向）的两翼。矿体产于上石炭统白云质大理岩中，矿化受断裂控制，有两个小矿体，Ⅰ号矿体由锡石、黝铜矿、闪锌矿、少量毒砂、孔雀石、蓝铜矿组成，产状平缓，走向北西，长100m，最大厚度5.61m，呈透镜状，矿石为细脉浸染状；Ⅱ号矿体见浸染状锡石，平均：Sn 0.4%，Cu 1.96%，Zn 9.12%。在矿点外围马占村发现富锡铜多金属破碎带，宽5m，走向北东，陡倾，垂直破碎带连续采取刻槽样，铜含量0.33%～4.15%，平均1.43%，锌含量0.14%～1.41%，最大值1.41%，锡含量0.39%～1.66%，平均0.75% | 矽卡岩型热液充填型 | 小型 | 踏勘 |

表 5　调查区找矿远景区和找矿靶区基本信息表

| 远景区名称（级别） | 找矿靶区名称（级别） | 面积（km²） | 主攻矿种 | 主攻矿床类型 |
| --- | --- | --- | --- | --- |
| 广东省连州市汛塘-黄泥坳锡铜铅锌金锑矿找矿远景区（A） | 广东省连州市马占铜锡矿找矿靶区（A） | 5 | 锡铜多金属矿 | 热液充填型 |
| | 广东省连州市观头洞锡矿找矿靶区（A） | 2 | 锡铜多金属矿 | 热液充填交代型 |
| | 广东省连州市塘下铜锡矿找矿靶区（A） | 2 | 铜多金属矿 | 热液充填交代型 |
| | 广东省连州市黄泥坳金矿找矿靶区（A） | 10 | 金矿 | 红土型<br>热液充填型 |
| 广东省连州市金坪山锡钨铅锌硅灰石稀土矿找矿远景区（A） | 广东省连州市坑口冲钨锡矿找矿靶区（A） | 6 | 钨锡矿 | 热液充填交代型 |
| | 广东省连州市耙船洞稀土矿找矿靶区（A） | 2 | 稀土矿 | 离子吸附型 |
| 广东省连南山县鹿鸣关钨铅锑矿找矿远景区（A） | 广东省连州鹿鸣关铅锌矿找矿靶区（A） | 4 | 铅锌矿 | 热液充填交代型 |
| 广东省连州市岭脚钨锡找矿远景区（A） | — | — | — | — |

## 三、成果意义

1.重新厘定了泥盆纪底部、晚石炭世、晚二叠世地层序列,新划分出老虎头组、大埔组、黄龙组、船山组、水竹塘组、九陂组,基本查明了泥盆纪各相区岩石地层叠置关系,为粤西北地区地层对比奠定了基础。

2.获得了调查区主要岩浆岩的测年数据,建立了花岗岩侵入序列,探讨了岩石成因及形成构造背景,分析了花岗岩与成矿关系,为南岭花岗岩及成矿研究提供了基础地质资料。

3.建立了调查区构造格架,新识别出了连州推覆构造,为研究粤北中生代早期构造动力学背景提供了新材料。

4.新发现矿（化）点7处,划分找矿远景区4处,圈定找矿靶区7处,分析了资源潜力,为公益性地质矿产调查项目成果服务社会打下了坚实的基础。

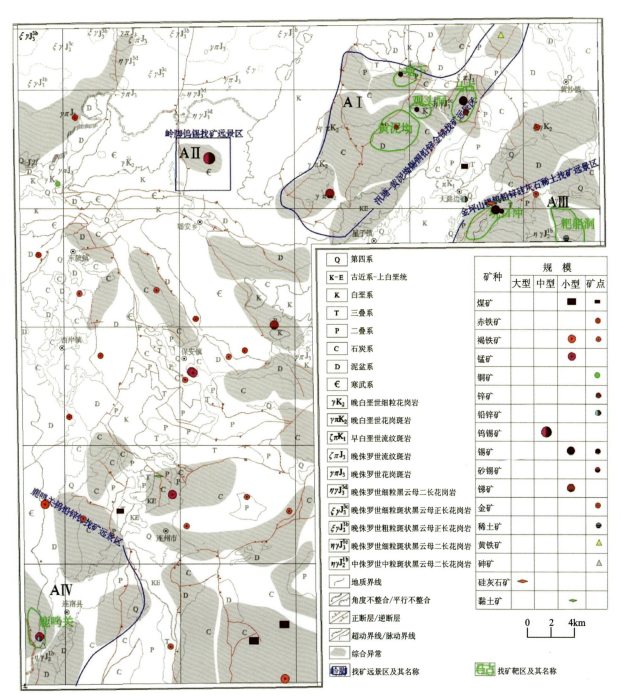

图 5 调查区找矿远景区及找矿靶区分布图

# 广东 1∶5 万大布公社幅、罗坑圩幅、八宝山幅、横石塘幅区域地质矿产调查

严成文 吴维盛 程亮开 黄海华 张 健 汪 实 周献清

(广东省地质调查院)

**摘要** 进一步厘定了调查区地层序列,将区内地层划分为 16 个组级地层单位和 11 个非正式地层单位;建立了花岗岩侵入序列,划分为 3 期 11 个填图单位,分析了花岗岩成因及其形成构造环境。重建区内构造格局,发现吴川-四会断裂带穿越广东韶关地区继续北延的证据,分析了"黄思脑穹隆"与"弧形褶皱"构造的成因,初步探讨了广东乳源大峡谷地貌成因机制。圈定 1∶5 万水系沉积物测量综合异常 43 处,对主要异常进行了解释与推断。开展了矿产检查,新发现矿(化)点 9 处,总结了调查区区域成矿规律,初步建立了金矿、钨锡铋矿、铜铅锌银矿 3 种找矿模型。划分找矿远景区 2 处,圈定找矿靶区 6 处,分析了该区的资源潜力。

## 一、项目概况

调查区地跨广东省韶关、清远两市,行政区域包括广东韶关市曲江区西南部、乳源县东南部、英德市西北部。地理坐标:东经 113°00′00″—113°30′00″,北纬 24°20′00″—24°40′00″,包括 1∶5 万大布公社幅、罗坑圩幅、八宝山幅、横石塘幅 4 个国际标准图幅,面积 1 872 km²。

工作周期:2014—2016 年。

总体目标任务:按照 1∶5 万区域地质调查技术要求、区域地球化学调查有关技术规范及中国地质调查局关于加强成矿带 1∶5 万区调工作的通知等相关要求,在系统收集和综合分析已有地质资料的基础上,开展 1∶5 万区域地质矿产调查工作,加强岩性填图和变形构造调查,系统查明区域地层、岩石、构造特征和成矿地质条件。完成区域地质调查总面积 1 872 km²。

## 二、主要成果与进展

(一)调查区地处粤北山区,根据《中国区域地质志》工作指南及《广东省及香港、澳门特别行政区区域地质志》(2016),震旦纪—石炭纪地层属羌塘-扬子-华南地层大区,华南地层区;三级地层区震旦纪地层属桂湘赣地层分区,泥盆纪—石炭纪地层属阳山-韶关地层分区,横跨韶关地层小区和阳山地层小区。晚三叠世以来调查区隶属西北-华南地层大区,东南地层区,粤中-粤北-粤东地层分区,韶关-清远地层小区。区内地层广泛发育,面积为 1 344.6 km²,约占调查区面积的 72.8%。由老到新出露有震旦系、泥盆系、石炭系、三叠系、第四系。其中以泥盆系及石炭系分布最广,占地层区总面积的 80.8%;次为第四系,约占地层区总面积的 13.2%,主要分布于山前平原、洼地、现代河床及城镇区等;震旦纪、三叠纪地层分布极少。采用多重地层划分方法,在详细调查的基础上,进一步理顺了地层层序,将区内地层划分为 16 个组级地层单位(表 1)。同时,注重非正式地层单位的填绘及图面表达。对区内各地层单元中特征岩性层或标志性岩性夹层进行了针对性的调查和清理,共厘定出晚泥盆世融县组核形石灰岩、早石

表 1  岩石地层单位划分表

| 年代地层 | | | 岩石地层 | | | 岩性特征 | |
|---|---|---|---|---|---|---|---|
| 系 | 统 | 组 | 代号 | 非正式填图单位 | | 阳山地层小区 | 韶关地层小区 |
| 第四系 | 全新统 | 大湾镇组 | Qhdw | | | 卵石层、砾石层、砂、粉砂及黏土等 | |
| | 更新统 | 黄岗组 | Qph | | | 卵石层、砾石层、砂及粉砂等 | |
| 三叠系 | 上统 | 头木冲组 | $T_3 t$ | | | 以灰白色、灰黄色薄一中层状石英砂岩、岩屑石英砂岩为主，夹粉砂质泥岩、含碳质泥（页）岩及砾岩、含砾石英砂岩等 | |
| 石炭系 | | 梓门桥组 | $C_2 z$ | | | 深灰色、灰黑色厚层块状泥灰岩与灰黄色、褐黄色薄一中薄层状泥质粉砂岩、粉砂质泥岩互层状产出，下部偶夹灰黑色碳质泥页岩 | |
| | | 测水组 | $C_2 c$ | cm、cb、ls | | 以灰黄、褐黄色薄一中薄层状粉砂岩、粉砂质泥岩、泥岩为主，夹碳质泥页岩、泥质灰岩；底部多灰色、灰黄色薄一中层状石英砂岩、局部见含砾石英砂岩及砾岩等。发育正粒序层理，夹深灰色厚层状泥晶灰岩 | |
| | 下统 | 石磴子组 | $C_1 sh$ | pr、bls | | 下部多灰白色中厚层状块状大理岩化灰岩；中部以深灰色中一厚层状泥化灰岩、薄纹层状产出为主，夹灰黄色薄一页理状泥质粉砂岩、钙质泥岩、上部多含白云质泥质，以厚层块状白云岩、灰质白云岩等发育为特征 | |
| | | 连县组 | $C_1 l$ | dol、pr | | 以灰白色、深灰色薄一中层状泥晶灰岩为主，夹白云岩、灰质白云岩、上部偶见泥质粉砂岩、粉砂质泥岩 | |
| | | 长垒组 | $C_1 cl$ | | | 黄褐色中薄层状粉砂质泥岩、泥质粉砂岩、含泥灰岩 | 黄褐色、紫红色、褐红色薄一中层状泥质粉砂岩、泥质页岩夹细粒石英砂岩、生物碎屑灰岩、薄层状灰岩 |
| | | 帽子峰组 | $D_3 C_1 m$ | | | | |
| 泥盆系 | 上统 | 融县组 | $D_3 r$ | | | 灰色、深灰色厚层块状白云质灰岩、豹斑状灰岩、块状灰岩、局部见角砾状灰岩 | |
| | | 天子岭组 | $D_3 t$ | ols、bls | | | 灰黑色、灰褐色中厚层状泥灰岩、生物碎屑灰岩、碳质灰岩及少量粉砂质泥岩、页岩 |

续表1

| 年代地层 | | | 岩石地层 | | | 岩性特征 | | |
|---|---|---|---|---|---|---|---|---|
| 系 | 统 | 组 | | 代号 | 非正式填图单位 | 阳山地层小区 | 韶关地层小区 | |
| 泥盆系 | 中统 | 巴漆组 | 春湾组 | $D_2b$ | | 薄—极薄层状微晶灰岩，灰黑色含碳质灰岩，生物碎屑灰岩，泥质灰岩，页岩 | 灰黄色，褐黄色中薄—薄层状粉砂岩，泥质粉砂岩夹中层状细粒长石石英砂岩，钙质泥岩，泥岩等，局部地段发育砂岩与灰岩韵律层 | |
| | | | | $D_2c$ | | | | |
| | | 老虎头组 | | $D_2l$ | scg | 紫红色，灰褐色，黄褐色，黄白色中厚层状含砾石英砂岩，石英质砾岩，含砾砂岩，岩屑石英砂岩，岩屑砂岩夹粉砂岩，泥岩等 | | |
| | | 杨溪组 | | $D_2y$ | pcg | 厚层块状复成分砾岩，石英质砾岩，含砾石英砂岩，含砾砂岩，砂岩夹粉砂岩 | | |
| 震旦系 | 下统 | 坝里组 | | $Z_1b$ | | 中厚层—块状变质石英砂岩，千枚岩，变质岩屑石英砂岩等 | | |

炭世测水组碳质泥岩等11个非正式地层单位(表2)。在本次工作中,在乳源县大布镇坪控、长山等地下石炭统底部调查发现一套泥质粉砂岩、粉砂质泥岩、页岩偶夹钙质泥页岩、泥质灰岩、生屑灰岩的岩石组合,根据区域地层对比,将其划为早石炭世长垓组($C_1cl$)。

表2 前第四纪地层非正式填图单位划分表

| 序号 | 非正式填图单位 | 特征岩性 |
|---|---|---|
| 1 | $C_1c(cm)$ | 测水组碳质泥岩 |
| 2 | $C_1c(cb)$ | 测水组塌积角砾岩 |
| 3 | $C_1c(ls)$ | 测水组灰岩 |
| 4 | $C_1s(pr)$ | 石磴子组碎屑岩 |
| 5 | $C_1s(bls)$ | 石磴子组角砾状灰岩 |
| 6 | $C_1l(dol)$ | 连县组白云岩 |
| 7 | $C_1l(pr)$ | 连县组碎屑岩 |
| 8 | $D_3r(ols)$ | 融县组核形石灰岩 |
| 9 | $D_3r(bls)$ | 融县组角砾状灰岩 |
| 10 | $D_2l(scg)$ | 老虎头组砂砾岩 |
| 11 | $D_2y(pcg)$ | 杨溪组复成分砾岩 |

(二)建立了花岗岩侵入序列。调查区侵入岩发育,出露面积约517.1km²,占调查区总面积的27.6%。主体呈岩基或岩株状分布于调查区北部,即区域上著名的大东山岩体东段。总体上受区域构造控制明显,按照构造旋回划分观点,侵入岩形成时代由老至新可划分加里东期和燕山期,以燕山期侵入岩分布最广。侵入岩岩性丰富多样,从酸性岩到超基性岩均有分布,岩性有二长花岗岩、花岗岩、辉绿岩、石英闪长岩、花岗闪长岩、花岗斑岩和苦橄岩等,其中以二长花岗岩为主。根据野外详细的地质调查,结合系统精准的同位素测年,侵入岩划分为11个填图单位,其中奥陶纪1个,侏罗纪8个,白垩纪2个(表3)。基本查明了各期次花岗岩的空间分布、接触关系、年代学、岩石学、地球化学等特征,分析了花岗岩成因类型及形成构造环境。

(三)大东山地区新发现加里东期岩浆活动证据。本次工作在乳源县洛阳镇天堂岭和韶关市武江区樟市镇中洞、芦溪等地发现加里东期花岗岩,岩性为中粗粒斑状黑云母二长花岗岩、弱片理化中粒斑状黑云母二长花岗岩,被中泥盆世杨溪组沉积覆盖(图1),获得花岗岩的锆石 LA-ICP-MS U-Pb 同位素年龄为 $450.9±5.8$Ma(图2),时代属晚奥陶世。研究显示加里东期花岗岩形成于后碰撞构造环境,可能与扬子陆块和华夏陆块碰撞造山相关,为上地壳变质杂砂岩部分熔融的产物。

(四)重建了调查区构造格局。区内先后经历了加里东运动、海西-印支运动、燕山运动及喜马拉雅运动等多期次构造运动改造,构造形迹复杂。其中加里东期构造形迹主要发育于震旦系,表现为复杂的变质变形;海西-印支期构造形迹主要发育于泥盆纪—三叠纪地层中,表现为北东-南西向线状连续褶皱,褶皱的同时产生同向的大型断裂;燕山运动主要表现为断裂强烈复活,地壳运动频繁,并伴有大规模的岩浆侵入;喜马拉雅运动主要表现为区域性地壳升降、断裂与断块活动。调查区各地质构造要素及分布特征详见构造纲要图(图3)。综合考虑构造变形、沉积作用、岩浆活动及变质作用,总结出综合构造演化序列(表4)。

表 3 花岗岩填图单位划分表

| 地质时代 | | 地质代号 | 主体岩性 | 构造环境 | 侵入体名称 | 地质特征 | 出露面积（km²） | 锆石 LA-ICP-MS U-Pb 年龄（Ma） |
|---|---|---|---|---|---|---|---|---|
| 中生代 | 白垩纪 | $\eta\gamma K_1^{3b}$ | 细粒二长花岗岩 | 板内环境 | 野猪坪、老屋场 | 侵入中泥盆统杨溪组，围岩普遍角岩化；第三段第二次侵入岩第三阶段第一次侵入岩 | 1.3 | 101.9±2.3 |
| | | $\eta\gamma K_1^{3a}$ | 中粒（斑状）黑云母二长花岗岩 | | 墩子头、黄泥坪、狮山角 | 侵入中泥盆统杨溪组及老虎头组，围岩普遍角岩化；被后期早白垩世第三阶段第二次侵入岩侵入 | 4.8 | 103.1±1.8 |
| | 侏罗纪 | $\eta\gamma J_3^e$ | 细粒二长花岗岩 | 板内环境 | 长冲、天门岭、禾仓排、小洞老桥头王、石和、底坑、黄茂堂、鸡公罗头、头炮台、下坪、陈洞、婵泥坪、下眼塘、大麻坑 | 多呈近椭圆状小岩株，侵入地层为下石炭统石磴子组灰岩、上泥盆统天子岭组及中泥盆统杨溪组，发生大理岩化、角岩化、矽卡岩化及大理岩化，其中侵入多个早期岩体；侵入体为晚奥陶世最古老侵入岩 | 35 | 157.2±2.4 |
| | | $\eta\gamma J_3^d$ | 细粒二长花岗岩 | | 河洞、白竹坑、老鸭山、角公寨、石壁坑、梁屋、西牛塘、石篙下、金鸡顶、樟源林场、白石洞 | 多呈近椭圆状小岩株分布，较为分散。侵入上石炭统壶天群及测水组，发生大理岩化及角岩化，侵入早期晚侏罗世第一阶段第一次侵入岩中 | 9.9 | |
| | | $\eta\gamma J_3^c$ | 细粒斑状二长花岗岩 | | 枫岭头、船洞岭、松子墩、石古坑、小洞坑、上洞、黄洞 | 侵入晚侏罗世第二阶段第一次侵入岩中 | 10.4 | |
| | | $\eta\gamma J_3^b$ | 中细粒黑云母二长花岗岩 | | 狮子石、黄屋坝、粗石坑、沙坪、下仝、新塘村林场、丫叉岭 | 多呈小岩株分布，侵入晚侏罗世第一阶段第二次侵入岩中 | 7.1 | |
| | | $\eta\gamma J_3^{2a}$ | 中细粒斑状黑云母二长花岗岩 | | 棉丝坑、石梅坑、周屋、其流背、曹段坑、石壁排、瑶子 | 中小型岩基或岩株，侵入第一次岩体，侵入最早侵入体为晚侏罗世第一阶段第二次侵入岩，侵入最晚岩体为晚侏罗世第二阶段第五次侵入岩；侵入地层为上泥盆统一下石炭统帽子峰组泥岩及下石炭统测水组粉砂质泥岩，外接触带发生热变质角岩化 | 79.4 | 162.9±2.9 |

续表3

| 地质时代 | | 地质代号 | 主体岩性 | 构造环境 | 侵入体名称 | 地质特征 | 出露面积（km²） | 锆石 LA-ICP-MS U-Pb 年龄（Ma） |
|---|---|---|---|---|---|---|---|---|
| 中生代 | 侏罗纪 | $\eta\gamma J_3^{1c}$ | 中粒含斑或少斑黑云母二长花岗岩 | 板内环境 | 景子峰、练星、陈洞、黄蜂山、牛栏冲、羊塘、大青尾、上坑、小江林场 | 多呈不规则小岩株产出，侵入中泥盆统老虎头组、下石炭统帽子峰组及上石炭统石磴子组，多发生角岩化、大理岩化及砂卡岩化；侵入晚侏罗世第一阶段岩化、大理岩化及砂卡岩化第二次侵入体中 | 32.9 | 163.1±6.7 |
| | | $\eta\gamma J_3^{1b}$ | 中粗粒斑状黑云母二长花岗岩 | | 鹅公山、深坑底、岐山背、横坑、下盘子 | 主体侵入岩呈大型岩基面状分布，受其他多期次侵入岩侵入，并侵入晚侏罗世第一阶段第一次侵入岩及晚奥陶世侵入岩中；侵入最早地层为中石炭统测水组、老虎头组石英砂岩，侵入最晚地层为上石炭统测水组，大理岩化、角岩化及砂卡岩化接触带附近可见角岩化、大理岩化、砂卡岩化等蚀变 | 315.7 | |
| | | $\eta\gamma J_3^{1a}$ | 中粗粒多斑黑云母二长花岗岩 | | 杨梅坑 | 呈小岩基产出，受晚侏罗世第一阶段第二次侵入岩及第二阶段第一次侵入岩侵入，未见侵入岩地层中 | 10.7 | |
| 古生代 | 奥陶纪 | $\eta\gamma O_3^2$ | 中粒黑云母二长花岗岩（含斑或少斑） | 后碰撞环境 | 天堂岭、中洞 | 发现的最老残留岩体状出露，呈岩残留岩体状产出；侵入岩受晚侏罗世第一至第二次侵入岩侵入，在樟市镇中洞中段芦溪等地呈变质基底状产出，被中泥盆统杨溪组沉积覆盖 | 8.7 | 448±9.1 |

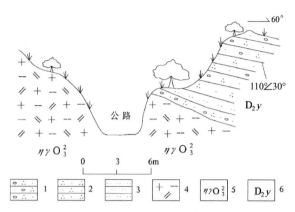

图 1 韶关市中洞村晚奥陶世花岗岩与中泥盆统杨溪组地层呈沉积接触

1.含砾石英砂岩；2.石英砂岩；3.粉砂岩；4.中粒黑云母二长花岗岩；
5.晚奥陶世二长花岗岩；6.中泥盆统杨溪组

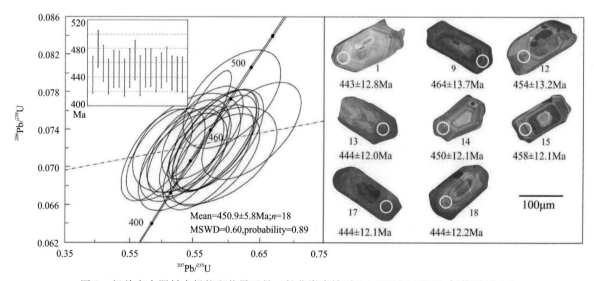

图 2 韶关市中洞村中粗粒斑状黑云母二长花岗岩锆石 LA-ICP-MS U-Pb 年龄图（左）和
典型锆石阴极发光图像（右）

（五）发现了吴川-四会断裂带穿越广东韶关地区继续北延的证据。吴川-四会断裂是广东省内一条重要的北东向构造，也是广东西部的重要控矿构造。它控制了一系列大型、超大型矿床的分布。该带并非是一条简单的线性构造，而是表现为有一定范围、边界模糊的狭长强应变线形地带。其组分包括了韧性断层、脆韧性断层、韧性剪切带、动力变质带及其伴生的岩浆岩，其实质就是一条大型的韧性剪切带。据有关资料判断，该断裂构造综合体南西由吴川经徐闻越过琼州海峡，延至海南省的临高、东方一带；北东越过粤赣边界，与赣江大断裂相连，然后经南昌、鄱阳湖穿越长江，与郯庐大断裂接轨，构成其东支主体。

通过近年调查，在韶关市樟市镇芦溪村发现一条韧性剪切带，发育于晚奥陶世中粒黑云母二长花岗岩中，出露宽度大于 500m，延伸 2～3km，它可能为北东向吴川-四会断裂中深层次强烈剪切变形的产物。

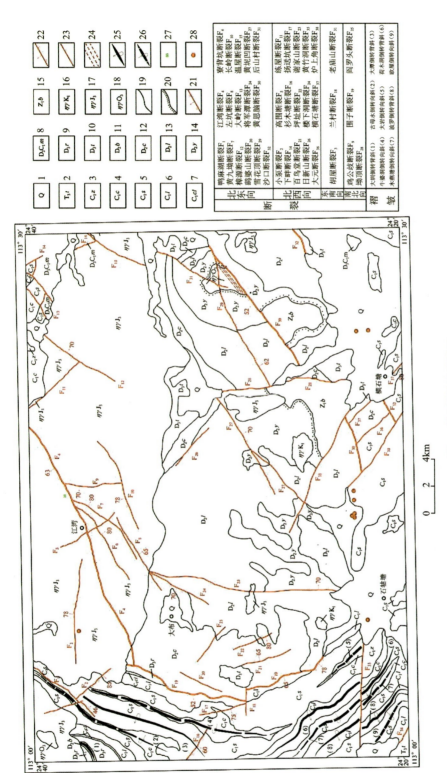

图3 调查区构造纲要图

1.第四系；2.下三叠统头木冲组；3.下石炭统测水组；4.下石炭统梓门桥组；5.下石炭统石磴子组；6.下石炭统连县组；7.下石炭统长坝组；8.上泥盆统—下石炭统帽子峰组；9.上泥盆统融县组；10.上泥盆统天子岭组；11.中泥盆统巴漆组；12.中泥盆统春湾组；13.中泥盆统老虎头组；14.中泥盆统杨溪组；15.下震旦统坝里组；16.晚白垩世黑云母二长花岗岩；17.晚侏罗世黑云母二长花岗岩；18.晚奥陶世黑云母二长花岗岩；19.实测地质界线；20.不整合界线；21.正断层；22.逆断层；23.性质不明断层；24.韧性剪切带；25.倒转背斜；26.倒转向斜；27.温泉；28.里氏3级以上地震点

表 4  调查区构造演化序列表

| 地质时代 | | | 构造旋回 | 构造运动 | 变形序列 | 岩浆作用 | 变质作用 | 构造类型 | 构造层次 |
|---|---|---|---|---|---|---|---|---|---|
| 新生代 | 第四纪 | Q | 喜马拉雅旋回 | 喜马拉雅运动 | D4 | | | 多级河流阶地和夷平面、脆性断裂、节理 | 表部构造层次 |
| | 新近纪 | N | | | | | | | |
| | 古近纪 | E | | | | | | | |
| 中生代 | 白垩纪 | $K_2$ | 燕山旋回 | 燕山运动 | D3 | 晚侏罗世—早白垩世黑云母二长花岗岩侵入 | 接触变质、动力变质 | 开阔型褶皱、脆性断裂、节理、擦痕 | 表部—浅部构造层次 |
| | | $K_1$ | | | | | | | |
| | 侏罗纪 | $J_3$ | | | | | | | |
| | | $J_2$ | | | | | | | |
| | | $J_1$ | | | | | | | |
| | 三叠纪 | $T_3$ | | | | | | | |
| | | $T_2$ | | | | | | | |
| | | $T_1$ | | | | | | | |
| 晚古生代 | 二叠纪 | P | 海西-印支旋回 | 海西-印支运动 | D2 | | 区域变质、动力变质 | 走向北东或北西紧密线形同斜倒转褶皱及其伴生断裂 | 浅—中构造层次 |
| | 石炭纪 | C | | | | | | | |
| | 泥盆纪 | D | | | | | | | |
| 早古生代 | 志留纪 | S | 加里东旋回 | 加里东运动 | D1 | 黑云母二长花岗岩侵入 | 动力变质、区域变质、接触变质 | 北东向韧性剪切带、顺层千枚理、顺层片理 | 浅—中构造层次 |
| | 奥陶纪 | $O_3$ | | | | | | | |
| | | $O_{1-2}$ | | | | | | | |
| | 寒武纪 | ∈ | | | | | | | |
| 新元古代 | 震旦纪 | Z | | | | | | | |

韧性剪切带发育花岗质糜棱岩,由长英质基质和碎斑组成。野外露头可见近水平线理发育,主要发育拉伸线理、滑痕线理,拉伸线理表现为石英质透镜体拉长呈定向平行排列,侧伏向南西,侧伏角一般小于30°,显示左旋走滑特征;S-C组构极发育,据S面理和C面理的锐夹角对运动方向的指示,判断为左旋走滑性质。另外,石英碎斑及其外缘较弱的韧性长英质重结晶集合体、细碎粒基质在流动变形的影响下发生旋转变形,在大致平行糜棱面理(C)的方向上,碎斑的两端形成不对称的旋转碎斑系,"σ"型及"δ"旋转碎斑系均极发育;石英脉体呈透镜状、石英肠状及似多米诺骨牌状顺糜棱面理发育,从似多米诺骨牌状构造等判断其为左旋性质。镜下可见石英呈他形粒状,定向分布,拉长变形明显,粒内波状、带状、

斑块状消光发育,变形纹发育。另外,石英碎斑可多见发育"σ"型(图4)、"δ"旋转碎斑系及曲颈构造(图5)。黑云母褶曲变形,部分黑云母在强烈剪切作用下形成"云母鱼"构造,显示出显微的S-C组构。

该韧性剪切带内的矿物共生组合主要有石英+斜长石+钾长石+绢云母、石英+斜长石+钾长石+绢云母+绿泥石、绿帘石,变质作用相当于低绿片岩相。原岩为酸性侵入岩。

图4 碎斑拉长变形及"σ"型残 2X(+)　　　　图5 糜棱岩中的曲颈状构造 2X(+)

据野外调查情况并配合构造特征分析,厘定韧性剪切带总体走向北东,局部受后期构造改造发生褶皱弯曲而呈近南北走向,韧性总体呈右旋走滑兼小角度正断层性质,南北走向一翼为左旋兼小角度上冲性质(图6)。

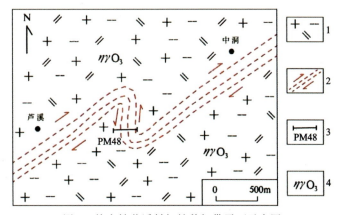

图6 樟市镇芦溪村韧性剪切带平面示意图
1.黑云二长花岗岩;2.韧性剪切带及运动方向;
3.实测剖面位置;4.晚奥陶世黑云二长花岗岩

韧性剪切带北东向延伸较好,露头连续性较差,南北走向一翼露头情况良好。为此,在韧性剪切带南北走向一翼测制了构造剖面,剖面显示多个强变形中心,呈现花岗质糜棱岩(千糜岩)-花岗质初糜棱岩-糜棱岩化花岗岩-弱变形花岗岩不同变形强度的糜棱岩系列(图7)。其中,糜棱岩化花岗岩中基质小于10%且面理不发育,花岗质初糜棱岩中基质10%~50%且面理发育,花岗质糜棱岩中基质50%~90%,而花岗质千糜岩则主要由片状矿物组成且少见碎斑。韧性剪切带总体表现为从围岩到变形中心逐渐增强,西侧表现为以花岗质初糜棱岩和糜棱岩化花岗岩为主,东侧则为花岗质糜棱岩或花岗质千糜岩。此外,千糜岩受后期构造影响强烈褶皱,发生一系列平卧小褶皱且"石香肠"构造被改造成平卧状。

通过调查发现,该韧性剪切带的形成时代应属加里东期,加里东期后表现为脆性域断裂活动特征,证据:①韧性剪切带仅发育于晚奥陶世中粒黑云母二长花岗岩中(锆石LA-ICP-MS U-Pb年龄为450.9±5.8Ma);②韧性剪切带附近,与花岗岩呈沉积接触的中泥盆统杨溪组并未见发育韧性剪切带;③调查区

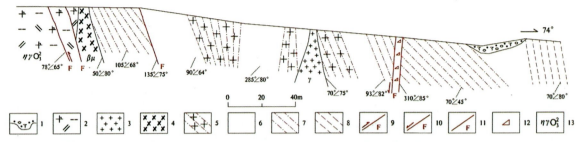

图 7 韶关市曲江区樟市镇芦溪村韧性剪切带实测剖面图

1. 浮土；2. 中粒、中粗粒含斑黑云二长花岗岩；3. 细粒花岗岩(脉)；4. 辉绿岩(脉)；5. 糜棱岩化花岗岩；6. 初糜棱岩；
7. 糜棱岩；8. 千糜岩；9. 逆断层；10. 正断层；11. 性质不明断层；12. 碎裂岩；13. 晚奥陶世第二阶段侵入二长花岗岩

内，该断裂沿线均呈现脆性域活动特征，未见韧性变形迹象。这也表明，从调查区通过的吴川-四会断裂带在加里东期已经生成并发生中深层次断裂活动。北东向韧性剪切带的发现，为吴川-四会断裂带穿越广东韶关地区继续北延提供了新的有力证据。

有关该断裂带研究较多，总体来看对粤北北延情况认识模糊，争论较大。在《广东省区域地质志》(1988)出版之前，主要有两种看法：一是认为吴川-四会断裂带止于英德西牛镇附近；二是认为往北可伸入英德—始兴—南雄一线，把英德—始兴—南雄一线称为吴川-四会断裂带的北东段。《广东省区域地质志》(1988)认为英德以北断裂带沿北江进入韶关后分为两支：一支往北与赣江断裂、郯庐断裂相接；另一支往北东接大余-兴国-南城断裂。近年来，吴川-四会断裂与赣江断裂、郯庐断裂相连的观点受到关注，在地质文献上经常看到这种提法。韶关地区恰好位于英德以北，处于断裂带展布有争议的区域。在综合已有地质资料的基础上，本书对区域内实地调查测量的断裂之展布、规模和性质特征与吴川-四会断裂带进行了比对，倾向于认为吴川-四会断裂带进入该区后分为两支，东支为沙口断裂($F_{32}$)，西支为黄思脑断裂($F_{30}$)。二者属英德-始兴断裂组，其中沙口断裂($F_{32}$)延伸区外后经大坑口、沙溪、铜锣埠、梅子坪，黄思脑断裂($F_{30}$)出调查区后沿乌石、关山一线展布，而后二者重新在梅子坪一带复合后经始兴直达南雄。

(六)初步探讨了"黄思脑穹隆"与"弧形褶皱"构造的成因。对于黄思脑穹隆及周边弧形褶皱的成因，前人所述不多。《1∶50万广东省构造体系图说明书》(1979)认为，黄思脑穹隆位于粤北"山"字形构造的盾地位置，因而构造形迹相对较弱，岩层产状平缓；黄思脑穹隆是粤北"山"字形构造、东西向大东山-贵东岩体和北东向断裂等多种因素综合作用的产物。同时，该说明书也提及七〇六地质大队为两侧的弧形褶皱是粤北"山"字形构造的主体，分属西翼和东翼，这种看法大大缩小了传统粤北"山"字形构造的展布范围。《1∶25万韶关市幅区域地质调查报告》(2009)则认为黄思脑穹隆及周边弧形褶皱是燕山期东西向构造岩浆带与北东向断裂带综合作用的结果，特别是与北东向断裂的走滑剪切作用密切相关。

野外地质调查研究发现，黄思脑穹隆及周边弧形褶皱是海西-印支期构造层叠加了东西向褶皱构造而成。调查区内，除了发育印支期的北东向、北西向褶皱外，还普遍发育近东西向褶皱构造。在调查区西南角波罗镇大岩等地下石炭统连县组发育近东西向劈理化带。据层劈关系判断，该点为一近东西向背斜构造(图8)，表明调查区至少存在一期南北向构造作用力的叠加改造，从而呈现东西向的褶皱形迹。另外，在石牯塘镇锦潭水库西岸的中泥盆统老虎头组砂岩、粉砂岩中亦见发育东西向褶皱，为一宽缓背斜构造，轴面走向80°左右，转折端宽缓(图9)。这都表明调查区内曾受到一期南北向的挤压应力。而这一期次的南北向挤压应力很大程度上与燕山期的造山运动相关。综合区域地质资料和该次工作研究成果发现，位于调查区北侧的近东西向大东山岩体和南缘东西向佛岗岩体均形成于燕山期板内同碰撞构造环境，显示该区域可能处于高强度的挤压构造应力场下，为东西向褶皱的形成提供了有利的力学背景。因此，本次工作初步认为，黄思脑穹隆及周边弧形褶皱是燕山期造山运动产生的南北向挤压应力对海西-印支期构造层的叠加改造所致。

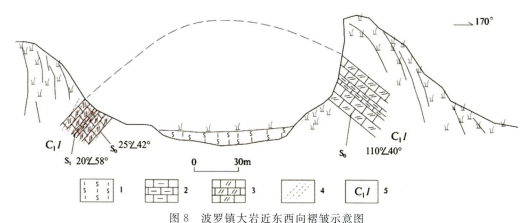

图 8　波罗镇大岩近东西向褶皱示意图

1.淤泥质黏土；2.泥质灰岩；3.白云质灰岩；4.劈理化带；5.下石炭统连县组；
$S_0$.层理面；$S_1$.劈理面

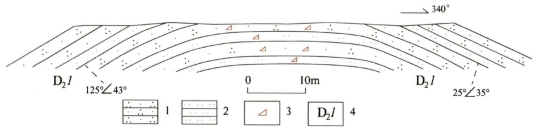

图 9　石牯塘镇锦潭水库西岸近东西向宽缓褶皱素描图

1.石英砂岩；2.粉砂岩；3.碎裂化；4.中泥盆统老虎头组

（七）初步探讨广东乳源大峡谷地貌成因机制。广东大峡谷位于乳源县南端大布镇，而后自北东向西南直达英德市石牯塘，全长约 15km，是广东省著名的旅游风景区，以奇特的峡谷地貌而闻名（图 10）。广东大峡谷是古近纪以来地壳抬升形成的峡谷地貌景观，属于类张家界地貌。张家界峰林地貌属于成熟期地貌，而广东大峡谷现今状态相当于张家界发展阶段中的幼年期并且会发展形成峰林地貌，其形成受物质基础、构造条件与外部营力等因素控制。

图 10　广东乳源高山峡谷地貌（来自于网络）

1.物质基础：石英砂岩系是广东大峡谷形成的物质基础。大峡谷地区出露中泥盆统老虎头组，该组为一套厚度巨大的石英砂岩系，岩性以含砾石英砂岩、石英砂岩为主，偶夹薄层状粉砂岩。石英砂岩系具有成熟度高、胶结好、刚度强等特征及高石英低杂质组分,抗风化和侵蚀能力强,有利于峡谷地貌的保持。同时,足够大的沉积厚度也为峡谷向纵深发展提供有利空间。

2. 构造条件:大峡谷地貌景观的形成得益于平缓岩层及垂直节理构造。广东大峡谷地区及周边的岩层平缓,倾角基本小于15°,很少有大于15°的岩层;岩层中发育4组近直立X型节理,走向分别为北东向、北西向、近南北向和近东西向,这些节理岩层切割成方形、菱形,形成"棋盘式"构造。平缓地层使砂岩岩层之间不易产生重力滑动、滑脱,岩层稳定性较好,为峡谷的保存提供了稳定的支撑结构面;而垂直节理系作为薄弱结构面,互相切割,使平缓的石英砂岩系更易于发生高角度崩塌,从而有利于峡谷向纵深发展并形成典型、特征的陡峭峡谷壁。

3. 外营力:水流侵蚀和重力崩塌是峡谷形成的主要外营力。这种外营力对大峡谷地貌的塑造主要归因于新构造以来地壳的持续抬升。地壳抬升改变了区域性侵蚀基准面,流水侵蚀加剧。地壳的持续抬升致使流水不断下蚀、溯源侵蚀,同时被节理切成"豆腐块"状的石英砂岩发生重力失稳,岩块不断发生侵蚀和崩塌,最终形成"谷深壁陡"的峡谷地貌。

(八)1:5万水系沉积物测量效果显著。圈定综合异常43处(图11),其中具有找矿意义的甲类异常14处,乙类异常29处。分布在岩体内的综合异常5处,分布在岩体与地层接触带的异常7处,以小岩体为中心的综合异常2处,分布在地层中的综合异常29处。

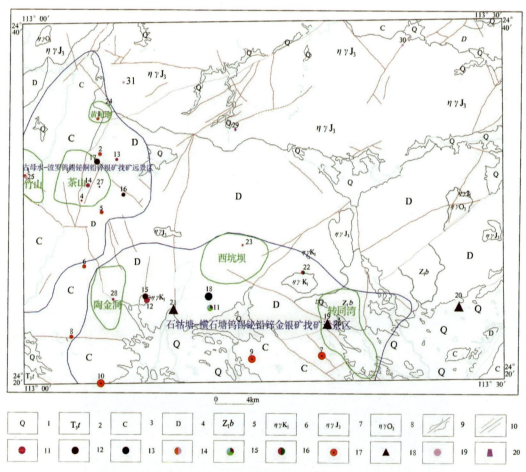

图11 调查区找矿远景区及找矿靶区分布图

1.第四系;2.三叠系头木冲组;3.石炭系;4.泥盆系;5.震旦系坝里组;6.早白垩世侵入岩;7.晚侏罗世侵入岩;8.晚奥陶世侵入岩;9.地质界线;10.断裂;11.钨矿;12.锡矿;13.铋矿;14.金银矿;15.铅锌多金属矿;16.钨铍矿;17.铁矿;18.硫铁矿;19.稀土矿;20.萤石矿

（九）矿产调查取得较大进展，新发现矿（化）点 9 处（表5）。在系统分析成矿地质背景的基础上，结合典型矿床研究和最新找矿成果，初步建立了金矿（表6）、钨锡铋矿（表7）、铜铅锌银矿（表8）3 种矿床找矿模型。根据地质、物化探及找矿成果资料，调查区划分了找矿远景区 2 处（图11，表9），优先圈定了找矿靶区 6 处（表9），分析了资源潜力。

**表5 调查区新发现矿（化）点特征表**

| 序号 | 名称 | 地质特征 | 矿床类型 | 矿床规模 | 研究程度 |
|---|---|---|---|---|---|
| 1 | 英德市西坑坝金银矿 | 赋存于中泥盆世老虎头组石英砂岩中，发现4条矿体，其中V1、V2为构造蚀变带型金矿脉，初步控制矿体长度492m，厚10～55cm，平均厚度0.5cm。矿石金（1.26～43.4）×$10^{-6}$，银（3.31～156）×$10^{-6}$。围岩蚀变主要有硅化、绢英岩化及黄铁矿化 | 岩浆热液型 | 矿点 | 踏勘 |
| 2 | 英德黄泥地铅锌银多金属矿 | 赋存于中粗粒（二长）花岗岩中，矿体产于宽3～5m碎裂化、强褐铁矿化矽卡岩透镜体中。含矿体宽约1.5m，见硅化、碎裂化、强褐铁矿化等，含银（91.1～263）×$10^{-6}$，铅0.82%～9.95%，锌4.09%～12.2% | 矽卡岩型 | 矿点 | 踏勘 |
| 3 | 乳源县竹山银矿 | 赋存于石磴子组。矿石矿物成分为自然银，围岩为灰黑色碳质砂岩，矿体顺层产出，见黄铁矿化。含银59.3×$10^{-6}$ | 岩浆热液型 | 矿点 | 踏勘 |
| 4 | 英德市转同湾铅锌矿 | 赋矿层位主要为天子岭组。石英脉型，包括石英单脉、复脉、网脉及细脉带等多种产出形式。两条矿体宽分别约3m，2m。矿石矿物主要为方铅矿，次为闪锌矿、褐铁矿。矿石品位：铅0.43%～1.15%，锌0.04%～0.21%，全铁3.67%～54.03%。围岩蚀变主要有硅化、黄铁矿化 | 中—低温热液型 | 矿点 | 踏勘 |
| 5 | 乳源县钨莲钨铋矿 | 赋存于中泥盆世春湾组碎屑岩，以硅化、黄铁矿化、绿泥石化、大理岩化为主。有3条断裂，$F_1$是区域性断裂，$F_2$为硅化破碎带，$F_3$与$F_2$近似平行分布，长约2km，断裂中主要为褐铁矿化的构造岩以及石英脉碎块，钨品位最高（0.14%） | 岩浆热液型 | 矿点 | 踏勘 |
| 6 | 英德市陶金洞铅锌矿 | 赋存于老虎头组碎屑岩和石磴子组碳酸盐岩，围岩具云英岩化、褐铁矿化、角岩化。局部见黄铁矿、方铅矿脉，宽约3cm。铅0.14%～0.48%，锌0.14%～0.49% | 岩浆热液型 | 矿点 | 踏勘 |
| 7 | 乳源县大坳坑萤石矿 | 赋存在晚侏罗世中粗粒斑状黑云二长花岗岩中。有4条矿脉，出露长度约190m。矿体多呈脉状或多枝细脉出现，脉宽多为10～30cm，局部可达1.5m左右 | 岩浆热液型 | 矿化点 | 踏勘 |
| 8 | 韶关市续源洞稀土矿 | 赋存在晚侏罗世中粗粒斑状黑云二长花岗岩风化壳中。面状分布，与侵入体分布范围一致。稀土氧化物总量（REO）为（190～1 076）×$10^{-6}$ | 离子吸附型 | 矿化点 | 踏勘 |
| 9 | 乳源县白竹稀土矿 | 赋存在晚侏罗世中粗粒斑状黑云二长花岗岩风化壳中。面状分布，稀土氧化物总量（REO）（94～3 605）×$10^{-6}$ | 离子吸附型 | 矿化点 | 踏勘 |

表 6　金矿床地球化学找矿模型

| 标志分类 | | | 信息显示 |
|---|---|---|---|
| 地质环境 | 岩浆岩 | 岩石类型 | 黑云母二长花岗岩 |
| | | 岩体时代 | 晚侏罗世 |
| | | 岩体产状 | 岩基 |
| | | 成矿部位 | 接触带、破碎带 |
| | 构造 | 矿床所处构造位置 | 黄坭凹断裂与黄竹洞断裂交会处附近次级断裂 |
| | | 控制矿床构造 | 次级断裂及节理裂隙相对发育，石英脉生成 |
| | 地层 | 时代岩性 | 中泥盆世老虎头组底部砂岩 |
| | 围岩蚀变 | | 硅化、黄铁矿化、绢英岩化、绿泥石化、绢云母化 |
| | 矿化 | | 主要是黄铁矿化、方铅矿化、黄铜矿化 |
| 地球化学 | 水系沉积物异常 | | 综合异常属乙$_1$类，整体呈弯月状分布，Au、Pb、Bi、Ag、Cu 异常强度高，具三级浓度分带，浓集中心明显，面积大、套合好 |

表 7　钨锡矿床地球物理、地球化学找矿模型

| 标志分类 | | | 信息显示 |
|---|---|---|---|
| 地质环境 | 岩浆岩 | 岩石类型 | 中粒含斑或少斑状黑云母二长花岗岩、中粒（斑状）黑云母二长花岗岩 |
| | | 岩体时代 | 晚侏罗世 |
| | | 岩体产状 | 岩基 |
| | | 岩体规模 | 面积大 |
| | | 成矿部位 | 接触带、破碎带 |
| | 构造 | 矿床所处构造位置 | 北西向、北东向断裂从区内穿过 |
| | | 控制矿床构造 | 次级断裂及节理裂隙相对发育，石英脉生成 |
| | 地层 | 时代岩性 | 春湾组 |
| | 围岩蚀变 | | 硅化、强绢云母化、绿泥石化 |
| | 矿化 | | 主要是黄铁矿化、褐铁矿化、黑钨矿化、锡石化 |
| 地球物理 | 重力地面异常特征 | | 布格重力分布于重力低缓负异常区 |
| | 航磁异常特征 | | 调查区南部边缘波罗、古母水—石牯塘一带有一较强磁异常，处于推测隐伏岩体的边界 |
| 地球化学 | 水系沉积物异常 自然重砂异常 | | 该综合异常以 Bi、W、Sn、Ag、Pb 等元素异常表现尤为强烈，异常中心椭圆形，元素组合复杂，各异常套合极好，浓度分带性好 |

表 8　铜铅锌银矿床地球化学找矿模型

| 标志分类 | | | 信息显示 |
|---|---|---|---|
| 地质环境 | 岩浆岩 | 岩石类型 | 二长花岗岩 |
| | | 岩体时代 | 晚侏罗世 |
| | | 岩体产状 | 岩基 |
| | | 成矿部位 | 接触带、破碎带 |
| | 构造 | 矿床所处构造位置 | 多条大断裂及附近次级断裂 |
| | | 控制矿床构造 | 次级断裂及节理裂隙相对发育,石英脉生成 |
| | 地层 | 时代岩性 | 老虎头组碎屑岩、天子岭组泥晶灰岩、春湾组碎屑岩和石磴子组碳酸盐岩 |
| | | 围岩蚀变 | 硅化、黄铁矿化、褐铁矿化、角岩化、矽卡岩化等 |
| | | 矿化 | 主要是黄铁矿化、褐铁矿化、黄铜矿化等 |
| 地球化学 | 水系沉积物异常 | | 综合异常由 Bi、W、Sn、Sb、As、Cd、Pb、F、Ag、Zn、Ni、Mo、Au、Co、Cu 组成,呈近南北向椭圆状展布,具三级浓度分带,浓集中心明显,面积大、套合好 |

表 9　调查区找矿远景区和找矿靶区划分简表

| 找矿远景区名称(级别) | 找矿靶区(级别) | 主攻矿种 | 面积(km²) | 主攻矿床类型 |
|---|---|---|---|---|
| 广东乳源县古母水-波罗钨锡铋铜铅锌银找矿远景区(A) | 广东省乳源县黄泥地铜铅锌银找矿靶区(A) | 铅锌银多金属 | 6.7 | 矽卡岩型 |
| | 广东省乳源县竹山银找矿靶区(B) | 银 | 15.4 | 岩浆热液型 |
| | 广东省乳源县茶山钨铋找矿靶区(A) | 钨铋 | 41.2 | 岩浆热液型 |
| 广东英德巾石牯塘-横石塘钨锡铋铅锌金银找矿远景区(A) | 广东省英德市陶金洞铅锌找矿靶区(B) | 铅锌 | 29.3 | 岩浆热液型 |
| | 广东省英德市西坑坝金银找矿靶区(A) | 金银 | 46.3 | 岩浆热液型 |
| | 广东省英德市转同湾铅锌矿找矿靶区(A) | 铅锌 | 55.6 | 岩浆热液型 |

## 三、成果意义

1. 对地层、构造、岩浆岩和变质岩进行了详细的调查研究,对新增地层单位——早石炭世长坞组进行了填绘,大东山地区新发现加里东期岩浆活动证据,提高了调查区基础地质工作程度。同时,获得的基础地质资料为当地国民经济基础建设、规划部署等提供了可靠的地质技术资料。

2. 韶关市曲江区樟市镇芦溪村发现加里东期韧性剪切带,为吴川-四会断裂带穿越广东韶关地区继续北延提供了新证据。

3. 圈定了 1∶5 万水系沉积物测量综合异常,开展了矿产检查,总结了区域成矿规律,划分了找矿远景区,圈定了找矿靶区,为下一步地质工作部署指出了方向。

4. 从物质基础、构造条件和外营力等方面探讨了广东大峡谷的成因机制,为旅游地质开发、地学科学知识普及提供了基础地质支撑。

# 广西1∶5万汀坪幅、两水幅、千家寺幅区域地质矿产调查

黄锡强　覃洪锋　蒋　剑　刘名朝　谢植贵　谭　斌
潘金光　何卫军　唐娟红　李玉坤

(广西壮族自治区地质调查院)

**摘要**　调查区划分了15个组级、2个特殊岩性层、23个岩石地层单位。采集了寒武纪和志留纪古生物化石,为准确确定部分争议地层时代提供了古生物学依据。侵入岩主要有加里东期和印支期两期,分别厘定出2个和6个填图单位,分析了它们的物源及形成时的大地构造背景。查明了主要断层、褶皱特征及其分布规律,建立了地质构造格架。1∶5万水系沉积物测量圈定综合异常22处,其中甲类10处、乙类9处、丙类3种,对异常初步进行了评价解释。新发现金属矿(化)点5处,宝玉石矿点1处。圈定Ⅰ级找矿远景区5处,Ⅱ级找矿远景区1处,并进行了资源潜力评价,提出了重点找矿方向。

## 一、项目概况

调查区地跨广西壮族自治区和湖南省两省(区),分属广西壮族自治区桂林市龙胜县、资源县、兴安县和湖南省城步县。地理坐标:东经110°15′00″—110°30′00″,北纬25°40′00″—26°10′00″,包括1∶5万汀坪幅、两水幅、千家寺幅3个国际标准图幅,面积1 387 km$^2$。

工作周期:2014—2016年。

**总体目标任务**:按照1∶5万区域地质调查技术要求和地球化学调查等有关技术规范,以及中国地质调查局关于加强成矿带1∶5万区调工作的通知等有关要求,在系统收集和综合分析已有地质资料的基础上,针对调查区存在的主要地质问题,开展1∶5万区域地质填图,查明区内地层、岩石(沉积岩、岩浆岩、变质岩)、构造以及其他各种地质体的特征,并研究其属性、形成环境和发展历史以及与成矿有关的基础地质问题,为调查区后续矿产调查提供基础资料。开展1∶5万地球化学调查,圈定异常,开展异常查证和概略性矿产检查工作,发现新的矿点、矿化点,为开展矿产调查工作提供新的靶区。

## 二、主要成果与进展

(一)地层古生物。

1.调查区位于扬子陆块与华夏陆块结合带的西部、扬子克拉通南端,属于湘桂裂陷盆地内的资源被动大陆边缘盆地。地层分布占调查区总面积的65%,先后沉积了丹洲群、南华系、震旦系、寒武系、奥陶系、泥盆系以及少量第四系。除第四系外,所有地层均属于海相沉积。通过开展多重地层划分对比研究,查明了岩石地层、年代地层、沉积旋回和沉积相特征及构造背景,划分了15个组级、2个特殊岩性层共23个岩石地层填图单元(表1),提高了调查区地层研究程度。

表1 地层序列划分表

| 界 | 系 | 统 | 组 | | 段 | | (代号) |
|---|---|---|---|---|---|---|---|
| 新生界 | 第四系 | 全新统 | 桂平组 | | | | Qhg |
| 晚古生界 | 泥盆系 | 中统 | 唐家湾组 | | | | $D_2t$ |
| | | | 信都组（不可分段） | 信都组（可分段） | 未分段 | 第二段 | $D_2x^2$ |
| | | | | | | | $D_2x$ |
| | | | | | | 第一段 | $D_2x^1$ |
| 早古生界 | 奥陶系 | 上统 | 田林口组 | | 第二段 | | $O_3t^2$ |
| | | | | | 第一段 | | $O_3t^1$ |
| | | 中统 | 升坪组（不可分段） | 升坪组（可分段） | 未分段 | 第三段 | $O_2s^3$ |
| | | | | | | 第二段 | $O_2s$ $O_2s^2$ |
| | | | | | | 第一段 | $O_2s^1$ |
| | | 下统 | 黄隘组 | | 第二段 | | $O_1h^2$ |
| | | | | | 第一段 | | $O_1h^1$ |
| | 寒武系 | 芙蓉统 | 白洞组 | | | | $\in_4 bd$ |
| | | | 边溪组 | | 第二段 | | $\in_{3-4}b^2$ |
| | | 第三统 | | | 第一段 | | $\in_{3-4}b^1$ |
| | | 第二统 | 清溪组 | | 第三段 | | $\in_{1-2}q^3$ |
| | | | | | 第二段 | | $\in_{1-2}q^2$ |
| | | 纽芬兰统 | | | 第一段 | | $\in_{1-2}q^1$ |
| 新元古界 | 震旦系 | 上统 | 老堡组 | | | | $Z_2l$ |
| | | 下统 | 陡山沱组 | | | | $Z_1d$ |
| | 南华系 | 上统 | 黎家坡组 | | | | $Nh_3l$ |
| | | 中统 | 富禄组 | | | | $Nh_2f$ |
| | | 下统 | 长安组 | | | | $Nh_1c$ |
| | 青白口系（丹洲群） | 上统 | 拱洞组（未见底） | | | | $Pt_3g$ |

2. 重点调查研究了丹洲群拱洞组的岩性特征、分布规律、沉积古地理特征等。拱洞组未见底，底部因猫儿山岩体侵蚀而缺失，以陆源碎屑浊流沉积为主，为陆隆-深海盆地环境。丹洲群拱洞组与上覆南华系长安组为整合接触关系。与区域上对比，调查区南华系沉积厚度较薄，长安组及黎家坡组所含砾石颗粒相对较小且含砾层较少，富禄组基本不含砾石，代表沉积环境离物源区较远，这对对比分析桂北地区南华系的古地理环境具有重要意义。

3. 寒武系清溪组三段灰岩采集到微古生物化石。长期以来，对广西寒武系尚未取得有实际意义的时代划分依据，本次工作采获的微古生物化石经鉴定为孢子囊化石（图1），虽因数量少难以确定其确切时代归属，但对下一步确定桂北乃至整个广西寒武系时代仍具有极其重大的意义。

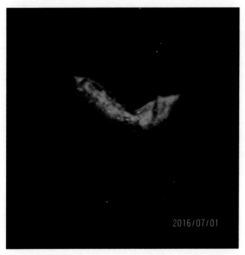 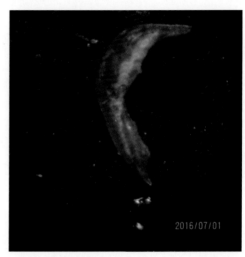

图 1　清溪三段采集的微古生物化石（两水牛塘）

4. 白洞组采集到微古生物化石（图2）。对白洞组时代的归属长期存在争议，是寒武纪还是奥陶纪至今仍缺乏时代依据。本次所采获的微古生物化石经鉴定为孢子囊类微古生物化石，因采集化石数量较少，难以确认其确切的时代，但经比较分析，认为其更接近于寒武纪的孢子囊类化石，结合调查区内白洞组与上覆黄隘组出现短暂的沉积间断面，即类不整合界面。因此，认为白洞组应划归于晚寒武系顶部。白洞组的时代划分对长期存在争议的晚寒武系与早奥陶系界线的确定具有重要意义。此外，白洞组命名地位于调查区内的白洞村一带，但没有层型剖面。本次工作对命名地的白洞组地层进行了剖面测量，并在相邻区域上进行了多条剖面测量，通过综合研究对比，进一步完善了白洞组岩性组合特征、沉积环境及时代归属等。

5. 发现黄隘组下部粉砂岩夹1~3层浅灰绿色中厚层状层间砾岩（图3）。砾岩主要发育于黄隘组底部，顺层或楔状产出，厚度0.5~2.5m不等。顶底面与黄隘组砂岩呈突变接触关系。对该沉积砾岩的成因，推测可能属于深水重力作用沉积或风暴沉积。但从沉积物成分上看，砾石及胶结物均与黄隘组底部砂岩相类似，砾石磨圆度一般，且砾石无方向性或方向性差，也无分带性或旋回性。由此可推断沉积物为近源物质，未经过长期的搬运和磨圆作用，可能属于突发性事件造成的快速沉积。沉积砾岩的发现，对研究早奥陶系黄隘组的沉积环境及构造环境都具有重要的意义。黄隘组下部板岩内夹有数（1~4层）层厚30~50cm的含泥质（条带）灰岩，且由南往北，灰岩逐渐变厚，可作为区域上的特殊岩性层。从岩石学、沉积学及古生物学等方面将奥陶系升坪组划分为3段：第一段为灰黑色至黑色、部分灰绿色含碳质页岩，常夹砂质、粉砂质页岩，顶部为硅质页岩，偶夹薄层含长石砂岩，产 *Didymograptus abnormis*，*D. hirundo*，*D. patulus*，*D. nitidus*，*D. extensus* 等笔石化石，均属于中奥陶世笔石；第二段灰绿色厚层状细砂岩夹少量泥岩，泥岩以薄层为主，未见化石；第三段以黑色、灰绿色页岩为主，夹粉砂质页岩、粉砂岩、砂岩，顶部为中薄层硅质岩，产 *Dicellograptus sextans*，*D. sex. exilis*，*D. divaricatus*，*D. pumilis*，*D. ansepus* 等笔石化石，为中奥陶世笔石（图4）。

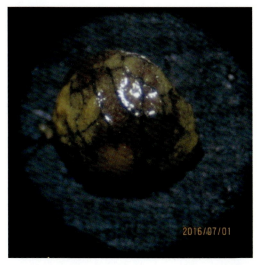 

图 2　白洞组采集的微古生物化石

图 3　黄隘组下部砾岩夹层　　　　图 4　奥陶系升坪组三段底部所产笔石化石

6. 调查区田林口组顶部地层时代存在争议，前人认为该区域内田林口组顶部应属于志留纪，且地层发生倒转重复。本次工作从地层、构造及古生物学上进行了系统研究，认为区域上田林口组并未发生地层的倒转和重复。同时，在田林口组底部（图5）、中部和顶部（图6）均首次采集到笔石化石，底部的笔石种类有：*Normalograptus euglyphus*（Lapworth），*Normalograptus* sp.，*Anticostia lata*（Elles & Wood），*Psudoclimacograptus* sp.；中部笔石种类为：*Dicellograptus minor* Toghill，*D. ornatus* Elles & Wood，*Rectograptus abbreviates* Elles & Wood，*Rectograptus* sp. 和 *Dicellograptus minor* Toghill，*Rectograptus* sp.，*ectograptus abbreviates* Elles & Wood；顶部笔石种类为：*Archiclimacograptus* sp.，*Psudoclimacograptus* sp.。化石鉴定结果证明，从底部至顶部，所采集到的笔石化石标本均属于中—中上奥陶统。而其中 *Dicellograptus minor* Toghill，*D. ornatus* Elles & Wood，*Rectograptus abbreviates* Elles & Wood 属于上奥陶统凯迪阶中上部，是 *D. complanatus asiaticus* 带的主要分子。确定了调查区内不存在志留系，泥盆系超覆于奥陶系之上，呈角度不整合接触关系。对田林口组时代的确定，解决了长期以来该区域存在志留纪地层的争议。

图5 志留系田林口组下部产笔石

图6 志留系田林口组二段顶部笔石

（二）岩浆岩。

1. 调查区岩浆岩非常发育，出露面积约 418km$^2$，占调查区面积的 31% 以上，主要为酸性侵入岩，主体为加里东期、印支期。对花岗岩体进行解体，从岩石学及年代学上重新划分期次，将加里东期岩体划分为 2 个侵入期次，印支期花岗岩划分为 6 个侵入期次（表2）。出露脉岩主要有石英脉、花岗岩脉及少量细晶岩脉、伟晶岩脉、基性岩脉等。

2. 首次在调查区获得晚奥陶世花岗岩锆石 LA-ICP-MS U-Pb 年龄为 459.0±2.0Ma（图7），其物源可能是扬子古陆古元古代晚期—中元古代早期的壳源物质（图8、图9）。

3. 加里东期花岗岩属过铝质高钾钙碱性系列—钾玄岩系列，具 S 型花岗岩特征，可能为扬子古陆晚古元古代—中元古代早期的变质砂岩、少量变质泥岩（图10、图11）部分熔融产物，在花岗岩形成过程中有少量新生地幔物质的加入，形成于同碰撞造山环境，并有向后造山环境演化的趋势（图12）。这与桂东北其他几个加里东期越城岭、海洋山、大宁岩体形成构造环境基本一致。

4. 获得一批印支期花岗岩锆石 LA-ICP-MS U-Pb 年龄数据：216.12±0.84Ma，230.5±0.66Ma，219.2±0.99Ma，219.9±0.47Ma，220.0±1.1Ma，230.5±1.5Ma，2 216.1±1.1Ma，219.5±0.60Ma，220.13±0.65Ma。调查区印支期岩浆活动存在两个峰期，即 220～210Ma 及 230～228Ma，充分记录了华南印支期构造-岩浆活动事件，尤以晚期（220～210Ma）岩浆活动最为强烈，形成了区内印支期花岗岩主体，也是区内钨等多金属矿的主要赋矿花岗岩。研究认为：早期花岗岩是加厚地壳在减压、减薄、导水的条件下发生部分熔融形成的强过铝高钾钙碱性 S 型花岗岩；而晚期花岗岩则可能是在岩石圈伸展减薄的背景下，基性岩浆底侵诱发地壳重熔，形成了含有少量 MME 型包体的 H$_s$ 型花岗岩（图13、图14）。

表 2　侵入岩填图单位划分表

| 构造旋回 | 时代 | 面积（km²） | 代号 | 主要岩性 | 同位素年龄（Ma）（测试方法） | 资料来源 | 有关矿产 |
|---|---|---|---|---|---|---|---|
| 印支期 | 晚三叠世 | 4.1 | $\eta\gamma T_3^f$ | 中细—中粒二云母二长花岗岩 | — | — | 钨多金属成矿 |
| | | 9 | $\eta\gamma T_3^e$ | 中粒—中细粒斑状二云母二长花岗岩 | 228.7±4.1(LA)<br>216.87±4.9(LA)<br>216.1±0.8(LA)<br>230.5±0.6(LA) | 伍静等，2012<br>伍静等，2012<br>本项目<br>本项目 | |
| | | 52 | $\eta\gamma T_3^d$ | 细—中粒黑云母二长花岗岩 | 219.2±1(LA)<br>219.9±0.47(LA) | 本项目<br>本项目 | |
| | | 38 | $\eta\gamma T_3^c$ | 细粒斑状黑云母二长花岗岩 | 219.8±5.7(LA)<br>208±6.7(LA) | 张迪等，2013<br>戴昱，2014 | |
| | | 103.7 | $\eta\gamma T_3^b$ | 细中—中细粒斑状黑云母二长花岗岩 | 218.8±3.5(LA)<br>220±1.1(LA)<br>230.5±1.5(LA)<br>216.0±0.52(LA) | 张迪等，2013<br>本项目<br>本项目<br>本项目 | |
| | | 34.3 | $\eta\gamma T_3^a$ | 中—中粗粒斑状黑云母二长花岗岩 | 215.0±1.0(LA)<br>219.39±0.77(LA)<br>220.13±0.65(LA) | 程顺波等，2013<br>本项目<br>本项目 | |
| 加里东期 | 早—中志留世 | 127.8 | $\eta\gamma S_{1-2}$ | 中—中粗粒斑状黑云母二长花岗岩 | 425.9±3.5(LA)<br>426.1±3.1(LA)<br>432.1±5.9(LA) | 罗捷，2015<br>罗捷，2015<br>1∶5万资源幅，2015 | 钨、钼、锡及稀土矿 |
| | 晚奥陶世 | 25.2 | $\eta\gamma O_3$ | 中细粒（斑状）黑云母二长花岗岩 | 459±2.0(LA) | 本项目 | |

注：LA 为锆石 LA-ICP-MS U-Pb 年龄。

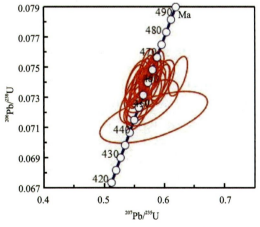

图 7　晚奥陶世花岗岩锆石 LA-ICP-MS U-Pb 年龄谐和图

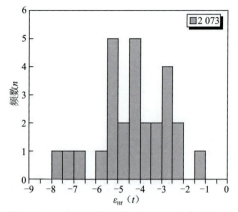
图 8 晚奥陶世花岗岩锆石 $\varepsilon_{Hf}(t)$ 频率直方图

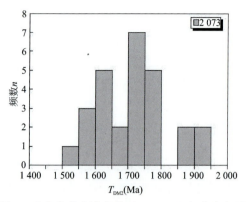
图 9 晚奥陶世花岗岩锆石 $T_{DM2}(Hf)$ 频率直方图

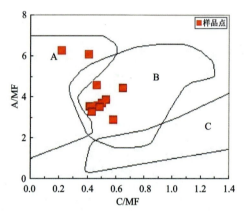

图 10 加里东期花岗岩 A/MF-C/MF 图解(底图据 Alther et al,2000)

A.变质泥岩部分熔融;B.变质砂岩部分熔融;C.基性岩的部分熔融

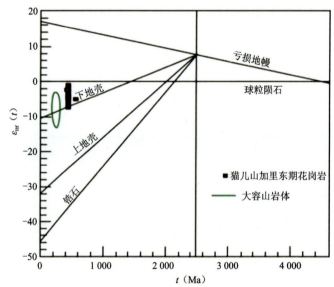

图 11 加里东期花岗岩 $\varepsilon_{Hf}(t)$-$t$ 图解(底图据张怀峰等,2014)

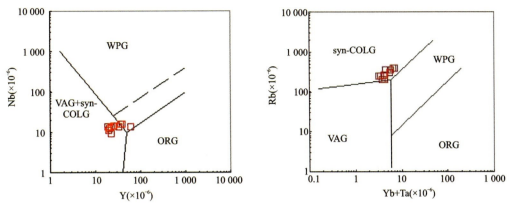

图 12 加里东期花岗岩微量元素构造环境判别图解（底图据 Pearce et al，1984）

VAG. 火山弧花岗岩；WPG. 板内花岗岩；syn-COLG. 同碰撞花岗岩；ORG. 洋中脊花岗岩

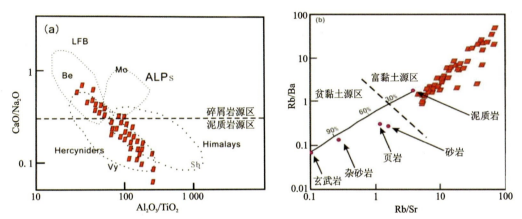

图 13 猫儿山印支期花岗岩 $CaO/Na_2O$-$Al_2O_3/TiO_2$ 图（a）与 $Rb/Sr$-$Rb/Ba$ 图（b）

LFB、ALPs、Himalayas 和 Hercyniders 分别代表澳大利亚拉克兰褶皱带、欧洲阿尔卑斯造山带、
亚洲喜马拉雅造山带和欧洲海西造山带（据 Sylvester，1998）

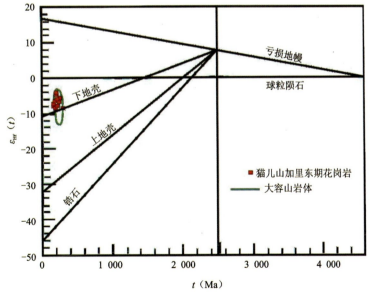

图 14 猫儿山印支期花岗岩 $\varepsilon_{Hf}(t)$-$t$ 图解

（大容山岩体范围线据张怀峰等，2014）

(三)构造。

调查区经历了雪峰运动、加里东运动、印支运动、燕山运动、喜马拉雅运动等多期次构造变动,其中以加里东运动、印支运动最为显著,具造山作用特点。前者促使江南—雪峰山地区陆缘裂谷海盆消亡,印支运动则终结了华南地区的海相沉积历史,转入陆内演化及活动陆缘发展的新阶段。调查区褶皱、断裂发育,褶皱轴向以北东、北北东向为主,其次为近东西向、近南北向;断裂以北北东向最为发育,其次为近东西向(图15)。

1. 通过对主要断层及褶皱的调查研究,理清了地质构造格架,查明了主要断层、褶皱的分布规律、性质、活动期次以及控岩控矿作用等。调查区内以北东—北北东向断层及褶皱为主体构造。加里东运动早期,断层主要表现为低角度逆断层,而至印支期,经过多期次的构造叠加运动,则多表现为正断层性质。构造分布特征表明,区内的绝大部分构造都受猫儿山岩体侵入的影响有所改造。猫儿山花岗岩体在上侵过程中对围岩有一定的挤压作用,围岩构造(皱褶、断层)发生了改造,使其与岩体界线相协调,具有主动侵位的性质。先存的围岩构造被调整到与岩体构造基本一致,其走向环绕岩体的接触带,并大致平行岩体的主轴方向,例如区内早期近南北走向的断层(轴向南北的褶皱)在猫儿山岩体侵入期发生了被动挤压改造作用,从而导致其形成北北东向展布。

2. 新发现一推覆构造。升坪逆断层起自华江镇升坪村天子岭北西,往西南过站岭和木瓜岭,至大风坳林场结束。长约10km,走向为北北东15°,断面倾向南西,倾角25°~40°,主要表现为逆断层。断层切割奥陶系黄隘组第一段、第二段和升坪组第一段、第二段,垂直断距约50m(图16)。

在断层北段华江乡升坪村天子岭一带,该断层表现为一北东向小型推覆构造(人工揭露)。推覆构造发育于奥陶系升坪组砂泥质砂岩中,宽约310m,主要由一系列倾向南南东的逆断层及同倾向的断夹块组成。根据不同地段的变形特征,可将其划分为后缘带、根带、中带及锋带4部分(图16)。

后缘带:宽约80m,由一系列倾向北西—北北西、倾角55°~85°的正断层及总体倾向南东—南南东断夹块组成。断层间距十几厘米到十几米,沿断层发育宽数厘米至数十厘米断层角砾岩带,近断层附近可见断裂劈理及牵引挠曲(图17),带内断层常呈阶梯组合样式。

根带:宽约50m,主要发育4条较陡的逆断层,断层倾向南南东,倾角40°~60°;局部伴生反倾(北北西倾)次级断裂。沿断层可见数厘米至十几厘米的劈理化透镜体带,透镜体呈雁列状,与近断层伴生的斜歪不对称褶皱倒向均指示带内断层具逆冲特征。

中带:宽约100m,主要发育总体南东—南南东缓倾(倾角小于15°)逆断层(图18)及轴面同倾向的斜歪不对称褶皱(局部紧闭同斜褶皱),并伴随少量同倾向上陡(50°左右)下缓的逆断层及反倾向的逆断层。沿断层常发育数厘米至十几厘米的劈理化透镜体带。空间组合样式以叠瓦状扇、双重逆冲构造为主,局部发育正花状构造(图19)。

锋带:宽约80m。带内砂泥岩总体倾向南东—南南东,主要表现为北北西向弧凸的平卧褶皱,并伴生一系列倾向北北西的小型正断层,具正阶梯状组合样式特点(图20)。沿断层可见数厘米至十数厘米的断层角砾岩带,其中近锋缘的正断层多数被中性岩脉所充填,部分岩脉边缘因晚期构造叠加,具糜棱岩化现象。

该推覆构造具由南东—南南东往北西—北北西向的逆冲极性(指向腹陆)。由于该推覆构造发育于奥陶系,已有成果资料证实奥陶系属前早古生代前陆盆地沉积,其形成时代极有可能为加里东期。

推覆构造的发现可作为造山运动的指示,为猫儿山岩体的侵入时间做补充依据:侵入到推覆构造前锋正断层的花岗闪长岩锆石LA-ICP-MS U-Pb年龄为444.2±5.6Ma(图21),说明推覆构造活动至少在晚奥陶世已开始,与猫儿山岩体侵入时间大致一致,一直持续至志留纪中晚期。由桂北地区北东—北北东逆断层在加里东期总体具由北西往南东的逆冲极性(张桂林,2004)推断,调查区加里东运动具双向对冲的格局样式特点。

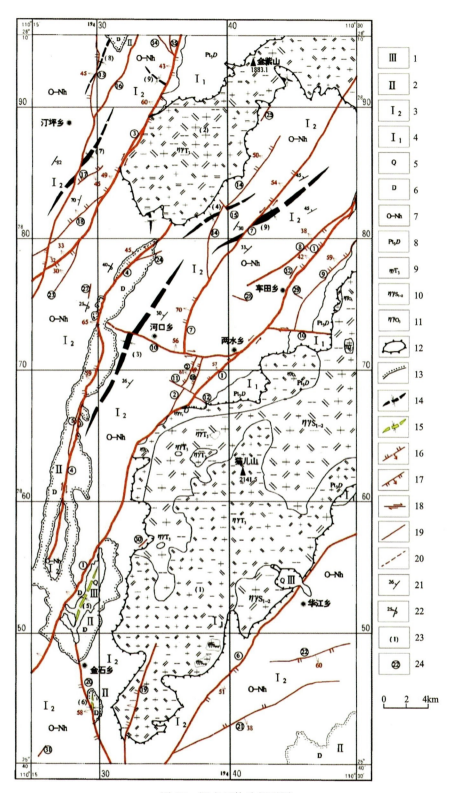

图15 调查区构造纲要图

1.燕山-喜马拉雅构造层;2.海西-印支构造层;3.加里东亚构造层;4.雪峰期亚构造层;5.第四系;6.泥盆系;7.奥陶系—南华系;8.丹洲群;9.晚三叠世黑云(二云)二长花岗岩;10.早—中志留世黑云二长花岗岩;11.晚奥陶世黑云二长花岗岩;12.穹状背斜;13.角度不整合;14.加里东期向斜;15.海西-印支期向斜;16.正断层;17.逆断层;18.平移断层;19.性质不明断层;20.推测断层;21.岩层产状(°);22.倒转岩层产状(°);23.主要褶皱编号;24.主要断层编号

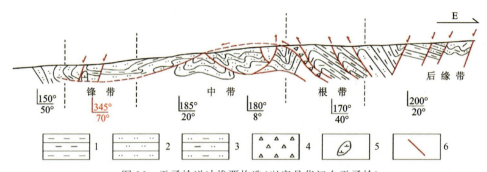

图 16　天子岭逆冲推覆构造（兴安县华江乡天子岭）

1. 泥岩；2. 粉砂岩；3. 泥质粉砂岩；4. 断层角砾岩；5. 中性脉岩；6. 断层

图 17　推覆构造后缘带发育褶皱（华江升坪村）

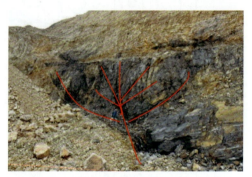

图 18　中带发育正花状构造（华江升坪村）

图 19　推覆构造中带（华江升坪村）

图 20　推覆构造前锋平卧褶皱（华江升坪村）

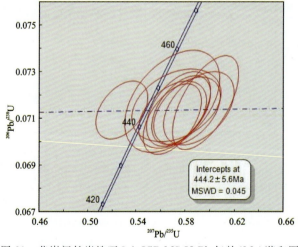

图 21　花岗闪长岩锆石 LA-ICP-MS U-Pb 年龄（Ma）谐和图

3.根据沉积建造、岩浆活动、变质变形特征等,调查区地质演化划分为:雪峰-加里东期裂谷-被动大陆边缘演化阶段、海西-印支期大陆发展阶段、燕山-喜马拉雅期活动陆缘演化阶段,地质构造演化事件序列见表3。

表3 调查区沉积建造、构造变形序列简表

| 地质年代 | | | 沉积建造 | 构造期次 | 世代 | 构造体制 | 变形序列及构造事件 | 发展阶段 |
|---|---|---|---|---|---|---|---|---|
| 代 | 纪或世 | 代号 | | | | | | |
| 新生代 | 第四纪 | Q | 砂砾层、砂土、亚黏土 | 喜马拉雅期 | $D_7$ | | 地壳抬升、活动断裂、沟谷阶地 | 大陆边缘活动阶段 |
| | 新近纪 | N | | | | | | |
| | 古近纪 | E | | | | | | |
| 中生代 | 晚白垩世 | $K_2$ | | 燕山期 | $D_6$ | 挤压 | 北北东向压性断裂及宽缓褶皱 | |
| | 早白垩世 | $K_1$ | | | $D_5$ | 伸展 | 伸展构造、断陷盆地 | |
| | 侏罗纪 | J | | 印支期 | $D_4$ | 挤压 | 晚期东西向压性断裂及宽缓褶皱 早期北北东向压性断裂及宽缓褶皱 | |
| | 晚三叠世 | $T_3$ | | | | | | |
| | 中三叠世 | $T_2$ | | | | | | |
| | 早三叠世 | $T_1$ | | | | | | |
| 古生代 | 二叠纪 | P | | 海西期 | $D_3$ | 伸展 | 浅水碳酸盐岩台地 | 大陆形成阶段 |
| | 晚石炭世 | $C_2$ | | | | | | |
| | 早石炭世 | $C_1$ | | | | | | |
| | 晚泥盆世 | $D_2$ | 紫红色砂砾岩砂岩、少量泥质粉砂岩 | | | | 伸展构造、断陷盆地 | |
| | 早泥盆世 | $D_1$ | | | | | | |
| | 志留纪 | S | | | $D_2$ | 挤压 | 北北东向压性断裂及宽缓褶皱 | |
| | 晚奥陶世 | $O_3$ | 砂岩、绢云板岩、泥岩 | 加里东期 | | | | |
| | 中奥陶世 | $O_2$ | 黑色碳质页岩、砂岩、含粉砂泥岩、硅质岩 | | | | | |
| | 早奥陶世 | $O_1$ | 砂岩、页岩、绢云板岩、泥质灰岩、砾岩 | | | | | |
| | 芙蓉世 | $\epsilon_4$ | 变质泥质细砂岩、绢云板岩、灰岩 | | | | 相对稳定的陆缘海盆 | |
| | 第三世 | $\epsilon_3$ | 变质泥质细砂岩、绢云板岩、粉砂岩 | | | | | |
| | 第二世 | $\epsilon_2$ | 粉砂质绢云板岩夹白云岩、钙质板岩 | | | | | |
| | 纽芬兰世 | $\epsilon_1$ | 含碳硅质板岩、绢云板岩、变质细砂岩 | | | | | |
| 新元古代 | 晚震旦世 | $Z_2$ | 硅质岩 | | $D_1$ | 伸展 | | 裂谷海盆演化阶段 |
| | 早震旦世 | $Z_1$ | 泥岩、粉砂岩、白云岩 | | | | | |
| | 南华纪 | $Nh_3$ | 含砾砂、泥岩 | | | | 冷、热交替 成冰期 伸展裂陷 活动断裂 | |
| | | $Nh_2$ | 含铁泥岩、岩屑长石砂岩 碳酸盐岩、含砾砂-泥岩 | | | | | |
| | | $Nh_1$ | 含砾砂、泥岩 | | | | | |
| | 青白口纪 | Qb | 复成分碎屑岩、板岩 | 雪峰期 | | | 伸展构造、超基性岩浆活动 | |

(四)矿产及化探方面。

1.完成3个图幅的1:5万水系沉积物测量工作,编制了单元素异常图20张、地球化学图20张、元素组合异常图4张、综合异常图1张,以及异常剖析图、找矿预测图等若干张。圈定综合异常22处,其中甲类10处,乙类9处,丙类3处,并初步对异常进行了评价解释。通过矿产检查,新发现金属矿(化)点5处(表4),宝玉石矿点1处。

2.矿(床)点的分布与印支期岩株在空间、时间上密切相关,如云头界、油麻岭等地区钨矿成矿年龄均属于印支晚期。矿产受地层、岩浆岩及构造控制,钒矿主要受地层控制,分布于下寒武统清溪组一段黑色碳质页岩中;钨矿受花岗岩岩体控制,均分布于岩体内外接触带中;铅银等多金属矿同时受岩体和构造控制,分布于相对远离岩体的构造有利部位;非金属矿如沸石、萤石则主要受北东—北北东向断裂控制,规模矿床基本上沿华江-车田-双滑江区域性断裂分布。

3.通过区域地质矿产调查工作,在总结区域成矿规律的基础上,结合地质、物探、化探、遥感资料,圈出Ⅰ级找矿远景区5处(广西龙胜县油麻岭-白石界钨铅银矿找矿远景区、广西兴安县高寨-两水钨矿找矿远景区、广西兴安县云头界-十万古田钨钼矿找矿远景区、广西龙胜县两河口-腊岩铅银铜矿找矿远景区、广西兴安县向阳坪铀矿找矿远景区),Ⅱ级找矿远景区1处(广西龙胜县肖岩头-木皮辽铅矿找矿远景区),分析了资源潜力。

**表4 调查区新发现金属矿(化)点特征表**

| 编号 | 名称 | 位置 | 地质概况或矿体特征 | 成因类型 | 规模 |
|---|---|---|---|---|---|
| 1 | 江西坪钒矿 | 资源县车田乡江西坪 | 矿点位于猫儿山复式背斜北西翼,产于北东向断层附近,含矿岩性为寒武系清溪组一段底部碳质页岩,钒品位最高达0.59%,同时伴有钼异常,控制矿体厚度2m | 黑色页岩系沉积型钒矿及破碎带淋积型钒矿 | 矿点 |
| 2 | 木律桥钒矿 | 资源县河口乡木律桥 | 矿点产于寒武系清溪组一段底部深黑色碳质页岩中,钒达边界品位0.50%,同时伴有钼异常,控制矿体厚度5m | 黑色页岩系沉积型钒矿 | 矿点 |
| 3 | 盘子田铜矿 | 资源县两水乡盘子田 | 矿点位于猫儿山复式背斜北西翼与岩体接触带附近,北东向断层破碎带内,含矿岩性为破碎带内碳质粉砂岩,铜含量达0.36%,同时伴有钒异常,可见黄铜矿化、辉铜矿化、黄铁矿化等,围岩蚀变有硅化、角岩化。控制厚度0.8m | 沉积改造型 | 矿化点 |
| 4 | 土坪钨矿 | 资源县河口乡土坪村 | 矿点位于河口乡土坪村,处于猫儿山复式背斜西翼岩体与围岩内-外接触带,目前控制一矿化石英脉宽约2m,走向上约50m,$WO_3$含量0.043%~0.050%,同时发现一矿石(转石)品位达0.077%。围岩为边溪组砂岩、板岩,具硅化,岩体与围岩接触面平直,岩体具有较宽的细粒边 | 高中温热液裂隙充填石英脉及破碎带型钨矿 | 矿化点 |
| 5 | 中洞铅矿 | 兴安县金石乡中洞村 | 矿点处于猫儿山复式岩体西南端南西侧,产于破碎带石英脉内,铅品位0.33%,银品位$38.96×10^{-6}$,控制矿体厚度1.5m | 中低温热液充填型 | 矿点 |

(五)其他。

1.调查区地质灾害主要有滑坡、崩塌、地面塌陷、危岩4种,其中以滑坡、崩塌最为发育。项目组初步分析了它们的形成条件及影响因素,提出了重要地质灾害隐患点防治方案。

2.根据制约调查区农业发展的主要原因,项目组提出农业发展建议:一是加快竹制品产业转型升级;二是大力发展现代特色农业;三是拓宽农民增收渠道,立足现有的中草药和植物资源优势;四是培育新型农业经营主体,加强农业科技培训,充分发挥竹业协会、旅游协会等经营组织引领作用。

3.提出旅游综合开发建议:调查区旅游景点较多,有些景点正在开发建设中,有些景点属于未开发的,建议把金紫山、十里平坦、十万古田、戴云山冰霜、温水江瀑布、同仁五队天然泳池、升坪新度桥及斧子口水库进行进一步旅游开发建设,使它们成为食宿、观光为一体的旅游景点。

## 三、成果意义

1. 划分了 15 个组级、2 个特殊岩性层、23 个岩石地层填图单元;确定了田林口组时代,终止了长期以来该区是否存在志留纪地层的争议;采集分析了寒武纪和志留纪地层的古生物化石,为准确确定部分争议地层时代提供了古生物学依据;在黄隘组下部新发现中厚层状层间砾岩,推测可能属于深水重力流作用沉积或风暴沉积。

2. 对花岗岩体进行解体,首次在调查区发现了晚奥陶世花岗岩(459.0Ma);获得了大量高精度印支期和加里东期花岗岩测年数据,分析了花岗岩成因、形成构造环境及其与成矿的关系,为研究华南印支期和加里东期花岗岩与成矿提供了丰富的基础资料。

3. 新发现一推覆构造,可作为区内造山运动的指示,为猫儿山岩体的侵入时间提供了补充依据。

4. 新发现 5 处矿(化)点。圈定Ⅰ级找矿远景区 5 处,Ⅱ级找矿远景区 1 处,分析资源潜力,为下一步找矿工作部署指出了方向。

5. 初步开展灾害地质、农业地质和旅游地质调查,提出了农业发展、旅游开发建议,为当地经济发展和生产建设提供了基础地质资料。

# 湖南1∶5万铁丝塘幅、草市幅、冠市街幅、樟树脚幅区域地质矿产调查

王先辉 杨 俊 陈 迪 罗 来 罗 鹏 彭能立 刘天一 秦张丹
刘汉军 刘 南 马慧英 贺春平 周国祥

（湖南省地质调查院）

**摘要** 调查区厘定出44个组级岩石地层单位、12个岩性段、3个非正式地层填图单位,探讨了前泥盆系的物源及形成环境；花岗岩体归并为加里东期和印支期2个侵入时代,进一步划分为5个侵入次,明确了岩浆岩填图单位；确认川口花岗岩与川口大型钨矿均形成于印支期,初步建立了川口钨矿成矿模式,对指导区域找矿具有积极意义；分析了调查区构造变形序列,阐明了地质发展演化史；圈定1∶5万水系沉积物综合异常52处,其中甲类6处、乙类23处、丙类23处；新发现矿(化)点7处,初步总结了成矿规律,划分了找矿远景区7处,优选出找矿靶区4个,并进行了潜力评价。

## 一、项目概况

调查区位于湖南省中南部,大部属衡阳市衡南县、衡东县及耒阳市,北东部属株洲市攸县,南东部属郴州市安仁县。地理坐标:东经112°45′00″—113°15′00″,北纬26°40′00″—27°00′00″,包括铁丝塘幅、草市幅、冠市街幅、樟树脚幅4个国际标准图幅,面积1 836 km²。

工作周期:2014—2016年。

总体目标任务:围绕二级项目的目标任务,按照1∶5万区域地质矿产调查技术要求、区域地球化学调查有关技术规范及中国地质调查局关于加强成矿带1∶5万区调工作的通知等有关要求,在系统收集和综合分析已有地质资料的基础上,开展1∶5万区域地质矿产调查,查明区域地层、岩石、构造特征。加强含矿地层、岩石、构造的调查,突出岩性填图和特殊地质体及非正式填图单位的表达,加强地质构造调查研究,系统查明调查区的成矿地质背景和成矿条件,发现找矿线索,总结区域成矿规律,提出地质找矿重点调查区域。完成1∶5万区域地质调查总面积为1 836 km²。

## 二、主要成果与进展

（一）调查区地层属江南地层区,出露面积1 772.93 km²,占总面积的96.56%。由老到新有青白口系冷家溪群和高涧群、南华系、震旦系、寒武系、泥盆系、石炭系、二叠系、白垩系、古近系及第四系。尤以上古生界最为发育。青白口系—寒武系为复理石、类复理石建造,是一套浅变质陆源碎屑岩夹少量硅质岩、碳酸盐岩；上古生界为浅海相碳酸盐岩夹陆源碎屑岩沉积,化石较为丰富；白垩系—古近系为陆相红盆沉积；第四系主要为河流冲积层,其次有山麓前缘洪积层和残坡积层。根据岩石地层单位的划分原则,参照《湖南省岩石地层》《中国地层表(试用稿)2012年》,划分出44个组级岩石地层单位、12个岩性段、3个非正式地层填图单位(表1)。重点对晚古生代生物地层和层序地层进行了较为系统的研究总

结,建立了25个生物组合带,识别出18个三级层序,划分了4个低水位体系域、5个陆架边缘体系域、16个海侵体系域、16个高水位体系域和4个沉积饥饿段。

表1 岩石地层单位划分表

| 年代地层 | | | 岩石地层 | | | | | |
|---|---|---|---|---|---|---|---|---|
| 界 | 系 | 统 | 群 | 组 | 段 | 代号 | 厚度(m) | 非正式填图单位 |
| 新生界 | 第四系 | 全新统 | | 橘子洲组 | | $Qhj$ | 3~20 | |
| | | 更新统 | | 白水江组 | | $Qp^3b$ | 2~35 | |
| | | | | 白沙井组 | | $Qp^2b$ | 2~22 | |
| | | | | 新开铺组 | | $Qp^2x$ | 2.5~4.0 | |
| | 古近系 | 古新统 | | 茶山坳组 | | $E_1c$ | 90.77 | |
| | | | | 枣市组 | 缺失 | $E_1z$ | 498.00 | |
| 中生界 | 白垩系 | 上统 | 衡阳盆地 | 车江组 | | $K_2c$ | 97.44 | |
| | | | | 戴家坪组 | 戴家坪组第二段 | $K_2d^2$ | 410.28~462.13 | 砂岩层(ss) |
| | | | | | 第一段 | $K_2d^1$ | 24.19~554.46 | |
| | | | | 红花套组 | 攸县盆地红花套组第三段 | $K_2h^3$ | 213.58~353.41 | |
| | | | | | 第二段 | $K_2h^2$ | 165.97~769.94 | |
| | | | | | 第一段 | $K_2h^1$ | 238.22~450.48 | 砾岩层(cg) |
| | | | | | 罗镜滩组 | $K_2l$ | 1 445.3 | |
| | | 下统 | | 神皇山组 | 神皇山组 | $K_1sh$ | 675.7 | |
| | | | | 栏垅组 | | $K_1l$ | 23.81 | |
| | | | | 东井组 | 缺失 | $K_1d$ | 536.26 | |
| | | | | 石门组 | | $K_1s$ | >50.89 | |
| 上古生界 | 二叠系 | 乐平统 | | 龙潭组 | | $P_3l$ | 105.25~830.88 | |
| | | 阳新统 | | 孤峰组 | | $P_2g$ | 72.89~122.84 | |
| | | | | 小江边组 | | $P_2x$ | 137.65 | |
| | | | | 栖霞组 | | $P_2q$ | 63.50 | |
| | | 船山统 | 壶天群 | 马平组 | | $P_1m$ | 398.00 | |
| | 石炭系 | 上统 | | 大埔组 | | $C_2d$ | 621.70 | |
| | | 下统 | | 梓门桥组 | | $C_1z$ | 99.40 | |
| | | | | 测水组 | | $C_1c$ | 204.75 | |
| | | | | 石磴子组 | | $C_1sh$ | 240.00 | |
| | | | | 天鹅坪组 | | $C_1t$ | 119.39 | |
| | | | | 马栏边组 | | $C_1m$ | 13.11 | |
| | 泥盆系 | 上统 | | 孟公坳组 | | $D_3m$ | 86.43 | |
| | | | | 欧家冲组 | | $D_3o$ | 49.50~133.0 | |
| | | | | 锡矿山组 | | $D_3x$ | 21.5~174.32 | |
| | | | | 长龙界组 | | $D_3c$ | 61.05~152.22 | |
| | | | | 棋梓桥组 | | $D_{2-3}q$ | 278.83~362.24 | |
| | | 中统 | | 黄公塘组 | | $D_2h$ | 164.73 | |
| | | | | 易家湾组 | | $D_2y$ | 27.02 | |
| | | | | 跳马涧组 | | $D_2t$ | 52.64~410 | |
| 下古生界 | 寒武系 | 芙蓉统 | | 爵山沟组 | | $\in_4 j$ | 698.33 | |
| | | 第三统 | | 小紫荆组 | | $\in_{3-4} x$ | 477.63 | |
| | | 第二统 | | 茶园头组 | | $\in_{2-3} c$ | 1 165.90 | |
| | | 纽芬兰统 | | 香楠组 | 牛蹄塘组 | $\in_{1-2} x$  $\in_{1-2} n$ | 613.80  >33.20 | |

续表1

| 年代地层 | | | 岩石地层 | | | | |
|---|---|---|---|---|---|---|---|
| 界 | 系 | 统 | 群 | 组 | 段 | 代号 | 厚度(m) | 非正式填图单位 |
| 新元古界 | 震旦系 | 上统 | | 灯影组 | | $Z_2d$ | >10.3 | |
| | 南华系 | 下统 | | 长安组 | | $Nh_1c$ | 158.44 | 凝灰岩层(tf) |
| | 青白口系 | | 高涧群 | 岩门寨组 | 第五段 | $Qb^2y^5$ | 258.44 | |
| | | | | | 第四段 | $Qb^2y^4$ | 205.27 | |
| | | | | | 第三段 | $Qb^2y^3$ | 281.85 | |
| | | | | | 第二段 | $Qb^2y^2$ | 194.09 | |
| | | | | | 第一段 | $Qb^2y^1$ | 300.28 | |
| | | | | 架枧田组 | | $Qb^2j$ | >160.11 | |
| | | | 冷家溪群 | 小木坪组 | | $Qb^1x$ | 1 726.80 | |
| | | | | 黄浒洞组 | 第二段 | $Qb^1h^2$ | 1 429.30 | |
| | | | | | 第一段 | $Qb^1h^1$ | >2 761.50 | |

1. 冷家溪群是最老的地层,仅分布于北部川口隆起,出露面积占调查区总面积的12.91%。由于泥盆系角度不整合其上,或受构造破坏,其底、顶不全,地层厚度>5 917.63m,系一套次深海-深海浊流沉积。通过剖面测制及路线地质调查,对冷家溪群进行了厘定,基本查明青白口系层序,将其划分为黄浒洞组、小木坪组。黄浒洞组又分为两段(第一段、第二段),查明了岩石组合及沉积构造特征,根据原生沉积构造恢复了地层层序。

2. 根据常量元素、稀土元素和微量元素地球化学特征显示,冷家溪群(图1)和高涧群、南华系属活动大陆边缘-大陆岛弧环境,其物源区主要为长英质火山岩,还可能包括少量的中基性火山岩物质来源(图2);而寒武系则为稳定大陆边缘环境(图3),物源区的母岩主要为长英质岩石,包括再旋回的早期沉积岩与部分长英质岩浆岩。

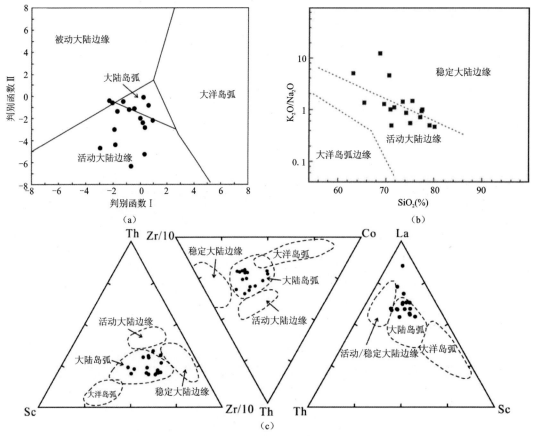

图1 冷家溪群沉积构造背景判别图解

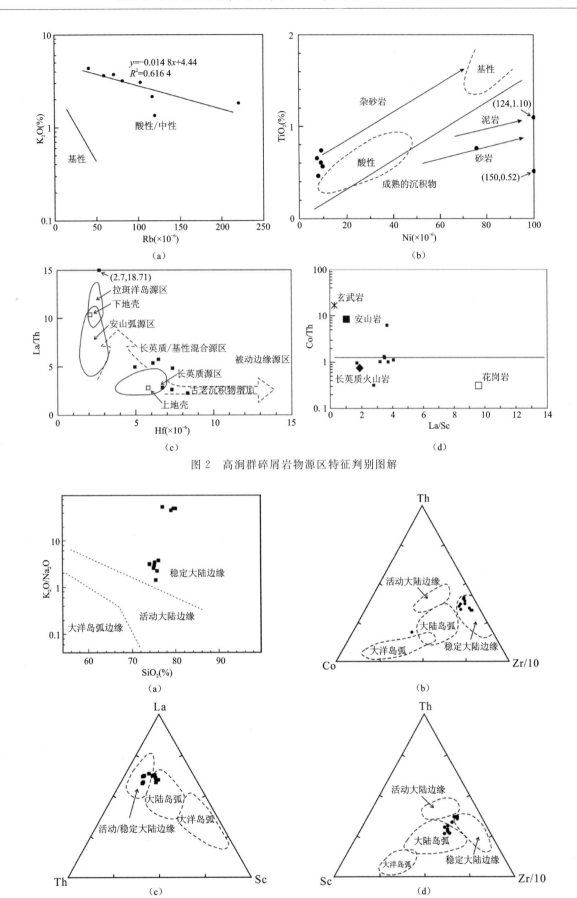

图 2 高涧群碎屑岩物源区特征判别图解

图 3 寒武系构造背景判别图解

3.对攸县盆地内的红色陆相沉积进行了重新厘定。攸县盆地呈北东向展布,盆地边界受伸展断裂控制,根据岩石组合特征,划分为神皇山组、罗镜滩组、红花套组、戴家坪组。红花套组可划分为3段:第一段砂砾岩段,第二段泥岩段,第三段砂岩段,砂岩中发育大型板状、槽状、鱼骨状交错层理。

(二)岩浆岩较发育,以晚三叠世的酸性侵入岩为主,有少量的志留纪石英闪长岩侵位和白垩纪火山岩,岩浆岩出露面积约63km²,占总面积的3.44%。侵入岩主要分布在川口隆起带,有志留纪的狗头岭岩体、晚三叠世的将军庙岩体和川口花岗岩体群;火山岩分布在白垩纪的衡阳盆地中,仅少部分在攸县盆地。将花岗岩体归并为志留纪(加里东期)和晚三叠世(印支期)2个侵入时代,进一步划分为5个侵入次(表2),建立了岩浆演化序列。

**表2 岩浆岩侵入序列划分表**

| 构造-岩浆期 | 时代 | 侵入次 | 代号 | 岩性 | 年龄(Ma) | 所在岩体(或地区) | 接触关系 |
|---|---|---|---|---|---|---|---|
| 印支期 | 晚三叠世 | 第四次 | $\eta\gamma T_3^4$ | 灰白色细粒二(白)云母二长花岗岩 | LA202 | 川口 | 侵入Qb地层 |
| | | 第三次 | $\eta\gamma T_3^3$ | 灰白色中细粒-细粒含电气石黑(二)云母二长花岗岩 | LA206.4 | 将军庙 | 侵入Qb地层 |
| | | 第二次 | $\eta\gamma T_3^2$ | 灰白色中细粒-细粒(含斑)黑(二)云母二长花岗岩 | LA223.1 | 川口 将军庙 五峰仙 | 侵入Qb、D地层 |
| | | 第一次 | $\eta\gamma T_3^1$ | 灰白色粗中粒斑状黑云母二长花岗岩 | SH233.5 SH229.1 | 川口 将军庙 五峰仙 | 侵入D地层 |
| 加里东期 | 志留纪 | 第一次 | $\delta oS$ | 灰白色细粒角闪石黑云母石英闪长岩 | LA395.7 | 狗头岭 | 侵入Qb地层;与D地层呈沉积接触 |

注:SH为锆石SHRIMP U-Pb年龄;LA为锆石LA-ICP-MS U-Pb年龄。

1.火山活动总体不强,在衡阳白垩纪红层盆地的南东侧有较多的似层状玄武岩产出,出露于衡南县冠市街附近,在北东角攸县盆地中有少部分出露。玄武岩喷发于白垩系中,下伏岩层有烘烤现象,上覆岩层近玄武岩处局部有玄武岩砾石,接触面产状与围岩大体一致,局部呈微角度相交。岩性以蚀变橄榄玄武岩(或伊丁玄武岩)为主,下部夹一层蚀变杏仁橄榄玄武岩,上部和顶部有两层气孔状伊丁玄武岩(或蚀变气孔状橄榄玄武岩),具多次喷发的特征。岩体在冠市街附近呈近南北向分布,向南转向北东,受北东向断裂破坏,使部分地段产生褶皱、重复、错开等现象,玄武岩延伸约20km以上。在各地的宽度不一,冠市街附近最宽,一般为100~300m,褶皱处有近1 000m。

玄武岩全岩钾氩法同位素年龄为70.1~71.8Ma,形成时限为晚白垩世。玄武岩具有贫硅、低钾、富Ti,轻稀土弱富集,铕正异常($\delta Eu$值在1.01~1.11);Rb、Sr、LILE弱富集,K、HREE有一定程度的亏损特点,总体上反映板内玄武岩地球化学特征,形成于陆内拉张构造环境(图4)。

2.首次报道了狗头岭岩体锆石LA-ICP-MS U-Pb年龄为395.7±2.7Ma(图5),为加里东期侵位的石英闪长岩体。研究认为狗头岭石英闪长岩可能是扬子陆块与华夏陆块在俯冲消减的地球动力学背景下,软流圈地幔上涌,诱发岩石圈地幔和上覆的古老地壳物质重熔形成的花岗岩(图6)。

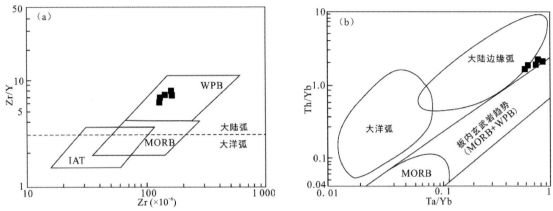

图 4 玄武岩 Zr/Y-Zr 和 Th/Yb-Ta/Yb 构造背景判别图解
WPB. 板内玄武岩;MORB. 洋中脊玄武岩;IAT. 岛弧拉斑玄武岩

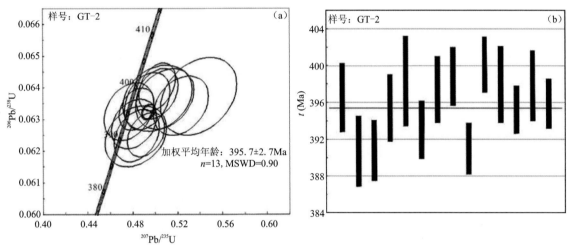

图 5 狗头岭石英闪长岩锆石 LA-ICP-MS U-Pb 谐和图和 $^{206}Pb/^{238}U$ 加权平均年龄图

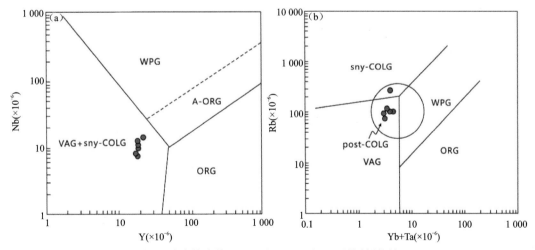

图 6 狗头岭岩体 Nb-Y 及 Rb-Yb+Ta 环境判别图解
VAG. 火山弧花岗岩;WPG. 板内花岗岩;Sny-COLG. 同碰撞花岗岩;post-COLG. 后碰撞花岗岩;
ORG. 洋中脊花岗岩;A-ORG. 异常洋中脊花岗岩

3. 采用高精度的锆石 SHRIMP、LA-ICP-MS U-Pb 定年方法,获得:将军庙二长花岗岩的年龄为 229.1±2.8Ma;川口花岗岩岩体群的年龄为 223.1±2.6Ma、206.4±1.4Ma 和 202.0±1.8Ma;五峰仙花岗岩年龄为 233.5±2.5Ma、236±6Ma 和 221.6±1.5Ma,均为印支期岩浆活动的产物。从年龄数据来看,区内印支期岩浆岩具有多阶段活动特征。该次川口花岗岩年龄数据的获得,还修正了川口花岗岩形成于中侏罗世燕山早期的传统认识,这对区内开展找矿工作具有重要的指导意义。

五峰仙花岗岩为弱过铝-强过铝,A/CNK 值>1,$P_2O_5$ 含量较高;大离子亲石元素 Rb、Th、U 富集,Ba、Sr、Ti 亏损明显;轻稀土富集,配分模式呈右倾,Eu 呈负异常。这些特征显示五峰仙岩体为 S 型花岗岩。另外,五峰仙花岗岩中发育岩浆混合成因的暗色镁铁质微粒包体,黑云母花岗岩 $\varepsilon_{Hf}(t)$ 值(-4.4~0.7)和二云母花岗岩 $\varepsilon_{Hf}(t)$ 值(-8.72~-2.21)较高,可能是幔源岩浆与壳源岩浆混合所致,而锆石 Hf 的两阶段模式年龄二云母花岗岩 $t_{2DM}$ 值(1 815~1 400Ma)大于黑云母花岗岩 $t_{2DM}$ 值(1 534~1 216Ma),显示后者在形成过程中可能有更多的新生幔源物质加入。

川口花岗岩 $SiO_2$ 含量较高,A/CNK 值较大(1.02~1.35,均值为 1.13),含过铝质矿物白云母;大离子元素 Rb、Th、U 富集,Ba、Sr、Ti 亏损明显;稀土元素富集但不明显,Eu 亏损明显($\delta Eu$ 值 0.05~0.43);$\varepsilon_{Nd}(t)$ 值(-9.6~-8.38)较低,$(^{87}Sr/^{86}Sr)_i$ 值(0.723 186~0.802 227)较大。上述特点显示川口花岗岩可能为低温、低压条件下形成的 S 型花岗岩,其成岩物质来源于地壳。成岩构造背景研究表明,川口花岗岩是在印支板块向华南板块俯冲碰撞期后及华南板块与华北板块的碰撞期间华南内陆由挤压向伸展转换的背景下形成,川口花岗岩侵位期间华南内陆处于伸展的构造背景。

该次工作还获得川口钨矿中辉钼矿 Re-Os 的同位素年龄为 225.8±4.4Ma(图 7),与川口岩体第一次侵入形成的斑状黑云母二长花岗岩的锆石 LA-ICP-MS U-Pb 年龄(223.1±2.6Ma)在误差范围内完全一致,均为晚三叠世,暗示它们之间存在密切成因联系。

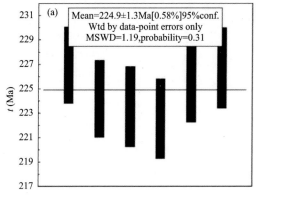 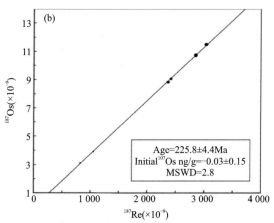

图 7 川口钨矿床辉钼矿 Re-Os 同位素模式年龄(a)和等时线年龄图(b)

通过对川口钨矿的调查分析研究,结合前人的研究成果,建立了川口钨矿成矿模式图(图 8)。

(三)调查区位于扬子陆块与华夏陆块的结合带部位,属南岭构造-岩浆-成矿带中西段。区内主要经历了武陵运动、雪峰(伸展)运动、加里东运动、印支运动、早燕山运动、晚燕山运动及喜马拉雅运动 7 次大的构造运动,从而形成大量不同时代和期次、不同方向与规模、不同性质的断裂、褶皱、中生代构造盆地等构造形迹,呈现出复杂的构造变形现象(图 9)。扬子陆块与华夏陆块的分界线大致沿双牌—川口一线,双牌-川口深大断裂在调查区相对应的地表断裂可能为太坪圩断裂 $F_7$ 与冠市断裂 $F_{12}$、马鞍山断裂 $F_{31}$ 所夹的断裂带,相关依据主要有:①太坪圩断裂 $F_7$ 控制衡阳盆地中白垩纪的沉积作用,断裂两侧岩性特征迥异;②马鞍山断裂 $F_{31}$ 控制川口隆起内前泥盆系的沉积作用。

根据地层记录、接触关系、岩浆活动、变质作用及同位素年代学资料等方面进行综合分析,调查区可划分为青白口纪冷家溪期构造层($Qb^1L$)、青白口纪板溪期—寒武纪构造层($Qb^2G-\in$)、海西-印支期

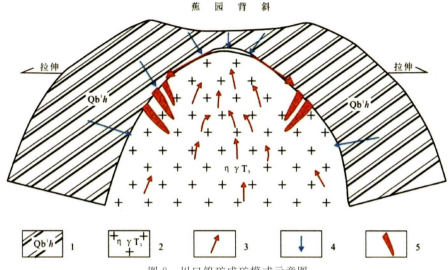

图 8 川口钨矿成矿模式示意图

1.冷家溪群黄浒洞组板岩;2.晚三叠世花岗岩;3.含矿岩浆热液运移方向;
4.地层水、大气降水及地层活化物质运移方向;5.张节理中充填的矿体

构造层(D—T)、白垩纪—古近纪构造层(K—E)4个构造层。厘定了调查区的构造变形序列,初步划分为活动大陆边缘演化阶段、板溪期—早古生代裂谷-被动陆缘-前陆盆地阶段($Qb^2$—Nh裂谷盆地、Z—$O_1$被动大陆边缘盆地、$O_2$—$S_2$前陆盆地、陆内造山-岩浆活动阶段(S晚期))、泥盆纪—中三叠世陆表海盆地阶段(D—$T_1$早期陆表海盆地、$T_2$晚期印支运动)、晚三叠世—第四纪陆相盆地及差异隆升阶段4个构造演化阶段(表3),5个构造旋回(表3)和9个变形期次(表4)。

(四)完成1 836 km²水系沉积物测量,圈定52处综合异常,其中甲类6处、乙类23处、丙类23处。对9处高温热液钨矿产异常和15处低温热液锑、金、砷矿床(点)异常进行层次分析法评序。筛选出高温热液钨矿产异常中AS23、AS15、AS16、AS24、AS25、AS9为具有找矿意义的重要异常,低温热液锑砷矿床(点)异常中AS26、AS38、AS17、AS13、AS42、AS27、AS39、AS7为具有找矿意义的重要异常。通过元素地球化学含量参数的研究,获得最古老地层青白口系相对富集的成矿元素和伴生元素较多,W、Co、Bi、As、Ni、Cr、Cu、Zn富集程度较高;南华系中Au呈强富集状态,预示该地层有较好的成金矿地球化学条件;泥盆系中Sb、W、Hg、Au、As、Mo和石炭系中Sb、Mo、Hg、Cr、As、F富集程度较高,泥盆系和石炭系是找锑矿、铅锌、金矿的重要层位。

(五)通过异常查证和矿产检查,新发现矿(化)点7处,包括辉钼矿1处,钨矿点1处,金矿(化)点5处(表5)。

(六)根据成矿地质条件、物化探资料,结合已知矿床、矿点成矿地质特征,调查区共划分找矿远景区7处(图10)(川口钨矿-蕉园钨找矿远景区、花桥-塘下垄钨钼找矿远景区、黄泥塘-螺头形铅锌锑找矿远景区、东江村-龙家里金锑找矿远景区、邹家山-横江金找矿远景区、白茅-狗头岭锑砷找矿远景区、神湾-烟竹村铅锌找矿远景区),对它们的资源潜力进行了初步评价。结合地质、物化探与遥感特征和矿床、矿(化)点分布情况,优选找矿靶区3处(图10),特征如下。

1.湖南省衡南县长山冲金矿找矿靶区(A-1):位于衡阳市衡南县宝盖镇樟树脚中学北约2km,双元村—长山冲—罗陂林场—高星岭一带,面积19.2 km²。

靶区处在蕉园背斜核部,出露地层由老到新有冷家溪群黄浒洞组第一段、高涧群架枧田组、岩门寨组、南华系长安组、泥盆系跳马涧组及第四系全新统。褶皱、断裂构造发育,较大规模褶皱主要有罗星倒转向斜和青山冲倒转背斜;断裂构造主要为北东向逆断裂,以倾向北西为主,少量倾向南东。断裂构造中硅化蚀变或石英脉发育,成群出现,分布密集,金矿化主要产于硅化脉中。靶区位于川口岩体南西约3km,前人未发现有岩体出露,本次在梅塘水库北部发现一条细—中粒花岗斑岩脉和一条辉绿岩脉。

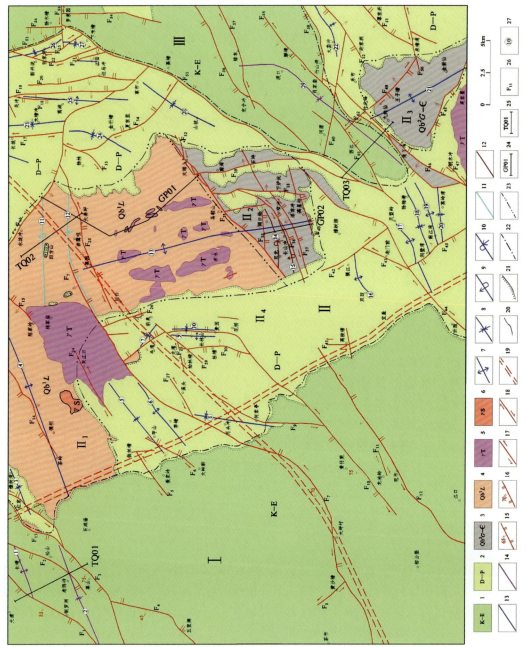

图9 调查区构造纲要图

1.晚燕山-喜马拉雅期构造层;2.海西-印支期构造层;3.雪峰期构造层;4.武陵期构造层;5.三叠纪花岗岩;6.志留纪花岗岩;7.正常背斜;8.正常向斜;9.倒转背斜;10.倒转向斜;11.武陵期褶皱;12.加里东期褶皱;13.印支期褶皱;14.晚燕山-喜马拉雅期褶皱;15.正断裂(°);16.逆断裂(°);17.左行平移断裂;18.右行平移断裂;19.隐伏断裂;20.地质界线;21.角度不整合界线;22.主要构造分区界线;23.次级构造分区界线;24.构造剖面;25.图切剖面;26.断裂编号;27.褶皱编号;Ⅰ.衡阳盆地;Ⅱ.川口断褶带;Ⅲ.攸县盆地;Ⅱ₁.川口隆起;Ⅱ₂.金姜仙褶隆带;Ⅱ₃.长山冲断褶带;Ⅱ₄.花桥坳褶带

表3 调查区综合地质事件表

| 地质时代 | 沉积作用 | 构造变形 | 构造体制 | 演化阶段 | 构造旋回 | 岩浆活动 | 变质作用 | 矿化作用 |
|---|---|---|---|---|---|---|---|---|
| Q | 砾石层、黏土层 | | | | | | | 砂金 |
| N | 无沉积 | 近东西逆断裂及同走向褶皱、北东向左行走滑断裂、北西向右行走滑断裂 | 北北东向挤压 | 差异隆升 | 晚燕山-喜马拉雅旋回 | | | |
| $E_2$-$E_3$ | | 北东向右行走滑断裂；北西向左行平移断裂 | 近东西向挤压 | | | | | |
| $E_1$ | 红色陆相砂泥质沉积 | 北东—北北东向(右行平移)正断裂；衡阳断陷盆地、攸县断裂盆地形成；冠市街玄武岩喷发 | 北东向挤压、北西西-南东东向伸展 | 陆相断陷盆地 | | | | 铜、石膏 |
| $K_2$ | | | | | | | | |
| $K_1$ | | | | | | | | 玛瑙 |
| $J_{2-3}$ | 无沉积 | 川口隆起内北北东—北东向逆断裂、切割花岗岩体的北西向左行平移断裂 | 北西西向挤压 | 陆内造山-岩浆活动阶段 | 早燕山期旋回 | 二长花岗岩 | 热接触变质、气-液蚀变 | 铌钽铁矿、萤石、钨铜、钨、钼 |
| $J_1$ | | 川口隆起内北东向断裂左行走滑及北西向断裂右行走滑 | 南北向挤压 | | | | | |
| $T_3$ | | | | | | | | |
| $T_2$晚期 | | | 北西西向挤压 | | | | | |
| $T_2$早期 | 碳酸盐岩和滨浅海陆源碎屑沉积 | 川口隆起上古生界盖层侏罗山式褶皱、前泥盆系基底与盖层共同卷入形成的厚皮式褶皱；北北东—北东向逆断裂；五峰仙-铁丝塘北西向左旋走滑基底隐伏断裂 | | 陆表海盆地 | 海西-印支旋回 | | | |
| P | | | | | | | | 锰 |
| C | | | | | | | | 铁、煤、黄铁 |
| D | | | | | | | | 铁、白云岩 |
| $S_3$ | 无沉积 | | 近南北向挤压 | 陆内造山-岩浆活动阶段 | 扬子-加里东旋回 | 石英闪长岩 | 热接触变质 | 金 |
| $O_2$-$S_2$ | | | | 前陆盆地 | | | | |
| $O_1$ | | | | | | | | |
| $\in$ | 砂泥质类复理石沉积 | | | 被动大陆边缘盆地 | | | 低绿片岩相区域浅变质作用 | 金 |
| Z | 白云岩 | 近东西向阿尔卑斯型褶皱、走向韧脆性断裂、轴面劈理等 | | | | | | |
| Nh | 含砾板岩夹砂岩 | | | 裂谷盆地 | | | | 铁 |

续表3

| 地质时代 | 沉积作用 | 构造变形 | 构造体制 | 演化阶段 | 构造旋回 | 岩浆活动 | 变质作用 | 矿化作用 |
|---|---|---|---|---|---|---|---|---|
| $Qb^2$ | 板岩夹少量杂砂岩 | | 差异性隆升 | | 扬子-加里东旋回 | | 低绿片岩相区域浅变质作用 | 金、钨、铁 |
| $Qb^1$ | 陆源碎屑浊积物 | 冷家溪群中近东西向紧闭线性褶皱与走向逆断裂,强烈发育的轴面劈理 | 近南北向挤压 | 活动陆缘盆地阶段 | 武陵旋回 | | | 钨、锑、铅锌、铁 |

表4 调查区构造变形序列

| 时代 | 变形期次 | 构造类型及其他有关地质作用 | 构造体制 |
|---|---|---|---|
| N | $D_9$ | 红层中近东西逆断裂及同走向褶皱、北东向左行走滑断裂、北西向右行走滑断裂 | 北北东向挤压 |
| $E_2$—$E_3$ | $D_8$ | 北东向右行走滑断裂;北西向左行平移断裂 | 近东西向挤压 |
| K—$E_1$ | $D_7$ | 北东—北北东向(右行平移)正断裂,衡阳断陷盆地、攸县断裂盆地形成;冠市街玄武岩喷发 | 北东向挤压、北西西-南东东向伸展 |
| $J_2$—$J_3$ | $D_6$ | 川口隆起内北北东—北东向逆断裂、切割花岗岩体的北西向左行平移断裂 | 北西西向挤压 |
| $T_3$—$J_1$ | $D_5$ | 川口隆起内北东向断裂左行走滑及北西向断裂右行走滑 | 近南北向挤压 |
| $T_2$后期 | $D_4$ | 川口隆起上古生界盖层侏罗山式褶皱、前泥盆系基底与盖层共同卷入形成的厚皮式褶皱;北北东—北东向逆断裂;五峰仙-铁丝塘北西向左旋走滑基底隐伏断裂 | 北西西-南东东向挤压 |
| S | $D_3$ | 高涧群—寒武系中近东西向阿尔卑斯型褶皱,走向韧脆性断裂,轴面劈理等 | 近南北向挤压 |
| $Pt_3^{1d}$末 | $D_2$ | 南华系长安组与高涧群岩门寨组之间呈平行不整合 | 差异性隆升 |
| $Pt_3^{1c}$ | $D_1$ | 冷家溪群中近东西向紧闭线性褶皱与走向逆断裂,强烈发育的轴面劈理 | 近南北向挤压 |

表5 新发现矿(化)点特征表

| 序号 | 名称(坐标) | 矿床地质 | 规模 |
|---|---|---|---|
| 1 | 衡南县茶旺村钨矿<br>(东经113°05′26″,<br>北纬26°53′18″) | 位于川口岩体群东缘,矿化形成于中细粒斑状黑云母二长花岗岩体边部以及岩体与围岩外接触带内部的石英脉中;含矿脉体产状270°∠30°,脉宽10~50cm;矿石矿物有黑钨矿、白钨矿,目估品位约2%,其次有褐铁矿、黄铜矿、黄铁矿、闪锌矿、方铅矿、锐钛矿等;围岩蚀变有云英岩化、硅化、黄铁矿化等,其中云英岩化与矿化相关 | 矿化点 |
| 2 | 周家屋辉钼矿<br>(东经110°10′19″,<br>北纬28°40′21″) | 产于五峰仙岩体与上泥盆统长龙界组侵入接触界面附近的石英脉中,受印支期北西向断裂构造控制,其次生的张性裂缝与次一级断裂为主要的容矿构造;发现矿脉5条,包括4条主要矿脉和1条次要矿脉,4条主要矿脉厚0.31~0.89m,其中钼含量0.046%~0.128%,平均品位0.908%;金属矿物以辉钼矿、辉铋矿、黄铁矿为主;脉石矿物为脉石英;次生矿物有褐铁矿等;围岩蚀变可见有硅化、云英岩化、绢云母化、绿泥石化、角岩化等 | 矿点 |
| 3 | 衡南县高星岭金矿<br>(东经113°05′07″,<br>北纬26°47′11″) | 位于北东向高星岭断裂与浮萍冲断裂这两条近平行断裂所夹持的断块中段,含矿体呈石英脉产出,受北东走向的断裂构造所控制;石英脉多为北东走向,倾向北西或南东,倾角多在45°以上;围岩为青白口系高涧群岩门寨组绢云母板岩、条带状粉砂质绢云母板岩、粉砂质板岩;1件人工重砂样(共5件)中见1颗黄金,主要重矿物有褐铁矿、黄铁矿、锐钛矿、板钛矿、重晶石、闪锌矿、方铅矿、锆石等;围岩蚀变有绢云母化、硅化、黄铁矿化 | 矿化点 |
| 4 | 衡南县长山冲金矿<br>(东经113°03′27″,<br>北纬26°47′21″) | 位于窄冲断裂、长山冲倒转背斜中段,矿体呈含金石英脉产出,受北东向构造形迹所控制;围岩为青白口系高涧群岩门寨组绢云母板岩、条带状粉砂质绢云母板岩、粉砂质板岩;探槽揭露的矿体为一石英脉密集带,共计见9条石英脉,脉体间距40~100cm,脉宽一般为5~20cm,局部可达38cm,产状不一,大致在305°~345°∠67°~75°之间,局部为185°~210°∠45°~65°;矿体厚约1.6m,延伸长数十米,含矿品位Au(1.14~2.24)×10⁻⁶;矿体中及周边采集的4件人工重砂样中可见黄金颗粒1颗至数十颗不等,主要重矿物有黄铁矿、毒砂、黑钨矿、白钨矿、辉铋矿、黄铜矿等,脉石矿物主要为石英、云母;矿石结构主要为半自形、他形粒状结构,局部见自形结构等;矿石构造主要为浸染状、细脉状,局部呈团块状、斑块状;围岩蚀变有绢云母化、硅化、黄铁矿化等,其中硅化与金矿化有关 | 矿点 |
| 5 | 安仁县金紫仙金矿<br>(东经113°12′02″,<br>北纬26°40′32″) | 位于金紫仙背斜南东端与周家屋断裂的交会处附近,呈含矿石英脉产出,受到北西走向的周家屋断层控制;围岩为寒武系小紫荆组粉砂质板岩;石英脉宽0.3~1.2m不等,产状为230°~250°∠40°~85°;人工重砂样中可见3颗黄金,呈树枝状、不规则棱角状、粒状,颗粒表面可见小沟和洼坑,强金属光泽,无解理,延性强,重矿物主要为毒砂和黄铁矿,偶见闪锌矿、锆石等;围岩蚀变有硅化、云英岩化、黄铁矿化等 | 矿化点 |

注：矿体厚约1.6m的Au含矿品位表达为 $Au(1.14\sim2.24)\times10^{-6}$

续表5

| 序号 | 名称（坐标） | 矿床地质 | 规模 |
|---|---|---|---|
| 6 | 衡东县三星村金矿（东经112°56′42″，北纬26°57′42″） | 位于狗头岭石英闪长岩岩体的内、外接触带中，呈含金石英脉产出，受北东东向张性裂隙控制；可见矿脉3条，Ⅰ号脉为岩体内接触带中的硅化破碎带，宽约1m，地表可见延伸长约30m，产状170°∠60°，含矿品位Au $(0.02\sim0.14)\times10^{-6}$；Ⅱ号脉为岩体外接触带中的硅化破碎带，出露宽1.6m，产状为305°∠45°，地表可见延伸数十米，含矿品位Au $(0.02\sim0.86)\times10^{-6}$；Ⅲ号脉为岩体外接触带之烟灰色石英脉，出露宽约0.2m，产状为310°∠50°，含矿品位Au $0.34\times10^{-6}$；有用矿物为黄金，其他重矿物有少量黄铁矿、毒砂、锐钛矿、锆石、方铅矿、闪锌矿与金红石等，脉石矿物为石英；围岩蚀变有硅化、纤闪石化、绢云母化等，其中硅化与金矿化有关 | 矿化点 |
| 7 | 衡东县袁家坳金矿（东经112°56′12″，北纬26°56′47″） | 位于狗头岭石英闪长岩岩体的内接触带中，含矿体为硅化破碎带，受北西向构造裂隙控制；硅化破碎带为硅化强烈的石英闪长岩，见多条石英细脉穿插其中，硅化带出露宽约1m，地表延伸长约10m，产状75°∠80°；人工重砂样中见1颗细小黄金颗粒，粒径大小约0.08mm，其他重矿物以毒砂为主，其次有方铅矿、黄铁矿及少量磷灰石，偶见闪锌矿和锆石；围岩蚀变有硅化、毒砂化、纤闪石化等 | 矿化点 |

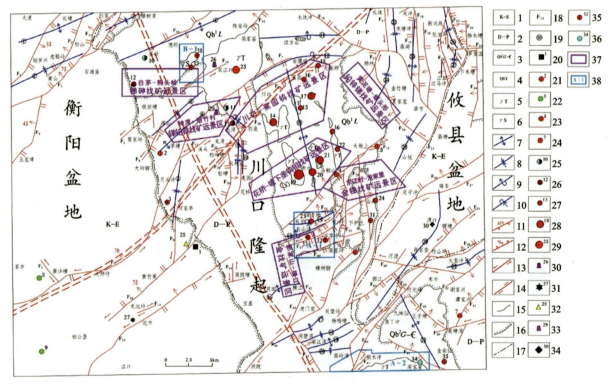

图10 找矿远景区及找矿靶区分布图

1.白垩系—古近系；2.泥盆系—二叠系；3.高涧群—寒武系；4.冷家溪群；5.三叠纪花岗岩；6.志留纪花岗岩；7.正常背斜；8.正常向斜；9.倒转背斜；10.倒转向斜；11.逆断裂(°)；12.正断裂(°)；13.左行平移断裂；14.右行平移断裂；15.地质界线；16.角度不整合界线；17.构造分区界线；18.断裂编号；19.褶皱编号；20.无烟煤及编号；21.褐铁矿及编号；22.铜矿及编号；23.磁铁矿及编号；24.赤铁矿及编号；25.铅锌矿及编号；26.辉锑矿及编号；27.钨铜矿及编号；28.钨矿及编号；29.铌钽铁矿及编号；30.萤石矿及编号；31.玛瑙矿及编号；32.黄铁矿及编号；33.白云岩矿及编号；34.石膏矿及编号；35.金矿及编号；36.钼矿及编号；37.找矿远景区；38.找矿靶区及编号

靶区内1∶5万水系沉积物主要表现为Bi-W-Mo-Cd-Ag-Sb-Cu-Au-Sn(AS40-甲$_2$)和Au-As-Mo-Pb异常(AS39-乙$_2$)。其中,前者位于长山冲—阔口坳一带,分布于蕉园背斜南端东侧,异常呈近椭圆形,异常面积5.51km$^2$。W、Bi、Mo、Cd、Ag等异常具有内中外浓度分带,与已知钨矿床相互吻合,并伴有Sb、Cu、Sn、Pb、Zn异常,元素组合齐全,推测具有一定的钨矿找矿价值。Au异常分布在异常区南部和东部,含量最大值12.23×10$^{-9}$,异常强度中等;后者位于早禾冲—高星岭一带,分布于蕉园背斜南端,浮萍冲断裂与高星岭断裂的夹块处。异常呈北东向长条状,与断裂走向近一致,异常面积为9.76km$^2$。以Au、As异常为主,并分布于青白口纪高涧群岩门寨组上,相互吻合。Au元素异常主要位于早禾冲—罗陂林场一带,次为高星岭一带,与地表的硅化蚀变关系密切,Au含量最大值为163.55×10$^{-9}$,平均强度为21.51×10$^{-9}$,异常面积为6.34km$^2$,显示Au异常强度高,具有较大的找金矿价值。

土壤地球化学主要表现为Au元素异常,出现在罗陂林场—高星岭一带,分布在岩门寨组地层中,异常整体成片呈面状和条带状分布较好,走向大致为北东向,与区内构造线一致,共圈定Au异常42处,其中Ⅰ级异常19处、Ⅱ级异常16处、Ⅲ级异常7处。最大一处异常面积达0.3km$^2$,异常峰值达181.42×10$^{-9}$,呈近东西向长条带状展布,本次新发现的金矿(化)点主要集中在该异常西部的早禾冲—罗陂林场一带,吻合较好,显示具有较大的找金矿价值。

靶区北部分布C-76-27$_3$航磁异常,异常整体呈条状展布,浓集度较集中,反映热液蚀变活动较强。

区内有新发现的长山冲金矿化点及已知的湖南省衡南县坳上屋小型钨矿床。长山冲金矿化点有金矿化体(脉)7条,其中,Ⅱ号矿脉中有两个槽探样品Au品位分别为1.14×10$^{-6}$、2.24×10$^{-6}$。坳上屋小型钨矿床含石英脉型钨矿矿脉9条,长50~350m,厚0.1~0.4m,WO$_3$品位1.3%。

该靶区位于蕉园背斜核部,褶皱、断裂构造发育,并有花岗斑岩、辉绿岩脉出露,金成矿地质条件较好。Au等水系沉积物异常及土壤地球化学异常与新发现的金矿化点吻合度高。靶区内已发现金矿化脉7条,为区内找矿提供了很好的信息和依据,值得进一步工作,建议在该靶区开展预查工作。

2. 湖南省耒阳市周家屋钼矿找矿靶区(A-2):位于衡阳市耒阳市周家屋—桐木冲—坪田村一带,面积17.9km$^2$。

靶区地处五峰仙岩体北部,出露地层由老到新有寒武系茶园头组、爵山沟组,泥盆系跳马涧组、易家湾组、棋梓桥组、长龙界组、锡矿山组、欧家冲组、孟公坳组和石炭系马栏边组、天鹅坪组等。构造以断裂为主,主要为北东向和北西向。靶区有五峰仙岩体出露,形成于印支期,另有少量细粒花岗岩脉。岩体与长龙界组接触带附近以及岩体内部石英脉发育,石英脉走向以北东向为主,部分为近南北走向或近东西走向。

靶区内圈有水系沉积物Bi-Mo-Sb-Hg-As-Pb综合异常区(AS52-丙$_1$),位于五峰仙岩体北西部内外接触带。有两条北东向断裂与一条北北西向断裂穿过异常区中部。异常面积5.49km$^2$,Bi、Mo、Sb、Hg、As、Pb等异常具有内中外浓度分带,主要元素为Bi、Mo,次要元素为Sb、Hg、As、Pb,Bi元素异常最高强度为14.375×10$^{-6}$,Mo元素异常最高强度为11.38×10$^{-6}$,二者相吻合。异常查证在该综合异常范围内未发现矿(化)点,但根据Mo元素异常高强度值,在周家屋一带新发现了钼矿点。

土壤地球化学主要表现为Bi、Mo元素异常,异常呈条带状分布,走向大致为北东向至近南北向,与区内构造线一致。Bi异常主要出现在周家屋—鲤鱼塘一带,共圈定Bi异常17处,其中Ⅰ级异常11处、Ⅱ级异常11处、Ⅲ级异常5处,最大一处异常面积达0.24km$^2$,异常峰值达57.94×10$^{-6}$。Mo异常主要出现在周家屋—桐木冲一带,共圈定Mo异常24处,其中Ⅰ级异常15处、Ⅱ级异常8处、Ⅲ级异常2处,异常峰值达30.11×10$^{-6}$。本次新发现的周家屋钼矿点处于本区内的Ⅲ级异常范围内,吻合较好。

在区内发现钼矿化体(脉)5条,产于五峰仙岩体斑状黑云母二长花岗岩与泥盆系长龙界组页岩内接触带的石英脉中。矿化体(脉)呈北东向左行雁列脉排列,由南东向北西依次编为Ⅰ、Ⅱ、Ⅲ、Ⅳ、Ⅴ号矿化体(脉)。Ⅰ号矿化石英脉出露宽约0.9m,近直立产出,走向大致240°,Mo含量0.092%;Ⅱ号矿化石英脉出露宽35~50cm,产状100°∠60°,Mo含量0.128%,伴生铋含量0.095%;Ⅲ号矿化体(脉),采样长度1m,样品中石英脉宽4~10cm,产状130°∠45°,样品中Mo含量0.035%;Ⅳ号矿化石英脉宽40~70cm,产状165°∠59°,Mo含量0.046%;Ⅴ号矿化石英脉出露宽约50cm,产状90°∠40°,Mo含量

0.096%。

该靶区位于五峰仙岩体北部,断裂构造发育,成矿地质条件较好。Mo、Bi等水系沉积物异常及土壤地球化学异常与新发现的钼矿化点吻合度高。已发现了钼矿化体(脉)5条,为区内找矿提供了很好的信息和依据,值得进一步工作,建议在该区开展预查工作。

(三)湖南省衡南县狗头岭金矿找矿靶区(B-1):位于衡阳市衡南县狗头岭—老皇山—天霞坳一带,面积9.79km²。

靶区处在将军庙岩体西部,出露地层有冷家溪群黄浒洞组二段、小木坪组,泥盆系跳马涧组、易家湾组、棋梓桥组。褶皱、断裂构造较为发育,其中规模较大的褶皱有茶岭背斜和甲山向斜,断裂构造有双江口断裂。出露的岩浆岩有将军庙岩体与狗头岭岩体。将军庙岩体岩性划分为灰白色粗中粒斑状黑云母二长花岗岩、灰白色中细—细粒含斑黑(二)云母二长花岗岩、灰白色细粒二云母二长花岗岩,常见有细粒花岗岩脉、石英脉、花岗伟晶岩脉及萤石矿脉等。狗头岭岩体岩性单一,为石英闪长岩。区内大片出露的冷家溪群岩石普遍经受了区域浅变质作用,主要蚀变为绢云母化,其次为弱硅化及少量绿泥石化、黄铁矿化;在构造破碎带及两侧,岩石受热液作用蚀变普遍加强,主要的蚀变有硅化、黄铁矿化、毒砂化、绢云母化、云英岩化、绿泥石化等。

圈有水系沉积物在靶区主要表现为As-W-Sb-Bi-Hg-Mo-Au-Pb-Sn-Zn-Cd-Cu综合异常(AS7-乙$_2$),位于将军庙花岗岩体与狗头岭岩体的内外接触带。异常呈近椭圆形,长轴近南北向展布,异常面积8.52km²。区内As、W、Sb、Bi、Hg、Mo、Au、Pb、Sn、Zn、Cd、Cu等异常具有内中外浓度分带。异常以As、W、Sb、Bi、Hg为主,分布在岩体内外接触带,异常吻合较好,强度中等。As元素最高为$485.26\times10^{-9}$,平均为$118.41\times10^{-9}$,异常面积5.22km²。圈定Au元素异常2处,均属于Ⅱ级异常,Au元素异常最高强度分别为$13.61\times10^{-9}$、$18.59\times10^{-9}$,异常面积分别为1.0km²、0.68km²。对该异常进行了详细检查,在Au异常分布地段发现了金矿化脉2条,所以区内Au异常为矿致异常,显示有找金矿价值。

土壤地球化学主要表现为Au元素异常,分布在狗头岭岩体与黄浒洞组二段接触带上。异常呈条带状分布,走向大致为北东、北西向,与区内构造线近一致。共圈定Au异常31处,其中Ⅱ级异常16处、Ⅲ级异常6处,最大一处异常面积达0.22km²,异常峰值为$300.33\times10^{-9}$。

本次工作发现金矿化脉3条,均产于狗头岭岩体内、外接触带中的硅化破碎带或石英脉中,围岩为冷家溪群黄浒洞组堇青石黑云母角岩或石英闪长岩,受北东向或北西向断裂构造的控制,容矿构造为断裂构造产生的张性裂隙。Ⅰ号矿化脉产于狗头岭岩体北部内接触带中的硅化破碎带中,地表可见宽约1m,延伸长约30m,产状170°∠60°,含矿品位Au$(0.02\sim0.14)\times10^{-6}$。Ⅱ号矿化脉产出于狗头岭岩体北部外接触带中的硅化破碎带,地表出露宽1.6m,产状为305°∠45°,地表可见延伸数十米,含矿品位Au$(0.02\sim0.86)\times10^{-6}$。Ⅲ号矿化脉产出于狗头岭岩体南部的内接触带中,含矿体为硅化破碎带,多条石英细脉穿插其中,硅化带出露宽约1m,地表延伸长约10m,产状75°∠80°。

靶区出露地层为冷家溪群,且有将军庙岩体与狗头岭岩体侵入,北东向断裂构造及次一级断裂及石英脉较为发育。冷家溪群中广泛发育低级区域变质作用,发育有角岩化、绢云母化、硅化、黄铁矿化、毒砂化等蚀变,表明热液活动较普遍,成矿所需的动力、流体、物质来源等条件均较好,靶区内已发现金矿化脉3条,具有较好的金矿找矿远景,建议开展进一步的勘查工作。

## 三、成果意义

1. 重新厘定了地层系统,划分为44个组级岩石地层单位、12个岩性段和3个非正式地层填图单位;厘定了构造变形序列,划分为4个构造演化阶段、5个构造旋回和9个变形期次,大大提高了调查区基础地质研究程度。

2. 确认川口花岗岩与川口大型钨矿均形成于印支期,而不是普遍认为的燕山早期。研究认为华南地区存在一次区域性的、与印支期花岗岩有关的成矿作用,对指导区域找矿具有积极意义。

3. 圈定1:5万水系沉积物综合异常52处,新发现矿(化)点7处;划分找矿远景区7处,优选出找矿靶区3处,为下一步找矿工作部署指出了方向。

# 广东1∶5万大镇幅、官渡幅、高岗圩幅、白沙圩幅区域地质调查

郭 敏 林杰春 黄孔文 周 晗 黄一栩 王邱春 汤 珂 胡启锋 黄玲玲

肖雄天 郭贤峰

(广东省地质调查院)

**摘要** 将该区岩石地层划分为18个组级、5个段级和7个非正式填图单位。在晚古生代和晚三叠世地层中发现大量化石,特别是在石炭纪地层中首次发现了完整的三叶虫化石,丰富了华南地区$C_1$—$T_3$时期的化石资料。岩浆岩划分为6期10次,获得了一批高精度的成岩年龄数据,建立了岩浆岩的岩石序列。首次在上三叠统红卫坑组中发现玄武质火山岩,其锆石LA-ICP-MS U-Pb年龄为205.4Ma。厘定出11处褶皱构造和37条断裂,建立了调查区的基本构造格架。新发现具大型规模远景新丰笋径离子吸附型轻稀土矿1个。创新找矿思路,提出中泥盆统老虎头组上段为重要含金层位,对指导该区金矿找矿具有现实意义。

## 一、项目概况

调查区位于广东雪山嶂铜多金属矿整装勘查区,地跨广东省韶关、清远两市。地理坐标:东经113°30′00″—114°00′00″,北纬24°00′00″—24°20′00″,包括1∶5万大镇幅、官渡幅、高岗圩幅、白沙圩幅4个国际标准图幅,面积1 880km²。

工作周期:2016—2018年。

总体目标任务:按照1∶5万区域地质调查的有关规范和技术要求,在系统收集和综合分析已有地质资料的基础上,开展1∶5万区域地质调查,查明区域地层、岩石、构造特征,建立调查区地层层序;解体各侵入体,建立不同时代侵入岩岩石单位;划分构造变形期次,建立区域地质构造格架,总结调查区地质发展历史及其与成矿的关系。加强含矿地层、岩石、构造的调查,突出岩性、构造填图和特殊地质体及非正式填图单位的表达。

## 二、主要成果与进展

(一)调查区地层发育,占总面积的66.7%。由老至新有震旦系、寒武系、泥盆系、石炭系、三叠系、白垩系、古近系及第四系。其中泥盆系和石炭系分布最广,占地层区总面积的32.8%。通过地质填图及剖面测制,岩石地层划分为18个组级、5个段级(表1)和7个非正式填图单位(表2)。其中,东坪组、长塝组、曲江组和大埔组为新厘定的岩石地层单位,并将老虎头组进一步划分为下段和上段,将天子岭组进一步划分为下、中、上三段。

表 1 岩石地层单位划分表

| 地质时代 | | 岩石地层单位 | | 岩性描述 |
|---|---|---|---|---|
| 纪 | 世 | 组 | 代号 | |
| 第四纪 | 全新世 | 大湾镇组 | $Qhdw$ | 卵石层、砂砾层、含砾砂层和含砂黏土等 |
| | 晚更新世 | 黄岗组 | $Qph$ | 卵石层、砂砾层、含砾砂层和含砂黏土等 |
| 古近纪 | 古新世 | 丹霞组 | $K_2E_1d$ | 复成分砾岩、砂砾岩、含砾岩屑石英砂岩、含砾石英砂岩、岩屑石英砂岩、石英砂岩、粉砂岩和泥岩 |
| 白垩纪 | 晚白垩世 | | | |
| 三叠纪 | 晚三叠世 | 红卫坑组 | $T_3hw$ | 泥岩、碳质泥岩、含碳粉砂岩、泥质粉砂岩、粉砂岩、石英砂岩、岩屑石英砂岩、长石石英砂岩和含砾岩屑石英砂岩,夹煤线和复成分砾岩 |
| 石炭纪 | 晚石炭世 | 大埔组 | $C_2dp$ | 厚至巨厚层状微—细晶白云岩,夹白云质灰岩 |
| | 早石炭世 | 曲江组 | $C_1q$ | 泥岩、泥质粉砂岩、粉砂岩、细—粗粒石英砂岩、含砾石英砂岩、灰岩和硅质岩 |
| | | 测水组 | $C_1c$ | 泥岩、含碳泥岩、碳质泥岩、粉砂岩、碳质粉砂岩、长石石英砂岩、石英砂岩、岩屑石英砂岩、含砾岩屑石英砂岩和砾岩,局部夹灰岩和薄层煤 |
| | | 石磴子组 | $C_1sh$ | 薄至厚层状泥晶灰岩、微晶灰岩和生物碎屑灰岩,夹白云质灰岩和泥质灰岩 |
| | | 大赛坝组 | $C_1ds$ | 极薄至薄层状泥岩、泥质粉砂岩和细粒岩屑石英砂岩,夹细粒石英砂岩、钙质粉砂岩和钙质泥岩 |
| | | 长坨组 | $C_1cl$ | 薄层状泥灰岩和泥晶灰岩,局部夹泥岩、钙质泥岩 |
| 泥盆纪 | 晚泥盆世 | 帽子峰组 | $D_3C_1m$ | 泥岩、泥质粉砂岩、粉砂岩、细粒长石石英砂岩、细粒岩屑石英砂岩和细粒石英砂岩,夹泥灰岩和钙质泥岩 |
| | | 天子岭组 上段 | $D_3t^c$ | 薄至纹层状微晶灰岩和粉晶灰岩,局部夹生物碎屑灰岩及核形石灰岩 |
| | | 中段 | $D_3t^b$ | 厚至巨厚层状粉屑粉—细晶灰岩、细晶灰岩、粉晶灰岩及微晶灰岩 |
| | | 下段 | $D_3t^a$ | 薄至中厚层状细晶灰岩、粗—中晶灰岩、粉晶灰岩和微晶灰岩 |
| | 中泥盆世 | 东坪组 | $D_2dp$ | 薄层状泥岩、粉砂质泥岩和泥质灰岩,局部夹钙质泥岩、钙质灰岩 |
| | | 棋梓桥组 | $D_2q$ | 薄层状泥晶灰岩和泥质灰岩,夹生物碎屑灰岩、含碳泥质灰岩、泥质粉砂岩、粉砂质泥岩、钙质泥岩和泥岩 |
| | | 老虎头组 上段 | $D_2l^b$ | 薄至中厚层状粉砂岩和泥岩,夹泥质粉砂岩、细粒石英砂岩和细粒长石石英砂岩 |
| | | 下段 | $D_2l^a$ | 细—粗粒石英砂岩、长石石英砂岩和含砾砂岩,夹粉砂岩、泥质粉砂岩和岩屑石英砂岩,底部夹石英质砾岩 |
| | | 杨溪组 | $D_2y$ | 细—粗粒岩屑石英砂岩、长石石英砂岩、石英砂岩、含砾砂岩、复成分砾岩和泥质粉砂岩,局部夹粉砂岩和泥岩 |
| 寒武纪 | 第三世 | 高滩组 | $\epsilon_3g$ | 中细粒变质石英砂岩、变质长石石英砂岩、变质岩屑石英砂岩、粉砂质板岩和绢云黏土板岩 |
| 震旦纪 | 早震旦世 | 坝里组 | $Z_1b$ | 绢云黏土板岩、粉砂质板岩、变质细粒长石石英砂岩、变质细粒石英砂岩和变质细粒岩屑石英砂岩,局部夹碳质泥岩板岩及含碳绢云黏土板岩 |

表2  岩石地层非正式填图单位

| 序号 | 非正式填图单位 | 特征岩性 |
|---|---|---|
| 1 | $T_3hw(coa)$ | 红卫坑组煤层 |
| 2 | $T_3hw(cg)$ | 红卫坑组砾岩 |
| 3 | $C_1q(sil)$ | 曲江组硅质岩 |
| 4 | $C_1c(cg)$ | 测水组砾岩 |
| 5 | $D_3C_1m(marl)$ | 帽子峰组薄层状泥质灰岩 |
| 6 | $D_2l^a(cg)$ | 老虎头组下段石英质砾岩 |
| 7 | $D_2y(cg)$ | 杨溪组复成分砾岩 |

（二）在早石炭世石磴子组顶部发现了丰富的浅海相动物化石组合，包括大量的单体珊瑚、群体珊瑚（图1）、腹足类、腕足类、双壳类、棘皮类海百合茎和三叶虫，特别是在广东地区石炭纪地层中首次发现了完整的三叶虫化石(图2)：*Paladin(Sinopaladin) xinganensis* Li et Yuan,1994。腕足类化石具体分子包括：*Fluctuaria* sp.，*Cancrinella cancriformis*(Tschernyschew)，*Fluctuaria* sp.。此外，还发现有苔藓虫：*Fenestella* sp.。在晚三叠世红卫坑组中发现以蕨类植物为主的陆相植物组合，植物化石保存密集，种类繁多，羽叶形态比较完整。采获的植物化石包括真蕨类、种子蕨类、本内苏铁类、苏铁类、松柏类和银杏类，以蕨类植物为主。真蕨类 *Cladophlebis* sp.（图3）和松柏类 *Podozamites* sp. 数量最为丰富，苏铁类 *Taeniopteris* sp. 和 *Nilssonia* sp. 次之。在早石炭世曲江组和测水组均发现了以腕足类为主的浅海相动物化石组合。曲江组泥岩、粉砂质泥岩层含有大量腕足类化石（图4），具体分子包括：*Composita* sp.，*Crurithyris* sp.，*Schuchertella* sp.，*Spirifer* sp.，*Stenoscisma* sp.，*Rhipidomella* sp.，*Schellwienella* sp.，*Schellwienella* cf. *kueichowensis* Grabau，*Orthotetes* cf. *magna*(Tolmatchew)，*Echinoconchus decemundatus* Drabau，*Cleiothyridina* sp.，*Echinoconchus punctatus*(Martin)，? *Wellerella* sp.，? *Martinia* sp.，*Echinoconchus elegans*(McCoy)，*Echinoconchus* sp.，*Balakhonia yunnanensis*(Loczy)，*Aviculopecton* sp.。产自测水组底部泥岩层的腕足类化石具体分子包括：*Sentosia* cf. *longlingensis* Yang，*Plicatifera* sp.，*Punctospirifer* sp.，*Punctospirifer* sp.，*Cleiothyridinaobmaxima*(McChesney)，*Balakhonia* sp.，*Dictyoclostus* sp.，? *Unispirifer* sp.，*Composita* sp.，*Schellwienella* sp.。

图1  群体珊瑚化石（微距）

图2  三叶虫化石（微距）

图 3　红卫坑组真蕨分子（微距）

图 4　曲江组上部腕足分子（微距）

这些动植物化石的发现为调查区古环境恢复、古生态研究、生物地层研究提供了丰富的资料和可靠的依据。

（三）对调查区难以采集标准化石的地层单元进行了沉积时限厘定。通过对坝里组变质细粒岩屑石英砂岩进行碎屑岩锆石 LA-ICP-MS U-Pb 年代学研究，获得了最小岩浆锆石年龄为 610±9.8Ma。87 颗碎屑锆石 LA-ICP-MS U-Pb 年龄主要年龄峰值为 987.2Ma，次级年龄峰值为 804.8Ma、705.6Ma、614.4Ma 和 2 476.8Ma（图 5）。样品中最老的碎屑锆石谐和年龄为 3 494.8±26Ma，表明坝里组的源区存在少量的太古代地壳物质的信息。根据岩石组合特征、变质程度和碎屑锆石等资料，与粤北其他地区的坝里组进行对比研究，将坝里组归于早震旦世。获得了杨溪组下部含砾粗粒岩屑石英砂岩中的碎屑锆石 LA-ICP-MS U-Pb 同位素最小年龄值为 413.7±13Ma，可作为杨溪组沉积时代的下限，有效约束了调查区泥盆系的底界。通过 59 颗碎屑锆石 LA-ICP-MS U-Pb 年龄谱系获得的 2 个主要年龄峰值为 433.8Ma 和 986.8Ma，3 个次级年龄峰值为 760.0Ma、674.6Ma 和 558.4Ma（图 6）。样品中最老的碎屑锆石谐和年龄为 2 787.4±25Ma，表明杨溪组的源区存在少量的太古代地壳物质信息。结合区域岩石地层对比、叠覆关系、动植物化石和碎屑锆石年龄资料，初步确定杨溪组和老虎头组属于中泥盆世地层。

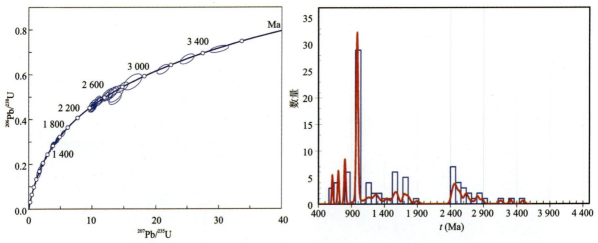
图 5　坝里组砂岩中的碎屑锆石 LA-ICP-MS U-Pb 年龄谐和图（$n=87$）

（四）重新厘定了岩浆岩形成时代，建立了岩浆岩的岩石序列，将岩浆岩划分为 6 期 10 次（表 3）。获得了一批锆石 LA-ICP-MS U-Pb 同位素年龄，介于 163.7±2.3Ma 和 92.4±1.7Ma 之间及 441±13Ma，基本查明了各期次岩浆侵入体的岩性特征、分布范围、化学成分特征以及成岩年代。将区内 1∶25 万韶关幅中寒武世片麻状、眼球状黑云母花岗闪长斑岩（$\gamma\delta\pi\epsilon_2$）和晚侏罗世细粒石英闪长岩（$\delta o J_3$）

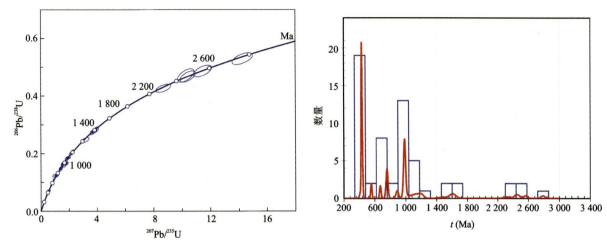

图 6　杨溪组含砾粗粒岩屑石英砂岩中的碎屑锆石 LA-ICP-MS U-Pb 年龄谐和图($n=59$)

分别修订为早志留世片麻状中细粒黑云母二长花岗岩($\eta\gamma S_1$)(图 7)和中侏罗世第一阶段第一次侵入岩($\delta o J_2^{1a}$)(图 8),新增晚白垩世第二阶段第二次花岗斑岩($\gamma\pi K_2^{2b}$)、晚白垩世第二阶段第一次粗中粒黑云母二长花岗岩($\eta\gamma K_2^{2a}$)填图单位。

表 3　侵入岩填图单位划分表

| 代 | 纪 | 世 | 代号 | 主体岩性 | 侵入岩名称 | 同位素年龄(Ma)* |
|---|---|---|---|---|---|---|
| 中生代 | 白垩纪 | 晚白垩世 | $\pi K_2^{2b}$ | 花岗斑岩 | 排脚下 | 93.7±2.5 |
| | | 晚白垩世 | $\eta\gamma K_2^{2a}$ | 粗中粒黑云母二长花岗岩 | 下遥 | 96.7±1.7 |
| | | 早白垩世 | $\eta\gamma K_1^{1a}$ | 中细粒黑云母二长花岗岩 | 珠高塘 | 130.3±3.0 |
| | 侏罗纪 | 晚侏罗世 | $\eta\gamma J_3^{1c}$ | 细粒黑云母二长花岗岩 | 坪子村、蒲昌碗窑下、下遥半径、松子园 | 159.6～152.5 |
| | | | $\eta\gamma J_3^{1b}$ | 细粒斑状黑云母二长花岗岩 | 金坪 | 153.4±2.0 |
| | | | $\eta\gamma J_3^{1a}$ | 中粒斑状黑云母二长花岗岩 | 高车排 | 154.8±3.9 |
| | | 中侏罗世 | $\eta\gamma J_2^{1c}$ | 粗中粒斑状黑云母二长花岗岩 | 红星村、新桥、林屋、横岭下、高坝 | 164.5～159.5 |
| | | | $\gamma\delta J_2^{1b}$ | 细粒斑状花岗闪长岩 | 下遥、金山 | 165.0～158.8 |
| | | | $\delta o J_2^{1a}$ | 中细粒石英闪长岩 | 竹山下、乌石头、楼屋 | 165.0±2.0<br>163.7±3.6 |
| 古生代 | 志留纪 | 早志留世 | $\eta\gamma S_1$ | 片麻状中细粒黑云母二长花岗岩 | 侧塘 | 441.5±13 |

注:* 锆石 LA-ICP-MS U-Pb 法。

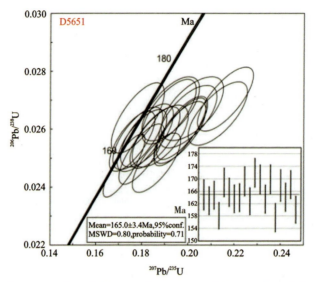

图 7 早志留世花岗岩的锆石 LA-ICP-MS U-Pb 年龄谐和图

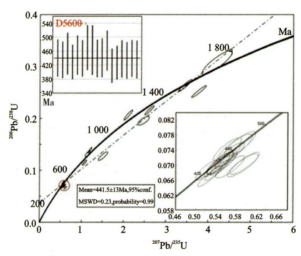

图 8 中侏罗世花岗岩的锆石 LA-ICP-MS U-Pb 年龄谐和图

（五）调查区新发现火山岩。岩性为灰色、深灰色、灰黑色块状玄武质角砾熔岩、角砾状玄武质角砾凝灰熔岩和玄武岩，成分分带较明显。火山岩呈侵出相出露于晚三叠世红卫坑组地层中（图9），锆石 LA-ICP-MS U-Pb 加权平均年龄为 205.4±3.0Ma（图10）。火山岩明显富集轻稀土元素，$(La/Yb)_N$值为7.141 8，具有微弱的负 Eu 异常（$\delta Eu = 0.85$）。锆石 $\varepsilon_{Hf}(t) = -11.8 \sim -9.4$（平均$-10.4$），两阶段模式年龄（$T_{2DM}$）1 983～1 856Ma（平均1 910Ma）。初步分析认为玄武质火山岩是古元古代地壳组分部分熔融的产物，形成于板内裂谷环境。

（六）调查区内地质构造复杂，先后受加里东期运动、海西-印支期运动、燕山期运动及其构造-岩浆活动的影响，岩石不同程度发生了变形变质，包括区域变质、接触变质、动力变质、气-液交代变质 4 种变质作用类型，形成了相应的变质岩。调查区内变质岩普遍发育，分布广泛，分布面积约 139km²，占调查区总面积的 7.4%。其中，区域变质岩常呈面状分布；动力变质岩则多呈狭窄带状分布于不同方向断层域中；接触变质岩主要是沿不同期次花岗岩的接触带形成的一系列角岩类岩石、接触交代变质类岩石；气-液交代变质岩主要是受岩浆热液作用和断裂构造热液作用影响，调查区内分布范围小且较分散。调查研究了各类变质岩分布特征、岩性特征及变质作用特征，厘定了变质相。

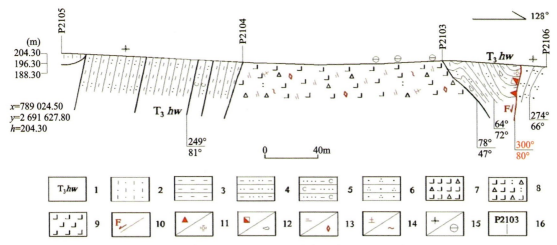

图9 翁源县官渡林场北西火山岩分布及其与地层的接触关系

1.红卫坑组;2.残坡积;3.泥岩;4.泥质粉砂岩;5.含碳泥质粉砂岩;6.粗粒石英砂岩;7.玄武质角砾熔岩;
8.玄武质角砾凝灰熔岩;9.玄武岩;10.正断层;11.构造角砾岩/硅化;12.褐铁矿化/结核;13.绢云母化/碳
酸盐化;14.高岭土化/绿泥石化;15.薄片样品/植物化石;16.地质点号

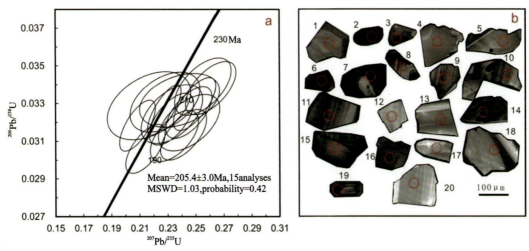

图10 玄武岩锆石 LA-ICP-MS U-Pb 年龄(a)及 CL 图像(b)

(七)根据不同沉积建造类型、构造运动性质、岩浆活动特征和变质作用种类等综合资料研究,调查区可分为加里东期、海西-印支期、燕山期及喜马拉雅期4个构造旋回,长期多旋回的地质演化历史造就了地层、构造、岩浆岩诸方面的复杂面貌。受上述4个构造旋回的构造叠加影响,地质构造十分复杂。总体上,规模宏大的北东向构造带及北西向构造带构成了该区的主体构造格局,主要的构造形迹包括褶皱、断裂、劈理化带等。调查区共识别出11处褶皱构造,其中加里东期3条为组内褶皱,整体表现为北北东向,属紧闭型同斜倒转褶皱;海西-印支期褶皱8条,以洋伞岽背斜和翁城复式向斜规模最大,长15～20km,宽10～15km,主要发育于泥盆纪、石炭纪地层中,总体轴线方向为北东—北北东,受多期构造叠加,褶皱形态十分复杂,多发育配套的次级褶皱和微型褶皱,洋伞岽背斜为转折端圆滑的开阔型背斜,翁城复式向斜为转折端圆滑的同斜复式向斜。区内共厘定出37条断裂构造,其中北东向官坪断裂为调查区内规模最大的断裂,是英德-始兴断裂带的一部分,发育有一系列平行的次级断层,以挤压逆冲性质为主,具有多期活动的特征。北东向官坪断裂、合水潭断裂、官渡断裂、青塘断裂、旗山冈断裂及北西向马屋断裂为主干断裂,控制了整个调查区的整体格局,与区内其他配套断裂共同构建起了基本构造格架(图11)。

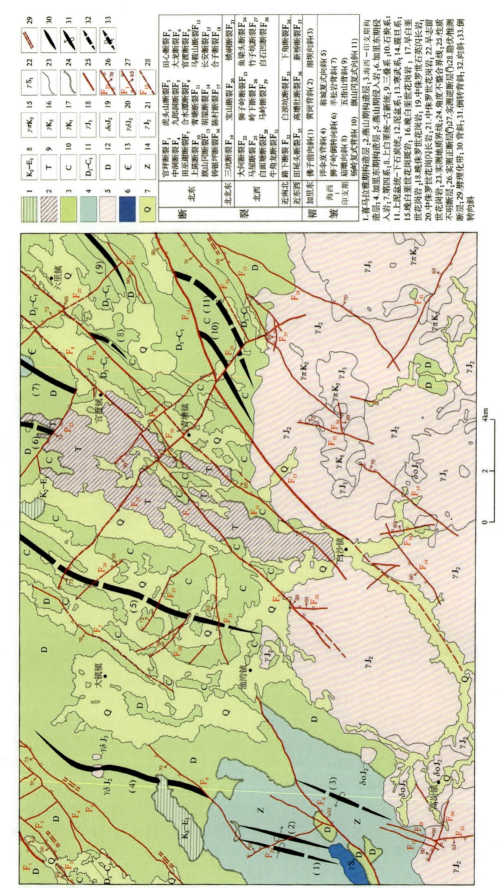

图11 调查区构造纲要图

（八）新发现新丰笋径离子吸附型轻稀土矿：位于广东韶关市新丰县回龙镇水戴—良坑一带（图12），地理坐标：东经113°54′40″，北纬24°06′55″。

岩浆活动强烈，东西向佛冈岩体北缘是广东省重要的离子吸附型稀土矿产地之一，稀土矿主要产于燕山期中粒斑状黑云母二长花岗岩风化壳中。构造活动以北东、北西向断裂为主，对稀土矿体影响微弱。区内有新丰来石大型稀土矿，此外，还分布众多民采点。

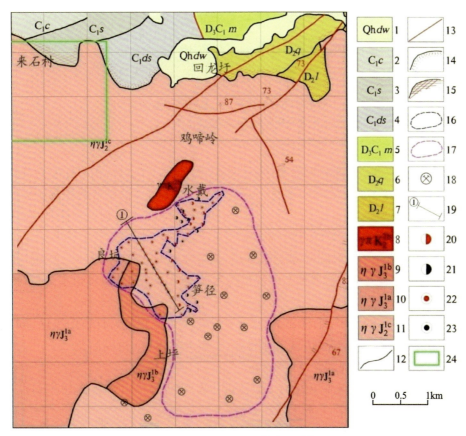

图12 新丰笋径稀土矿综合地质简图

1.大湾镇组；2.测水组；3.石磴子组；4.大赛坝组；5.帽子峰组；6.棋梓桥组；7.老虎头组；8.花岗斑岩；9.细粒斑状黑云母二长花岗岩；10.细粒（含斑）黑云母二长花岗岩；11.中粒斑状黑云母二长花岗岩；12.实测地层界线；13.实测断层（°）；14.角岩化；15.矽卡岩化；16.稀土资源量(333)估算范围；17.稀土资源量(334)估算范围；18.稀土民采点；19.勘探线及编号；20.见矿采样点；21.未见矿采样点；22.见矿采样钻；23.未见矿采样钻；24.新丰来石稀土矿的范围

调查区气候炎热潮湿，雨量充沛，风化作用较强，对风化壳的形成极为有利，又由于地处低山丘陵地貌，风化壳保存较好，成为稀土矿的理想赋存场所。

稀土矿体一般赋存于"馒头山"地貌中，在平面上的形态受沟谷控制，呈似层状面型展布，长约4km，宽约5km，产状主要受地形条件控制，一般矿体倾向、倾角与地形一致；矿体在剖面上常随地形呈连续的弯月形或透镜体向山脊两侧延伸，在沿山脊方向多作平缓起伏的似层状展布。矿体在纵横方向上的形态和产状是由山脊向两侧倾斜，沿山脊倾伏。

笋径地区岩体风化壳厚度大，普遍在10m以上，为全覆式—裸脚式，矿体厚度较大，一般为2.0～12.8m，平均为8.51m。品位一般为0.05%～0.16%，平均品位0.10%。

矿体的厚度变化受花岗岩风化壳发育程度及后期改造等因素的控制，一般地形坡度平缓地段，风化壳厚度较大，矿体也较厚；地形起伏地段，剥蚀作用较强，风化壳厚度变薄，矿体厚度也较薄（图13）。

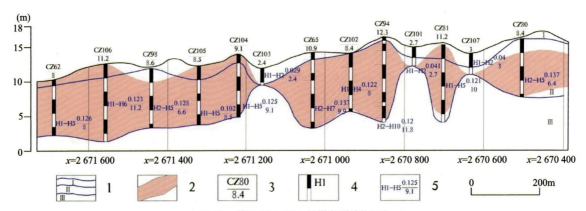

图 13　笋径稀土矿 1 号勘探线剖面图

1.风化程度（Ⅰ.残坡积层，Ⅱ.全风化层，Ⅲ.半风化层）；2.稀土矿体；3.采钻位置及孔深（m）；
4.化学样位置及编号；5.样品品位（稀土品位％/厚度 m）

通过对矿石稀土元素分析结果研究表明，$Ce=0.0173\%\sim0.0321\%$，在所有稀土元素中含量最高；$\delta_{Eu}=0.35\sim0.64$，Eu 呈负异常明显，$\Sigma REE=0.0334\%\sim0.0427\%$，反映矿石中稀土元素总量整体较高，$LREE/HREE=4.68\sim18.07$，$(La/Yb)_N=5.41\sim56.76$，重稀土分馏程度较低，其 REE 分布模式属富轻稀土型。

对花岗岩风化壳样品做了硫酸铵-草酸点滴实验，证实为离子吸附型稀土矿。在参与资源量估算的样品中抽取 17 个样品开展离子吸附型稀土的浸出率测试工作，结果显示，浸出率最低的为 84.6％，最高的为 96.55％，平均浸出率 88.9％。

依据国土资源部 2003 年 3 月 1 日实施的《稀土矿产地质勘查规范》（DZ/T0204—2002），结合该矿床实际情况，确定该区轻稀土资源量估算工业指标：金属元素 REO 边界品位 0.05％、最低工业品位 0.08％、最小可采厚度 2.0m，夹石剔除厚度 4.0m。

该次工作对新丰笋径地区 1 个矿体进行了资源量估算，求得轻稀土资源量 103 161t，其中 333 资源量 22 212t，334 资源量 80 949t（表 4），具大型远景规模。

表 4　新丰笋径轻稀土矿体资源量估算表

| 矿体编号 | 资源类型 | 块段编号 | 块段面积（m²） | 平均垂直厚度（m） | 块段体积（m³） | 体重（t/m³） | 矿石量（t） | 平均品位（％）REO | 氧化物总量（t）REO |
|---|---|---|---|---|---|---|---|---|---|
| V1 | 333 | 1 | 201 924 | 4.73 | 955 103 | 1.62 | 1 547 266 | 0.089 | 1 377 |
|  | 333 | 2 | 83 060 | 4.81 | 399 520 | 1.62 | 647 222 | 0.066 | 427 |
|  | 333 | 3 | 110 997 | 6.17 | 684 851 | 1.62 | 1 109 458 | 0.075 | 832 |
|  | 333 | 4 | 1 302 711 | 8.51 | 11 086 072 | 1.62 | 17 959 437 | 0.109 | 19 576 |
| 小计 | 333 |  | 1 698 693 |  | 13 125 546 |  | 21 263 384 |  | 22 212 |
| V1 | 334 | 5 | 7 934 998 | 6.92 | 54 910 186 | 1.62 | 88 954 502 | 0.091 | 80 949 |
| 小计 | 334 |  | 7 934 998 |  | 54 910 186 |  | 88 954 502 |  | 80 949 |
| 总计 | 333+334 |  | 9 633 691 |  | 68 035 732 |  | 110 217 886 |  | 103 161 |

（九）提出中泥盆统老虎头组上段（$D_2 l^b$）为广东曲江大宝山—英德金门地区重要含金层位新认识。该区发现了一批具有进一步工作价值的金银矿床（点）和高强度 Au 异常，例如英德东山楼金银矿、空门

坳、黄屋、周屋、翁源陈村以及该区外围的翁源丘屋、大宝山外围的方山、笔架山等金矿点和英德才子窝、仰天窝等 Au 异常。调查发现,老虎头组上段存在含金熔结凝灰岩(丘屋金矿)、晶屑凝灰岩和凝灰质粉砂岩(?)等含火山物质的岩石。原有的仙婆洞金矿和仙木塘金矿亦产于老虎头组中。区域上,也发现有产于老虎头组的金矿床,例如广东阳春那软金矿(中型)、湖南白云铺金矿(大型、含金层位是棋梓桥组灰岩之下的跳马涧组上段)和广东英德长岗岭以北金矿(民采点)等。研究认为中泥盆统老虎头组为重要含金层位,主要依据为:

中泥盆统老虎头组($D_2l$)可划分为 a、b 两段,a 段($D_2l^a$)主要由灰白色厚层—中厚层状石英砂岩、含砾砂岩、粗砂岩和中、细砂岩组成。b 段($D_2l^b$)由杂色细碎屑岩组成,以灰绿色、灰紫色、灰色为特征,岩性主要有石英细砂岩(局部含石英砾)、粉砂岩、泥质粉砂岩、泥岩等。

1. 1:5 万水系沉积物测量 Au 元素异常(Au>$8×10^{-9}$)均产于老虎头组分布区,而且绝大多数产于老虎头组($D_2l$)与棋梓桥组($D_2q$)界面的老虎头组 b 段($D_2l^b$)一侧。

2. 英德东山楼金矿区 1:1 万土壤测量结果显示,Au 异常(Au>$10×10^{-9}$)主要产出于中泥盆统老虎头组中,并集中分布在 b 段($D_2l^b$)。土壤 Au 异常带顺地层产出,连续分布 3km 以上,与 $D_2q^a/D_2l^b$ 界面出露界线十分吻合,并与地层同步褶皱。东山楼金矿以西的湖羊角、韫山嵩等,土壤 Au 异常亦产于老虎头组层位中,延长数千米。

3. 英德市望埠镇黄竹琅和翁源县官渡镇六户山两地实测 1:2 000 岩石地层地球化学剖面分析结果表明,无论是在金异常区还是在非异常区,均在老虎头组 b 段上部有段厚度近 40m 的金异常段,由此可认为,Au 元素主要来源于中泥盆统老虎头组 b 段岩石。

4. 通过对前人钻孔资料的收集,对比采样分析结果发现,在不同矿区的老虎头组 b 段中发现有厚度较大的高强度 Au 异常。

综上所述,中泥盆统老虎头组可能是本区的主要含金层位。Au 元素主要富集在老虎头组 b 段的顶部部位,即位于中泥盆统开始海侵的钙硅界面($D_2q/D_2l$)下的老虎头组顶部,而且与泥质粉砂岩、泥岩等岩石有关,厚度达数十米,层位稳定。在老虎头组 b 段中,除顶部富集 Au 元素外,局部亦存在厚 5~10m 的含 Au 层,但层位不甚稳定,亦与泥质粉砂岩等岩石有关。此外,曲江大宝山地区老虎头组中的 Au 异常明显与加里东期次英安斑岩及流纹岩、流纹质凝灰岩等在空间上有密切关系。推断老虎头组中的 Au 的来源是加里东期至海西期早期火山岩、火山碎屑岩,经风化剥蚀,在滨海-浅海、盆地堆积而成。在翁源丘屋夹于老虎头组中的流纹岩、多层流纹质晶屑弱熔结凝灰岩等资料表明,本区存在海西期火山活动,并可能与 Au 的矿化有关。

## 三、成果意义

1. 在 $C_1—T_3$ 地层中发现大量的动植物化石,特别是石磴子组中发现了完整的三叶虫化石,为古环境恢复、古生态研究、生物地层研究提供了丰富资料和可靠依据。岩石地层划分为 18 个组级、5 个段级和 7 个层级岩石地层单位,其中东坪组、长垅组、曲江组和大埔组为新厘定岩石地层单位,并将老虎头组进一步划分为下段和上段,天子岭组进一步划分为下、中、上三段,有助于区域地层划分与对比。

2. 获得了大量侵入岩锆石 LA-ICP-MS U-Pb 同位素年龄数据,修正了部分花岗岩形成的时代,建立了岩浆演化序列,探讨了花岗岩与成矿的关系,调查区花岗岩研究程度得到很大提高。

3. 调查区新发现火山岩,其锆石 LA-ICP-MS U-Pb 年龄为 205.4Ma,为古元古代地壳组分部分熔融产物,形成于板内裂谷环境。

4. 新发现具有大型远景规模的新丰笋径离子吸附型轻稀土矿 1 处,为国家关键金属矿产资源战略储备提供了支持。

5. 创新了找矿思路,提出老虎头组上段是重要的含金层位新认识,对指导区域金矿找矿具有重要的现实意义。

# 广东 1∶5 万丰顺县幅、坪上幅、五经富幅、揭阳县幅区域地质调查

李 瑞 王建荣 邱 文 凌 恳 余德延 曾钧跃 胡 弦 朱世博 吴远明 杨凤娟

(广东省地质调查院)

**摘要** 在调查区厘定出 13 个组级、9 个段级、3 个层级岩石地层单位,新建中更新世炮台组,其光释光年龄为 157ka。获得一批岩浆岩的高精度锆石 U-Pb 同位素年龄,侵入岩划分为 21 个"岩性+时代"填图单位;火山岩划分 3 个火山活动旋回,圈定 5 个Ⅳ级火山喷发盆地和 8 个Ⅴ级火山机构,并系统总结了火山岩与侵入岩时空演化关系,探讨了岩浆岩成因及其形成构造环境,建立了岩浆演化序列。在构造地质方面,基本查明了调查区的褶皱、断裂等主要地质构造特征,探讨了莲花山断裂成生时限,建立了地质构造格架。新发现具有大型远景规模丰顺小溪背离子吸附型重稀土矿床,助力国家战略矿产资源储备。

## 一、项目概况

调查区地跨广东省梅州、揭阳、潮州三市。地理坐标:东经 116°00′00″—116°30′00″,北纬 23°30′00″—23°50′00″,包括 1∶5 万丰顺县幅、坪上幅、五经富幅、揭阳县幅 4 个标准图幅,面积为 1 880 km²。

工作周期:2016—2018 年。

总体目标任务:按照 1∶5 万区域地质调查的有关规范和技术要求,在系统收集和综合分析已有地质资料的基础上,开展 1∶5 万区域地质调查,查明区域地层、岩石、构造特征,突出特殊地质体及非正式填图单位;加强地层含矿性、岩浆作用、构造活动与成矿关系研究,系统查明区域成矿地质条件;在地质填图的基础上,注意发现找矿线索,开展重点地区异常查证和矿点检查,总结区域成矿规律,提出地质找矿重点工作区域。

## 二、主要成果与进展

(一)采用多重地层划分方法,重新厘定了调查区前第四纪地层填图单位,划分为 3 个群级、8 个组级和 2 个段级非正式岩石地层单位(表 1)。在上龙水组地层中新发现虫管,枝脉蕨 *Cladophlebis*,似木贼 *Equisetites*,双壳类 *Pseudomytiloides matsumotoi*,*Parainoceramus amygdaloides* 等,为 *Parainoceramus-Ryderia guangdognensis* 组合带的重要分子,时代为早侏罗世辛涅缪尔期(Sinemurian)。这些动植物化石为准确确定地层时代、进行区域沉积环境对比提供了重要的化石依据。

(二)在研究钻孔岩石(沉积)地层划分及收集钻孔资料的基础上,结合沉积物 $^{14}C$ 年龄、光释光年龄、磁化率和微体古生物等特征,重新厘定了第四纪地层填图单位,将其划分为 5 个组级、7 个段级和 3 个层级岩石地层单位,以及 2 个非正式地层单位(表 2)。新建中更新世岩石地层单位炮台组($Qp^2p$),进一步划分为钟盾洋段($Qp^2p^{zc}$)和水路尾层($Qp^2p^{sl}$),获得的光释光年龄为 157±13ka。

表 1 前第四纪地层单位划分表

| 年代地层 | | | 岩石地层单位 | | | 岩性特征 | 特殊岩性层 |
|---|---|---|---|---|---|---|---|
| 界 | 系 | 统 | 群组段 | | 代号 | | |
| 新生界 | 新近系 | 中新统 | 橄榄玄武岩 | | $N_1\beta$ | 灰黑色橄榄玄武岩、橄榄玄武质火山角砾岩 | |
| 中生界 | 白垩系 | 下统 | 官草湖组 | | $K_1g$ | 以灰绿色、灰白色、青灰色、紫灰色中厚—巨厚层状凝灰质砾岩、砂砾岩、(含砾)砂岩为主,局部夹透镜状粉砂质泥岩 | |
| 中生界 | 侏罗系 | 上统 | 高基坪群 | 南山村组 | $J_3K_1n$ | 灰色、深灰色、红褐色的英安质凝灰熔岩、英安质碎斑熔岩、英安-流纹质晶屑(熔结)凝灰岩、流纹质碎斑熔岩、流纹岩、粗面质岩 | |
| 中生界 | 侏罗系 | 上统 | 高基坪群 | 水底山组 | $J_3sd$ | 灰色—黑色碳质页岩,灰色—灰白色沉凝灰岩、凝灰质粉砂岩、凝灰质砂岩等 | |
| 中生界 | 侏罗系 | 中统 | 高基坪群 | 热水洞组 | $J_{2-3}r$ | 深灰色、灰白色、灰绿色的英安-流纹质(含角砾)熔结凝灰岩、流纹质(含角砾)凝灰岩、流纹质凝灰熔岩、流纹质熔结凝灰角砾岩、流纹岩及流纹质碎斑熔岩 | |
| 中生界 | 侏罗系 | 下统 | 蓝塘群 | 长埔组 | $J_1c$ | 以灰白色、浅灰色中厚层状细粒长石石英砂岩、岩屑石英砂岩为主,夹含砾粗砂岩、砂砾岩、粉砂岩和泥岩 | 砂砾岩(cg) |
| 中生界 | 侏罗系 | 下统 | 蓝塘群 | 上龙水组 | $J_1sl$ | 以灰色—灰黑色薄层或中厚层泥岩和薄层至微薄层状粉砂质泥岩与泥质粉砂岩组成的韵律层为主,中部夹细粒石英砂岩,顶及底部以大套泥岩为标志与上覆及下伏地层呈整合接触 | 砂岩透镜(ss)<br>碳质层(c) |
| 中生界 | 侏罗系 | 下统 | 蓝塘群 | 银瓶山组 | $T_3J_1y$ | 以灰黄色、灰白色、紫灰色薄层至中厚层状的细粒长石石英砂岩及岩屑石英砂岩为主,夹粉砂岩、粉砂质泥岩 | 泥岩(st) |
| 中生界 | 三叠系 | 上统 | 艮口群 | 红卫坑组 上段 | $T_3hw^2$ | 灰黑色、紫黑色中薄层—薄层状碳质泥岩、粉砂质泥岩、泥质粉砂岩,与灰褐色厚—中层状细粒岩屑石英砂岩、岩屑砂岩互层 | 砂砾岩(cg) |
| 中生界 | 三叠系 | 上统 | 艮口群 | 红卫坑组 下段 | $T_3hw^1$ | 以浅灰色、灰黄色、褐红色中—厚层状中粒岩屑石英砂岩、长石石英砂岩、杂砂岩为主,夹褐红—砖红色中薄层状粉砂质泥岩,局部夹巨厚层状复成分砾岩、砂砾岩 | 砂砾岩(cg) |

表 2 第四纪地层划分表

| 地质时代 | | | 岩石地层单位 | | | | 岩性特征 | | 气候 | 深海氧同位素阶段 |
|---|---|---|---|---|---|---|---|---|---|---|
| 代 | 纪 | 世 | 期 | 非正式 | 内陆河谷区 | 三角洲平原区 组 段 | 内陆河谷区 | 三角洲平原区 | | |
| 新生代 | 第四纪 | 全新世 | 晚 | 人工填土 $Q^s$ | | | 杂填土、砂、砂砾夹砂质黏土、黏土质粉细砂，厚0~4m | 杂填土、素填土、冲填土，厚0~4m | | |
| | | | 晚 | | 大湾镇组 | 桂洲组 / 灯笼沙段 $Qh^3g^{dl}$ | | 褐色、灰黄色粉砂质黏土、黏土，含植物根茎，厚0~2.6m | 温暖湿润 | MIS1 |
| | | | 中 | | | 横栏段 $Qh^2g^{hl}$ | | 深灰色—灰黑色淤泥、粉砂质淤泥，富含腐木、腐叶、贝壳，厚0~22.1m | | |
| | | | 早 | | | 杏坛段 $Qh^1g^{xt}$ | | 深灰色、灰白色淤泥质中细砂—中粗砂，含少量有机质，厚0~5m | | |
| | | 更新世 | 晚 | 残积层 | 黄岗组 | 礼乐组 / 三角层 $Qp^3l^{sj}$ | 褐黄色、灰黄色砂质黏土、粉质黏土，厚0~29.6m | 花斑色氧化色砂，厚0~20.3m | 干冷 | MIS2 |
| | | | | | | 西南镇段 $Qp^3l^{xn}$ | | 深灰色—灰黑色粉砂质黏土、黏土、砂质黏土局部夹中粗砂、腐叶，厚0~20m | 温暖湿润 | MIS3 |
| | | | | | | 石排段 $Qp^3l^{sp}$ | 灰白色、灰黄色、灰白色卵砾石、粗砂等夹黏土，厚0~7.5m | 深灰色、灰黑色黏土、灰白色含砾粗砂、细中砂、中粗砂，厚0~15.24m | 干冷 | MIS4 |
| | | | | | | 光明村层 $Qp^3l^{gm}$ | | 花斑色氧化色砂，厚0~11.5m | 温暖湿润 | MIS5 |
| | | | 中 | | 炮台组 | 南沙段 $Qp^3l^{ns}$ | | 深灰色、灰黑色黏土、砂质黏土、淤泥夹灰绿色黏土、灰白色细砂、中粗砂、含砾粗砂、砂砾，厚0~33.6m | | |
| | | | | | | 水路尾层 $Qp^2p^{sl}$ | | 花斑色黏土或氧化色砂，厚0~11.8m | 干冷 | MIS6 |
| | | | | | | 钟胄洋段 $Qp^2p^{zc}$ | | 上部为灰黑色卵砾石、砂砾，下部为褐黄色、灰黄色粗砂或中粗砂，厚0~52.12m | 温暖湿润 | MIS7 |

钟厝洋段以揭阳榕城区钟厝洋村 ZK001 为命名剖面,用来表示调查区不整合于基岩风化壳之上,整合于水路尾层花斑黏土之下的地层体(图1)。岩性主要以褐黄色、灰黄色卵石、砂砾、中或粗砂为主,夹灰黑色、褐黄色淤泥、黏土粉砂质黏土、粉砂,相当于氧同位素7阶段(MIS7)高海面期的沉积,为里斯间冰期的产物。水路尾层以揭阳炮台镇水路尾村 ZK002 为命名剖面,用来表示调查区由上往下第三套大套花斑黏土层,整合于钟厝洋段之上,平行不整合于礼乐组南沙段之下,岩性为浅灰白色、褐黄色、褐红色、黄白色、红黄色等杂色花斑黏土或褐红色、褐黄色砂,其顶面是中更新世与晚更新世的界线,相当于氧同位素6阶段(MIS6)低水位域的陆相风化层,为里斯冰期的产物。

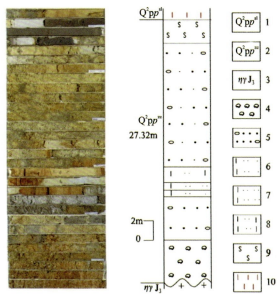

**图 1 揭阳榕城区 ZK001 孔钟厝洋段岩心照片及柱状图**

1.水路尾层;2.钟厝洋段;3.花岗岩;4.卵石;5.含砾粗砂;6.黏土质粉细砂;
7.黏土质粉砂;8.粉砂质黏土;9.淤泥;10.花斑黏土

(三)对中生代火山岩进行火山构造-岩性岩相-火山地层填图。基本查明了火山岩物质组成及空间展布规律,归纳为3个火山活动旋回(图2),划分出火山口-火山颈相、侵出相等10种火山岩相类型(表3);圈定了桐梓洋火山喷发盆地等5个Ⅳ级火山喷发盆地和桐梓洋穹状火山等9个Ⅴ级火山机构(表4,图2)。进行了岩石学、岩石地球化学、副矿物等研究,获得一批锆石 LA-ICP-MS U-Pb 同位素年龄($163.3\pm1.9$～$145.8\pm1.9$Ma),据此将火山岩活动时代厘定为中侏罗世—早白垩世。

**表 3 火山岩相类型表**

| 火山作用 | 成岩环境 | 相组 | 岩相类型及代号 | 亚相及岩石类型 |
| --- | --- | --- | --- | --- |
| 侵入作用 | 地壳浅部封闭环境 | 火山中心相组 | 潜火山岩相(SIF) | 潜花岗斑岩、潜流纹斑岩、正长斑岩等 |
| 侵出作用 | 近地表开放—半开放环境 | | 浸出相(ETF) | 英安质碎斑熔岩、流纹质碎斑熔岩、流纹质凝灰熔岩(流纹斑岩)、粗面岩等 |
| | | | 火山口-火山颈相(VNF) | 流纹质角砾集块熔岩、流纹质凝灰熔岩、火山角砾流纹岩、隐爆角砾岩、橄榄玄武岩等 |

续表3

| 火山作用 | 成岩环境 | 相组 | 岩相类型及代号 | 亚相及岩石类型 |
|---|---|---|---|---|
| 喷发作用 | 地表开放环境 | 喷发相组 | 喷溢相(EFF) | 流纹质凝灰熔岩、流纹岩、石泡流纹岩、流纹质角砾熔岩等 |
| | | | 爆溢相(BPF) | 流纹质凝灰熔岩、英安质凝灰熔岩 |
| | | | 空落相(FOF) | 玻屑凝灰岩、晶屑凝灰岩、火山灰凝灰岩 |
| | | | 火山碎屑流相(PRF) | (含角砾)晶屑强—中—弱熔结凝灰岩 |
| | | | 崩塌相(VECF) | 角砾(集块)熔结凝灰岩、流纹质角砾集块岩 |
| 喷发沉积作用 | 水域环境 | 喷发沉积相组 | 喷发沉积相(ESF) | 沉凝灰岩、凝灰质粉砂岩、凝灰质砂岩、泥岩等 |
| | | | 火山泥流相(LHF) | 沉火山角砾集块岩、凝灰质砂砾岩、凝灰质不等粒砂岩等 |

**表4 火山构造级别划分表**

| Ⅱ | Ⅲ | Ⅳ | | Ⅴ级火山机构 |
|---|---|---|---|---|
| 东南沿海火山岩带 | 东南沿海陆缘弧火山岩亚带（外带） | 莲花山陆缘弧火山岩区 | 桐梓洋火山喷发盆地 | 桐梓洋穹状火山 |
| | | | | 鸭麻嶂锥状火山 |
| | | | 丰顺火山喷发盆地 | 雷公暮穹状火山 |
| | | | | 茜坑破火山 |
| | | | | 菩杓岩层状火山 |
| | | | | 赤草洋破火山 |
| | | | 坪上火山构造洼地 | 南蛇窝穹状火山 |
| | | | 金岗火山构造洼地 | 大坪紫层状火山 |
| | | | 五经富玄武岩喷发盆地 | 大掌、埔寨玄武岩岩筒 |

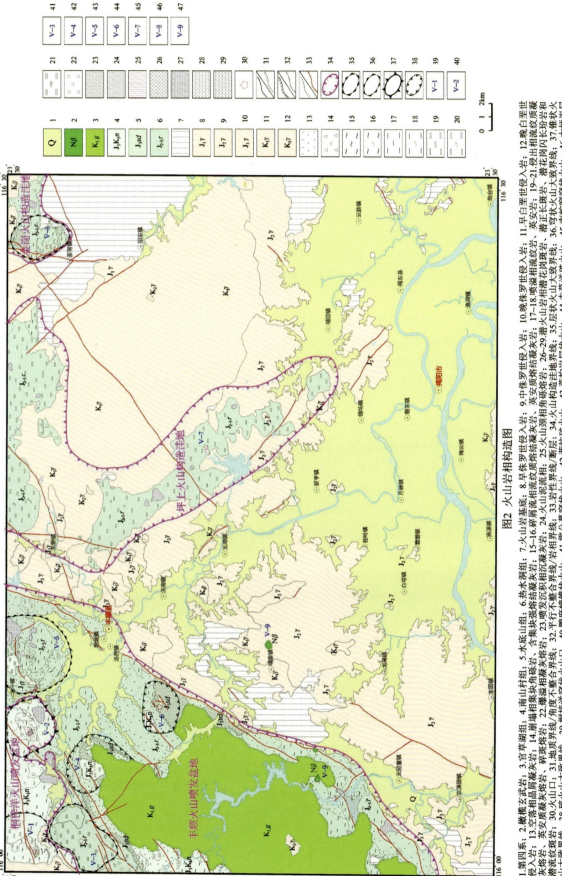

图2 火山岩相构造图

(四)将侵入岩划分为21个"岩性+时代"填图单位(表5)。基本查明了各期次岩浆侵入体的分布范围、岩性特征及地球化学特征；获得了一批介于189.7±2.2～101.2±3.7Ma之间的锆石U-Pb同位素年龄,侵入岩均为燕山期构造岩浆活动产物。将原1:20万区域地质调查中的茶背岩体(石英二长岩)修正为早侏罗世细粒斑状含角闪石黑云母二长花岗岩,其锆石LA-ICP-MS U-Pb年龄为189.7±2.2Ma(图3);将原1:20万区域地质调查中的观音山一带石英闪长岩修正为细粒斑状含角闪黑云母二长花岗岩,形成年龄为159.2±1.7Ma(图4)。探讨了侵入岩成因类型及形成构造环境：早侏罗世花岗岩形成于大洋和大陆碰撞环境,属于变质沉积岩源区重熔改造的S型花岗岩；中晚侏罗世—早白垩世花岗岩形成于大陆板内与活动性大陆边缘的过渡型构造环境,属于变质沉积岩源区重熔改造的I-S过渡型花岗岩；晚白垩世花岗岩形成于板内构造环境,为改造型S型花岗岩。

(五)晚三叠世以来,调查区处于东南沿海构造岩浆活动带内,地质构造较复杂,先后受燕山运动、喜马拉雅运动及其构造-岩浆活动的影响,岩石发生不同程度的变形变质。依照变质岩的成因类型,区内变质岩划分为热接触变质岩、气-液蚀变岩和动力变质岩。其中以热接触变质岩及动力变质岩为主,气-液蚀变岩出露面积小。研究了各种变质岩的岩石类型及相应的变质矿物共生组合。

(六)通过对调查区火山岩和侵入岩地质地球化学特征的系统调查研究,归纳总结了火山岩与侵入岩时空演化关系,介绍如下。

1.具有相似的时空展布特征：粤东地区及中国东南沿海中生代火山岩划分为上、下两个岩系4个旋回。对照其划分方案,高基坪群属下岩系火山岩第Ⅰ、Ⅱ旋回,同位素年龄分别为163.3～149Ma、146～145Ma。侵入岩主要划分为中—晚侏罗世和早白垩世两个侵入期,同位素年龄分别为167.6～146.3Ma、147.7～137Ma。因此,第Ⅰ、Ⅱ旋回火山活动之后均有相应的花岗岩侵入,火山岩和侵入岩在时间上相互交替。

侵入岩产于火山构造洼地、喷发盆地边缘或构造复合部位。空间上,侵入岩与火山岩的关系主要有以下两种情况：①早白垩世侵入岩中大量出露第Ⅰ旋回热水洞组侵出相的凝灰熔岩,形成时代在中—晚侏罗世之间,说明抬升剥蚀较深,与西部—西南部中晚侏罗世侵入岩有密切关系；②晚侏罗世—早白垩世侵入岩与第Ⅰ旋回和第Ⅱ旋回火山岩接触,特别是侵入岩侵入第Ⅱ旋回火山岩之中。

2.具有相似的岩石学特征：火山岩(熔岩类、碎屑熔岩类)具斑状结构、隐晶质结构,浅色矿物(石英+斜长石+碱性长石)含量高,暗色矿物黑云母类较少,基质为隐晶质。花岗岩具似斑状结构,浅色矿物含量较高,暗色矿物含量低,矿物组合为角闪石-黑云母,且以黑云母为主,基质具显晶质结构。

3.具有相似的岩石系列和组合：火山岩和侵入岩均为高钾钙碱性系列,且以酸性岩类为主。第Ⅰ、Ⅱ旋回火山岩相对以酸性岩类占多数,少数为中酸性英安岩、碱性粗面岩、粗安岩；而侵入岩以酸性黑云母二长花岗岩为主,有少数闪长岩、黑云母钾长花岗岩。

4.具有相似的岩石地球化学性质：火山岩和侵入岩均具有中等的A/NKC值和$Na_2O/K_2O$比值,Q值较高,C/ACF值较高。富集Rb、Th、U等大离子亲石元素和稀土元素La、Ce和Nd,相对亏损Ba、Sr、Nb、P和Ti,贫Cr、Ni、Co,富$\Sigma REE$,特别是LREE。

5.具有相似的演化规律：火山岩和侵入岩均表现出全碱($Na_2O+K_2O$)和$\Sigma REE$、LREE/HREE、La/Yb比值及微量元素Rb、Nb、U等随着$SiO_2$含量增加由正相关变为负相关,拐点在$SiO_2$含量为72%～75%处。两个阶段的岩浆作用具有明显的间断,岩石的酸度呈现低—高—低的演化特征。

6.具有相似的成岩物理化学条件：粤东火山岩和侵入岩的岩浆形成深度均大于16.5km,侵位深度较小为0～3km(徐晓春等,1993)。相对而言,第Ⅰ旋回火山岩和中晚侏罗世花岗岩岩浆形成深度较大,第Ⅱ旋回火山岩和白垩世花岗岩岩浆形成深度较小。

7.具有相似的基底源岩：锆石Hf同位素组成显示,火山岩$\varepsilon_{Hf}(t)$平均值介于$-6.9$～$-2.4$,$T_{2DM}$为1.35～1.64Ga；中侏罗世花岗岩$\varepsilon_{Hf}(t)$平均值介于$-6$～$-4.8$,$T_{2DM}$为1.56～1.35Ga；晚侏罗世—早白垩世花岗岩$\varepsilon_{Hf}(t)$平均值介于$-6.8$～$-1.1$,$T_{2DM}$为1.57～1.21Ga。火山岩和花岗岩$\varepsilon_{Hf}(t)$及$T_{2DM}$

表 5 侵入岩期次划分表

| 地质时代 | | 期次 | | 代号 | 主体岩性 | 产状 | 出露面积/km² | 侵入体编号及名称 | 接触关系 上限 | 接触关系 下限 | 同位素年龄(LA-ICP-MS) |
|---|---|---|---|---|---|---|---|---|---|---|---|
| | | 期 | 阶段 | 次 | | | | | | | |
| 白垩纪 | 晚白垩世 | 二 | 二 | | $\gamma\pi K_2$ | 花岗斑岩 | 岩株 | 0.31 | 柚树凹(72)、杉园(73)、大南洋(74)、老君石背(75)、杨梅坪(76) | $\eta\gamma K_1^{3b}$ | $\eta\gamma K_1^{1a}$ | |
| | | | 一 | | $\gamma K_2^{1b}$ | 细粒黑云母花岗岩 | 岩枝、岩株 | 0.31 | 鸟髻峰(71) | $\eta\gamma K_2^{1a}$ | $K_1 g$ | |
| | | | | | $\eta\gamma K_2^{1a}$ | 中粒黑云母二长花岗岩 | 岩枝、岩株 | 0.70 | 塘湖山(70) | $\gamma K_2^{1b}$ | $K_1 g$ | 101.2±3.7Ma |
| | 早白垩世 | 四 | | | $\gamma\pi K_1^{4}$ | 花岗斑岩 | 岩枝、岩株 | 0.13 | 飞鹅山(69) | $J_1 c$ | $J_1 sl$ | 133±2Ma (SHRIMP) |
| | | 三 | 二 | | $\eta\gamma K_1^{3b}$ | 微细粒黑云母二长花岗岩 | 岩株 | 1.28 | 棺材石(67)、大南洋(68) | $\eta\gamma K_1^{2a}$ | $\eta\gamma J_1^{2b}$ | |
| | | | 一 | | $\gamma K_1^{3a}$ | 中粒黑云母花岗岩 | | 13.60 | 渔湖林场(64)、平林(65)、仙桥粮所(66) | $\eta\gamma K_1^{1b}$ | $\eta\gamma J_1^{2a}$ | |
| | | 二 | 一 | | $\eta\gamma K_1^{2a}$ | 细粒(含斑)黑云母二长花岗岩 | 岩基、岩株 | 102.40 | 油鱼坝(44)、榕树下(45)、含水掘(46)、半东坑(47)、枫树下(48)、冠山中学(49)、埔寨(50)、建新大队林场(51)、新塘东(52)、虎头寨(53)、李屋楼(54)、下村-释迦紫(55)、麻竹坑(56)、腾吊岭(57)、大坳(58)、田寮(59)、世田(60)、五指山-大溪背-庵田(62)、小葫芦(63) | $\eta\gamma K_1^{3b}$ | $T_3 J_1 y$ | 137±2Ma (SHRIMP) |
| | | 一 | 二 | | $\eta\gamma K_1^{1b}$ | 中粒黑云母二长花岗岩 | 岩基 | 108.93 | 坪上-田东(40)、羊头礤(41)、阿壳紫(43) | $\gamma\pi K_2$ | $J_1 sl$ | 145.5±2.4Ma 144.6±2.3Ma |
| | | | 一 | | $\eta\gamma K_1^{1a}$ | 粗中-粗粒黑云母二长花岗岩 | 岩基 | 101.55 | 葫芦田(39) | $\gamma\pi K_2$ | $\eta\gamma J_1^{2b}$ | 147.7±1.8Ma 146.8±2.1Ma |

续表 5

| 地质时代 | | 期次 | | 代号 | 主体岩性 | 产状 | 出露面积 /km² | 侵入体编号及名称 | 接触关系 | | 同位素年龄 (LA-ICP-MS) |
|---|---|---|---|---|---|---|---|---|---|---|---|
| | | 阶段 | 次 | | | | | | 上限 | 下限 | |
| 侏罗纪 | 晚侏罗世 | 二 | 三 | $\gamma\pi J_3^3$ | 花岗斑岩 | 岩脉、岩枝 | 0.18 | 和顺坑(38) | $\eta\gamma K_1^{2a}$ | $\gamma J_3^3$ | 145.7±2.1Ma |
| | | | 二 | $\gamma J_3^{2b}$ | 中粒(含斑)黑云母花岗岩 | 岩株、岩枝 | 0.19 | 腊坑(37) | $\eta\gamma K_1^{2a}$ | $\eta\gamma J_3^{1c}$ | 146.5±1.8Ma 146.3±2.1Ma |
| | | 一 | 一 | $\eta\gamma J_3^{2a}$ | 细粒斑状-多斑黑云母二长花岗岩 | 岩株 | 3.03 | 大铜盘(36) | $\eta\gamma K_1^{3b}$ | $J_{2-3}r$ | 149.8±2.7Ma |
| | 晚侏罗世 | 一 | 三 | $\eta\gamma J_3^{1c}$ | 中粒(含斑)黑云母二长花岗岩 | 岩基、岩株 | 64.08 | 京溪园(30)、上长坑(31)、小铜盘(32)、东联(33)、半岭(34)、苏姑山(35) | $\eta\gamma K_1^{2a}$ | $T_3hw$ | 153.4±6.7Ma |
| | | | 二 | $\eta\gamma J_3^{1b}$ | 细粒斑状含角闪黑云母二长花岗岩 | 岩株 | 4.19 | 观音山(29) | $\eta\gamma K_1^{2a}$ | $\eta\gamma J_2^{1b}$ | 159.2±1.7Ma |
| | | | 一 | $\delta o J_3^{1a}$ | 石英闪长岩 | 岩株 | 4.37 | 新寨紫(28) | $\eta\gamma J_2^{2a}$ | $T_3 J_1 y$ | 161±1Ma (SHRIMP) |
| | 中侏罗世 | 二 | 三 | $\eta\gamma J_2^{2c}$ | 细粒少斑黑云母二长花岗岩 | 岩株 | 42.3 | 半坑(22)、南池(23)、新西河水库(24)、埔田(25)、东径茶场(26)、霖磐(27) | $\eta\gamma K_1^{2a}$ | $J_1 sl$ | 165.3±4.1Ma 163.0±1.7Ma |
| | | | 二 | $\eta\gamma J_2^{2b}$ | 细粒斑状-多斑黑云母二长花岗岩 | 岩基 | 75.48 | 白石林场-大龙林场(17)、青山林场(18)、翁肉水库(19)、山东闸(20)、军田(21) | $\eta\gamma K_1^{3b}$ | $\eta\gamma J_2^{2a}$ | 163.6±1.9Ma |
| | | | 一 | $\eta\gamma J_2^{2a}$ | 中粒少斑黑云母二长花岗岩 | 岩基 | 155.64 | 五经富-龙尾(7)、下尾山(8)、浮岗(9)、馒头山(10)、双坑(11)、蔡望紫(12)、军埔林场(13)、虎头岭(14)、牛岭(15)、磨石坑(16) | $\eta\gamma K_1^{2a}$ | $T_3 J_1 y$ | 167.6±6.3Ma 165.4±2.4Ma |
| | | 一 | 二 | $\eta\gamma J_2^{1b}$ | 中粗粒少斑黑云母二长花岗岩 | 岩基 | 16.28 | 望天湖寨(5)、塘坑子(6) | $\eta\gamma J_2^{2a}$ | $T_3 hw$ | 169.0±4.9Ma |
| | | | 一 | $\gamma\delta J_2^{1a}$ | 花岗闪长岩 | 岩基、岩株 | 22.47 | 龙衣寨(2)、东园(3)、蒲龙(4) | $\eta\gamma J_3^{1c}$ | | 167.7±2.4Ma |
| | 早侏罗世 | 一 | 一 | $\eta\gamma J_1^{1a}$ | 细粒斑状含黑云母二长花岗岩 | 岩基 | 3.05 | 茶背(1) | $\eta\gamma K_1^{2a}$ | $J_1 sl$ | 189.7±2.2Ma |

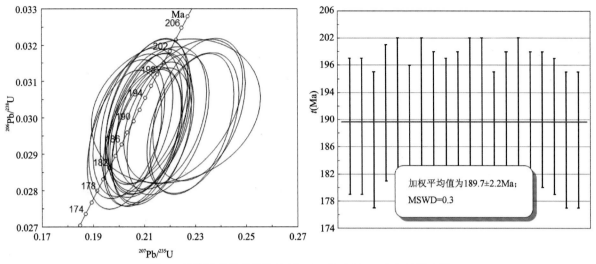

图3 早侏罗世茶背岩体锆石 LA-ICP-MS U-Pb 年龄谐和图

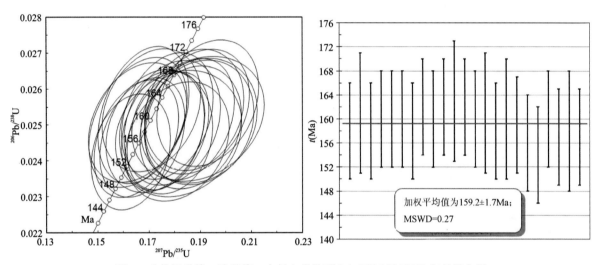

图4 晚侏罗世第一阶段第二次侵入岩锆石 LA-ICP-MS U-Pb 年龄谐和图

类似,可能都来源于中元古代古老地壳部分熔融,并有少量幔源物质的加入,进一步证明火山岩与花岗岩同源。

综上所述,粤东地区火山岩和侵入岩(花岗岩)在时空分布、岩石系列和组合、岩石学、岩石化学和地球化学及其所反映的基底源岩组成、成岩物理化学条件等方面均具有相似的特征,显示火山岩和侵入岩具有内在的成因联系,为火山-侵入杂岩。

(七)通过野外实测、物探、钻探工程和对前人资料的整理,基本查明了调查区褶皱、断裂等主要地质构造特征,建立了地质构造格架(图5)。查明了31条主要断裂构造带特征,主要为北东向、北西向、南北向、北东东向。重点分析了区域上莲花山断裂东束之大埔-海丰断裂带及三饶-潮安-普宁断裂带在区内的展布位置、构造形迹和活动期次,并对莲花山断裂成生时限进行了探讨。

莲花山断裂带属政和-大埔断裂带南西段,从大埔延伸至广东境内,延伸长约500km,波及宽20~40km,局部可达60km。郭令智等(1980)认为政和-大埔断裂带是加里东期板块俯冲蛇绿岩带,年龄420~390Ma(舒良树,1999),是华南加里东褶皱带与东南沿海火山岩带的分界断裂。舒良树(2006)指出在政和-大埔断裂带及附近发现的作为加里东俯冲带证据的蛇绿岩并非蛇绿岩,重新获得的测年值均在(8~9)亿年间。邱文等(2010)认为莲花山断裂的形成和主导作用时期在160~135Ma±之间,最大伸展期可能在145Ma左右。

区域上莲花山断裂由一组走向北东的脆性断裂带、韧性剪切带、动力变热变质带及中新生代断陷盆地组成,为广东省内最为醒目的大型构造带之一。空间上划分为东、西断裂束,分别为大埔-海丰断裂束及五华-深圳断裂束。发育大型的动热变质带及韧性剪切带,主要有深圳韧性剪切带、新田韧性剪切带、梧桐山韧性剪切带等。调查区位于东断裂束,由汤坑-五经富断裂、陈江断裂、桐梓洋断裂、南溪断裂及坪坑断裂等组成。发育两条脆-韧性剪切带,分别为打石栋及龙颈水库片理化带(图5)。

本次调查获得龙颈水库片理化带中的2件片理化绢云变质凝灰岩中绢云母$^{40}Ar/^{39}Ar$坪年龄分别为$100.8\pm1.15Ma$、$99.03\pm1Ma$(图6)。卓伟华等(2010)在五华县桂田韧性剪切带中获得花岗质糜棱岩钾长石单矿物$^{40}Ar/^{39}Ar$坪年龄为$100\pm1Ma$。邹和平等(2000)在莲花山韧性剪切带西南段汕头一带获得3个白云母单矿物的$^{40}Ar/^{39}Ar$坪年龄集中于$129.7\sim117.5Ma$。上述资料表明莲花山断裂至少发生过三期韧性或脆-韧性变形:第一期韧性变形时限为$153\sim144Ma$,第二期为$129.7\sim117.5Ma$,第三期为$101\sim99Ma$。

结合中生代构造岩浆旋回特征(图7)可知,晚三叠世以来,地壳升温期第一期时限为170Ma左右,为燕山一幕;第二期为160Ma左右,为燕山二幕;第三期为140Ma左右,顶峰期,为燕山三幕;第四期为地壳温度下降期,岩浆活动高峰期在100Ma左右,为燕山四幕。统计资料显示,调查区岩浆侵入活动时间为$189\sim100Ma$,存在$169\sim163Ma$、$159\sim150Ma$、$147\sim138Ma$三个岩浆活动的高峰期,与中生代地壳温度变化趋势相吻合。高精度定年结果将区内岩浆喷发活动时间限制在$164\sim144Ma$间,也存在$164\sim162Ma$、$156\sim150Ma$、$148\sim144Ma$ 3个高峰期,分别对应中—晚侏罗世热水洞组地层,晚侏罗世水底山组地层及晚侏罗世—早白垩世地层。

综上所述,中侏罗世以来,莲花山断裂带可能经历了以下构造演化过程:第一期为拉张活动,成生时限为$164\sim150Ma$;第二期为脆-韧性剪切,时限为$150\sim144Ma$;第三期为韧性变形,时限为$129.7\sim117.5Ma$;第四期为拉张活动,时限为$130\sim101Ma$,形成官草湖盆地;第五期为脆韧性变形,成生时限为$101\sim99Ma$;第六期为新近纪构造活动,在埔寨镇及五经富镇韭菜地出露橄榄玄武岩,其形成时代为20Ma;第七期为新构造活动,温泉沿断裂带分布,在断裂带内常见硫磺矿物,且海丰地区多次发生破坏性地震。

(八)新发现丰顺××离子吸附型重稀土矿。矿床位于广东丰顺县××镇产于"馒头山"岩体北缘,花岗岩岩性以中粒(含斑)黑云母二长花岗岩($\eta\gamma J_3^{1c}$)为主(图8),次为细粒(含斑)黑云母二长花岗岩($\eta\gamma K_1^{2a}$),可见钠长石化。

本次工作布设陡坎+赣南钻(图9)和采样钻27个。样品分析分两批进行,第一批样品分析了稀土分量,仅用来验证该稀土矿类型,第二批样品仅分析了稀土总量。第一批样品分析结果显示,8个达工业品位样品的稀土氧化物总量(REO)介于$(x\sim x)\times10^{-6}$之间,平均值为$x\times10^{-6}$,重轻稀土比值介于$x\sim x$之间,平均值$x$,呈重稀土富集。采集4个稀土样品进行浸出率测试,平均浸出率为$x\%$。

岩体风化壳厚度大,一般为$3.10\sim19.80m$,平均矿体厚度12.39m。共圈定2个矿体,矿体边界按照1:5万水系异常$Y\geqslant80\times10^{-6}$的范围圈定。其中V1矿体呈椭圆形,长轴长约2.5km,短轴长约1.5km,厚度$3.1\sim19.8m$,平均厚度12.46m。工程品位(REO)$(x-x)\times10^{-6}$,矿体平均品位(REO)$x\times10^{-6}$。V2矿体呈不规则面状展布,东西长轴长约4km,南北短轴长约2km,厚度$8.0\sim16.8m$,平均厚度12.4m。工程品位(REO)$(x-x)\times10^{-6}$,矿体平均品位(REO)$x\times10^{-6}$。

依据国土资源部2003年3月1日实施的《稀土矿产地质勘查规范》(DZ/T0204—2002),结合本矿床的实际情况,确定本区重稀土资源量估算工业指标:HREO边界品位0.03%、最低工业品位0.05%、最小可采厚度2.0m、夹石剔除厚度4.0m。

小溪背地区离子吸附型重稀土呈风化壳状态产出,勘查工程以近乎垂直矿体布置。根据矿体的形态、规模及对矿体的控制程度,采用在矿体水平投影图上利用地质块段法进行。本次工作对丰顺县小溪

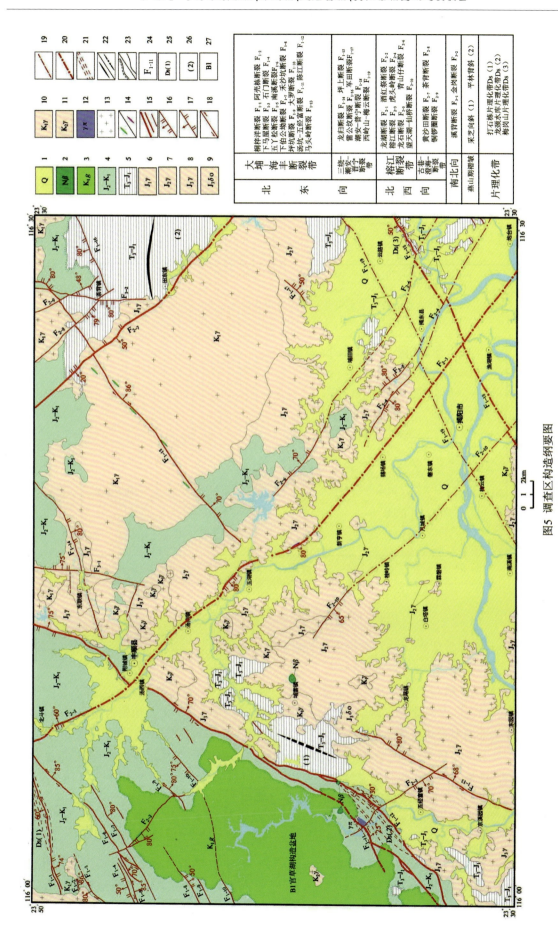

图5 调查区构造纲要图

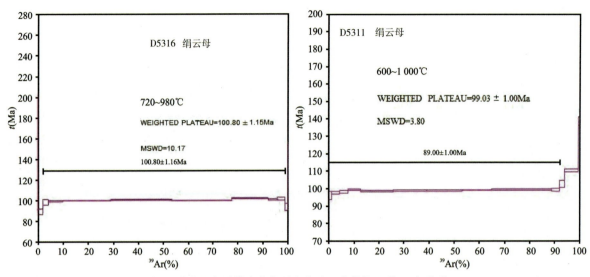

图6 莲花山断裂带东束龙颈水库片理化带 $^{40}Ar/^{39}Ar$ 年龄谱

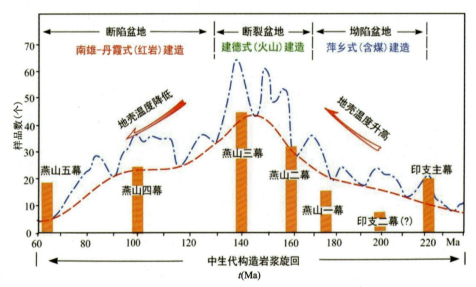

图7 中生代构造岩浆旋回(Chen and Grapes,2007)

背地区 2 条矿体进行资源量估算(表 6),求得重稀土资源量 $x×10^4$ t,其中 333 资源量 $x×10^4$ t,334-1 资源量 $x×10^4$ t。

离子吸附型重稀土矿赋存于馒头山岩体北缘的中粒—细粒(含斑)黑云母二长花岗岩风化壳中,花岗岩原岩的稀土含量较高,其风化壳总体呈面状分布,形态上呈巨大岩基产出。地貌为构造剥蚀低山丘陵地貌,气候属亚热带潮湿炎热气候。具有形成离子吸附型稀土矿的有利条件。同时,在该区 Y 和 La 均具有明显异常,异常中心集中,面积大,强度高,La、Y 均具三级浓度分带,具有明显的找矿指示意义。经赣南钻采样分析,结果表明稀土氧化物总量大多可达边界品位以上,最高 $2626×10^{-6}$,且显示矿化深度大于 20m。据此推断该离子吸附型重稀土矿具大型远景规模。

## 三、成果意义

1.厘定 13 个组级、9 个段级、3 个层级岩石地层单位;新建中更新世炮台组,其光释光年龄为 157ka;在上龙水组中新发现 *Parainoceramus-Ryderia guangdognensis* 组合带的重要动植物化石,明确其形成时代属早侏罗世。

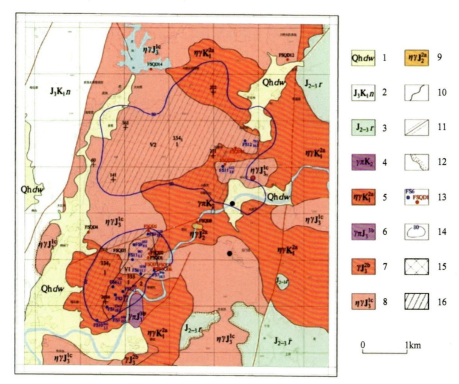

图 8 丰顺县××重稀土矿综合地质简图

1.大湾镇组；2.南山村组火山碎屑岩；3.热水洞组火山碎屑岩；4.晚白垩世花岗斑岩；5.早白垩世细粒黑云母二长花岗岩；6.晚侏罗世花岗斑岩；7.晚侏罗世中粒黑云母花岗岩；8.晚侏罗世中粒黑云母二长花岗岩；9.中侏罗世中粒黑云母二长花岗岩；10.地质界线；11.实测/推测性质不明断层；12.角岩化；13.采样点位置及编号；14.Y异常范围；15.333资源量估算范围；16.334-1资源量估算范围

图 9 陡坎及硐口锹采样

2.厘定了岩浆岩填图单位，圈定了火山喷发盆地和火山机构，系统总结了火山-侵入杂岩时空演化关系和岩浆活动与成矿作用的时空耦合关系，为中国东南部火山-侵入杂岩系统的研究提供了重要的基础资料。

3.建立了地质构造格架，系统研究了莲花山断裂成生时限，深化了对粤东地区最重要的区域性莲花山大断裂的认识。

4.找矿效果好，新发现具有大型规模远景的××离子吸附型重稀土矿1个，拓展了馒头山岩体找矿空间，对支撑国家战略矿产资源稀土矿的储备具有积极意义。

# 广西1∶5万绍水幅、全州县幅区域地质调查

崔 森 夏 杰 刘小龙

(武汉地质调查中心)

**摘要** 基本查明了调查区的岩石地层、生物地层、层序地层和沉积相特征,建立了不同相区地层序列;将第四系划分为两级河流阶地,对应桂平组和望高组,并建立了第四系堆积序列;研究认为白洞组灰岩应属奥陶系底部,早奥陶世碎屑物源主要来自南东侧的华夏陆块;将原岩关阶地层划分为上泥盆统额头组与下石炭统尧云岭组,认为D-C界线应在下石炭统尧云岭组底部的微晶灰岩;泥盆系信都组新发现遗迹化石——环状石针迹与贝尔高尼亚迹,丰富了该区化石种类。查明了岩浆岩的分布、岩石地球化学及年代学特征,分析认为花岗岩属于过铝质高钾钙碱性系列岩石,形成于同碰撞构造环境。厘定了加里东期、印支期及燕山期构造变形特征,建立了调查区构造变形序列。初步分析了引起自然灾害的原因与诱发因素,提出了防止大毛坪煤矿对水体进一步污染的建议方案。

## 一、项目概况

调查区位于广西壮族自治区东北部桂林市全州县与湖南省永州市零陵区交界部位。地理坐标:东经110°45′00″—111°15′00″,北纬25°50′00″—26°00′00″,包括1∶5万绍水幅、全州县幅两个国际标准图幅,面积924km²。

工作周期:2017—2018年。

总体目标任务:以《1∶5万区域地质调查技术要求》为工作标准,运用《沉积岩区1∶5万区域地质填图方法指南》《1∶5万区调地质填图新方法》及其他有关规范、指南,参照造山带填图的新方法,应用遥感等新技术手段,对1∶5万绍水幅(G49E013012)、全州县幅(G49E013013)进行了全面的区域地质调查。通过工作,查明调查区内的沉积序列、地层划分与对比,岩石格架、盆地充填演化史及构造演化、岩浆活动等特征;综合研究、评价与矿化有关的物化探异常特征;查明调查区贵金属-多金属矿产的分布规律,总结区域成矿规律、提出找矿方向和矿化有利地段;开展地貌和第四纪地质、旅游资源调查研究,为城镇建设和发展经济服务。

## 二、主要成果与进展

(一)对调查区地层进行了系统研究,基本查明了岩石地层、生物地层、层序地层和沉积相特征。采用多重地层划分与对比,建立了不同相区地层序列,划分了30个组级,4个段级岩石地层填图单位(表1),明确了不同地层单位顶底划分标志,为区域地层划分与对比提供了新材料。

### 表1 岩石地层单位划分表

| 年代地层单位 | | | 岩石地层单位 | | 岩性特征 | 厚度(m) |
|---|---|---|---|---|---|---|
| 界 | 系 | 统 | 群、组 | 代号 | | |
| 新生界 | 第四系 | | 桂平组 | Qhg | 上部为浅黄色粉—粗砂,含少量贝壳碎片;下部为浅黄色砂砾层,砾石以砂岩为主,次为脉石英、少量花岗岩,滚圆度好,多呈叠瓦状排布 | 1~23.3 |
| | | | 望高组 | $Qp w$ | 由砾石层、砂质黏土层两个单元组成韵律层,上部为浅黄色黏土、砂质黏土,下部为砾石层质层 | 11.8~15.0 |
| 中生界 | 白垩系 | | 永福群 | $K_1 y$ | 下部主要为杂色钙质砾岩、含砂岩夹泥岩,砾石成分主要为硅质岩和灰岩;上部为浅灰白色或紫红色钙质砂岩、泥质粉砂岩夹泥岩 | >356 |
| 上古生界 | 二叠系 | 上统 | 大隆组 | $P_3 d$ | 黑色泥质钙质硅质岩夹少量泥岩、灰岩 | 33~61 |
| | | | 龙潭组 | $P_3 l$ | 底部黑色页岩夹少量泥质硅质岩;下部为黑色薄层泥质硅质岩夹深灰黑色透镜状薄层灰岩;上部为黑色页岩夹不稳定的劣质煤层 | 368 |
| | | 中统 | 孤峰组 | $P_2 q$ | 灰黑色硅质岩、含锰钙质硅质岩、含锰泥岩,下夹灰岩透镜体 | 102 |
| | | 下统 | 栖霞组 | $P_{1-2} q$ | 深灰色、黑灰色薄—中厚层状含燧石团块或条带的生物屑微晶灰岩、微晶灰岩、生物屑灰岩、砂屑生物屑灰岩、泥质粉灰岩夹白云质灰岩、白云岩组合 | 12 |
| | | | 壶天群 | $C_2 P_1 h$ | 灰白色—灰黑色厚层块状细—中晶白云岩为主体,局部夹白云质灰岩,含燧石团块灰岩 | >400 |
| | 石炭系 | 上统 | 罗城组 | $C_{1-2} l$ | 为灰色、灰黑色夹灰白色、浅紫灰色中—厚层状含生物屑灰岩夹泥岩、微晶灰岩、钙质页岩及燧石结核和条带。下部夹少量白云岩,上部夹同生角砾岩 | 198 |
| | | 下统 | 寺门组 | $C_1 s$ | 为灰绿色、灰黄色夹页岩、泥岩、泥质粉砂岩、细砂岩夹灰岩、泥灰岩、硅质岩,含黄铁矿结核,局部夹1~3层无烟煤 | 39~68 |
| | | | 黄金组 | $C_1 h$ | 以深色灰岩、硅质灰岩为主,夹泥质、砂质灰岩及硅质岩 | 397 |
| | | | 英塘组 | $C_1 yt$ | 深灰色—黑灰色中厚层状灰岩、含燧石团块灰岩夹白云质灰岩,少量白云岩;下段岩性为灰色—深灰色薄—中层含海百合茎泥质灰岩。顶部为白云岩。下以页岩的出现或生物屑灰岩的消失与尧云岭组分界 | 8.9 |
| | | | 尧云岭组 | $C_1 y$ | 下部为灰色—深灰色薄—中层微晶灰岩、泥质灰岩、含微晶生物屑灰岩夹白云质灰岩、白云岩。上部为灰色—深灰色(含)泥灰岩夹海百合茎灰岩、时夹页片状泥岩或泥质条带,顶常夹硅质和泥质条带,具强烈的生物扰动,珊瑚化石 | 13.1 |
| | 泥盆系 | 上统 | 额头组 | $D_3 e$ | 深灰色中层状粉晶灰岩、细—粉晶屑灰岩、层孔虫灰岩、中—粗晶白云岩,以含丰富球状层孔虫为特征。以灰岩出现为底 | 16.5 |
| | | | 融县组 二段 | $D_3 r^2$ | 上部深灰色粉晶灰岩夹数层泥灰岩;下部灰黄色夹灰紫红色砂质泥岩,泥质粉砂岩夹灰岩透镜体 | 112.0 |
| | | | 融县组 一段 | $D_3 r^1$ | 深灰色白云质灰岩、灰岩;顶部含硅质条带或团块豹皮状灰岩,底部夹1~2层1~2 m的泥岩。以桂林组厚层状灰岩消失。以页岩出现为底界 | 292.0 |
| | | | 桂林组 | $D_3 g^2$ | 上部为灰色中层状蓝藻微晶灰岩、微晶灰岩夹白云质灰岩、纹层状灰岩、生物屑灰岩 | 328.4 |
| | | | | $D_3 g^1$ | 底部为灰色—深灰色薄—中层状纹层状微晶灰岩;下部为灰色—深灰色中—厚层生物屑灰岩、生物屑微晶灰岩、纹层生物屑微晶灰岩夹白云质灰岩、中—细晶白云岩,含大量枝状层孔虫、球状层孔虫化石 | 312.5 |
| | | 中统 | 唐家湾组 | $D_2 t$ | 底部为厚3~10m不等的灰色—深灰色薄—中层状灰岩、生物屑灰岩;下部岩性为灰色—灰黑色厚层状孔虫灰岩、白云质灰岩、白云岩;上部为深灰色薄—中层状微晶灰岩、砂屑灰岩夹生物屑灰岩 | 498.7 |
| | | | 信都组 | $D_2 x$ | 以粉砂岩、泥质粉砂岩、细砂岩为主,夹灰岩、砂质页岩、白云质灰岩,局部夹1~3层鲕状赤铁矿。以灰绿色夹紫红色含砾砂岩出现为地界 | >270.5 |
| | | 下统 | 贺县组 | $D_1 h$ | 浅灰色、灰黄色、褐黄色薄—中层状泥岩粉砂岩、细砂岩或互层,局部地区中部夹灰岩、白云岩。底部以色交黄,层理变窄,泥岩增多为特征与下伏莲花山组整合接触 | 94.8 |
| | | | 莲花山组 | $D_1 l$ | 底部为中层至块状砾岩、砾状砂岩及少量中、细粒石英砂岩。下部为中至厚层状中、细粒石英砂岩夹粉砂岩。上部为薄层至块状砂岩、泥质粉砂岩 | 57.5 |
| 下古生界 | 奥陶系 | 下统 | 黄隘组 | $O_1 h$ | 下部为灰绿色薄层状页岩;中部为黑色碳质页岩、灰色砂岩夹黑色或灰色页岩;上部为灰色砂岩夹黑色或灰色页岩 | 680 |
| | | | 白洞组 | $O_1 b$ | 灰、深灰色薄层状灰岩、条带状、瘤状灰岩夹钙质砂岩及碳质泥岩 | 110.2 |
| | 寒武系 | 芙蓉统 | 边溪组 | $\varepsilon_{3-4} b$ | 下部为深灰色、灰黑色页岩夹薄层砂岩或粉砂岩,下部偶夹0.5m厚之泥灰岩、灰岩;上部为灰绿色块状细砂岩夹深灰色、灰黑色页岩 | 1 085.0 |
| | | 第三统 | | | | |
| | | 第二统 | 清溪组 | $\varepsilon_{1-2} q$ | 下部为灰绿色细砂岩夹页,岩局部夹含锰泥岩、含锰硅质岩及含铁锰质结核;中部主要为灰绿色厚层状细砂岩及灰带绿色页岩;上部为深灰色、灰黑色页岩夹少量的粉砂岩薄层 | 554.0 |
| | | 纽芬兰统 | | | | |
| 新元古界 | 震旦系 | 上统 | 老堡组 | $Z_2 l$ | 为灰色、深灰色、灰黑色薄—中层状硅质岩 | 80~228 |
| | | 下统 | 陡山沱组 | $Z_1 d$ | 为薄层状泥岩、粉砂质泥岩夹少量白云岩透镜体,偶夹碳质泥岩 | 80~158 |
| | 南华系 | | 黎家坡组 | Nhl | 浅灰色、灰绿色、深灰色含砾岩、含砾砂岩、含砾硅质岩、含砾岩屑砂岩、含砾长石砂岩,夹少量长石砂岩、泥质粉砂岩,夹少量长石砂岩、泥质粉砂岩、泥岩,局部含锰白云岩及砾岩 | 94~491 |
| | | | 富禄组 | Nhf | 灰绿色岩屑长石石英砂岩、岩屑砂岩夹砾岩、白云岩透镜体;底部常夹1~3层赤铁矿、含铁砾岩、含镜铁矿砾岩;顶部普遍一层黑色泥岩、碳质页岩 | 80~258 |
| | | | 长安组 | Nhc | 下部为灰绿色块状含砾泥岩、长石石英砂岩夹含砾砂岩、泥岩、砂岩透镜体;上部为灰绿色块状含砾砂质泥岩、夹泥岩、砂岩、长石石英砂岩 | 129~546 |
| | 丹州群 | | 拱洞组 | $Pt_3 g$ | 灰色、灰绿色绢云板岩、绢云千枚板岩夹变质砂岩 | 未见底 |

(二)探讨了桂东北地区寒武系—奥陶系界线问题。由于白洞组灰岩中化石稀少,该组属于寒武系的顶部还是奥陶系的底部,长期存在争议。本次调查在未采集到任何化石(包括牙形石)之后,通过挑选白洞组灰岩中的泥质粉砂岩夹层的碎屑锆石,进行锆石 LA-ICP-MS U-Pb 定年分析,共获得 141 个锆石年龄数据,相应的 $^{207}Pb/^{235}U$-$^{206}Pb/^{238}U$ 谐和关系见图 1(左)。其中,最年轻的 3 颗锆石 $^{206}Pb/^{238}U$ 年龄为 461Ma、480Ma、486Ma,限定白洞组最大沉积年龄为 461Ma,即白洞组的形成不早于 461Ma。因此,我们初步认为白洞组灰岩应属于奥陶系底部。

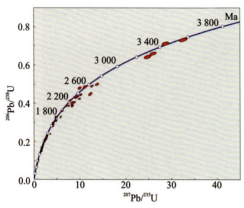 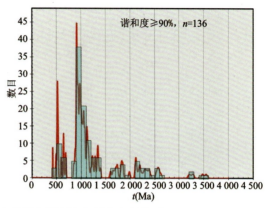

图 1　白洞组泥质粉砂岩碎屑锆石年龄谐和图(左)和频率直方图(右)

(三)通过对白洞组碎屑锆石的研究,进一步分析了早奥陶世早期沉积物源。白洞组碎屑锆石获得的 141 颗锆石中有 9 颗 $^{206}Pb/^{207}Pb$ 年龄≥2 500Ma,其中最老的 4 颗分别为 3 338Ma、3 370Ma、3 417Ma、3 566Ma。这 9 颗锆石阴极发光图像显示为椭球状、弱磨圆的棱柱状,具有复杂的内部结构,但均见振荡环带,它们的 Th/U 比值≥0.4,稀土元素标准化分布模式大多具有明显的 Ce 正异常与 Eu 负异常。上述这些特征指示他们可能来自岩浆岩,反映物源区保存了 2 500Ma 之前发生过岩浆热事件的物质记录或具有太古宙古老物质的再循环。

据邹和平等(2014)研究,华夏陆块与扬子陆块的碎屑锆石年龄频率直方图(图 2)显示两者在 2 500Ma 前后均有峰值出现。该峰值与发生在新太古代晚期的全球古陆核生长事件相对应。但扬子陆块与华夏陆块在前寒武纪地壳增长规律上表现出较大的差异:①扬子陆块在新元古代(840~740Ma)的沉积岩、花岗岩、镁铁质岩石广泛出露(谢士稳等,2009),少量的 1 700Ma 和 1 100~900Ma 的火成岩在西侧和南东侧边缘出露(Greentree et al,2008),在年龄频率直方图中没有显示 550Ma 左右的岩浆活动;②华夏陆块记录了显著的 Grenville 期(1 100~900Ma)岩浆事件,大量的碎屑锆石年龄分布于这一期间(Li Z X et al,2002);此外,1 800~1 600Ma 的构造热事件也在华夏陆块有较明显的峰值(Yu J H et al,2010)。

通过与华夏陆块、扬子陆块碎屑锆石年龄频率直方图(图 1、图 2)对比,全州县笪箕湾一带奥陶系白洞组碎屑锆石 U-Pb 年龄谱系与扬子陆块的年龄组成特征有较明显的区别,而与华夏陆块的年龄组成特征非常相似,因此,我们初步认为调查区奥陶纪早期沉积岩的物源区主要来自南东侧的华夏陆块。

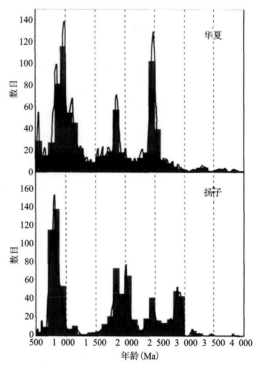

图 2　华夏陆块与扬子陆块碎屑锆石年龄频率直方图(邹和平等,2014)

(四)探讨了桂东北地区泥盆系—石炭系界线问题。项目组在调查区唐家湾村一带测制了上泥盆统桂林组—下石炭统尧云岭组地层剖面,将原岩关阶地层划分出上泥盆统额头村组与下石炭统尧云岭组,并逐层采集牙形石样品 29 件,其中 25 件样品发现牙形石(图 3、图 4),对应于该地层剖面的 41 层、42 层、43 层、45 层、46 层、47 层、48 层,大部分可以进行地层时代对比(表 2)。

图 3　广西全州唐家湾上泥盆统额头村组—下石炭统尧云岭组牙形石化石(1)

1. *Polygnathus* cf. *semicostatus*,样品号:PMQ01-41Y1; 2. *Polygnathus* sp. indet.,样品号:PMQ01-41Y1; 3. *Polylophodonta* sp. indet.,样品号:PMQ01-41Y1; 4. *Polygnathus dapingensis*,样品号:PMQ01-41Y2; 5. *Polygnathus* sp. indet.,样品号:PMQ01-41Y2; 6. *Palmatolepis transitans*,样品号:PMQ01-41Y2; 7. *Polygnathus* sp. indet.,样品号:PMQ01-41Y5; 8. *Palmatolepis* sp. indet.,样品号:PMQ01-42Y1; 9. *Spathognathodus* sp. indet.,样品号:PMQ01-42Y1;10. *Polygnathus* sp. indet.,样品号:PMQ01-42Y2;11. *Spathognathodus* sp. indet.,样品号:PMQ01-42Y2

(比例尺为 200μm)

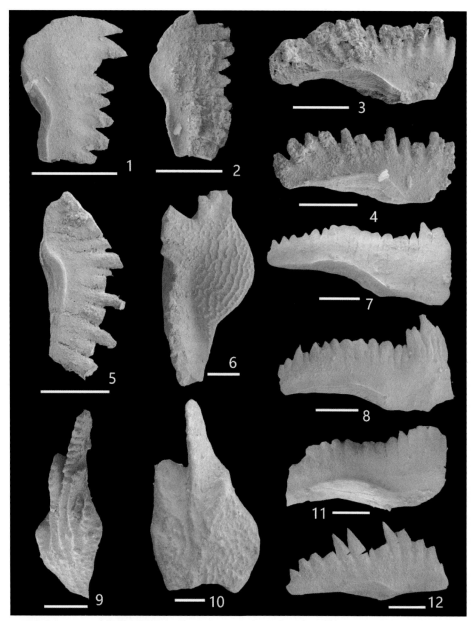

**图3 广西全州唐家湾上泥盆统额头村组—下石炭统尧云岭组牙形石化石(2)**

1. *Spathognathodus* sp. indet., 样品号：PMQ01-45Y1; 2. *Spathognathodus* sp. indet., 样品号：PMQ01-45Y1; 3. *Spathognathodus crassidentatus*, 样品号：PMQ01-45Y1; 4. *Spathognathodus crassidentatus*, 样品号：PMQ01-45Y2; 5. *Spathognathodus* sp. indet., 样品号：PMQ01-45Y2; 6. *Palmatolepis* sp., 样品号：PMQ01-45Y3; 7. *Spathognathodus crassidentatus*, 样品号：PMQ01-45Y3; 8. *Spathognathodus crassidentatus*, 样品号：PMQ01-46Y3; 9. *Polygnathus subirregularis*, 样品号：PMQ01-45Y4; 10. *Polygnathus* sp., 样品号：PMQ01-46Y3; 11. *Spathognathodus* spp., 样品号：PMQ01-46Y3; 12. *Spathognathodus* spp., 样品号：PMQ01-48Y2(比例尺为200μm)

表2 广西全州唐家湾上泥盆统额头村组—下石炭统尧云岭组牙形石与时代建议

| 样号 | 牙形石产出 | 时代建议 |
| --- | --- | --- |
| PMQ01-41Y1 | *Polygnathus* cf. *semicostatus*, *Polygnathus* sp. indet., *Polylophodonta* sp. indet. | $D_3$ |
| PMQ01-41Y2 | *Polygnathus dapingensis*, *Polygnathus* sp. indet., *Palmatolepis transitans* | $D_3$ |
| PMQ01-41Y3 | 枝形分子3个 | 不能确定时代 |
| PMQ01-41Y4 | 枝形分子3个 | 不能确定时代 |
| PMQ01-41Y5 | *Polygnathus* sp. indet. | $D_3$ |
| PMQ01-42Y1 | *Palmatolepis* sp. indet., *Spathognathodus* sp. indet. | $D_3$ |
| PMQ01-42Y2 | *Polygnathus* sp. indet., *Spathognathodus* sp. indet. | $D_3$ |
| PMQ01-42Y3 | 无 | |
| PMQ01-42Y4 | 枝形分子1个 | 不能确定时代 |
| PMQ01-43Y1 | 枝形分子4个 | 不能确定时代 |
| PMQ01-43Y2 | 枝形分子2个 | 不能确定时代 |
| PMQ01-43Y3 | 无 | |
| PMQ01-43Y4 | 枝形分子1个 | 不能确定时代 |
| PMQ01-43Y5 | 枝形分子1个 | 不能确定时代 |
| PMQ01-44Y1 | 无 | |
| PMQ01-45Y1 | *Spathognathodus* sp. indet., *Spathognathodus crassidentatus* | $D_3$ |
| PMQ01-45Y2 | *Spathognathodus* sp. indet., *Spathognathodus crassidentatus* | $D_3$ |
| PMQ01-45Y3 | *Spathognathodus* sp. indet., *Spathognathodus crassidentatus*, *Palmatolepis* sp. | $D_3$ |
| PMQ01-45Y4 | *Spathognathodus crassidentatus*, *Polygnathus subirregularis* | $D_3$ |
| PMQ01-46Y1 | *Spathognathodus* sp. indet. | $D_3$—$C_1$,材料不足,不能精确确定时代 |
| PMQ01-46Y2 | 枝形分子6个 | 不能确定时代 |
| PMQ01-46Y3 | *Spathognathodus crassidentatus*, *Spathognathodus* spp., *Polygnathus* sp. | $D_3$ |
| PMQ01-46Y4 | *Spathognathodus* sp. | $D_3$—$C_1$ |

续表2

| 样号 | 牙形石产出 | 时代建议 |
| --- | --- | --- |
| PMQ01-46Y5 | 枝形分子1个 | 不能确定时代 |
| PMQ01-46Y6 | *Spathognathodus* sp. | $D_3—C_1$ |
| PMQ01-47Y1 | 无 | |
| PMQ01-47Y2 | 枝形分子8个 | 不能确定时代 |
| PMQ01-48Y1 | 枝形分子3个 | 不能确定时代 |
| PMQ01-48Y2 | *Spathognathodus* spp. | $D_3—C_1$ |

虽然本次工作未获得能够准确确定泥盆系—石炭系界线的 *Siphonodella sulcata*，但从已发现的牙形石形态、珊瑚化石、岩石地层等方面的综合考虑，仍然可进一步推断泥盆系—石炭系界线的位置。

泥盆纪最晚期（略低于 D—C 界线）发生了一次全球范围的海平面迅猛下降事件，该事件造成生物面貌的改变。从牙形类来看，这次事件造成齿台型分子的大量减少，片状分子变多。在唐家湾剖面，这次转变大概发生在剖面45层。然而这样的转变还是发生在泥盆纪最晚期。从现有的牙形类材料来看，将46Y3样品及之下归入 $D_3$，D—C 界线应该高于46Y3样品。结合剖面46层岩性为中厚层浅灰色微晶灰岩夹薄层状泥灰岩，向上泥质含量增加，顶部为泥灰岩。由于46Y1岩性为泥灰岩，该泥灰岩在剖面46层中自下而上相对稳定，且无物性特征差异，推断其牙形石亦未发生显著变化，因此，从岩石地层角度来看，46层中的泥灰岩应属 $D_3$，泥灰岩之上为较纯的微晶灰岩。大化石方面，在48层生物屑灰岩中发现了 *Pseudouralinia* sp.（图4），说明该层已进入了石炭系，且桂西、桂东北、湖南普遍存在 *Cystophrentis-Pseudouralinia* 间隔带，该带普遍有一套几米至数十米厚的碳酸盐岩，既不产 *Cystophrentis* sp.，也不产 *Pseudouralinia* sp.，被认为是石炭系最底部的灰岩。综上所述，认为 D—C 界线应在46~47层，额头村组与尧云岭组以其46层泥灰岩的消失及47层微晶灰岩的出现为分界（图5）。

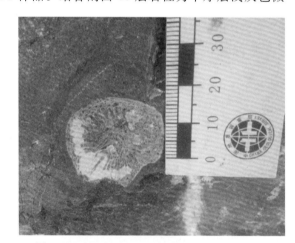

图4 *Pseudouralinia* sp.（假乌拉珊瑚化石）

（五）信都组中新发现遗迹化石——环状石针迹（图6）和贝尔高尼亚迹（图7），环状石针迹 *Skolithos annulatus*（Howell）被认为是 *Skolithos* 遗迹相的指相化石，常形成于高能环境下的滨海潮间、潮下带的浅水环境，但偶尔在深海及半深海斜坡环境也曾发现（Seilacher，1967；杨式溥等，2004）。贝尔高尼亚迹 *Bergauria* 常见于滨浅海环境，属于 *Skolithos* 遗迹相。

（六）第四系较发育，分布较广，主要沿湘江及其支流山川河、梅溪河、白沙河等河流两岸分布，山坡、山麓前缘平原、山沟、山谷及洼地零星发育，呈丘陵-平原地貌，地势平坦。第四纪沉积物以一套河流相的冲积松散堆积物为主，其次为残坡积、溶余堆积等。其中，冲积层又划分为望高组和桂平组两个组级填图单位（表3），与河流阶地相对应，分别形成河流的二级阶地和一级阶地（图8），望高组为晚更新世，桂平组为全新世。

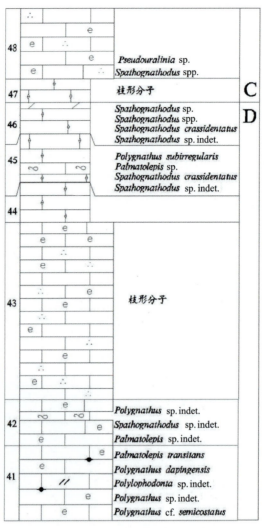

图5　D—C界线牙形石与时代

图6　环状石针迹

图7　贝尔高尼亚迹

表3　第四系划分表

| 界 | 系 | 统 | 组（河流阶地） | | 符号 | |
|---|---|---|---|---|---|---|
| 新生界 | 第四系 | 全新统 | 冲积层 | 桂平组（一级阶地） | $Q^{al}$ | Qhg |
| | | 晚更新统 | | 望高组（二级阶地） | | Qpw |

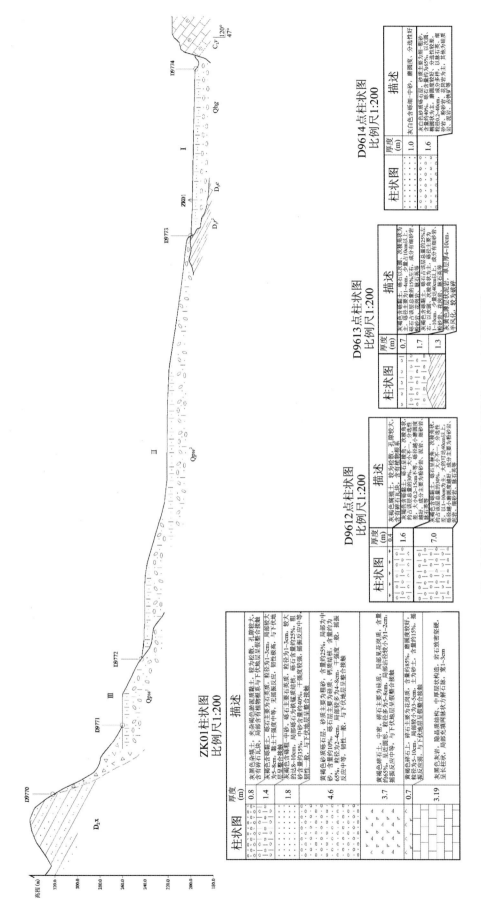

图8 全州县宾家第四系望高组—桂平组（Qpw–Qhg）实测剖面

（七）岩浆岩分布较少，主要为花岗岩类。本次工作基本查明了岩浆岩的分布、物质组成、结构构造特征，获得 2 个花岗岩锆石 LA-ICP-MS U-Pb 年龄分别为 420.0±4.7Ma（图 9）、436.8±6.1Ma（图 10），为加里东期构造岩浆活动的产物，属过铝质高钾钙碱性系列岩石（图 11、图 12），形成于同碰撞构造环境（图 13）。

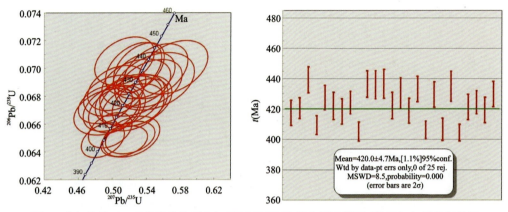

图 9　中细粒黑云二长花岗岩锆石 LA-ICP-MS U-Pb 谐和图和 $^{206}Pb/^{238}U$ 加权平均年龄图

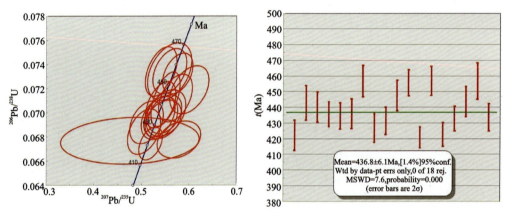

图 10　粗—中粒黑云二长花岗岩锆石 LA-ICP-MS U-Pb 谐和图和 $^{206}Pb/^{238}U$ 加权平均年龄图

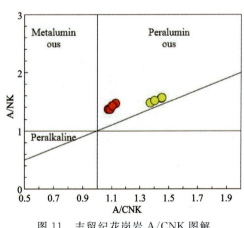

图 11　志留纪花岗岩 A/CNK 图解

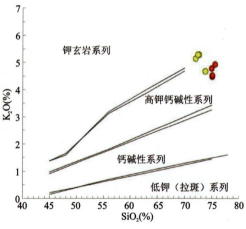

图 12　志留纪花岗岩 $SiO_2$-$K_2O$ 图解

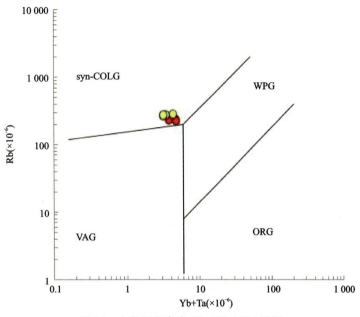

图 13 志留纪花岗岩 Rb-(Yb+Ta)图解

(八)调查区褶皱和断裂受加里东、海西-印支期及燕山期多期次构造岩浆活动的影响,褶皱轴向及断裂带主要沿北北东至北东方向延伸(图14)。本次工作对调查区构造运动及不同时代不同性质的褶皱和断裂特征进行了系统总结,初步建立了构造变形序列,厘定了加里东期(新元古代—早古生代强烈剪切褶皱变形、近北西-南东向紧闭向斜或倒转褶皱、岩层被劈理置换层理)、印支期(晚元古代—早古生代地层发生叠加褶皱变形、中泥盆统—二叠系碳酸岩层发生顺层剪切褶皱变形)、燕山期(晚古生代地层叠加褶皱变形、形成轴向近北北东向长轴状褶皱)及喜马拉雅期构造机制与构造形迹。

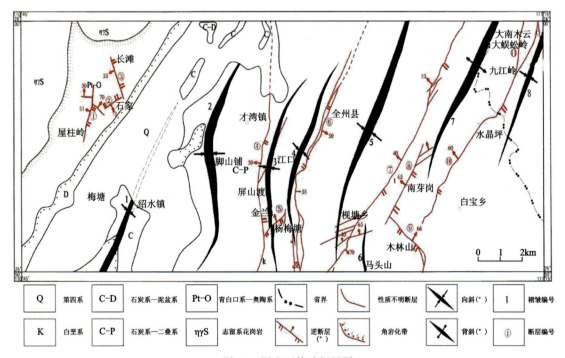

图 14 调查区构造纲要图

1.绍水向斜;2.脚山铺向斜;3.金兰向斜;4.江口向斜;5.全州向斜;6.马头山向斜;7.大蜈蚣岭背斜;8.九江岭背斜;①屋柱岭断裂;②石家断裂;③长滩断裂;④屏山渡断裂;⑤杨梅塘断裂;⑥全州断裂;⑦枧塘断裂;⑧蓝牙岗断裂;⑨木林山断裂;⑩水晶坪断裂;⑪大南木元断裂

（九）初步开展了环境与灾害地质调查工作。调查区地质灾害类型主要有滑坡、崩塌（垮塌）、地面塌陷、泥石流、不稳定斜坡、地下暗河等，其中滑坡最发育，崩塌次之，地面塌陷和泥石流相对不发育。地质灾害规模以中、小型为主，少数为大型。地质灾害的发生是地形地貌、地质构造、岩土体结构类型、降雨、河流侵蚀、人类工程活动等诸多因素共同作用的结果，其中地形地貌、地层岩性与岩土体结构类型、地质构造、水文地质条件等是地质灾害产生的基础条件，降雨、人类工程活动、河流侵蚀、地震等是地质灾害形成的诱发因素。调查区环境的污染主要与矿山的开发、治理不当有关。通过对大毛坪煤矿水污染问题的分析研究，建议在已停采（或已废弃）的煤矿建沉淀池，减少对下游水体的污染以及对居民生活的影响。

## 三、成果意义

1. 厘定组级岩石地层单位 30 个、段级填图单位 4 个，建立了调查区不同相区地层序列，为区域地层划分与对比提供了新材料。

2. 获得了白洞组灰岩中的泥质粉砂岩夹层碎屑锆石 LA-ICP-MS U-Pb 年龄数据，为桂东北地区存在争议的寒武系—奥陶系界线提供了年代学约束，同时为早奥陶世物源主要来自南东侧的华夏陆块提供了年代学依据。

3. 发现了大量化石，为泥盆系—石炭系界线的科学划分提供了丰富的化石证据。

4. 研究了调查区内引起自然灾害的原因与诱发因素，分析了大毛坪煤矿水污染问题，提出了灾害防治与环境保护的初步建议方案，为居民防灾减灾、保护生态环境提供了基础地质支撑，服务于当地的经济建设。

# 广西1∶5万界首镇幅、石塘幅区域地质调查

周开华 卢友任 李 乾 李金峰 秦泽良 左利明 李锦诚 汤新田
李 明 黎译阳 韦著展 梁秋明

(广西壮族自治区区域地质调查研究院)

**摘要** 采用多重地层划分对比,建立了不同相区地层序列及湘桂交界地区台地相地层序列。分析了台盆相与台地相的相变关系及沉积相分异时间,采集了一批生物化石样品,为岩相古地理研究、地层划分与对比提供了古生物和时代依据。对第四系开展调查,划分出三级阶地,查明了各级阶地的岩石特征及沉积类型。系统收集了调查区构造形迹、构造叠加特征,基本查明了白石断裂性质及其控岩、控相作用及时间,建立了地质构造格架,初步探讨了地质演化历史。分析了锰矿地质特征,初步总结了成矿规律。对有机质泥岩开展了调查,初步总结了页岩气成藏条件,为广西页岩气调查选区提供了基础资料。系统收集整理了地质旅游资源材料,为当地旅游业发展提供了多元信息。

## 一、项目概况

调查区位于广西壮族自治区的东北部,行政上属广西壮族自治区全州县、兴安县、灌阳县管辖。地理坐标:东经110°45′00″—111°15′00″,北纬25°40′00″—25°50′00″,包括1∶5万界首镇幅、石塘幅两个国际标准图幅,面积924km²。

工作周期:2017—2018年。

总体目标任务:以《1∶5万区域地质调查工作指南》(2016)、《1∶5万矿产地质调查工作指南》(2016)为工作标准,运用《沉积岩区1∶5万区域地质填图方法指南》《1∶5万区调地质填图新方法》及其他有关规范、指南,应用遥感等新技术手段,对1∶5万界首镇幅(G49E014012)、石塘幅(G49E014013)进行全面的区域地质调查。通过工作,查明调查区内的沉积序列、地层划分与对比、岩石地层格架、盆地充填演化史及构造演化等特征;综合研究、评价与矿化有关的物化探异常特征;查明调查区锰、煤矿矿产的分布规律,总结区域成矿规律、提出找矿方向和矿化有利地段;开展第四纪地质和旅游资源调查研究,为城镇建设和发展经济服务;编制1∶5万地质图(分幅)及地质调查报告。

## 二、主要成果与进展

(一)地层古生物进展。

1.通过实测地质剖面及与邻区岩石地层单位研究对比,采用多重地层划分对比,调查区划分了27个组级、7个段级和3个特殊岩层岩石地层单位(表1)。

2.对广西与湖南两省(区)接壤地带的台地相地层进行多重地层划分与对比,结合两省(区)以往区调报告及《广西壮族自治区区域地质志》(2016)、《湖南省区域地质志》(2017)的地层划分方案,初步建立了湘桂交界地区台地相地层序列。

**表 1　岩石地层单位划分表**

| 年代地层 | | | 岩石地层 | | | |
|---|---|---|---|---|---|---|
| 系 | 统 | 阶 | | | | |
| 第四系 | 全新统 | | 桂平组（Qhg） | | | |
| | 更新统 | 萨拉乌苏阶 | 望高组（Qpw） | | | |
| | | 周口店阶 | | | | |
| | | 泥河湾阶 | 白沙组（Qpb） | | | |
| 白垩系 | 下白垩统 | 热河阶 | 神皇山组（$K_1s$） | | | |
| | | 冀北阶 | 栏垅组（$K_1l$） | | | |
| 二叠系 | 乐平统 | 长兴阶 | 大隆组（$P_3d$） | | | |
| | | 吴家坪阶 | 龙潭组（$P_3l$） | | | |
| | 阳新统 | 冷坞阶 | | | | |
| | | 孤峰阶 | 孤峰组（$P_2g$） | | | |
| | | 祥播阶 | 栖霞组（$P_2q$） | | | |
| | | 罗甸阶 | | | | |
| | 船山统 | 隆林阶 | | | | |
| | | 紫松阶 | | | | |
| 石炭系 | 上石炭统 | 逍遥阶 | 大埔组（$C_2P_1d$） | | | |
| | | 达拉阶 | | | | |
| | | 滑石板阶 | | | | |
| | | 罗苏阶 | | | | |
| | 下石炭统 | 德坞阶 | 罗城组（$C_1l$） | | | |
| | | 维宪阶 | 鹿寨组（$C_1lz$） | 第三段（$C_1lz^3$） | 寺门组（$C_1s$） | |
| | | | | 第二段（$C_1lz^2$） | 黄金组（$C_1h$） | |
| | | 杜内阶 | | 第一段（$C_1lz^1$） | 英塘组（$C_1yt$） | |
| | | | | | 尧云岭组（$C_1y$） | |
| | | | | | 微晶灰岩层（ls） | |
| 泥盆系 | 上泥盆统 | 邵东阶 | 额头村组（$D_3e$） | | | |
| | | 阳朔阶 | 欧家冲组（$D_3o$） | | | |
| | | 锡矿山阶 | 融县组（$D_3r$） | 锡矿山组（$D_3x$） | | |
| | | | | 长龙界组（$D_3c$） | | |
| | | 余田桥阶 | 棋梓桥组（$D_{2-3}q$） | 第二段（$D_{2-3}q^2$） | | |
| | | | | 第一段（$D_{2-3}q^1$） | | |
| | 中泥盆统 | 东岗岭阶 | 黄公塘组（$D_2h$） | | | |
| | | 应堂阶 | 信都组（$D_2x$） | 第二段（$D_2x^2$） | 赤铁矿砂岩层（Hmss） | |
| | | | | 第一段（$D_2x^1$） | | |
| | 下泥盆统 | 四排阶 | 贺县组（$D_1h$） | | | |
| | | 郁江阶 | | | | |
| | | 那高岭阶 | 莲花山组（$D_1l$） | | | |
| | | 莲花山阶 | 砾岩层（cg） | | | |
| 志留系 | 兰多弗里统 | 鲁丹阶 | 田林口组（$O_3S_1t$） | | | |
| 奥陶系 | 上奥陶统 | 赫南特阶 | | | | |

3. 基本查明了调查区台盆相与台地相的相变关系及沉积相分异时间,特别是石炭系不同沉积环境的相变关系在桂北地区的表现形式。同时,解决了"湘桂海槽"与桂林台地的关系,其以白石断裂为界,沉积相分异时间为晚泥盆世至早石炭世,特别是早石炭世沉积分异最为明显。

中泥盆世中晚期,东、西部均为开阔-半局限台地相,沉积一套灰岩夹白云质灰岩及少量白云岩,划为黄公塘组、棋梓桥组;晚泥盆世,东、西部开始出现明显的沉积相分异,西部为开阔台地相夹潮坪相沉积,从下往上划分为融县组、欧家冲组、额头村组;东部为开阔台地相-局限台地相沉积,划分为长龙界组、锡矿山组、欧家冲组、额头村组。至早石炭世,进一步拉张,西部台地断陷形成台盆(西以桂林-来宾断裂为界,东以白石断裂为界),沉积一套台盆相的鹿寨组;东部则为局限—半局限台地相夹潮坪相-开阔台地相沉积,划分尧云岭组、英塘组、黄金组、寺门组。

4. 在调查区西南角边贺县组中采获 L. variabilis Wang et Rong,确定莲花山组应为早泥盆世沉积。在黄公塘组采获腕足类 *Stringocephalus burtini*;棋梓桥组腕足类 *Stringocephalus* sp.,珊瑚类 *Temnophyllum*? sp., *Thamnopora* sp., *Disphyllum* sp., *Disphyllidae*;长龙界组腕足类 *Cyrtospirifer*? sp.;锡矿山组腕足类 *Cyrtospirifer disjunctus*;额头村组腕足类 *Eoparaph orhynchus* sp., *Cyrtospirifer* sp.(图1),珊瑚类 *Cystophrentis* sp.(图2), *Caninia* sp., *Diphyphyllum* sp., *Lophophyllum* sp. 等,为泥盆纪的地层划分和对比提供了有力的时代依据。

图1 法门期腕足类化石

H-2785-1 为 *Cyrtospirifer*? sp.;H-0079-1 为 *Cyrtospirifer disjunctus*;
H-1812-2-1a-d 为 *Eoparaph orhynchus* sp.;H-1812-2-2 为 *Cyrtospirifer* sp.

图2 额头村组中泡沫内沟珊瑚

在台盆相区及台地相区杜内期和维宪期均采获大量珊瑚类(图2)和腕足类(图3)化石。珊瑚类有 *Uralinia* sp., *Siphonophyllia* sp., *Caninia* sp., *Zaphrentites* sp., *Botrophyllum* sp., *Pseudouralinia tangpakouensis*, *P. t. minor*, *P. t. simplex*, *Pseudouralinia gigantea* Yu, *P. longiseptata* Xu, *Humboldtia guangxiensis* sp., *H. xinganensis* sp., *H. jieshouensis* sp., *H. longiseptata* sp., *Keyserlingophyllum*, *Lophophyllum*, *Caninia*, *Lophophyllum* sp., *Clisiophyllum*, *Siphonodendron*, *Keyserlingophyllum*, *Thysanophyllum* sp., *T. asiaticum*, *Kueichophyllumsinense*, *K. lingxianense*, *Syringopora paadoxa*, *Diphyphyllum vesicotabulatum*, *Dibunophyllum* sp., *Kwangsiphyllum* sp., *Arachnolasma* sp., *Humboldtia* sp., *Yuanophyllum*, *neoclisiophyllum*, *Lithostrotinportlocki*, *Aulina* cf. *rotiformis*, *Koninckophyllum* cf. *compositum*, *Lophophyllum* sp., *Siphonodendron* cf. *rossicum* Stuck, *Heterocaninia* sp.;腕足类有 *Eochoristites neipentaiensis*, *Eochoristites* sp., *Celsifornix*? sp., *Torynifer*? sp., *Martiniopsis* sp., *Eochoristites* sp., *Unispirifer* sp., *Datangia* sp., *Pugilis* sp., *Megachonetes* sp., *Giganto-productus* cf. *lutissimus*;有孔虫 *Endotyranopsis* sp., *Earlaneia*., *Eoforsia*. 等,为不同相区的地层划分和对比及石炭系相变的研究提供有力的时代依据。

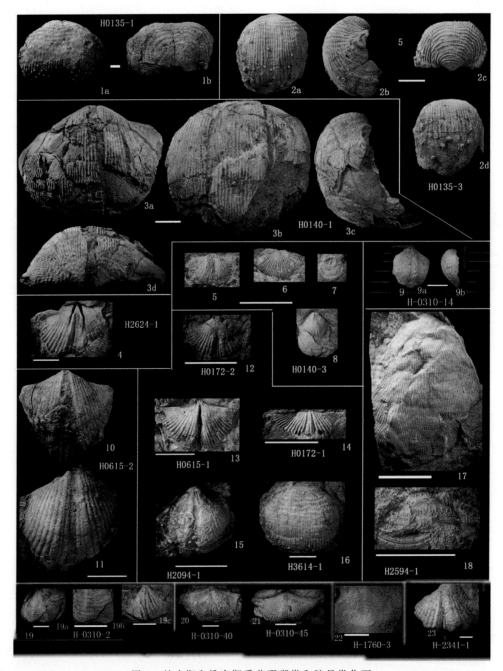

**图 3　杜内期和维宪期采获珊瑚类和腕足类化石**

石炭纪地层腕足类化石：H-0135-1、H-0135-3、H-3614-1 为 *Pugilis* sp.；H-0140-1 为 *Datangia* sp.；H-2624-1、H-2341-1、H-2094-1 为 *Eochoristites* sp.；H-0140-3 中 5、6 为 *Rugosochonetidae*，7 为 *Orbiculoidea* sp.，8 为 *Barroisella* sp.；H-0310-14 为 *Martiniopsis* sp.；H0615-2 为 *Eochoristites neipentaiensisalatus*；H-0172-2 和 H-0615-1 为 *Brachythyrina* sp.；H-0172-1 为 *Brachythyrina rectangular* sp.；H-2594-1 为细线长身贝类及 *Echinoconchidae*；H-0310-2 为 *Torynifer* sp.，19c 为 *Punctospirifer* sp.；H-0310-40 为 *Eochoristites* sp.；H-0310-45 为 *Unispirifer* sp.；H-1760-3 为 *Megachonetes* sp.

在栖霞组近底部灰岩中采获䗴化石（图 4）：*Parafusulina* cf. *kiangsuensis*，*Parafusulina rothi*，*Pseudofusulina pseudosuni* 等，其成形时代为中二叠世。结合上述采获的早石炭世晚期化石，从而确定大埔组（原壶田群）的时代应为晚石炭世至二叠纪的跨时岩石地层单位。

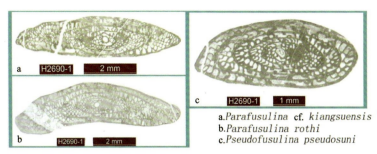

图 4 栖霞组中䗴化石(镜下照片)

5.白垩系为陆内碎屑-类磨拉石建造。以紫红色中厚层至块状细—中粒(含砾)岩屑砂岩、粉砂岩、含泥质粉砂岩为主(图5),底部局部见砾岩(图6),采用湖南的岩石地层划分方案,划为栏垅组和神皇山组。

图 5 砂岩→粉砂岩→泥岩旋回　　　　图 6 栏垅组块状砾岩远景

6.对第四系开展调查,划分出三级阶地,对应桂平组、望高组、白沙组(表2)。一、二级阶地易识别、易划分,一级阶地出露距现在河床高约5m,标高在170～190m。下部为砂质层,上部为砂质黏土层,松软。少量居民建房,为目前居民种植农作物(稻田、果园)的主要耕地。二级阶地标高在180～260m,由砾石层、砂质黏土层两个单元组成韵律层,局部见3个单元,中间夹含砾砂质层。大量居民于二级阶地上修建住房,主要为果园、林地及部分稻田。于界首镇南东开山村新发现三级阶地,出露长约200m,宽约150m,厚大于5m。标高360m,覆盖于塘家湾组之上。由砾石砂质层及砂质黏土层两个单元组成。

表 2 第四系划分表

| 界 | 系 | 统 | 组(河流阶地) | | 符号 |
|---|---|---|---|---|---|
| 新生界 | 第四系 | 全新统 | 冲积层 | 桂平组(一级阶地) | $Q^{al}$ |
| | | | | | $Qhg$ |
| | | 晚更新统 | | 望高组(二级阶地) | $Qpw$ |
| | | 中更新统 | | 白沙组(三级阶地) | $Qpb$ |

(二)构造。

1.系统收集了调查区内褶皱、断裂、节理带、劈理带、同沉积构造等构造形迹、多期次构造活动资料及构造叠加特征,编制了构造纲要图(图5)。划分了构造单元,调查区总体上分属为一个一级构造单元、一个二级构造单元、一个三级构造单元、一个四级构造单元(表3)。

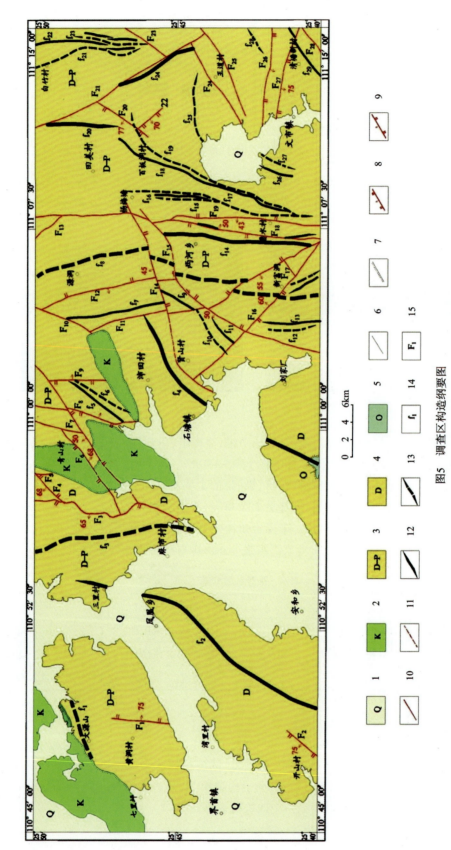

图5 调查区构造纲要图

1.第四系；2.白垩系；3.二叠系—泥盆系；4.泥盆系；5.奥陶系；6.地层界线；7.角度不整合界线；8.正断层（°）；9.逆断层（°）；10.性质不明断层；11.推测断层；12.背斜；13.向斜；14.褶皱编号；15.断层编号

表3 构造单元划分表

| 一级 | 二级 | 三级 | 四级 |
| --- | --- | --- | --- |
| 羌塘-扬子-华南板块 | 扬子克拉通（Ⅳ-4） | 雪峰-四堡古岛弧（Ⅳ-4-1） | 四堡古岛弧（Ⅳ-4-1-1） |
| | | | 罗城-环江坳陷（Ⅳ-4-1-2） |
| | | 湘桂裂陷盆地（Ⅳ-4-2） | 龙胜陆缘裂谷（Ⅳ-4-2-1） |
| | | | 资源被动陆缘盆地（Ⅳ-4-2-2） |
| | | | 桂中-桂东北坳陷（Ⅳ-4-2-3） |
| | | | 大瑶山被动陆缘盆地（Ⅳ-4-2-4） |

对地质演化历史进行了初步探讨。加里东运动之后，转入陆内伸展裂陷，发育相对稳定的早泥盆世—晚二叠世盖层沉积，印支运动使海西期沉积盖层褶皱隆起，形成以开阔的北东向和近南北向为主的褶皱，发育一系列北北西至近南北、北东向主干断裂，奠定了调查区内的主体构造格架。燕山期以断块活动为主，进入白垩纪，形成若干白垩纪断陷盆地，沉积一套红色复陆屑、类磨拉石建造。早白垩世晚期，构造运动使白垩系发生褶皱和断裂，地壳进一步抬升，调查区全面接受风化剥蚀（表4）。

2.初步查明了白石断裂的构造形迹特征、性质及其控岩、控相作用。该断裂主要分布于调查区的塘底村—湾丘江一带，位于麻市向斜东侧，断层走向近南北，可见长约10km，南部被第四系掩盖，往北延伸出调查区。

早泥盆世—中泥盆世早中期，为滨岸碎屑岩沉积，中泥盆世晚期开始，以半局限—开阔台地相碳酸岩盐为主，夹局限—半局限台地相和少量滨岸碎屑岩相沉积，断裂西部与东部沉积相差异不明显；晚泥盆世中晚期沉积相开始出现分异，断层西部为半局限—开阔台地相沉积，东部为局限—半局限台地相沉积；至早石炭世早期，断裂对两侧的控相作用更明显，断裂进一步拉张，西部裂陷为断陷盆地，为斜坡-盆地相沉积；东部仍为半局限—开阔台地相沉积。早石炭世晚期西部盆地抬升，沉积差异逐渐减少，形成统一的沉积环境，结束其控相作用。

（三）矿产。

1.初步查明孤峰组含锰矿的硅质岩系、沉积厚度、展布特征、纵横向变化及开采现状，对锰矿的成矿地质背景、成因类型及成矿规律进行了初步总结。

锰矿主要有锰帽型、淋积型、堆积型锰矿，以锰帽型氧化锰矿为主。矿体主要产于二叠系阳新统孤峰组含锰层中上部及其附近，已发现锰矿有5处，锰帽型氧化锰矿床（点）4处，堆积型锰矿床（点）1处。含锰岩系为硅质岩、泥岩夹含锰泥岩、含锰硅质岩、含锰硅质泥岩和含锰硅质灰岩或互层（图8），为斜坡-盆地相沉积环境，沉积了大量的原生贫锰岩层，为氧化锰矿的形成提供了丰富的物质基础。褶皱构造控制了含锰层和次生氧化锰矿层的展布及形态特征，褶皱使含锰层重复隆起，广泛裸露，在该区炎热、潮湿的气候条件下，经长期的物理化学风化作用，原生沉积含锰岩层经氧化次生、淋滤富集而成，在氧化带上形成较稳定的氧化锰矿床。

2.对台盆区下石炭统鹿寨组及二叠系乐平统龙潭组有机质泥岩开展了调查，了解有机质泥岩的厚度，岩系展布情况及构造破坏作用。

鹿寨组出露面积较大，可划分3段，有机质泥岩主要为第一段及第三段，采集了TOC、Ro样品进行测试。鹿寨组第一段有机质泥岩厚度大于10m（图9），第三段有机质泥岩厚12~47m（图10）。两段中含有机质泥岩的化学性质相似，总有机碳含量（TOC）0.5%~6%，大部分在2%以上；镜质体反射率（Ro）2%~3.5%，大部分为2%~3%。构造破坏程度低，具有较好的成藏条件。

表 4 调查区地质发展演化简表

| 地质年代 | | | 沉积建造 | | 构造旋回 | 构造运动 | 主要地质事件 | 地质发展阶段 |
|---|---|---|---|---|---|---|---|---|
| 代 | 纪或世 | 代号 | 台地 | 台盆 | | | | |
| 新生代 | 第四纪 | Q | 陆相堆积 | | 喜马拉雅旋回 | 喜马拉雅运动 | 地壳抬升断裂、节理带活动，形成断陷盆地 | 滨太平洋大陆边缘活动阶段 |
| 中生代 | 白垩纪 | K | 磨拉石建造 | | 燕山旋回 | 燕山运动 | | |
| | 侏罗纪 | J | | | | | | |
| | 三叠纪 | T | | | 印支旋回 | 印支运动 | 褶皱回返 | |
| | | | | | | 苏皖运动 | 结束海相沉积 | |
| 晚古生代 | 晚二叠世 | $P_3$ | | 碳酸盐岩、硅质岩、黑色泥岩 | 海西旋回 | 东吴运动 | | 大陆形成阶段 |
| | 中二叠世 | $P_2$ | | | | 黔桂运动 | | |
| | 早二叠世 | $P_1$ | | | | | | |
| | 晚石炭世 | $C_2$ | 碳酸盐岩 | 碳酸盐岩、硅质岩、黑色泥岩 | | 柳江运动 | 在拉张条件下，出现台盆相间的构造格局 | |
| | 早石炭世 | $C_1$ | | | | | | |
| | 晚泥盆世 | $D_3$ | 碳酸盐岩、陆源碎屑岩 | | | | | |
| | 中泥盆世 | $D_2$ | | | | | | |
| | 早泥盆世 | $D_1$ | | | | | | |
| | 志留纪 | S | | | | 广西运动 | 地壳抬升褶皱造山 | 俯冲-碰撞增生造山阶段 |
| | 奥陶纪 | O | 陆源碎屑岩 | | | | | |

图 8　含锰岩系（咸水乡大源山）

图 9　鹿寨组第一段有机质泥页岩采坑（凤凰一带）

图 10　鹿寨组第三段有机质泥页岩采坑（咸水—绍水一带）

龙潭组分布于麻扎向斜、麻市向斜及两河向斜核部，残坡积层掩盖严重。分布面积共 $5.84km^2$，有机质泥岩厚 0~14m（图 11），总有机碳含量（TOC）1‰~4‰；镜质体反射率（$R_o$）2%~2.5%。有机质泥页岩厚度横向极不稳定，多尖灭或碳质急剧减少，且面积小，开展页岩气调查意义不大。

图 11　龙潭组有机质泥岩采坑（界首—咸水一带）

3.调查区东部晚泥盆世晚期额头村组沉积了一套厚层块状的含生物屑灰岩,是加工石灰岩板材的优良矿石(图12)。其特点是厚度大、单层厚度大、裂隙少、岩石致密、产状缓、出露宽、分布稳定、规模大、含泥质低。

图12　额头村组灰石矿(饰面石材)采石场(文市镇一带)

(四)旅游地质。

收集了调查区内优美秀丽的景观和已有的旅游资源,重点针对调查区内具有特色的旅游地质现象进行调查。经调查发现了石塘镇未完全开发石脚盆天坑群、龙井河自然风光、麻全塘溶洞,文市镇文市石林、两河镇金槐产业核心示范区及界首至凤凰一带湘江风景等旅游资源点(图13,表5),并提出了调查区旅游地质景观的开发与保护建议。

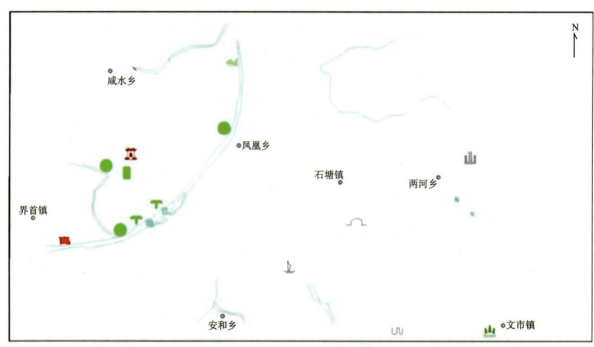

图13　调查区旅游地质资源分布示意图

表5 调查区旅游地质资源简表

| 旅游资源类型 | 典型旅游地质资源 | 发现情况 | 开发和保护情况 |
| --- | --- | --- | --- |
| 旅游地质类 | 石脚盆天坑群 | 新发现 | 未开发和保护 |
| | 龙井河自然风光 | 已发现 | 开发和保护 |
| | 麻全塘溶洞 | 新发现 | 未开发和保护 |
| | 文市石林 | 已发现 | 开发和保护 |
| | 金槐产业核心示范区 | 新拓展发现 | 开发和保护 |
| | 秀美湘江 | 新拓展发现 | 未开发和保护 |
| | 湘江两岸银杏林 | 新拓展发现 | 未开发和保护 |
| | 湘江两岸砾石滩风景 | 新拓展发现 | 未开发和保护 |
| | 湘江两岸果园 | 新拓展发现 | 未开发和保护 |
| | 湘江两岸樟木古树 | 新拓展发现 | 未开发和保护 |
| | 养殖产业示范区 | 新拓展发现 | 未开发和保护 |
| 历史人文类 | 湘江战役红军堂旧址 | 已发现 | 开发和保护 |
| | 亭子新村特色建筑 | 已发现 | 开发和保护 |

## 三、成果意义

1. 划分了27个组级、7个段级和3个特殊岩层岩石地层单位,建立了不同相区地层序列;初步解决了"湘桂海槽"与桂林台地的关系,以白石断裂为界,沉积相分异时间为晚泥盆世至早石炭世。

2. 采集了一批生物化石,为岩相古地理研究、地层划分与对比提供了古生物和时代依据。

3. 对有机质泥岩开展了调查,了解有机质泥岩的厚度、岩系展布情况及构造破坏作用,分析了总有机碳含量和镜质体反射率,为广西页岩气调查选区提供了基础资料。

4. 开展旅游地质调查,新发现了未完全开发的石脚盆天坑群和麻全塘溶洞,提出了旅游地质景观的开发与保护建议,为广西、大桂林及当地旅游业的发展提供了多元信息。

# 湖南1∶5万寿雁圩幅、上江圩幅、江永县幅区域地质调查

梁恩云　陈　迪　邹光均　曾广乾　熊　苗　周国祥
陈　勋　彭云益　刘　南　马慧英

（湖南省地质调查院）

**摘要**　厘定了调查区岩石地层序列,划分出24个组级、3个段级和4个非正式岩石地层单位。对泥盆系进行了重点研究,开展了层序地层划分,编制了泥盆纪岩相古地理系列图件。对主要花岗岩体进行了解体,划分出8个侵入次,建立了两个岩浆演化系列。分析认为都庞岭岩体（东体）为具环斑结构的A型花岗岩,铜山岭岩体为壳幔混合成因的Ⅰ型花岗岩。将回龙圩煌斑岩厘定为钾质煌斑岩系列,来源于富集地幔,成岩年龄为$161.5\pm1.9$Ma。查明了调查区主体构造格架及变形特征,厘定了7期构造变形事件,总结了岩浆岩与成矿的关系,建立了铜山岭铜多金属矿成矿模式。

## 一、项目概况

调查区大部分位于湖南省永州市江永县、道县境内,南东小部分属江华县管辖,北西小部分属广西壮族自治区桂林市灌阳县管辖。地理坐标:东经111°15′00″—111°30′00″,北纬25°10′00″—25°30′00″,面积930km²。

2017年安排开展1∶5万寿雁圩幅、上江圩幅、江永县幅3个图幅区域地质调查工作,面积为1393km²。因寿雁圩幅大部分处在自然保护区,2018年将该图幅从项目中减除,调查面积变为930km²,但子项目名称保持不变。

工作周期:2017—2018年。

总体目标任务:按照1∶5万区域地质调查的有关规范和技术要求,在系统收集和综合分析已有地质资料的基础上,开展1∶5万区域地质调查,查明区域地层、岩石、构造特征,突出特殊地质体及非正式填图单位;加强地层含矿性、岩浆作用、构造活动与成矿关系研究,系统查明区域成矿地质条件。在地质填图的基础上,注意发现找矿线索,总结区域成矿规律,提出地质找矿重点调查区域。

## 二、主要成果与进展

调查区位于扬子陆块与华夏陆块的交会部位,区内经历了多期次构造岩浆活动。

（一）通过地质调查与详细的剖面研究,参照《湖南岩石地层》《中国地层指南》,并结合邻区的划分方案,调查区厘定出24个组级、3个段级和4个非正式岩石地层填图单位（表1）,查明了各岩石地层单位的岩石组合、沉积环境及相变特征。另外,根据各岩石地层单位中生物化石的组合特征,划分出了34个化石带、组合带、组合,提高了调查区基础地质研究程度。

表1  江永地区地层单位划分一览表

| 年代地层单位 | | | | 岩石地层单位 | | 地层厚度(m) | 非正式填图单位 |
|---|---|---|---|---|---|---|---|
| 界 | 系 | 统 | 阶 | 组 | 段 | | |
| 新生界 | 第四系 | 全新统 | | 橘子洲组(Qhj) | | 6.0~10.0 | |
| | | 更新统 | | 白水江组(Qpbs) | | 4.0~17.0 | |
| 古生界 | 二叠系 | 阳新统 | 罗德阶 | 孤峰组($P_2g$) | | 11.9~17.1 | |
| | | | 空谷阶 | 栖霞组($P_2q$) | | 41.8~107.0 | |
| | | 船山统 | 亚丁斯克阶 | 马平组(CPm) | | 128.5 | |
| | | | 萨克马尔阶 | | | | |
| | | | 阿瑟尔阶 | | | | |
| | 石炭系 | 上统 | 罗苏阶 | 大埔组($C_2d$) | | 190.4~220.0 | |
| | | 下统 | 德乌阶 | 梓门桥组($C_1z$) | | 146.0~157.2 | |
| | | | | 测水组($C_1c$) | | 12.6~71.0 | |
| | | | 维宪阶 | 石磴子组($C_1s$) | | 345.0~379.5 | |
| | | | 杜内阶 | 天鹅坪组($C_1t$) | | 16.8~33.5 | |
| | | | | 马栏边组($C_1m$) | | 260.6~440.6 | |
| | 泥盆系 | 上统 | 法门阶 | 孟公坳组($D_3m$) | | 147.1 | |
| | | | | 锡矿山组($D_3x$) | | 350.6~373.5 | 泥灰岩(ml) |
| | | | | 长龙界组($D_3c$) | | 3.3~24.5 | |
| | | | 弗拉斯阶 | 棋梓桥组($D_{2-3}q$) | | 715.1~934.5 | 页岩(ls) |
| | | 中统 | 吉维特阶 | 黄公塘组($D_2h$) | | 168.2~265.3 | 白云岩(dol) |
| | | | | 易家湾组($D_2y$) | | 15.2~98.8 | |
| | | | 艾菲尔阶 | 跳马涧组($D_2t$) | | 450.9~631.2 | 赤铁矿(hm) |
| | | 下统 | 埃姆斯特阶 | 源口组($D_1y$) | | 140.8~380.6 | |
| | 奥陶系 | 上统 | 赫南特阶 | 天马山组 | 第三段($O_3t^3$) | >926.9 | |
| | | | 凯迪阶 | | 第二段($O_3t^2$) | 705.2~773.4 | |
| | | | 桑比阶 | | 第一段($O_3t^1$) | 537.3~685.1 | |
| | | 中统 | 达瑞威尔阶 | 烟溪组($O_{2-3}y$) | | 47.1~103.0 | |
| | | | 大坪阶 | 桥亭子组($O_{1-2}q$) | | 142.1~244.0 | |
| | | 下统 | 弗洛阶 | | | | |
| | 寒武系 | 芙蓉统 | 特马豆克阶 | 爵山沟组($\in oj$) | | 831.2 | |
| | | | 牛车河阶 | | | | |

(二)对泥盆系进行了层序地层研究,通过对层序界面的识别及基本层序的划分,将泥盆纪划分为2个二级层序和10个三级层序,三级层序中包括3个Ⅰ型层序和7个Ⅱ型层序。

1. Ⅰ型界面(SB1)。

界面1位于泥盆系与奥陶系的接触面,为角度不整合接触界线;底部均有底砾岩,砾石呈次圆状—圆状,界面凹凸不平,代表了长时间的剥蚀夷平。

界面2位于跳马涧组与源口组之间,该界面在海相沉积区表现为跳马涧组与源口组呈整合接触,界面之下为源口组的紫红色石英砂岩、含铁泥质石英砂岩,界面之上为跳马涧组灰绿色石英粉—细砂岩、粉砂质泥岩等;往北至陆相沉积区表现为超覆特征,跳马涧组与下伏地层呈不整合接触。

界面3位于易家湾组与跳马涧组接触界面,该界面表现为岩性突变界面,界线之下为跳马涧组的灰紫色、紫红色石英粉砂质泥岩、泥质粉砂岩、石英砂岩构成的进积型序列组成;界面之上为易家湾组的灰色、深灰色泥灰岩、生物屑灰岩等,局部可见滑塌角砾岩。

2. Ⅱ型界面(SB2)。

界面1位于跳马涧组中部,界面之下为跳马涧组中下部的砂质泥岩、粉砂岩、中细粒石英砂岩形成的多个加积-进积型沉积序列的高水位体系域;界面之上为细粒石英砂岩、含铁泥质石英粉砂岩、泥岩夹豆状赤铁矿层沉积,构成退积型副层序组,属TST沉积。

界面 2 位于棋梓桥组与黄公塘组之间，属岩性转换界面；界线之下为黄公塘组的灰白色、浅灰色厚层—块状细晶白云岩、细—中晶白云岩等构成，属高水位体系域沉积；界面之上为棋梓桥组下部的灰色、深灰色厚层—巨厚层状生物屑泥晶灰岩、泥晶生物屑灰岩与微晶白云质灰岩或含生物屑泥晶白云质灰岩构成的向上白云质含量减少，层厚变薄的、颜色加深的多个退积型沉积序列组成，属海侵体系域沉积。

界面 3 位于棋梓桥组中部，属岩性转换界面；界面之下为棋梓桥组的浅灰色、灰色厚层—巨厚层状含生物屑微晶白云质灰岩、微—细晶白云岩夹生物屑泥晶灰岩构成进积型序列组成，属高水位体系域沉积；界面之上为棋梓桥组的深灰色厚层—巨厚层状生物屑泥晶灰岩、泥晶生物屑灰岩夹少量薄—中层状泥晶灰岩构成的向上层厚变薄的退积型沉积序列组成，属海侵体系域沉积。

界面 4 位于长龙界组和棋梓桥组之间，属岩性转换界面；界线之下为棋梓桥组的灰色厚层—巨厚层状生物屑泥晶灰岩、粒屑泥晶灰岩、含生物屑泥晶、含白云质灰岩夹少量微晶白云质灰岩、微—细晶白云岩构成的进积型沉积序列组成；界面之上为长龙界组的深灰色、灰绿色泥灰岩、钙质页岩、页岩夹少量生物屑灰岩组成。

界面 5 位于锡矿山组下部，属岩相转换界面；界面之下为锡矿山组的灰色厚层—巨厚层状含生物屑泥晶含白云质灰岩、微晶白云质灰岩组成，白云质灰岩中"豹斑"发育，属高水位体系域沉积；界面之上为锡矿山组中部的灰色、深灰色中厚层状生物屑泥晶灰岩、泥晶泥质灰岩组成，灰岩中见燧石团块发育。

界面 6 位于锡矿山组中部，属岩相转换界面；界面之下为灰色厚层—巨厚层状含生物屑泥晶含白云质灰岩夹微晶白云质灰岩、含生物屑泥晶灰岩组成，向上变厚、白云质含量增多，属高水位体系域沉积；界面之上为锡矿山组中部的灰色、深灰色中—巨厚层状生物屑泥晶灰岩夹少量泥晶生物屑灰岩构成向上层厚变薄、颜色加深的退积型沉积序列组成，属海侵体系域沉积。

界面 7 位于孟公坳组与锡矿山组之间，属岩性转换界面；界面之下为锡矿山组的灰色厚—巨厚层状含生物屑泥晶灰岩、含生物屑泥晶含白云质灰岩、微晶白云质灰岩构成向上变厚、白云质增多的加积—进积型沉积序列组成；界面之上为孟公坳组的灰黄色薄—中层状泥灰岩、钙质泥岩构成向上变薄的退积型沉积序列组成，属海侵体系域沉积。

（三）通过地质调查和详细的剖面分析，重点对泥盆系开展了岩相古地理研究：加里东运动之后，由于地热、构造应力调整，从而出现夷平作用为主导的外力地质作用，在未完全准平原化的情况下，古特提斯洋打开，调查区成为陆表海环境。由于陆表海受近南北向基底隆凹地形和北东、北北东向同沉积断裂带活动的控制，使浅海呈"台""盆"相间的古地形地貌，控制了泥盆纪的沉积相带展布。以泥盆系埃姆斯特阶、艾菲尔阶、吉维特阶、弗拉阶、法门阶为编图单元，采用"优势相"和"压缩相"的成图方法（刘宝珺和曾允孚，1985），分别编制了早泥盆世埃姆斯特期（图1）、中泥盆世艾菲尔期、中泥盆世吉维特早期、晚泥盆世弗拉期早期和晚期、晚泥盆世法门期（图2）的岩相古地理图，较为客观地反映了泥盆纪沉积相带展布和古地理演化。

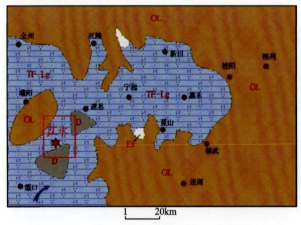

图 1　早泥盆世埃姆斯特期岩相古地理图

OL. 古陆或古隆起；Es. 无障壁滨海；TF-Lg. 潮坪-潟湖；D. 三角洲

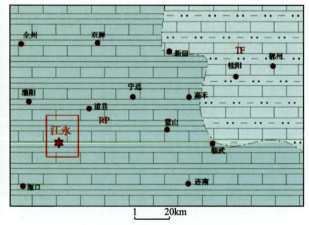

图 2　晚泥盆世法门期岩相古地理图

RP. 局限台地潮坪；TF. 混积潮坪

(四)对奥陶系、泥盆系进行了岩石地球化学特征研究,重点探讨了奥陶系沉积时的古环境、古气候特征以及沉积大地构造背景等。研究表明:奥陶纪沉积时总体属缺氧—贫氧水体环境,源区大地构造背景属活动大陆边缘(图3、图4);早奥陶世物源具多样性(指示来源有长英质源区及混合长英质/基性岩源区)(图5、图6)且遭受过温暖湿润气候条件下的中等风化;晚奥陶世物源较为单一(指示为古老的长英质沉积岩源区)且遭受过寒冷干燥气候条件下的低等风化。

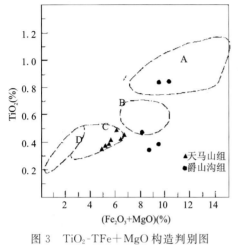 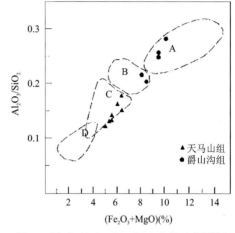

图3 $TiO_2$-$TFe$+$MgO$ 构造判别图　　　　图4 $Al_2O_3/SiO_2$-$TFe$+$MgO$ 构造判别图

A.大洋岛弧;B.大陆岛弧;C.活动大陆边缘;D.被动大陆边缘

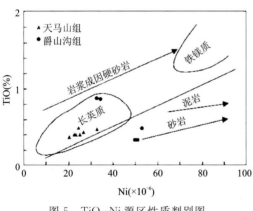 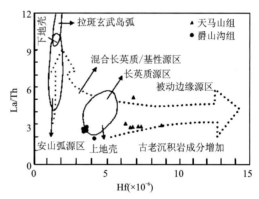

图5 $TiO_2$-$Ni$ 源区性质判别图　　　　图6 $La/Th$-$Hf$ 源区性质判别图

(五)根据岩体的接触关系、岩石特征、同位素年龄,对调查区岩浆岩进行了解体。共划分为8个侵入次,其中铜山岭岩体划分为5个侵入次,都庞岭岩体划分为3个侵入次(表2),归并为晚三叠世、中晚侏罗世两个岩浆演化系列。

1.采用高精度的锆石 SHRIMP U-Pb 定年法,分别获得都庞岭岩体(东体)灰白色粗中粒斑状(环斑)黑云母二长花岗岩、灰白色细粒二云母二长花岗岩年龄、灰白色细中粒环斑黑(二)云母二长花岗岩年龄、灰白色细粒二云母二长花岗岩年龄分别为 $215.6\pm2.1$Ma(图7a)、$220.5\pm1.8$Ma(图7b)、$222.8\pm1.5$Ma(图7c)和 $209.7\pm3.1$Ma(图7d)。岩体侵位时限在 $222.8\sim209.7$Ma 间,为印支期岩浆活动的产物,不是以往普遍认为的燕山早期。研究认为:都庞岭岩体(东体)具有铝质A型花岗岩的岩石地球化学特征(图8);岩体侵位时限滞后于印支运动的变质峰期($258\sim243$Ma),岩石学特征未显示有挤压变形特点,其形成构造背景是在印支运动的主碰撞阶段之后应力松弛阶段侵位的。

表 2  江永地区花岗岩岩石谱系划分表

| 时代 | 期 | 次 | 岩体 | 代号 | 岩性 | 时代依据 | |
|---|---|---|---|---|---|---|---|
| | | | | | | 与地层的关系 | 代表性年龄(Ma) |
| 中晚侏罗世 | 燕山期 | 第五次 | 铜山岭 | $\eta\gamma J_{2-3}^{e}$ | 灰白色细粒二云母二长花岗岩 | 侵入泥盆系、石炭系 | SH 149±4 |
| | | 第四次 | | $\eta\gamma J_{2-3}^{d}$ | 灰白色细粒斑状(含斑)二云母二长花岗岩 | | |
| | | 第三次 | | $\gamma\delta J_{2-3}^{c}$ | 灰白色中细粒斑状角闪石黑云母花岗闪长岩 | | SH167.0、SH168.1 |
| | | 第二次 | | $\gamma\delta J_{2-3}^{b}$ | 灰白色中粒巨斑状角闪石黑云母花岗闪长岩 | | |
| | | 第一次 | | $\delta o J_{2-3}^{a}$ | 深灰色细粒角闪石石英闪长岩 | | SH170.2 |
| 晚三叠世 | 印支期 | 第三次 | 都庞岭 | $\eta\gamma T_{3}^{c}$ | 灰白色细粒二云母二长花岗岩 | 侵入寒武系、泥盆系、石炭系 | SH215.6 |
| | | 第二次 | | $\eta\gamma T_{3}^{b}$ | 灰白色细中粒环斑状黑(二)云母二长花岗岩 | | SH220.5、SH222.8 |
| | | 第一次 | | $\eta\gamma T_{3}^{a}$ | 灰白色粗中粒斑状(环斑)黑云母二长花岗岩 | | |

注:SH.锆石 SHRIMP U-Pb 年龄。

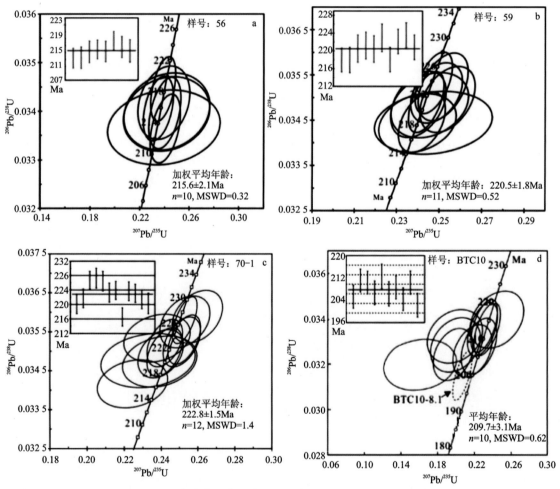

图 7  都庞岭花岗岩锆石 SHRIMP U-Pb 年龄谐和图

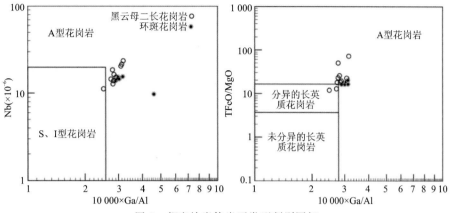

图 8 都庞岭岩体岩石类型判别图解

2. 锆石 SHRIMP U-Pb 和 LA-ICP-MS U-Pb 定年获得：铜山岭岩体深灰色细粒角闪石石英闪长岩年龄为 170.2±2.2Ma(图 9a)、暗色微粒包体年龄为 165.1±1.2Ma(图 9b)、灰白色中粒巨斑状角闪石黑云母花岗闪长岩年龄为 167.0±0.9Ma(图 9c)、灰白色中细粒斑状角闪石黑云母花岗闪长岩年龄为 168.1±1.2Ma，钾化花岗闪长岩年龄为 162.0±1.1Ma(图 9d)、二长花岗岩年龄为 149±4Ma。这些年龄数据显示铜山岭岩体形成于燕山早期中—晚侏罗世，时限在 170.2～149.0Ma 间，具多阶段岩浆活动特征。

铜山岭岩体中普遍发育暗色微粒包体，其岩相学和岩石地球化学特征显示暗色微粒包体是岩浆混合成因的。另外，暗色微粒包体形成年龄为 165.1±1.2Ma(图 9b)，与其寄主花岗闪长岩的形成年龄 167.0±0.9Ma(图 9c)基本一致，进一步证明它为岩浆混合成因，且岩浆混合作用的时间为中侏罗世。

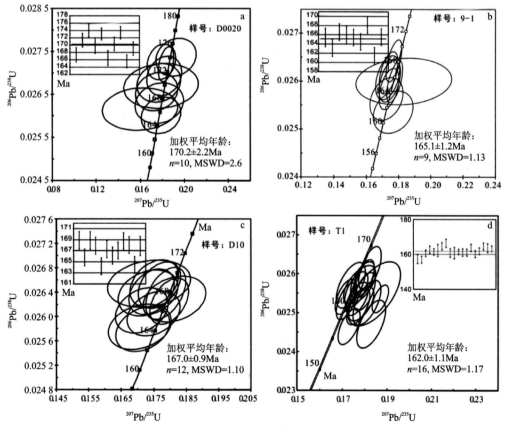

图 9 铜山岭花岗岩及暗色微粒包体锆石 U-Pb 年龄谐和图

岩相学、岩石地球化学和同位素地球化学研究表明：铜山岭岩体主体组成岩石属 I 型花岗岩，是在古太平洋板块低角度俯冲、伸展的大地构造环境下，由新元古代富含火山物质的基底熔融形成的，同时有不同程度的地幔物质混入。

（六）对回龙圩煌斑岩开展了系统的岩石学、岩石地球化学和锆石 SHRIMP U-Pb 定年研究。该煌斑岩属于钾质钙碱性煌斑岩系列，来源于富集地幔，形成时间为 161.5±1.9Ma（图 10），是在拉张构造环境下岩浆沿断裂上升侵位形成的。

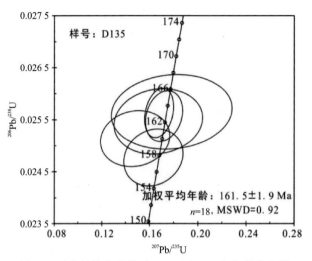

图 10　回龙圩煌斑岩锆石 SHRIMP U-Pb 年龄谐和图

（七）查明了调查区的主体构造格架（图 11）：下部前泥盆纪褶皱基底与上部晚古生代沉积盖层构成了 2 个主要变形构造层。其中褶皱基底以北东—北北东向正常-开阔型线状褶皱-断裂体系发育为特点，沉积盖层则主要发育北北东—近南北向平缓-开阔型短轴状-线状褶皱与同走向断裂体系。早侏罗世断陷盆地、第四系冲积物与坡积物的叠加及多期次花岗岩体的发育等，破坏了调查区主体构造形迹的完整性与连续性。近东西向褶皱、北东向压剪性断裂、北西向走滑断裂以及断裂活动所诱发或派生的北东东向断裂等叠加在上述主体构造格架之上，使调查区内地表构造图像复杂化。

（八）通过对区内已有地层纪录、地层间角度不整合接触关系、岩浆活动、变质作用及构造变形的综合分析，结合前人的研究成果，厘定了调查区 7 期构造变形事件：①早古生代后期加里东运动构造变形（$D_1$），加里东运动分两幕：奥陶纪末—志留纪初的北流运动（崇余运动）和志留纪后期的广西运动，造成前泥盆系中形成北东向线状褶皱与同走向逆断裂；②中三叠世后期印支运动构造变形（$D_2$），上古生界沉积盖层中形成北北东—近南北向褶皱与同走向逆断裂；前泥盆系褶皱基底中叠加小型北北东—近南北向褶皱、逆断裂与劈理；先存北东向断裂右行走滑，派生北东东向左行张剪性断裂，并于前泥盆系褶皱基底中派生北西向小型褶皱与逆断裂；③晚三叠世—早侏罗世构造变形（$D_3$），先存北东向断裂左行走滑；前泥盆系褶皱基底中叠加近东西向小褶皱；上古生界沉积盖层中形成北东向左行走滑断裂和北西向右行走滑断裂；北北东—近南北向褶皱翼部叠加近东西向褶皱；先存北北东—近南北向断裂发生伸展作用，控制断陷盆地发育；④中侏罗世晚期早燕山运动构造变形（$D_4$），因构造体制与 $D_2$ 相近，难以明确分辨；⑤早白垩世伸展构造变形（$D_5$）；先存北东向断裂叠加伸展活动；⑥古近纪中晚期构造变形（$D_6$）；先存北北东—近南北向断裂发生右行走滑；⑦古近纪末—新近纪初构造变形（$D_7$）；先存北东向断裂叠加逆冲活动。

（九）建立了岩浆岩与成矿关系的模型，认为深源成矿热液在地质构造的作用下，通过浅成、超浅成侵入，在有利的地层、构造、地球化学屏障等组合条件下，形成成矿元素的富集，构成一个多层次、多矿床类型组合的矿床。铜山岭铜多金属矿成矿模式见图 12。

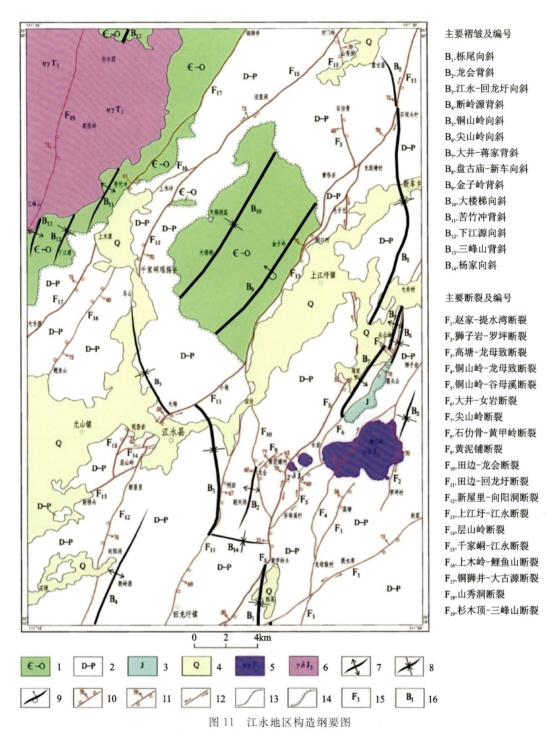

图 11 江永地区构造纲要图

1.寒武系—奥陶系;2.泥盆系—二叠系;3.侏罗系;4.第四系;5.晚三叠世花岗岩;6.中侏罗世花岗岩;7.背斜轴迹;8.向斜轴迹;9.倒转背斜轴迹;10.正断层(°);11.逆断层(°);12.平移断层;13.整合界线;14.角度不整合界线;15.断层编号;16.褶皱编号

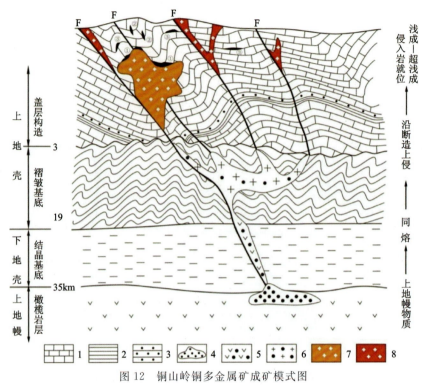

图 12　铜山岭铜多金属矿成矿模式图

1.碳酸盐岩;2.页岩;3.砂岩;4.玄武质底侵体;5.基性岩浆;6.混合岩浆;7.花岗闪长岩;
8.花岗斑岩;①矽卡岩型铜多金属矿体;②层间破碎带型铅锌铜矿体;③脉状铅锌矿体

（十）依托本项目成果,"湖南永州毛梨坳-回龙圩煌斑岩的构造意义及其与成矿的关系"获批了2019年度湖南省自然科学青年基金,同时培养了一批技术骨干,业务水平得到提高。

## 三、成果意义

1.厘定了调查区岩石地层序列、建立了岩浆演化系列、查明了主体构造格架、分析了构造变形事件、编制了1∶5万地质图等系列图件。提高了调查区基础地质研究程度。

2.对泥盆系进行了重点研究,编制了泥盆纪各个时期的岩相古地理图,恢复了泥盆纪地史变迁及沉积盆地演化模式。

3.将回龙圩煌斑岩厘定为钾质煌斑岩系列,成岩年龄为161.5Ma。以项目成果资料为基础,申请并获批2019年度湖南省自然科学青年基金,成果转化良好。

# 1∶5万西头村幅、桥头幅区域地质调查

郭俊刚　王世权　宋博文　谭和勇　郭　峰　寇晓虎
韩芳伟　闫红圃　胡红雷　张荣臻　宁　勇　叶　萍

(郑州矿产综合利用研究所)

**摘要**　对调查区岩石地层进行了重新厘定,划分出23个组级、10个段级岩石地层单位和1个赤铁矿岩性层填图单位。在晚古生代地层中建立了11个化石组合带,重点探讨了弗拉斯阶—法门阶(F/F)的界限,编制了晚泥盆世弗拉斯期岩相古地理图。获得辉绿岩脉的锆石 LA-ICP-MS U-Pb 年龄为 221.0Ma 和 250.3Ma、流纹质含角砾凝灰岩锆石 LA-ICP-MS U-Pb 年龄为 98.56Ma,分别为印支期和燕山晚期岩浆活动的产物。基本查明了调查区构造格架和构造变形特征,探讨了各期构造变形的动力机制和构造背景,厘定了五期构造变形事件。新发现矿床、矿(化)点16处,其中冶镁级白云岩规模大,质量好,开发前景可观。新发现可供开发利用溶洞1处,提出了开发利用建议方案。

## 一、项目概况

调查区位于广西壮族自治区桂林市全州县与湖南省永州市双牌县、道县、零陵区交界处。地理坐标:东经 111°15′00″—111°30′00″,北纬 25°40′00″—26°00′00″,包括1∶5万西头村幅、桥头幅两个国际标准图幅,面积 928km²。

该项目属于中国地质调查局计划单列项目,项目名称与武汉地质调查中心承担的二级项目"南岭成矿带中西段地质矿产调查"一致,工作内容实际为"1∶5万西头村幅、桥头幅区域地质调查"。

工作周期:2017—2018年。

总体目标任务:以铅、锌为主攻矿种,开展矿产调研,分析铅锌多金属成矿地质条件及地层含矿性等,为南岭地区国土资源战略实施服务,支撑找矿突破战略行动;通过开展1∶5万西头村幅、桥头幅区域地质调查,重新厘定区内地层层序,查明岩石地层单位时空分布,重点分析古生代岩相古地理及其与沉积矿产的关系;查明构造展布特征、变形特征及组合样式,分析研究其演化发展史;系统采集晚古生代生物化石带或组合(带),开展晚古生代沉积充填序列研究,恢复沉积环境,构建晚古生代多重地层对比格架;提交2幅1∶5万比例尺基础地质图件,项目成果报告;培养区域地质调查业务骨干1~3名,发表论文1~3篇。

## 二、主要成果与进展

(一)基础地质。

1.系统厘定了调查区岩石地层单位。通过地质调查与详细剖面研究,参照《湖南岩石地层》《广西壮族自治区岩石地层》和《中国地层指南》,结合邻区的地层划分方案,调查区厘定出23个组级、10个段级

岩石地层单位和1个赤铁矿岩性层填图单位(表1),查明了各个岩石地层单位的岩性组成、空间分布及形成环境。

表1 岩石地层单位划分表

| 年代地层单位 | | | 岩石地层单位 | | | 岩性组合 | 厚度(m) |
|---|---|---|---|---|---|---|---|
| 界 | 系 | 统 | 群/组 | | 符号 | | |
| 新生界 | 第四系 | 全新统 | 橘子洲组 | | Qhj | 砂土、亚砂土、砾石、黏土等 | >10.0 |
| 中生界 | 白垩系 | 下统 | 神皇山组 | | $K_1s$ | 紫红色中—厚层粉砂质泥岩、泥质粉砂岩、泥岩夹杂砂岩 | >259.2 |
| | | | 栏垅组 | | $K_1l$ | 底部紫红色块状砾岩,中部流纹质含角砾凝灰岩、含砾砂岩夹砂岩、粉砂质泥岩 | 322.0 |
| 晚古生界 | 二叠系 | 上统 | 大隆组 | | $P_3d$ | 深灰色薄—中层硅质岩夹硅质页岩、碳质页岩、含碳质泥岩、灰岩 | 104.1 |
| | | | 龙潭组 | | $P_3l$ | 灰绿色薄至厚层石英砂岩、粉砂质页岩夹灰黑色碳质页岩及煤层 | 89.3 |
| | | 中统 | 孤峰组 | | $P_2g$ | 灰黑色薄—中层硅质岩、泥质硅质岩、页岩夹硅质泥岩、泥晶灰岩 | 162.5 |
| | | | 栖霞组 | | $P_2q$ | 灰色厚层粉晶灰岩、含燧石结核生物屑粉晶灰岩夹云质灰岩、云岩团块 | 147.0 |
| | | 下统 | 壶天群 | 马平组 | $CPm$ | 灰白色厚层状灰岩,夹白云岩、白云质灰岩,富产䗴和珊瑚化石 | 243.6 |
| | 石炭系 | 上统 | | 大埔组 | $C_2d$ | 深灰色—浅灰色厚层、巨厚层块状白云岩,局部夹灰质云岩、云质灰岩团块 | 131.9 |
| | | 下统 | 梓门桥组 | | $C_1z$ | 灰色、深灰色中至厚层状灰岩、泥质灰岩,夹白云岩、白云质灰岩和泥灰岩 | 138.8 |
| | | | 测水组 | | $C_1c$ | 灰色中薄层石英砂岩、泥质粉砂岩、粉砂质泥岩夹粉砂质页岩及碳质页岩、煤线 | 80.0 |
| | | | 石磴子组 | | $C_1sh$ | 灰色、深灰色中至厚层状灰岩,夹泥质灰岩、泥灰岩,底部夹透镜状硅质岩 | 122.8 |
| | | | 天鹅坪组 | | $C_1t$ | 深灰色薄层钙质粉砂质泥岩夹泥晶泥质灰岩 | 28.3 |
| | | | 马栏边组 | | $C_1m$ | 底部深灰色厚层块状生物屑泥晶灰岩、云质灰岩,中部生屑粉晶灰岩,上部厚层泥粉晶灰岩 | 222.1~371.2 |

续表1

| 年代地层单位 | | | 岩石地层单位 | | 岩性组合 | 厚度(m) |
|---|---|---|---|---|---|---|
| 界 | 系 | 统 | 群/组 | 符号 | | |
| 晚古生界 | 泥盆系 | 上统 | 孟公坳组 | $D_3m$ | 灰色薄层泥灰岩、中厚层泥灰岩、泥质泥晶灰岩、顶部偶见少量泥质粉砂岩夹泥质灰岩 | 29.5~211.9 |
| | | | 锡矿山组 上段 | $D_3x^2$ | 灰黑色癫痫状厚层巨厚层白云质灰岩、灰色中厚层状粒屑泥晶灰岩夹硅质团块、泥晶灰岩夹云质灰岩、泥质灰岩 | 106.0~400.4 |
| | | | 锡矿山组 下段 | $D_3x^1$ | 底部为厚层粉晶灰岩,中部为厚层白云质灰岩、粉晶灰岩夹白云质团块,上部厚层白云岩 | 57.5~420 |
| | | | 长龙界组 | $D_3c$ | 灰色薄层泥质泥晶灰岩、厚层粉晶灰岩、薄层泥质灰岩、薄层页岩、薄层泥灰岩 | 32.8~66.2 |
| | | 中统 | 棋梓桥组 上段 | $D_{2-3}q^2$ | 厚层粉晶灰岩、厚层巨厚层白云质灰岩、泥晶灰岩、白云岩 | 261.8~493.0 |
| | | | 棋梓桥组 下段 | $D_{2-3}q^1$ | 厚层、巨厚层粉晶灰岩、泥晶灰岩、白云质灰岩、生物屑泥晶灰岩,顶部为厚层白云岩向上有变厚趋势 | 133.8~377.0 |
| | | | 黄公塘组 三段 | $D_2h^3$ | 青灰色厚层、巨厚层粉晶白云岩、白云质灰岩 | 43~302.2 |
| | | | 黄公塘组 二段 | $D_2h^2$ | 厚层粉晶、细晶白云岩与白云质灰岩互层,顶部白云质灰岩增厚 | 123~230 |
| | | | 黄公塘组 一段 | $D_2h^1$ | 青灰色厚层、巨厚层粉晶白云岩夹白云质灰岩 | 63.7~159.6 |
| | | | 易家湾组 | $D_2y$ | 深灰色薄—中薄层泥灰岩、碳泥质云岩、钙质页岩,产腕足及双壳类 | 12.0 |
| | | | 跳马涧组 | $D_2t$ | 灰白色、浅灰色含砾石英砂岩、紫红色石英砂岩夹粉砂质泥岩、泥质粉砂岩 | 520.0 |
| | | 下统 | 源口组 | $D_1y$ | 紫红色厚至巨厚层石英砂岩、砂岩、粉砂岩及粉砂页岩,含植物化石 | 291.9 |

续表1

| 年代地层单位 | | | 岩石地层单位 | | 岩性组合 | 厚度(m) |
|---|---|---|---|---|---|---|
| 界 | 系 | 统 | 群/组 | 符号 | | |
| 早古生界 | 奥陶系 | 上统 | 天马山组 | $O_3t^3$ | 中薄层粉砂质板岩为主夹泥质粉砂岩，局部为浅变质细砂岩 | >639.0 |
| | | | | $O_3t^2$ | 以浅变质粉砂岩、浅变质细砂岩为主，黏土质板岩与粉砂岩互层，底部为巨厚层细砂岩 | 1 058.0 |
| | | | | $O_3t^1$ | 以粉砂质板岩、黏土质板岩为主夹浅变质长石石英杂砂岩、泥质粉砂岩等组成的复理石浊积岩韵律层 | 1 319.0 |
| | | 中统 | 烟溪组 | $O_{2-3}y$ | 灰黑色薄层状硅质岩、硅质板岩夹碳质板岩，产大量笔石化石 | 出露不全 |

2.基本查明了调查区构造格架和构造变形特征，探讨了各期构造变形的动力机制和构造背景，厘定了5期构造变形事件。

区内褶皱、断裂较发育，主要褶皱13条、断裂22条(图1)。调查区主要经历了加里东运动、海西-印支期运动、燕山运动和喜马拉雅运动，相应划分出加里东期构造层($O_{2-3}$)、海西-印支期构造层(D—P)、燕山期构造层($K_1$)、喜马拉雅期构造层(Q)4个构造层。加里东运动(广西运动)使奥陶系及以下地层普遍发生绿片岩相变质作用，并发生强烈盖层褶皱变形；印支运动近南北向的强烈挤压，形成调查区弧形构造体系；由于燕山早期近北北西-南南东水平方向的强烈挤压，最终形成了北北东向展布的褶皱、断裂和盆地构造格局；新生代以来的差异隆升形成沟谷地貌和河流阶地。具体构造变形及演化序列见表2所示。

3.对湘桂交界地区晚古生代生物化石进行详细研究，建立了化石组合带，进一步完善了华南地区生物地层格架，为认识F—F事件在我国华南地区的记录提供了新资料。

根据各岩石地层单位中生物组合的特征，在晚古生代地层中建立了11个化石组合带，其中牙形石组合带8个，腕足类组合带3个。选取邻区典型剖面开展了对比研究，并根据调查区泥盆纪牙形石、腕足类的种属和数量的变化，确定了区内弗拉斯阶—法门阶(F—F)界线位于泥盆系长龙界组($D_3c$)与锡矿山组($D_3x$)的界线处，对泥盆纪弗拉斯阶—法门阶(F—F)界限进行了探讨。

(1)晚泥盆世古生物化石研究。对晚泥盆世长龙界组、锡矿山组地层剖面中的牙形石开展了详细研究，共鉴定出牙形石化石21属19种，大多集中于长龙界组中上段以及锡矿山组，其中以 *Palmatolepis*, *Polygnathus* 为主，在棋梓桥组几乎不见牙形石化石分子。这104枚牙形石中有46枚泥盆纪牙形石分子: *Changshundontus hemirotundus*, *Icriodusbrecis*, *Icrioduscornutus*, *Mesotaxis* sp., *Palmatolepis elegantula*, *Pa. rhomboidea*, *Pa. gigas*, *Pa. triangularis*, *Pa. gracilis sigmoidalis*, *Polygnathus cristatus*, *Po. nodocostatus*, *Po. styriacus*, *Rhodalepis polylophodotiformis*, *Schmidtognathus hermanni*, *Schmidtognathus witte-kindtii* 等。以上述牙形石分子为基础，自下而上共建立了8个牙形石带，依次是: *Icriodusbrecis* 带, *Schmidtognathus hermanni-Polygnathus cristatus* 带, *Schmidtognathus witte-kindtii* 带, *Palmatolepis linguiformis* 带, *Palmatolepis triangularis* 带, *Palmatolepis rhomboidea* 带, *Icrioduscornutus* 带, *Palmatolepis gracilissigmoidalis-Rhodalepis polylophodotiformis* 带, 并通过 *Palmatolepis linguiformis* 的首现确定调查区弗拉斯阶—法门阶(F—F)的界线(图2)。

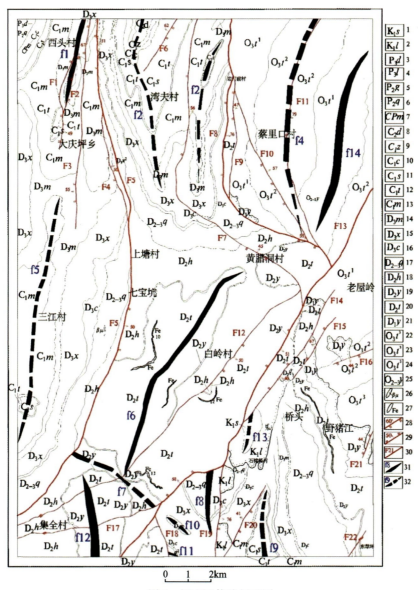

图 1 调查区构造纲要图

1.神皇山组;2.栋垅组;3.大隆组;4.龙潭组;5.孤峰组;6.栖霞组;7.马平组;8.大埔组;9.梓门桥组;10.测水组;11.石磴子组;12.天鹅坪组;13.马栏边组;14.孟公坳组;15.锡矿山组;16.长龙界组;17.棋梓桥组;18.黄公塘组;19.易家湾组;20.跳马涧组;21.源口组;22.天马山组三段;23.天马山组二段;24.天马山组一段;25.烟溪组;26.辉绿岩脉;27.铁矿石层;28.逆断层及产状(°);29.正断层及产状(°);30.性质不明断层及编号;31.背斜及编号;32.向斜及编号

通过对晚泥盆世地层建立的 8 个牙形石带的研究,揭示该区地层底界为中泥盆世吉维阶,顶部为晚泥盆世法门阶。其中 *Palmatolepis linguiformis* 带、*Palmatolepis trianngularis* 带可以作为主要控制区域内中晚泥盆世重大地质事件的指示带。

在桂林东山剖面晚泥盆世地层中共获得 34 件腕足类化石,鉴定出 6 属 9 种。因采集腕足数量及层位较少,只在长龙界组和锡矿山组地层中划分出两个组合带:弓石燕(*Cyrtospirifer*)组合带和云南贝(*Yunnanella*)-帐幕石燕(*Tenticosififer*)组合带(图3)。前者分布于长龙界组中部—锡矿山组下部,其岩性主要为深灰色生物碎屑灰岩,该带以弓石燕(*Cyrtospirifer*)的出现为底界;后者分布于锡矿山组下部,岩性主要为灰色生物碎屑泥灰岩及灰岩。以云南贝(*Yunnanella*)、帐幕石燕(*Tenticosififer*)的出现为底部。

**表 2　调查区构造变形及演化序列**

| 构造旋回 | | 变形序列 | 构造事件 | 表现特征 | 动力学机制 |
| --- | --- | --- | --- | --- | --- |
| 喜马拉雅期 | 新近纪—早更新世 | D5 | 新构造运动 | ①白垩纪沉积盆地地层发生平缓褶皱变形；②南北向张性断裂，受断裂控制的南北向沟谷地貌和水系特征；③早期北西向断裂发生晚期右行平移运动；④地壳抬升，形成河流阶地 | 近南北向挤压，东西向伸展 |
| 燕山期 | 早白垩世中期—古新世 | D4 | 燕山晚期伸展 | ①形成北东向展布的白垩系断陷盆地；②形成区域性北东向大型正断层，并控制白垩系盆地；③形成北东向阶梯状正断层 | 西北西-东南东方向水平伸展 |
| 燕山期 | 侏罗纪—早白垩世早期 | D3 | 燕山早期挤压 | 形成调查区北北东向主要褶皱和断裂构造体系：①形成轴向近北北东向长轴状褶皱；②形成北北东逆掩断裂体系；③派生形成北西向张性正断层 | 近西北西-东南东向水平挤压缩短，并派生北北东-南南西向的伸展 |
| 海西-印支期 | 中泥盆世—三叠纪 | D2 | 印支期运动 | ①早古生代及以下地层在早期褶皱的基础上发生叠加褶皱变形，以总体宽缓褶皱和层内不对称褶皱为主要特征；②形成弧形褶皱构造带；③形成北东东向左行平移断裂构造 | 近南北向水平挤压缩短 |
| 加里东期 | 晚奥陶世—早泥盆世 | D1 | 广西运动 | ①震旦系至奥陶系与上覆中泥盆统跳马涧组呈角度不整合；②普遍发生绿片岩相变质作用；③奥陶系及以下地层发生强烈盖层褶皱，以直立紧闭褶皱为主要特征；④$S_1$板劈理置换原生面理$S_0$ | 近东西水平方向挤压缩短 |

(2) 早石炭世古生物化石研究。在湖南永州市零陵区出露的下石炭统天鹅坪组粉砂质泥岩地层中采集到了大量腕足类化石，共计 245 件。鉴定出 11 个属 18 个种，建立了一个腕足类组合：Schuchertella-Finospirifer-Spirifer 组合（图 4）。该组合中 Schuchertella 属包括 Schuchertella gelaohoensis，Schuchertella sp.，Schuchertella semiplana，Schuchertella cf. magna 4 个种；Eochoristites 属包括 Eochoristites neipentaiensis 1 个种；Finospirifer 属包括 Finospirifer sp.，Finospirifer shaoyangensis，Finospirifer parashaoyangensis，Finospirifer taotangensis 4 个种；Spirifer 属包括 Spirifer attenuates 1 个种；Unispirifer 属包括 Unispirifer extensus 1 个种；Cyrtospirifer 属包括 Cyrtospirifer sp. 1 个种；Cleiothyndina 属包括 Cleiothyndina sp.，Cleiothyridina supertransrersa 2 个种；Pabctatrypa 属包括 Pabctatrypa sp. 1 个种；Chispirifer 属包括 Chispirifer sp. 1 个种；Ptychomaletochia 属包括 Ptychomaletochia sp. 1 个种；Cheiothyridina 属包括 Cheiothyridina obmaxima 1 个种。以上腕足类化石组合为典型的早石炭世腕足类分子，可以与我国华南地区早石炭世腕足类进行很好的对比。

(3) 泥盆纪弗拉斯阶—法门阶（F—F）界线研讨。泥盆纪是地史上环境演变和生物种类变化的重要时期，在此期间发生了一系列的环境变化事件：空气湿度发生变化，海平面变化频繁，大气 $CO_2$ 分压发生巨大变化，生物礁从其发展到大萧条绝灭，鱼类生物出现了大面积辐射，脊椎动物登陆等。在这之中

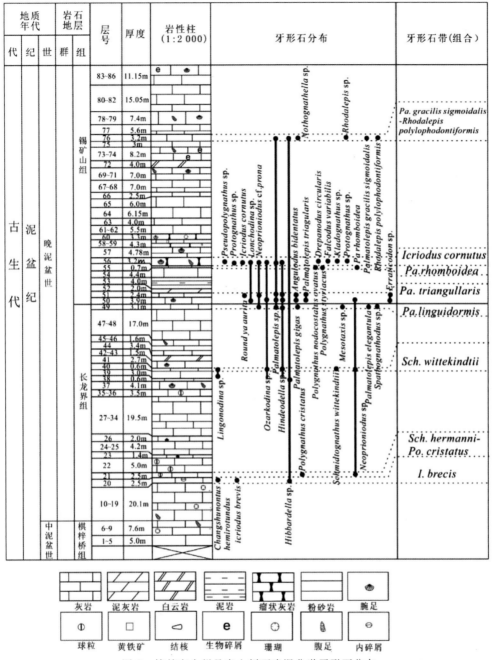

图 2　桂林市全州县东山剖面晚泥盆世牙形石分布

最值得关注的是晚泥盆世弗拉斯期—法门期之交的 F—F 事件。

调查区在中、晚泥盆世之交发生显著海退，使得该区缺失弗拉斯期后期的沉积；在法门期中期发生海退，使得调查区恢复正常碳酸盐岩台地相沉积。由于调查区所采集腕足类层位过少，化石样品在灰岩中不易被采出，所建组合带相较于邻区显得单薄简单，但是腕足类弓石燕的出现意味着调查区存在中晚泥盆世沉积，并且与牙形石带相结合，确定调查区弗拉斯阶—法门阶（F—F）的界线位于长龙界组与锡矿山组的界线处。

通过对弗拉斯阶—法门阶界线附近的牙形石种属变化、腕足类生物种属和数量变化以及沉积环境的变化进行探讨，为认识华南地区的弗拉斯阶—法门阶事件的性质提供新的资料。

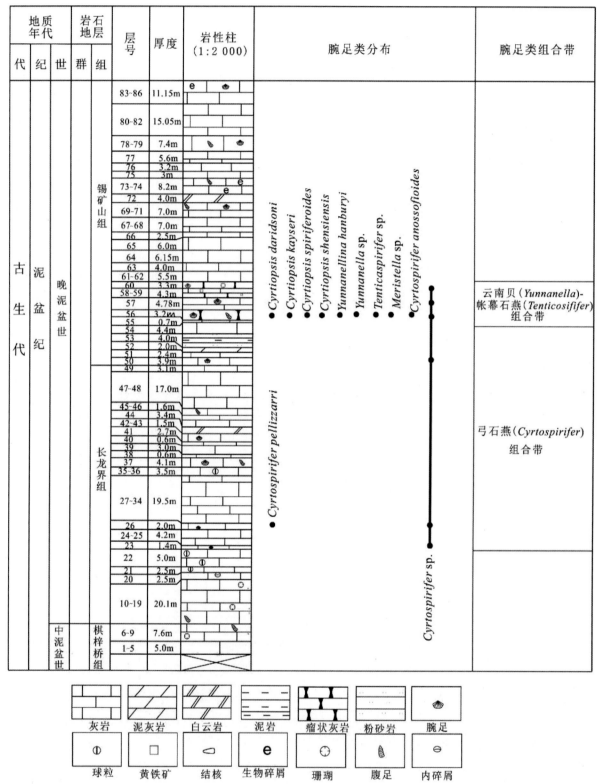

图 3 桂林市全州县东山剖面晚泥盆世腕足类分布

A. 牙形石化石对 F—F 界线的约束。

广西桂林市和湖南永州市相邻区牙形石化石大多集中于长龙界组中上段以及锡矿山组，结合实测剖面建立的 8 个牙形石带（组合），自上而下依次是：I. brecis 组合，Sch. hermanni-Po. cristatus 带，

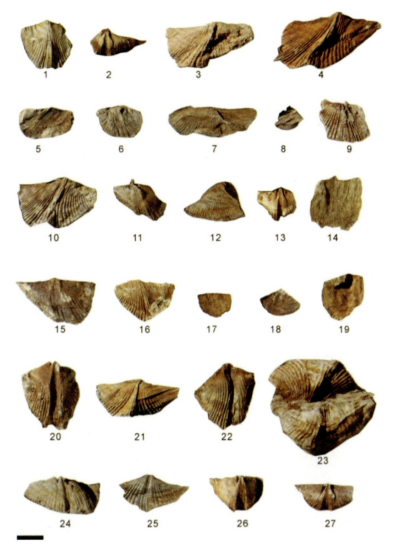

图 4 永州市零陵区早石炭世腕足类典型照片

Sch. wittekindtii 组合，Palmatolepis linguiformis 带，Pa. triangularis 带，Pa. rhomboidea 带，Icrioduscornutus 组合，Palmatolepis gracilissigmoidalis-Rhodalepis polylophodontiformis 组合。关键牙形石带为 Pa. triangularis 带，该组合分布于东山剖面的锡矿山组下部，其岩性主要为青灰色薄层状灰岩与青灰色厚层状灰岩互层。该带以 Palmatolepis triangularis（图 5）为标志性分子，其他共生分子有 Angulodusbidentatus，Erraticodon sp.，Hindeodella sp.，Lonchodina sp.，Nothognathella sp.，Palmatolepis sp.，Round yaaurita，该牙形石带可以与标准牙形石带 Pa. triangularis 进行对比。

图 5 牙形石 Palmatolepis triangularis 典型照片

牙形石 Palmatolepis triangularis 分子是限定泥盆纪法门阶底界的标准化石(在剖面第50层牙形石 Pa. triangullaris 首次出现,据此确立长龙界组和锡矿山组的界线,且调查区长龙佛界组和锡矿山组分别对应国际地层单位的弗拉斯阶上部、法门阶下部。

B. F—F 界线附近典型层段岩性、岩相特征。

在书中主要研究讨论的是上泥盆统 F—F 之交处的重点地层——长龙界组($D_3c$)上部与锡矿山组($D_3x$)下部,该层段在剖面中为第40～82层,控制岩层厚度约140.48m。根据岩性、岩相以及化石分布特征,可将其分为3个层段:①以砂屑亮晶灰岩为代表的浅水沉积层段(第40～49层);②以瘤状泥晶灰岩为代表的深水沉积层段(第50～62层);③以砂屑亮晶灰岩为代表的浅水沉积层段(第63～82层)。

通过对亮晶砂屑灰岩岩性、岩相特征的综合分析,认为瘤状灰岩的上、下层段所出现的砂屑亮晶灰岩指示一种强水动力沉积,是一种典型的潮汐流,往复作用明显,位于平均高潮面与平均低潮面之间的浅水潮坪-潮间带沉积产物。瘤状灰岩岩性、岩相特征显示在瘤状灰岩层段(第50～62层)沉积期间,调查区处于水动力较弱、水较深的浅海沉积环境,且海水深度应大于300m。

C. 沉积学对 F—F 事件的响应。

通过对研究剖面重点层段岩性、岩相的分析,发现该区在短时间内具有地层连续、相序突变的沉积特征,在地层露头上表现为明显的不同水深沉积环境和沉积产物的演替(图6):①瘤状灰岩下部发育的厚层状砂屑亮晶灰岩,指示强水动力条件,代表浅水潮坪潮间带沉积环境,其海水深度一般为0～10m;②压扁型瘤状结核泥晶灰岩,指示静水动力条件,代表水较深的浅海沉积环境,此时海水深度达300m以上;③瘤状灰岩上部发育的厚层—巨厚层状砂屑亮晶灰岩,再次指示较强水动力条件,此时调查区恢复浅水潮坪-潮间带沉积环境,海水深度显著降低至0～10m。

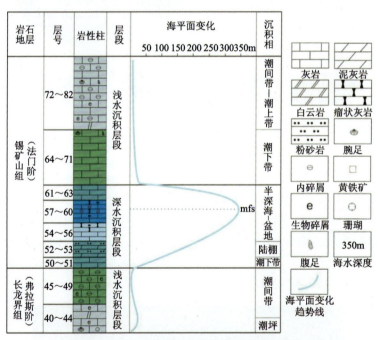

图6 东山剖面关键层位柱状图及海平面变化

这些沉积产物及其时间跨度对于沉积期海水深度的指示表明,在晚泥盆世 F—F 之交,调查区海平面发生了显著变化,表现出变化时间短、变化幅度大的阶跃型海平面变化特征。具体过程表现为:在泥盆纪弗拉斯期晚期发生了显著的海侵作用,海平面显著升高,海水深度由0～10m跃升至300m以上;在经历短暂的深水沉积环境后,调查区在法门期早期再次发生明显的海退作用,海平面显著降低,海水深度降至0～10m。

砂屑灰岩和瘤状灰岩的交替出现揭示出这两次紧邻的阶跃型海平面上升和阶跃型海平面下降过程,对F—F之交该区的生物和环境产生了重大的影响,也是对F—F事件的地质记录与佐证。

4.对调查区碎屑岩开展了系统的岩石地球化学和锆石 LA-ICP-MS U-Pb 定年研究。

查明了调查区碎屑岩物质来源于正常沉积。天马山组、源口组、跳马涧组源区大地构造背景具有大陆岛弧、活动大陆边缘和被动大陆边缘的性质,其物质来源既有华夏陆块,也有扬子陆块,同时还含有江南造山带的物质(图7);随着构造环境的变化,易家湾组源区大地构造背景转变为被动大陆边缘环境,随着华南大陆总体北高南低地势的加强,其物质来源主要为扬子陆块及江南造山带的物质。

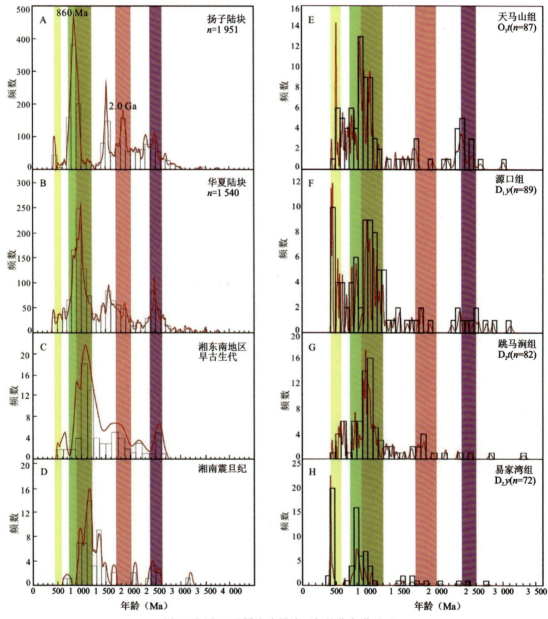

图 7 调查区及周边碎屑锆石年龄分布谱系图

与扬子陆块、华夏陆块、湘东南地区早古生代和湘南震旦纪碎屑锆石年龄谱系进行对比,调查区天马山组、源口组和跳马涧组均含有大量的 Grenville 期造山事件、Rodinia 超大陆裂解事件,以及扬子和华夏陆块碰撞拼贴形成江南造山带的年龄记录。暗示调查区的物质来源即有华夏陆块,也有扬子陆块,同时还含有江南造山带的物质,表明调查区可能位于扬子陆块和华夏陆块的拼贴带附近。

5. 通过地质调查和详细的剖面研究，开展了晚泥盆世弗拉斯期岩相古地理研究，编制了晚泥盆世弗拉斯期岩相古地理图。

调查区在弗拉斯期早期基本继承了中泥盆世吉维特晚期的沉积格局，并于弗拉斯期中期海侵达到顶点，同时由于断陷活动的加剧，使得其早期发育成为台盆迅速演化成深水盆地。古地理背景表现为典型的具"堑-垒"构造格局的碳酸盐岩台地和硅灰泥台间盆地发育（图8）。

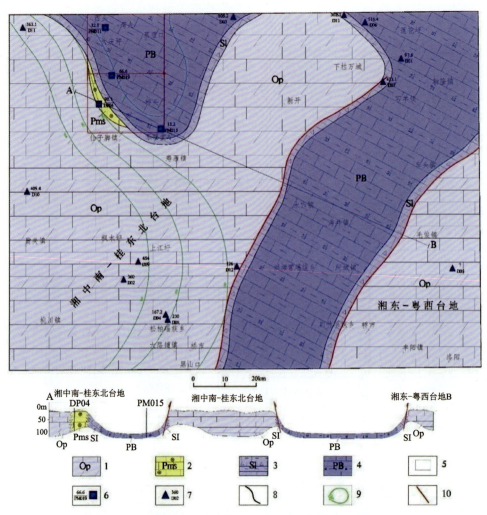

图8 调查区及邻区晚泥盆世弗拉斯期岩相古地理图

1.开阔台地相（灰岩和白云岩组合）；2.台缘浅滩相（灰岩和粒屑灰岩组合）；3.台缘斜坡相（泥质灰岩、灰岩和角砾状灰岩组合）；4.台盆相（灰岩、泥质灰岩和硅质灰岩组合）；5.调查区位置；6.本项目实测剖面及编号；7.地层清理剖面及编号；8.相边界；9.等厚线；10.大型断层

调查区及邻区中西部发育湘中南-桂东北碳酸盐岩台地，东南部为湘东-粤西碳酸盐岩台地，其间为北东向的狭条状长带状台间盆地所分割。开阔台地相（Op）以灰白色厚层—巨厚层状生物碎屑灰岩夹白云岩沉积为主，主要分布于调查区西部；在台地边缘和台内发育以厚层状砂屑-核形石灰岩为代表的台缘浅滩相（Pms），主要发育在调查区东南部；台间盆地（PB）则为中薄层状泥灰岩、页岩和硅质岩沉积；台地与台间盆地之间发育斜坡，常见滑塌揉曲现象，有时夹有重力流沉积，形成砾屑灰岩、粒屑灰岩为代表的斜坡相（Sl）沉积。

6. 对新发现的辉绿岩脉和流纹含角砾凝灰岩开展了系统的岩石学、岩石地球化学和锆石 LA-ICP-MS U-Pb 定年研究。

查明辉绿岩脉主要呈岩墙侵入泥盆系棋梓桥组上段中,其锆石 LA-ICP-MS U-Pb 年龄为 221.0±1.3Ma(图9)、250.3±2.4Ma,为印支期岩浆活动的产物;流纹质含角砾凝灰岩分布于白垩系栏垅组中下部,其锆石 LA-ICP-MS U-Pb 年龄 98.56±0.49Ma,其喷发时代为晚白垩世早期(图10)。

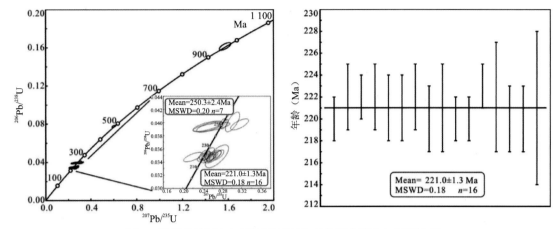

图9 辉绿岩锆石 LA-ICP-MS U-Pb 年龄谐和图和加权平均值

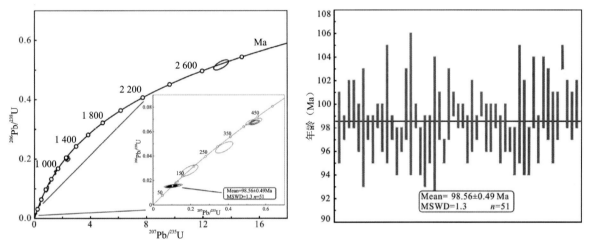

图10 凝灰岩锆石 LA-ICP-MS U-Pb 年龄谐和图和加权平均值

7.对晚古生代地层进行了层序地层研究。通过对层序界面识别和基本层序的划分,在深入调查泥盆系若干剖面的基础上,重点结合关键性界面及层序划分的各种标志,对调查区泥盆系进行了层序划分,共划分15个三级层序,分别命名为 SQ1～SQ15(图11),并对各三级层序的特征进行了详细讨论。

(二)矿产地质。

1.新发现矿床、矿(化)点16处(表3),其中铁锰矿点3处、铅锌矿点2处、赤铁矿点6处、褐铁矿点1处、褐煤矿点1处、冶镁级白云岩矿床1处、水晶矿点1处、黏土矿点1处。

2.通过收集区域典型矿床资料,结合成矿地质条件及矿产分布特征,调查区自北向南分别划分出3个找矿远景区:岩头山-黑龙口铁锰、炼镁白云岩找矿远景区(B类);七宝坑-木瓜岭铅锌、褐铁矿、水晶找矿远景区(A类);上坪水库-桥头赤铁矿、黏土找矿远景区(C类)。优选圈定找矿有利区3处,分述如下。

(1)黑龙口冶镁白云岩找矿有利区:位于调查区北部,地理坐标东经111°19′40″—111°21′04″,北纬25°58′48″—25°59′59″,面积约2.8km²。出露地层为下石炭统大埔组,主要分布于西头村幅岩里冲-黑龙口向斜核部。矿体走向北北东向,在调查区内南北向长约1.5km,向北延伸至调查区外3km以上,东西

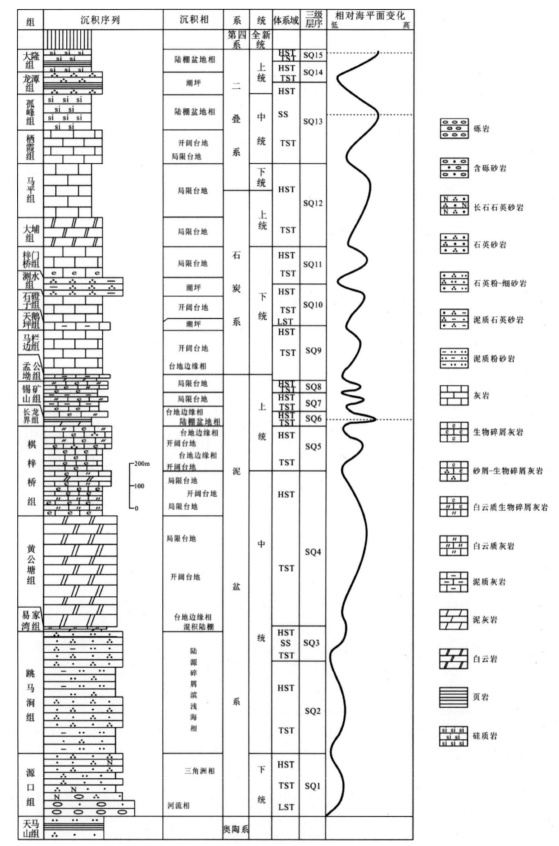

图 11 调查区晚古生代层序地层划分图

表3 调查区新发现矿(化)点基本特征表

| 编号 | 矿点名称 | 地理坐标 | 行政位置 | 地质及矿化特征 | 成因类型 | 规模 | 工作程度 |
|---|---|---|---|---|---|---|---|
| 1 | 岩头山铁锰矿 | E111°15′10″ N25°59′22″ | 西头乡岩头山 | 分布于中二叠统孤峰组中部,含矿围岩为灰褐色薄层状含锰硅质岩,地层局部富集铁锰而成矿。矿体一般呈扁豆状、透镜状,延伸几米至数十米。含矿层位稳定,厚度变化较大,真厚度1~3m,目估Mn为20%~30%、TFe为15%~30%。部分矿体已民采 | 沉积型 | 矿点 | 踏勘 |
| 2 | 浸水庙铁锰矿 | E111°15′23″ N25°58′58″ | 西头乡浸水庙 | 产于第四系残坡积层中,含矿率一般为25%~50%,Mn为27.01%~37.50%,矿石矿物为硬锰矿和水锰矿。属坡积型,一般距基岩剥蚀面0.8~2.5m成矿,深处较富集,常呈透镜状、鸡窝状和不规则状出现,厚度一般为1.0~2.0m | 坡积型 | 矿点 | 踏勘 |
| 3 | 下井村煤矿 | E111°19′33″ N25°59′24″ | 水口山镇下井村 | 产于石炭系测水组中。煤系由黏土页岩、细砂岩夹煤层、石英砂岩组成,厚5~10m。煤层有3~4层,厚度平均0.2m,扁豆体和透镜体状,夹薄的铁矿结核,为高灰分褐煤 | 沉积型 | 矿点 | 踏勘 |
| 4 | 黑龙口炼镁白云岩矿 | E111°20′15″ N25°59′43″ | 水口山镇黑龙口 | 该矿为下石炭统大埔组,构成向斜核部。大埔组地层厚度约225m。底部为厚层细晶白云岩夹薄层白云质灰岩,中部为厚—巨厚层细晶白云岩,顶部以块状白云岩为主 | 沉积型 | 大型 | 概略检查 |
| 5 | 岩里冲铁锰矿 | E111°20′09″ N25°59′23″ | 水口山镇岩里冲 | 产于第四系残坡积层中,含矿率一般23%~45%,Mn为27.63%~38.60%,矿石矿物为硬锰矿和水锰矿。属坡积型,一般距基岩剥蚀面0.8~2.5m,深处较富,常呈透镜状、鸡窝状和不规则状,厚度一般1.0~2.0m | 坡积型 | 矿点 | 概略检查 |
| 6 | 小禾坪褐铁矿 | E111°15′10″ N25°59′22″ | 东山乡小禾坪 | 围岩为中泥盆统黄公塘组三段厚—巨厚层中晶白云岩,矿体产于近南北向构造带中,含矿带南北长80~100m,真厚度2~5m,矿体走向近南北向,倾角60°~70°,捡块样赤铁矿石含铁量可达57.26%~61.38%。属风化淋滤型 | 风化淋滤型 | 矿点 | 踏勘 |
| 7 | 七宝坑铅锌矿 | E111°15′10″ N25°59′22″ | 东山乡七宝坑 | 七宝坑矿(化)体位于北东向构造破碎带中,围岩为黄公塘组碎裂状白云岩。地表矿化蚀变带真厚度几十厘米至5m。矿(化)体最大真厚度为2.81m,产状为144°∠70°,矿化带延伸1km以上,Pb最高品位0.75%,Zn最高品位0.15% | 构造热液型 | 小型 | 重点检查 |

续表3

| 编号 | 矿点名称 | 地理坐标 | 行政位置 | 地质及矿化特征 | 成因类型 | 规模 | 工作程度 |
|---|---|---|---|---|---|---|---|
| 8 | 黄蜡洞水晶矿 | E111°25′00″ N25°51′15″ | 东山乡黄蜡洞 | 矿体围岩为中泥盆统黄公塘组。矿脉赋存于北西向断裂带中,后期石英脉侵入至断裂带内成矿。含水晶石英脉长80~100m,真厚0.3~1m,产状30°∠78°。水晶呈乳白色,半透明,单晶或集合体,部分水晶表面浸染有矽质薄膜。单晶长10~40mm,断面一般为6~15mm,水晶亦形成晶洞 | 热液型 | 矿点 | 踏勘 |
| 9 | 木瓜岭铅锌矿 | E111°19′10″ N25°49′13″ | 东山乡木瓜岭 | 围岩为棋梓桥组厚层粉晶灰岩。地表矿化蚀变带真厚度几十厘米至5m,矿化带几毫米至2cm。金属矿物有闪锌矿、方铅矿,少量菱锌矿、黄铜矿和黄铁矿等,脉石矿物为白云石和方解石。矿化与白云石化、硅化关系密切 | 构造热液型 | 矿点 | 概略检查 |
| 10 | 上坪赤铁矿 | E111°20′41″ N25°46′00″ | 东山乡上坪 | 矿体位于中泥盆统跳马涧组中上部,呈层状分布,与地层产状一致,矿体走向北东20°,矿层较稳定,发育3层含矿层,每层真厚度3~10m,延伸约3km。矿石矿物为赤铁矿,目估品位TFe为15%~30%,薄—中层夹厚层豆状、鲕状、结核状赤铁矿,单层以中薄层为主,砂泥质胶结,单层厚度5~20cm。脉石矿物为石英、黏土矿物等,矿层中亦发育集合体黄铁矿 | 沉积型 | 矿点 | 踏勘 |
| 11 | 六字界赤铁矿 | E111°21′19″ N25°46′11″ | 东山乡六字界 | 矿体位于中泥盆统跳马涧组中上部,呈层状分布,与地层产状一致,矿体走向北东50°,矿层较稳定,每层真厚度3~15m,延伸约2km。矿石矿物为赤铁矿,目估品位TFe为20%~35%,矿物为紫红色薄—中层夹厚层豆状、鲕状、结核状赤铁矿,单层以中薄层为主,砂泥质胶结,单层厚度10~20cm。脉石矿物为石英、黏土矿物等 | 沉积型 | 矿点 | 踏勘 |
| 12 | 案村垒赤铁矿 | E111°23′06″ N25°45′47″ | 桥头乡案村垒 | 矿体位于中泥盆统跳马涧组中上部,呈层状分布,与地层产状一致,矿体走向北东65°,矿体较稳定,每层真厚度3~10m,发育2~3层矿层,延伸数百米至1km。矿石矿物为赤铁矿,目估品位TFe为20%~35%,矿物为紫红色薄—中层夹厚层豆状、鲕状、结核状赤铁矿,单层以中薄层为主,砂泥质胶结,单层厚度5~20cm。脉石矿物为石英、黏土矿物等,矿层中亦发育集合体黄铁矿 | 沉积型 | 矿点 | 踏勘 |

续表3

| 编号 | 矿点名称 | 地理坐标 | 行政位置 | 地质及矿化特征 | 成因类型 | 规模 | 工作程度 |
|---|---|---|---|---|---|---|---|
| 13 | 桐子坪赤铁矿 | E111°20′27″ N25°43′09″ | 桥头乡桐子坪 | 矿体位于中泥盆统跳马涧组中上部,呈层状分布与地层产状一致,矿体走向北西310°,矿体较稳定,发育两个含矿层,每层真厚度4~9m,延伸数百米至2km。矿石矿物为赤铁矿,目估品位TFe为15%~30%,矿物为紫红色薄—中层夹厚层豆状、鲕状、结核状赤铁矿,单层以中薄层为主,砂泥质胶结,单层厚度5~20cm。脉石矿物为石英、黏土矿物等,矿层中亦发育集合体黄铁矿 | 沉积型 | 矿点 | 踏勘 |
| 14 | 石牌楼黏土矿 | E111°24′56″ N25°44′02″ | 桥头乡石牌楼 | 含矿地层为白垩系神皇山组紫红色中厚层泥岩、粉砂质泥岩。矿体真厚度10~20m,延伸2~3km。岩性为紫红色中—厚层泥岩。岩石风化面为褐红色,新鲜面为砖红色,泥质结构,中—厚层状构造,单层厚40~80cm。岩石主要矿物成分为泥质(70%~80%)、粉砂级石英(20%~30%) | 沉积型 | 大型 | 踏勘 |
| 15 | 桥头林场赤铁矿 | E111°27′18″ N25°45′55″ | 桥头乡桥头林场 | 矿体位于中泥盆统跳马涧组中上部,呈层状分布,与地层产状一致,矿体走向北西330°,矿体较稳定,真厚度3~15m,延伸数百米至3km。矿石矿物为赤铁矿,目估品位TFe为20%~35%,矿物为紫红色薄—中层夹厚层豆状、鲕状、结核状赤铁矿,单层以中薄层为主,砂泥质胶结,单层厚度5~20cm。脉石矿物为石英、黏土矿物等 | 沉积型 | 矿点 | 踏勘 |
| 16 | 野猪江赤铁矿 | E111°27′55″ N25°44′37″ | 桥头乡野猪江 | 矿体位于中泥盆统跳马涧组中上部,呈层状分布,与地层产状一致,含矿层2~3层,矿体较稳定,每层真厚度3~15m,延伸数百米至3km。矿石矿物为赤铁矿,最高品位TFe为29.69%,矿物为紫红色薄—中层夹厚层豆状、鲕状、结核状赤铁矿,单层以中薄层为主,砂泥质胶结,单层厚度5~20cm。脉石矿物为石英、黏土矿物等 | 沉积型 | 矿点 | 重点检查 |

宽500~800m。大埔组地层厚度约225m(图12),底部为厚层细晶白云岩夹薄层白云质灰岩,中部为厚至巨厚层细晶白云岩(图13),顶部以块状白云岩为主。白云岩粒度底部为细晶,至中部过渡为细晶、中晶,局部见粗晶,上部则以细中晶为主。白云石主要呈自形—半自形菱形,粒间似镶嵌状分布,构成岩石主体。样品 MgO 含量 19.48%~20.91%,$SiO_2$ 含量 0~0.25%,$K_2O+Na_2O$ 含量 0.08%~0.10%,达到冶镁级白云岩要求,初步估算资源量达大型规模。矿区开采条件简单,交通便利,该成果对带动当地经济发展有重要意义。

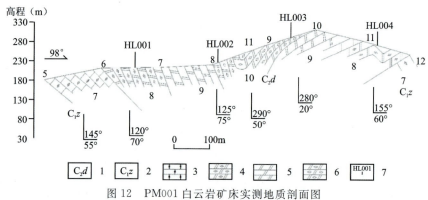

图 12　PM001 白云岩矿床实测地质剖面图

1.大埔组；2.梓门桥组；3.泥晶灰岩；4.细晶白云岩；5.中细晶白云岩；6.中晶白云岩；7.钻孔号

图 13　厚层、巨厚层白云岩

(2)七宝坑铅锌找矿有利区：位于调查区中部，地理坐标东经111°19′46″—111°20′57″，北纬25°50′01″—25°50′51″，面积约3km²。出露地层为中泥盆统黄公塘组一段、二段，岩性主要为白云岩。发育一走向北东的构造破碎带，铅锌矿(化)体呈网脉状充填于构造破碎带中。Pb 最高为0.75%，矿(化)体真厚度2.81m，产状142°∠65°，矿化构造蚀变带延伸1km以上。区内发育1∶5万 Pb、Zn、Cu 等元素化探异常，且1∶1万土壤化探异常与构造带非常吻合，具有较好的 Pb、Zn 找矿前景。

(3)野猪江赤铁矿找矿有利区：位于调查区东部，地理坐标东经111°27′30″—111°28′42″，北纬25°42′57″—25°42′01″，面积约5.6km²。赤铁矿层位于跳马涧组中上部，含矿围岩为泥质粉砂岩。矿层较稳定，发育3层含矿层，倾向255°~278°，倾角29°~65°，真厚度5~10m。赤铁矿矿层以中薄层为主，单层厚度一般5~20cm，局部单层厚度0.5~0.9m。该含矿层延伸达2.5km以上，TFe 最高为29.46%，最低为15.57%，平均为26.7%，达到赤铁矿石边界品位要求。

(三)其他成果。

1.新发现可供开发利用的溶洞1处，提出了相应的开发利用建议和保护措施，受到了地方政府的高度重视。

道县桥头镇东南约1.4km处的赛岩村发现1处大型溶洞。溶洞景观由溶洞及地下河构成,探明长度280余米,走向30°,洞体由3个大厅串连而成,洞中温度与湿度适宜。最大洞厅形状为不规则的椭圆形,总体沿30°方向延伸,长约62m,宽23～45m,一般高度25m,最高31m,面积约2 400m²。最大石柱高达28m,最粗石笋直径达6m,另有大量的中小型石笋、石柱、钟乳石、石梯田、石幔、鹅管等景观(图14)。

图14 溶洞景观

2.项目组成员在中文核心期刊上发表论文4篇,培养技术骨干4人和硕士研究生3人,2人职称得到晋升,业务水平得到提升,建立了一支地质矿产调查队伍,为郑州矿产综合利用研究所转型升级提供了支撑。

## 三、成果意义

1.重新厘定了调查区岩石地层单位,基本查明了构造格架和构造变形特征,编制了1∶5万地质图等系列图件,为公益性地质工作服务于社会提供了基础地质资料。

2.晚古生代地层建立了11个化石组合带,其中牙形石组合带8个,腕足类组合带3个,进一步完善了华南地区生物地层格架。

3.重点对弗拉斯阶—法门阶界线附近的牙形石、腕足类化石进行系统分析,为认识F—F事件在我国华南地区的记录提供了新资料。

4.新发现可供开发利用的溶洞1处,提出了开发利用建议和保护措施,为当地旅游资源开发、促进美丽乡村建设提供了信息。

5.下石炭统大埔组白云岩规模大,质量好,符合冶镁级白云岩要求,且开采条件简单,初步估算资源量达大型矿床规模。该成果对带动当地经济发展、促进贫困山区人民脱贫致富具有重要的现实意义。

# 广西五将地区矿产地质调查

孙兴庭 李昌明 黄 健 罗强孙 周国发 周伟金 苏 可 覃良厅 韦安伟 梁标志

(广西壮族自治区地质调查院)

**摘要** 区内构造活动强烈,初步分析了主要褶皱和断裂的控岩控矿作用。1∶5万高精度磁法测量圈定 $\Delta T$ 磁异常群7处,提取深部异常6处、局部异常44处,推断浅断裂30条、深断裂4条。1∶5万水系沉积物测量圈定综合异常28处,其中甲类6处、乙类15处、丙类7处。新发现矿(化)点8处,开展矿产概略检查8处,从中择优重点检查6处,其中3处重点检查区实现了找矿靶区目标。综合地质、物探、化探、遥感及矿产成果信息,建立了隐伏岩体成因的地质-物化探综合找矿模型;划分找矿远景区5处,评价了它们的资源潜力,提出了重点找矿方向。

## 一、项目概况

调查区位于大瑶山金多金属成矿带中北部,"大瑶山成矿带平南-昭平金矿国家级整装勘查区"范围内,属贺州市昭平县管辖。地理坐标:东经 110°30′00″—111°15′00″,北纬 24°00′00″—24°10′00″,包括 1∶5万黄村幅、五将幅、北陀圩幅3个国际标准图幅,面积 $1410km^2$。

工作周期:2014—2016年。

总体目标任务:主攻金银、铜铅锌多金属矿,在五将地区开展1∶5万矿产地质测量、水系沉积物测量和高精度磁测等面积性工作,大致查明金银、铜铅锌多金属矿成矿地质特征、控矿条件,圈定物化探异常和找矿靶区,初步评价区域资源潜力;编制1∶5万地质矿产图、建造构造图和矿产预测图。总体预期成果:提交找矿靶区3处,提交成果报告及相关图件等。

## 二、主要成果与进展

调查区位于扬子陆块与华夏陆块间的钦杭结合带中部、大瑶山隆起北东段。主要出露震旦系—寒武系碎屑岩夹硅质岩沉积,岩浆岩出露范围较小。地层展布和矿产分布受凭祥-大黎断裂带控制明显。周边分布有社峒钨钼矿、圆珠顶铜钼矿、珊瑚钨锡矿、深泥田金矿等大、中型矿床。

(一)地层较简单,岩性、岩相变化不大,生物化石较少。出露地层以震旦系、寒武系和泥盆系为主,其次为白垩系和第四系。通过1∶5万矿产地质测量和1∶2 000地质剖面测量,了解了地层分布、岩性组合及岩相变化特征,建立了主要赋矿地层(震旦系、寒武系)岩石地层层序,确定了10个岩石地层填图单位(表1)。

(二)调查区岩体出露较少,主要有宋帽顶岩体的南侧部分及陆社小岩株。宋帽顶岩体东面石英斑岩与莲花山组呈侵入接触,西面凝灰岩或凝灰熔岩与寒武系呈突变接触。此外,在黄村古济冲地区及五将元山—石柱顶地区有较多花岗斑岩脉。宋帽顶岩体分布于调查区宋帽顶一带,1∶20万贺县幅区域地质调查报告(1959)将喷溢相和浅成侵入体两部分合并划归宋帽顶岩体。本次工作将两部分予以区分,划分为晚白垩世火山岩和侵入岩。后者仍称为宋帽顶岩体,但其面积和岩石特征均与前人称的"宋帽顶"岩体有所区别。

表1 五将地区地层层序表

| 界 | 系 | 统 | 地层名称 | 地层符号 | | 岩性 |
|---|---|---|---|---|---|---|
| 新生界 | 第四系 | 全新统 | 桂平组 | Q | Qhg | 松散砂砾黏土 |
| | | 更新统 | 望高组 | | Qpw | 砂砾层、黏土层 |
| 中生界 | 白垩系 | 上统 | 西垌组 | K | $K_2x$ | 凝灰岩、凝灰质砂岩、凝灰角砾岩、凝灰熔岩及石英斑岩 |
| 古生界 | 泥盆系 | 中统 | 唐家湾组 | D | $D_2t$ | 层孔虫灰岩、白云岩等碳酸盐岩组合 |
| | | | 信都组 | | $D_2x$ | 以砂岩、粉砂岩、泥质粉砂岩、细砂岩为主,夹页岩 |
| | | 下统 | 贺县组 | | $D_1h$ | 杂色泥(页)岩夹细砂岩 |
| | | | 莲花山组 | | $D_1l$ | 石英砂岩、砾状砂岩夹砾岩、页岩、粉砂岩 |
| | 寒武系 | 上统 | 黄洞口组 | ∈ | $\epsilon_{3-4}h$ | 杂砂岩、粉砂岩、粉砂质泥岩 |
| | | 下统 | 小内冲组 | | $\epsilon_{1-2}x$ | 杂砂岩、泥岩夹碳质泥岩 |
| 新元古界 | 震旦系 | | 培地组 | Z | $Z_2p$ | 杂砂岩、泥岩、硅质泥岩、硅质岩 |

(三)调查区主要经历了加里东期、印支期、燕山期及喜马拉雅期4次构造岩浆活动。加里东运动以褶皱构造为主,断裂次之,构成区内的构造基底;燕山运动以断裂为主,褶皱为次;喜马拉雅运动表现为微弱的褶皱运动。因此,区内构造表现为以近东西向褶皱构造(包括背斜和向斜)和北东、北北东、北西向断裂构造为主图像(图1),褶皱构造形成时间相对较早。

褶皱构造分布于大瑶山隆起区,背斜和向斜交替出现,由震旦纪—寒武纪地层构成一系列线状褶皱,属复式褶皱,总体走向近东西向。由于受后期构造运动的影响,在昭平—陈塘一带,形成以震旦系为核部,轴向近南北向的叠加褶皱。在褶皱与断裂交错部位易形成滑脱空间,有利于岩体侵入和矿体形成。主要褶皱有黄村背斜、昭平向斜、猫儿顶复式背斜、北陀向斜、瑶田复式背斜和四维复式向斜。

由于受断裂构造的作用,调查区形成了一系列断陷盆地。区域较典型的断裂构造有凭祥-大黎断裂、栗木-马江断裂及陈塘-和平断裂等(图1)。

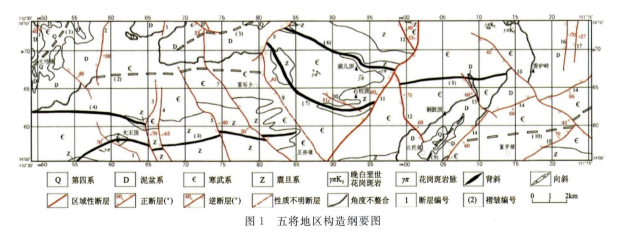

图1 五将地区构造纲要图

(四)通过1∶5万水系沉积物的测量,查明了区内20种元素和各主要地质单元的地球化学场特征。圈定综合异常28处(甲类6处、乙类15处、丙类7处),并对异常进行了排序(表2)。根据异常元素组合、矿化特征、地球化学背景等,将异常划分为元山-石柱顶、富裕-黄官-公贵脑、宋帽顶-香炉岭、大王顶、北陀和五马岭6个异常区(带)。同时,对各异常区(带)及各综合异常进行了剖析和评价,为异常查证或矿产检查工作提供了依据。

表 2 五将地区 1∶5 万水系沉积物测量异常分类结果表

| 序号 | 异常编号 | 异常名称 | 异常类别 | 序号 | 异常编号 | 异常名称 | 异常类别 |
|---|---|---|---|---|---|---|---|
| 1 | HS-1 | 崖箩 | 丙$_3$ | 15 | HS-15 | 洪冲 | 丙$_2$ |
| 2 | HS-2 | 六船 | 丙$_2$ | 16 | HS-16 | 鸡公冲 | 丙$_2$ |
| 3 | HS-3 | 鸭背 | 丙$_3$ | 17 | HS-17 | 丹竹口 | 乙 |
| 4 | HS-4 | 马石岭 | 乙$_2$ | 18 | HS-18 | 香炉岭 | 乙$_1$ |
| 5 | HS-5 | 元山 | 甲$_1$ | 19 | HS-19 | 六樟 | 丙$_2$ |
| 6 | HS-6 | 管垌 | 乙$_3$ | 20 | HS-20 | 大王顶 | 乙$_2$ |
| 7 | HS-7 | 油罗 | 乙$_2$ | 21 | HS-21 | 古崩 | 乙$_3$ |
| 8 | HS-8 | 富裕 | 甲$_2$ | 22 | HS-22 | 古照 | 乙$_3$ |
| 9 | HS-9 | 福登 | 乙$_3$ | 23 | HS-23 | 黄官 | 甲$_2$ |
| 10 | HS-10 | 猫儿顶 | 甲$_2$ | 24 | HS-24 | 五将 | 乙$_3$ |
| 11 | HS-11 | 横冲顶 | 乙$_3$ | 25 | HS-25 | 公贵脑 | 甲$_2$ |
| 12 | HS-12 | 石柱顶 | 甲$_1$ | 26 | HS-26 | 北陀圩 | 丙$_1$ |
| 13 | HS-13 | 猪儿坑 | 乙$_2$ | 27 | HS-27 | 白石岛 | 乙$_3$ |
| 14 | HS-14 | 香腾垌 | 乙$_3$ | 28 | HS-28 | 木万冲 | 乙$_3$ |

(五)通过高精度磁法测量,并结合其他地质资料,开展了矿产检查和异常查证,圈定找矿靶区。

1.划分磁异常群 7 处,编号为 A、B、C、D、E、F、G。磁场总体表现为南高北低,B、C、D 异常群呈正负异常伴生,异常强度较大,异常范围较宽,围绕着 1∶20 万重力推断隐伏岩体形成环形的磁异常,这些异常主要与隐伏岩体及其接触蚀变带有关,可能存在深大断裂并伴有次级的热液活动,为该区重点找矿区域之一。F 异常群为北西走向,异常不完整,有向北延伸的趋势,异常与已知岩脉、凝灰岩较吻合。A 异常为低缓异常,与区域重力推断隐伏岩体位置吻合。

2.圈定局部异常 44 个(图 2),分别为 A1~A5,B1~B8,C1~C7,D1~D12,F1~F2,G1~G10。$\Delta T$ 局部磁异常是从 $\Delta T$ 磁异常中分离出来的,为原始 $\Delta T$ 异常与区域异常的差值,主要反映规模不大或者较小、埋深较浅的磁性地质体,对区内与岩浆岩接触蚀变矿化带及其相关的热液矿床,尤其是岩浆期后气成高—中温热液型多金属矿床,以及具有较强磁性的中酸性岩体或岩株有很好的反映。$\Delta T$ 局部异常以环状、串珠状为主,短轴状次之,少量条带状或面状(图 2)。短轴状与长轴状磁异常一般规模较小,主要反映浅层(地表)磁性不均匀体;条带状和块状磁异常规模较大,具有区域和剩余两级磁异常成分的叠加,以及多个局部异常的组合特征;串珠状异常一般与断裂构造的磁性填充物有关。引起 $\Delta T$ 磁异常的地质原因主要有由中酸性侵入岩及其接触蚀变带引起的磁异常(B1~B4,C1~C7,D1~D12,F1~F2 等)、由断裂引起的磁异常(A1~A5,B5~B8,G1~G10 等)、由地层磁性不均匀引起的异常(对找矿意义不大)。

3.圈定 Cq-1、Cq-2、Cq-3、Cq-4、Cq-5、Cq-6 共 6 处深部磁异常(图 3)。推断 Cq-1、Cq-2、Cq-3、Cq-4 为隐伏岩体及其与围岩接触蚀变带引起,Cq-5 为磁性相对较高的地层或者深部磁性壳引起,Cq-6 为凝灰岩或蚀变带引起。

4.以磁异常成果为基础,结合剩余重力异常、地质、化探、遥感成果,推断浅断裂 30 条、深断裂 4 条。按走向分为北东向 7 条、北西向 18 条、东西向及近东西向 6 条、南北向及近南北向 3 条。较大断层附近的次级断层或羽状小断层及破碎带与成矿关系密切,大断层起导矿作用,而小断层及破碎带则为容矿构

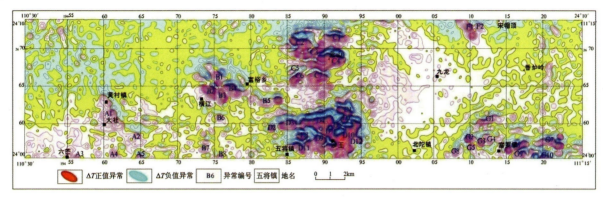

图 2 五将地区 1∶5 万磁测 $\Delta T$ 局部异常等值线平面图

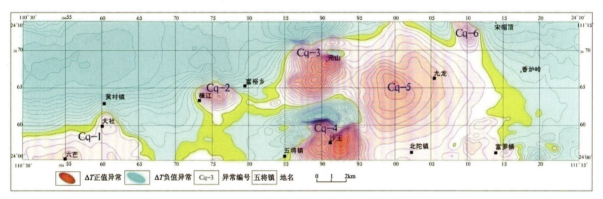

图 3 五将地区深部异常等值线平面图

造。为认识调查区矿床成因、确定找矿方向、进行找矿预测和靶区圈定提供了依据。

(六)新发现矿(化)点有 8 处,分别为中洲钨矿点、白石钨矿化点、油罗钨矿点、横冲顶金矿点、元山金银矿点、马石岭金矿化点、管垌金矿化点和大王顶金矿化点。开展矿产检查 8 处,其中概略检查 2 处,重点检查 6 处,3 处重点检查区(元山金多金属、横冲顶金、中洲钨多金属)实现找矿靶区目标:

1. 广西昭平县元山金银找矿靶区(A 类):位于昭平县东南约 15km 大脑山林场元山站一带,行政区划隶属昭平县五将镇和庇江乡管辖,面积 30km²。

靶区处在猫儿顶背斜核部及西侧倾伏端,出露地层为震旦纪培地组和寒武纪小内冲组。断裂构造较发育,有北西西向、近南北向和近东西向 3 组。其中北西西向和近东西向断裂控制着金、钨矿的产出,近南北向构造则控制着铅锌银金矿产出。花岗斑岩脉发育,受背斜轴部及两翼断裂及裂隙控制,根据重磁、遥感及化探等综合信息均推断区内深部存在隐伏岩体。

化探异常以 Au、Ag、Pb、W、F 为主,次为 Sb、Sn、Zn、La,伴有 Cu、Hg 等元素的弱异常。异常呈近等轴状分布,综合异常面积约 32km²。异常面积大,强度高。异常元素套合性好,分带性明显;以四方山东侧 901 高地为中心向外,特别是向南,依次为 W-Sn-F→Pb-Zn-Au-Ag→Au-Ag-As-Sb-Hg 元素异常,高、中、低温度梯度变化特征明显,以低温元素分布范围最广(图 4)。Au、Ag、Pb、As、Sb 异常中心均位于已有或新发现金铅多金属矿(化)点处或民窿附近,W-Sn-F 异常中心已发现钨锡锂矿化,为矿致异常。

遥感解译在元山南侧圈定了多个隐伏岩体成因的环形构造,标志清晰、大小级别不同,表现为由环状山脊圈闭的圆形负地形,整体上呈近东西向分布于古枚背斜核部及东南翼。同时,格网状线形构造密集分布于物探、化探异常区。

靶区位处 1∶20 万荔浦幅重力测量圈定的猫儿顶重力低异常区西侧梯度变化转折处。区内 1∶5 万高精度磁测 $\Delta T$ 异常呈近等轴状北西西向展布,正负磁异常伴生,四方山—元山以北以负异常为主,以南则以正异常为主,异常幅值为-100~175nT(图4)。重、磁异常均推断为隐伏中酸性岩体引起,其岩凸位于元素W、Sn、F和磁测正负异常梯度变化叠加部位。同时,磁测推测了一系列北西向、北东向和近东西向断裂,呈网格状密集分布。

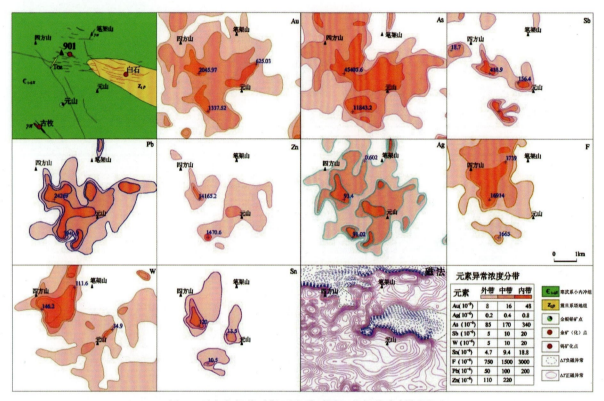

图4 元山金银找矿靶区地质、物探、化探综合剖析图

区内已发现矿化主要有Au、Ag、Pb、Zn和W 5种,其中前4种与含黄铁矿硅化破碎带相关,属破碎带蚀变岩型,认为其形成与深部隐伏岩体侵入形成的成矿热液有关。已发现金、金银铅多金属矿体各1个,矿化体7个,并发现钨矿化石英脉带。

(1)YS-①金矿体位于靶区西南六枚一带,产于$F_7$断裂破碎带中,走向北西315°~329°,倾角64°~86°。控制长约400m,厚0.5~1.33m(平均为0.92m),金品位(2.44~3.18)×$10^{-6}$(平均为2.98×$10^{-6}$)。赋矿岩石为蚀变斜长花岗斑岩、石英脉、角砾岩及断层泥。

(2)YS-②金银铅矿体位于靶区中西部,严格受$F_1$断裂破碎带控制,北北西走向,倾向85°,倾角70°。控制长约24m,厚0.5~0.9m。呈似层状、豆荚状。品位变化大,Au(0.45~11.26)×$10^{-6}$,Ag(6.38~328.3)×$10^{-6}$,Pb 0.04%~1.93%,Zn 0.007%~0.96%。含矿岩性为石英脉、断层泥及构造角砾岩。

(3)钨矿化石英脉带主要产在猫儿顶倒转背斜核部及北翼厚层砂板岩内,以细脉(<10cm)为主。脉带东西长约3 500m,南北宽800~1 400m,矿化面积达3km²。以北西西组构成脉带的主体,走向100°~110°,多顺层产出,倾向北,倾角较陡立(60°~70°);单脉厚0.1~50cm,以10cm左右居多,$WO_3$品位0.024%~0.18%。

矿石结构主要为不等粒、碎裂结构;矿石构造主要有角砾状、细脉浸染状、晶簇状构造。主要金属矿物有黑钨矿、辉钼矿、方铅矿、白钨矿、自然金、黄铁矿、磁黄铁矿、毒砂,少量黄铜矿等;非金属矿物主要为石英、重晶石、方解石、绢云母、绿泥石、高岭石等。

地质、物探、化探及矿化分布特征显示,靶区矿(化)体分布与1:5万水系沉积物异常较吻合,钨(锡、锂)矿化主要位于高温元素所处的异常内带,金银铅矿(化)体位于中温元素所处的异常中带,而单一的金矿(化)体则位于离异常中心更远的低温元素带。Au、Ag、Pb、As、Sb异常中心均位于已有或新发现金铅多金属矿(化)点处或民窿附近。化探异常与高磁圈定的异常带相吻合，化探异常边界，尤其是高温元素范围与正负磁异常界线一致。蚀变矿物亦有较明显的水平和垂向分带特征。此外，石英云母线(图5)和云母-黄玉岩的发现为华南地区五层楼式岩浆热液石英脉型钨锡-稀有金属矿的重要标志，同时云母-黄玉岩脉具明显的内部分带特征，为有矿蚀变的重要特征。

图5 元山地区石英-云母线照片

因此，综合地质、物探、化探及矿产成果，认为靶区物化探异常由深部隐伏的中酸性岩体引起。以石英脉型、花岗岩型钨(锡-稀有金属)矿-破碎带蚀变岩型金银、铅锌矿-斑岩型金矿复合型矿床为找矿方向，通过进一步的勘查工作，有望在各个异常带找到相应的矿体。

2.广西昭平县横冲顶金矿找矿靶区(B)：位于昭平县东南约20km横冲顶一带，行政区划隶属昭平县五将镇管辖。地理坐标：东经110°56′15″—111°00′00″，北纬24°04′00″—24°07′30″，面积10km²。

靶区处在北东向凭祥-大黎深大断裂北西侧附近。出露地层为震旦系培地组和寒武系小内冲组，以培地组为主，为靶区内的主要赋矿层位。构造上位于横冲背斜核部，断裂构造发育，有北西西、近东西向两组，与背斜轴平行或小角度斜交。其中近东西向断裂、裂隙较密集发育，为主要容矿构造。未见岩体出露，见花岗斑岩脉发育，重磁、遥感及化探等综合信息均推断深部存在隐伏岩体。

1:5万水系沉积物异常以Au、Ag、Pb、Hg为主，伴有W、Mo、As等元素的弱异常。异常呈串珠状分布，包含HS-10、HS-11两个浓集中心，综合异常面积约13km²。异常元素及浓度无明显分带性，各元素异常多集中分布于民窿、已有金矿化体或矿化破碎带，为矿致异常(图6)。

靶区位于重力测量圈定的猫儿顶重力低异常区，异常规模大、活动中心明显；1:5万高精度磁测$\Delta T$异常呈近等轴状，正负磁异常伴生，东正西负，异常幅值为0～55nT。重磁异常均推断位于隐伏岩体接触带附近。

遥感解译在靶区及周边圈定了部分线形构造。羟基-铁染异常为一低异常区内的相对高异常，为串珠状，呈北西西走向，与构造展布方向基本一致。

靶区已发现金矿体、矿化体各1个：①HCD-①号金矿体产于$F_3$破碎带中，出露高程645m，厚1.3m，金品位$1.94\times10^{-6}$，产状为14°∠62°。赋矿岩石为褐红色硅化碎裂粉砂岩、构造角砾岩，具褐铁矿化、硅化；②HCD-②号金矿化体位于$F_1$断裂破碎带及旁侧，厚0.69～0.93m(平均0.81m)，控制长约150m。呈似层状产出，Au品位$(0.58～0.96)\times10^{-6}$(平均为$0.74\times10^{-6}$)。赋矿岩性为构造角砾岩、断层泥、石英脉及蚀变砂岩。

此外，尚有矿化石英脉1条，宽约10cm，Au品位$5.76\times10^{-6}$。

蚀变以硅化、高岭土化、褐铁矿化、黄铁矿化为主，局部绢云母化、方解石化、绿泥石化、高岭土化、褪色化。

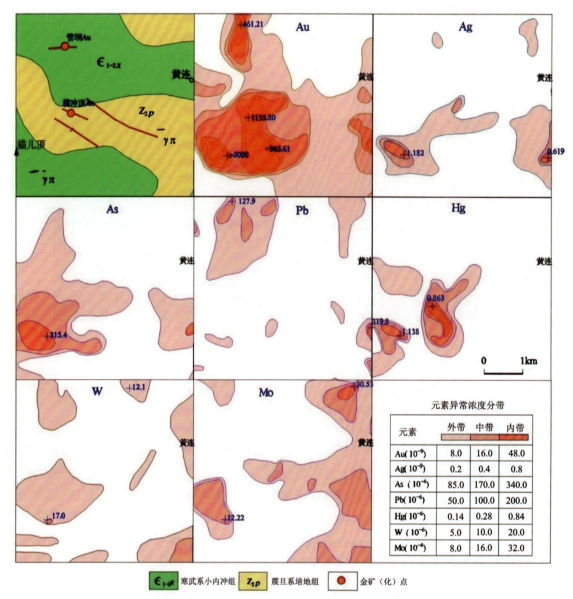

图 6 横冲顶金矿找矿靶区水系沉积物测量主要异常剖析图

靶区位于元山异常区东侧、北东向凭祥-大黎断裂带与近东西向猫儿顶背斜核部会处。矿(化)体产于与背斜轴平行或低角度斜交的次级断裂破碎带或石英脉中。赋矿地层以震旦系培地组和寒武系小内冲组为主。矿(化)体的产出受构造、地层的双重制约。同时,该区位于磁法推断的隐伏岩体和化探钨异常外围,化探 Au 异常强度高、浓度分带明显,目前地表矿化以破碎蚀变岩型和石英脉型金矿为主,局部伴有钨矿化。花岗斑岩脉与矿体为同一组断裂-裂隙产出,推断金矿成矿同样受隐伏中酸性岩体影响,深部有寻找斑岩型和破碎带蚀变岩型金矿的潜力,找矿前景好。

3. 广西昭平县中洲钨矿找矿靶区(A类):位于五将镇北东约 10km 石柱顶西南面,行政区划隶属昭平县五将镇管辖。地理坐标:东经 110°54′00″—110°56′30″,北纬 24°03′30″—24°05′30″,面积 12km²。

靶区处在北东向凭祥-大黎深断裂北西侧,该断裂为区内主要控岩控矿构造。出露地层为震旦系培地组和寒武系小内冲组,其中培地组为该区主要赋矿地层。区内断裂构造发育,主要有北西、近东西向两组,其中近东西向断裂、裂隙较密集发育,多被石英细-大脉充填,局部花岗斑岩脉发育,为主要的容矿构造。

与东侧金竹洲金矿床同属1∶5万水系沉积物测量 Hs-12 石柱顶综合异常区范围,为其中的 W、Sn、Mo、Pb、Cu 等高—中温元素异常区。以 W、Pb 为主,次为 Mo、Bi、Sn,伴有 Au、Cu、Zn、F 等元素的弱异常;主要元素异常峰值:W $55.3×10^{-6}$、Pb $409.1×10^{-6}$。面状、条带状呈北西-南东向展布,面积约 $6km^2$。

1∶1万土壤剖面测量以 Au、Ag、W、Mo、Bi、Pb 元素异常为主,并伴有 Cu、Zn、F、As 等元素异常,异常面积大、套合好,主要元素异常及其展布特征和浓集中心与水系沉积物异常特征一致,主要元素异常峰值为 Au $82.28×10^{-9}$、Mo $42.97×10^{-6}$、W $131.4×10^{-6}$、Pb $760×10^{-6}$,其中 W 异常为区域背景值的 56 倍。各主要元素异常均呈北西西向或近东西向带状展布,与区内断裂破碎带、石英脉的方向基本一致,为矿致异常(图7)。

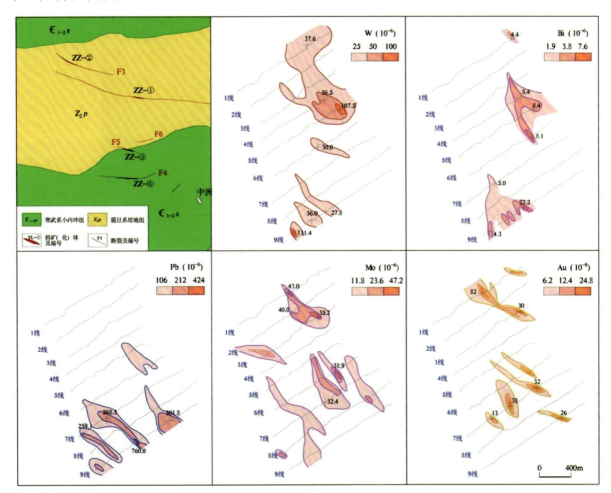

图7 中洲钨矿找矿靶区土壤剖面测量 W、Bi、Pb、Mo、Au 元素异常剖析图

靶区位于重力测量圈定的猫儿顶重力低异常区,异常规模大、活动中心明显;1∶5万高精度磁测 $\Delta T$ 异常呈近等轴状,正负磁异常伴生,南正北负,异常幅值为 $-100\sim175\text{nT}$。重、磁异常均推断为隐伏中酸性岩体引起。

遥感解译在靶区及北侧圈定了多个隐伏岩体成因的环形构造,整体上呈近东西向分布于石柱顶背斜北翼。同时,格网状线形构造密集分布于物化探异常区。

靶区紧邻金竹洲小型金矿床,已发现的金属矿化主要有 W、Pb、Au 3 种,均产于北西西向和近东西向断裂破碎带或石英脉中,为破碎带蚀变岩型和石英脉型钨、铅、金矿化。

靶区位处已有金竹洲金矿西侧的 W 多金属异常区,新发现 W 矿体 1 个,矿化体 3 个。

(1)ZZ-①号钨矿体(图8)产于 $F_2$ 断裂破碎带内,近东西走向,倾向 N5°,倾角 72°~75°。控制长约

12m，厚 0.7～1.2m（平均 0.95m）。钨品位变化大，$WO_3$ 1.45%～8.46%（平均为 5.88%）。主要矿石矿物为黑钨矿。赋矿岩石为石英脉、角砾岩和断层泥。赋矿围岩为蚀变砂岩，矿体严格受破碎带控制，已控制长达 2km，普遍具钨矿化。

图 8　中洲钨矿找矿靶区 ZZ-①黑钨矿体露头（ZZML2）

（2）ZZ-②号钨矿化体产于 $F_3$ 硅化破碎带内，走向北西西，倾向 N40°～58°，倾角 65°～82°。宽 2.7m，钨品位 $WO_3$ 0.032%～0.063%，伴有弱的铅矿化。主要矿石矿物为白钨矿、方铅矿。赋矿岩石为石英脉、构造角砾岩和断层泥。赋矿围岩为强硅化变质细砂岩夹泥岩。

（3）ZZ-③号钨矿化体产于 $F_5$ 断裂破碎带（图 9），近东西走向，倾向 S190°，倾角 70°。厚 2.5～3m，品位 $WO_3$ 0.034%～0.056%（平均为 0.046%）。伴有弱的金、铅矿化，Au 为（0.05～0.22）×$10^{-6}$、Pb 为 0.016%～0.08%。赋矿岩石为构造角砾岩、断层泥、碎裂砂泥岩和石英脉。赋矿围岩为硅化砂岩夹泥岩。

（4）ZZ-④号钨矿化体产于 $F_4$ 硅化破碎带及近旁围岩，近东西走向，倾向 N350°～12°，倾角 65°～75°。厚 5.6m，品位 $WO_3$ 为 0.032%～0.059%。赋矿岩石为石英脉、碎裂岩、硅化砂岩。

图 9　中洲钨矿找矿靶区 ZZ-③钨铅矿化体露头（ZZBT1）

（A 为破碎带，B 为破碎带中的重晶石和方铅矿晶簇）

蚀变以硅化、高岭土化、褐铁矿化、黄铁矿化为主，局部角岩化、绢云母化、重晶石化、碳酸盐化、褪色化。

靶区位于北东向大黎断裂带西北侧、石柱顶背斜西倾伏端,北西向和近东西向斜交或平行背斜轴的次级断裂发育。矿(化)体主要赋存于北西向和近东西向断裂破碎带或石英脉中。化探异常显示出明显的高—中—低温元素分带,且已发现了相应的矿床、矿点或矿化点。物探和遥感推断深部存在中酸性隐伏岩体。地表花岗斑岩岩脉紧邻钨矿化石英脉产出,进一步证明隐伏岩体的存在。目前地表矿化以破碎带蚀变岩型和石英脉型钨铅金矿为主,判断成因类型为高—中温热液型找矿前景好。通过工作,有望发现石英脉型钨多金属-破碎带型/石英脉型铅锌铜-石英脉型和破碎带型金的复合型矿床。

(七)初步总结了区域成矿规律,对元山地区隐伏岩体的存在进行了标志判别(表3),提出了隐伏岩体成因的地质、物探、化探综合找矿模型(图10):以物探推断的隐伏岩体岩凸(脊)位置地表配套的W、Sn等高温元素异常为中心,寻找矽卡岩-斑岩-石英脉型钨锡多金属矿,兼顾铌、钽等稀有稀土分散元素矿产;往外推断隐伏岩体边部配套Pb、Zn、Ag等中温元素异常区,寻找破碎带-石英脉型铅锌银铜矿;花岗斑岩产出,推断隐伏岩体外带配套Au、Mo、Cu、As、Sb等元素异常区,寻找斑岩型-破碎带型-石英脉复合型金铜钼矿。

**表3  元山地区隐伏岩体判别标志**

| 标志类型 | | 特征描述 |
|---|---|---|
| 地质标志 | 地层 | 出露地层构成以元山—石柱顶为中心的不规则环形。西侧地层为近南北走向,北东地层为北西西走向,南东则为南东东走向。石英脉大量发育,以元山—石柱顶一带最密集 |
| | 构造 | 处于区域性北东向大黎构造-岩浆岩带旁,由北东向大黎断裂和塘调断裂与北西西向桂江断裂和栗木-马江断裂共同构成一个近似圈闭的构造环,制约着其中矿床(点)的分布,构造环的中心即为物探、化探、遥感异常中心 |
| | 岩株/脉 | 蚀变斜长花岗斑岩、花岗斑岩岩株、岩脉发育。近元山处脉岩较多、较宽,宽者达上百米;种类亦较多,有斜长花岗斑岩、花岗斑岩等。较远处则仅见少量斜长化岗斑岩脉,厚度数米至十余米。同一组岩脉不同部分近脉围岩蚀变组合和强度差异大,近元山处,围岩硅化强、蚀变范围宽、出现石墨化等,更远处则蚀变范围窄,仅有弱硅化、绿泥石化 |
| | 蚀变分带 | 水平分带特征明显:以元山—中洲为中心往外,依次为角岩化、硅化、云母-黄玉化、萤石化、绢云母化、磁黄铁矿化、黄铁矿化→硅化、黄铁矿化、重晶石化、碳酸盐化、少量绢云母化和萤石化→弱硅化、弱黄铁矿化、绿泥石、碳酸盐化 |
| | | 元山一带不同标高表现出垂向分带特征:标高由400~900m,硅化、绢云母化、角岩化不断减弱,白云母化、黄玉化、萤石化不断增强,上部出现较强的重晶石化、绿泥石化、碳酸盐化 |
| 地球物理标志 | 区域重力<br>(1∶20万) | 处于大瑶山重力低值带北东的猫儿顶重力低异常区(G13)中心,布格重力异常等值线凹曲,剩余异常为重力低圈闭,未闭合,往东伸展;异常大体呈北东东走向,似椭圆形,长轴约20km,面积约260km²,异常幅值较高,场强从(−75~−30)×10⁻⁵ m/s²起伏变化;异常规模大,活动中心明显,活动中心地处背斜轴部及断裂交会处附近,推断为较大规模的中酸性岩体引起 |
| | 区域航磁<br>(1∶20万) | 处于大瑶山-大桂山复杂变化正磁场区,自大脑山至石柱顶,由北往南发育正航磁异常2处,异常块状,正负异常伴生,梯度陡,大脑山正磁异常峰值100nT,石柱顶磁异常峰值200nT。由于该区岩性为微磁性至无磁性,推断异常由隐伏中酸性岩体接触带的磁性体所引起 |
| | 高精度磁法<br>(1∶5万) | 高磁圈定了2个区域磁异常群,由一系列圈闭的等轴串珠状异常组成,正负异常伴生。整体上东部为正,西部为负,异常幅值为−100~175nT。向上延拓后显示呈明显的独立异常体,是在低缓的磁场背景下叠加次级异常群,推断异常为中酸性隐伏岩体和岩体边缘接触蚀变带引起。利用不同上延高度的形态和强度特征判断隐伏岩体呈北东向展布,主体在北侧,呈岩筒状,形成四方山、中洲和富裕3处岩凸 |

续表3

| 标志类型 | | 特征描述 |
|---|---|---|
| 地球化学标志 | 水系沉积物(土壤)地球化学元素组合分带 | 异常元素以 W、Sn、Mo、Bi、Pb、Zn、Cd、Au、Ag、As、Ni 为主,次为 Sb、Hg、Cu、F、Cr、Co 等,为高、大、全异常。异常以元山—中洲为中心呈不规则环带状分布,依次为 W、Sn、Mo、Bi、Au、F、Ni、Cr-Pb、Zn、Cu、Cd、Ag-Au、Ag、As、Sb、Hg,显示出高—中—低温元素组合分带特征,以低温元素组合分布范围最广。W、Sn、Bi、Ni、Cr 等高温元素异常浓集中心正好位于磁测推断的岩凸地面延伸部位的密集正负异常转换处靠负异常一侧,而 Au、Ag、As、Sb、Hg 等低温元素异常多位于正负磁异常转换处靠正异常一侧 |
| | 岩石地球化学 | 元山一带对不同位置和标高所对应的黑钨矿化石英脉、白钨矿化石英脉、云母-黄玉岩及矿化破碎带中石英脉开展主量、微量元素分析显示黑钨矿石英脉 FeO 明显高于 $Fe_2O_3$,暗示为相对还原环境,表明来源于深部,$Al_2O_3$、$TiO_2$、$Fe_2O_3$ 含量高,反映陆壳物质加入越多,黑钨矿和白钨矿石英脉均较低,显示来自岩浆物质更多。含白钨矿石英脉标高最高,各物质含量均较少,迁移距离最远含量却最低,显示出相对封闭的环境,外界物质加入较少。破碎带中的石英脉 $\sum REE$ 明显高于其他石英脉或云母-黄玉岩,尤其是轻稀土含量,具明显的右倾型标准化配分曲线和低的负铕异常,其他矿化石英脉稀土含量最低,为标准化配分曲线为轻微右倾型。液浆热液以 REE 含量低为特征,矿化石英脉稀土含量显示出明显的岩浆来源特征,而破碎带中石英脉则显示受围岩影响较强烈。云母-黄玉岩介于二者之间,反映受围岩和岩浆热液双重影响 |
| | 挥发元素异常 | 具有与钨锡浓集中心吻合的高的 F、As、Li 元素异常,相对低的 B、Hg 异常,为华南地区隐伏岩体上部常见的异常特征 |
| | 自然重砂 | 重砂异常具黑钨矿、金矿、白钨矿、锡石和铋族矿物组合,伴生锆石、钛铁矿、独居石、辰砂、黄金等,形成公贵黑钨矿和联安金矿2个异常区 |
| 遥感地质标志 | | 遥感解译在元山—石柱顶间圈定了3个隐伏岩体成因的环形构造,解译标志清晰、大小级别不同,表现为由环状山脊圈闭的圆形负地形,整体上呈近东西向分布于石柱顶背斜北翼。同时,格网状线形构造密集分布于物化探异常区 |
| 矿化标志 | 矿床(点)分布 | 矿化表现出了较好的时、空分带性:钨锡矿化集中分布于元山—中洲一带北西向和近东西向石英脉和破碎带中,外围亦有一定矿化,但强度较低,以中洲黑钨矿点和元山白钨矿化石英脉带为代表;铅锌银金矿化多分布于元山—中洲外围元山林站、古德冲一带,主要位于近南北向断裂破碎中,错断近东西向钨矿(化)体或破碎带,见白石铅矿化点和元山林站铅锌多金属点;金矿化范围最广,于中心及外围均有分布,以外围金矿化最强,分布有富裕、公贵脑、金竹洲、横冲顶等金矿床(点)。钨、铅锌银、金矿化往往不同时产出,钨矿化强处见极弱的铅金矿化、铅锌银金矿化体内则一般不见或仅有弱的钨矿化。此外,中洲一带以黑钨矿化为主,而元山一带多见白钨矿化,与推断隐伏岩体岩凸位置相对应,即中洲处埋深浅、近地表处成矿温度仍较高,元山处埋深大、近地表处成矿温度较低 |
| | 矿物组成 | 钨矿石:矿石矿物-黑钨矿、白钨矿,少量方铅矿、闪锌矿、锡石、磁黄铁矿;脉石矿物-石英,少量萤石、绢云母、钾长石。铅锌矿石:矿石矿物-方铅矿、闪锌矿、毒砂、自然银矿、黄铁矿,少量白钨矿、黄铜矿;脉石矿物-石英、绿泥石,少量萤石、白云母。金矿石:矿石矿物-黄铁矿、毒砂、自然金,少量方铅矿、闪锌矿;脉石矿物以石英、绿泥石为主,次为高岭石、白云母等 |
| | 成因类型 | 钨矿化以石英脉型为主,部分位于破碎带中,不同位置、标高、蚀变情况及矿化石英脉分布特征均显示具五层楼式钨矿找矿潜力;铅锌银矿化以破碎带型为主;金矿化以破碎带型为主,次为石英脉型,近元山—中洲一带以破碎带型矿化为主,较远离则以石英脉型占主导,显示与古袍式斑岩型-破碎带型-石英脉型复合成矿模式对应 |

续表3

| 标志类型 | | 特征描述 |
| --- | --- | --- |
| 其他标志 | 等距分布特征 | 沿北东向大黎断裂一带依次分布着六岑、大黎、桃花、古袍、宋帽顶、盐田岭、姑婆山等岩体,岩体间距一般为10～13km,表现出等距分布特征。桃花与宋帽顶岩体间距则达22km,其缺位正好出现在本区猫儿顶一带 |
| | 地热 | 猫儿顶东南约10km处北陀圩有汤水和高田两处温泉,虽不能证明温泉与深部隐伏岩体活动有直接关系,但构造的关联性和放射性元素La的异常显示还是为这种联系提供了某种可能 |

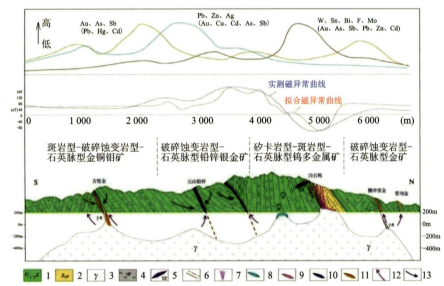

图10 元山地区隐伏岩体成因的地质-物化探找矿模型

1.寒武系小内冲组粉砂岩夹泥岩;2.震旦系培地组粉砂岩夹硅质岩、泥岩;3.隐伏酸性岩体;4.花岗斑岩;5.云母黄玉岩;6.断裂;7.石英脉型钨矿;8.矽卡岩型钨矿;9.斑岩型钨矿;10.铅锌多金属矿;11.金矿;12.岩浆热液作用;13.萃取作用

(八)根据地质、物探、化探、遥感、矿产检查及综合研究成果,划分找矿远景区5处(图11),其中A类找矿远景区2个(广西昭平县元山-石柱顶钨金多金属矿找矿远景区和广西昭平县富裕-黄官-公贵脑金矿找矿远景区),B类找矿远景区2处(广西昭平县大王顶金铜钼多金属矿、广西昭平县香炉岭铜钨多金属矿),C类找矿远景区1处(广西昭平县五马岭金银矿),提出了重点找矿方向,为下一步勘查提供了依据。

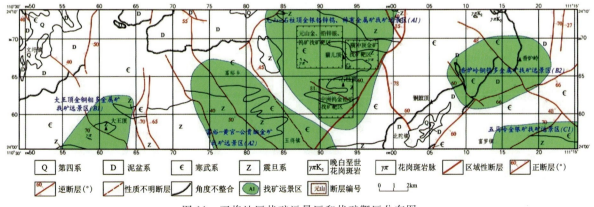

图11 五将地区找矿远景区和找矿靶区分布图

## 三、成果意义

完成了 1∶5 万矿产地质测量、水系沉积物测量和高精度磁测，编制了 1∶5 万地质矿产图、建造构造图和矿产预测图等系列图件，提高了调查区工作程度；通过综合分析，建立了寻找隐伏岩体综合判别标志，提出了隐伏岩体成因的地质、物探、化探综合找矿模型；划分了找矿远景区，提交了找矿靶区，指出了重点找矿方向，为找矿突破战略行动选区及商业勘查提供了依据。

# 广东黄坑—百顺地区矿产地质调查

刘 军 张辉仁 张 玉 梁文轩 曾宏伟 王丙华 孙煜哲 许 展 张 敏 石 旭

（广东省核工业地质局）

调查区位于广东省北部与江西省西南部交界地带，大部分隶属于广东省南雄市、仁化县和始兴县，少部分隶属于江西省大余县管辖。地理坐标：东经 $113°45'00''—114°30'00''$，北纬 $24°45'00''—25°20'00''$，包括 1∶5 万百顺幅、马市幅、黄坑幅、扶溪幅、南雄幅、周田幅 6 个国际标准图幅，面积约 $2\,800\,km^2$。

2013 年子项目名称为"广东黄坑—百顺地区铀矿远景调查"，2014 年后变更为"广东黄坑—百顺地区矿产地质调查"。

工作周期：2013—2016 年。

**总体目标任务**：以铀矿为主攻矿种，以东坑、澜河、全安和黄坑铀（多金属）矿找矿远景区为主攻地区，通过开展 1∶5 万矿产地质测量、地面伽马能谱测量、水系沉积物测量及遥感地质解译，查明区域控矿地质条件，圈定物化探异常和矿化有利地段；利用大比例尺地物化等手段，配合各类探矿工程，系统开展异常查证和矿产检查，总结成矿规律，确定找矿标志，圈定找矿靶区，对区域矿产潜力做出综合评价。预期提交找矿靶区 4 处。

该项目涉及保密矿种铀矿，在此仅简单介绍取得的主要成果与进展。

1. 新发现百顺寨背、松树塘、澜河寨 3 个铀矿点，其中百顺寨背铀矿点经后期勘查基本落实为小型铀矿床，实现老区铀矿找矿新发现。

2. 诸广山岩体南部开展 1∶5 万水系沉积物测量，获得众多地球化学找矿信息，圈定综合异常 97 处，其中甲类异常 12 处，乙类异常 19 处，丙类异常 66 处。在综合研究的基础上，提出了 Ⅰ 级地球化学找矿远景区 5 处、Ⅱ 级地球化学找矿远景区 2 处。

3. 实现了诸广山岩体南部 1∶5 万地面伽马能谱测量全覆盖，圈定综合异常 32 个，其中 Ⅰ 类异常 11 个，Ⅱ 类异常 14 个，Ⅲ 类异常 7 个。

4. 在综合分析地质、物探、化探、遥感及矿产资料的基础上，划分找矿远景区 24 处，其中铀找矿远景区 14 处（A 级 8 处、B 级 4 处、C 级 2 处），多金属找矿远景区 8 处（A 级 2 处、B 级 3 处、C 级 3 处），稀土找矿远景区 2 处（B 级 1 处、C 级 1 处）。圈定找矿靶区 14 处（其中 A 类 5 处、B 类 7 处、C 类 2 处），为该调查区下一步找矿工作部署提供了重要依据。

5. 通过 1∶5 万遥感地质解译和 1∶5 万矿产地质调查，于诸广山岩体南部新发现一些隐伏断裂，特别是南北向断裂的发现，为区内重要的成矿构造，拓宽了找矿方向。

6. 根据诸广山南部区域地质背景，成矿地质条件和铀的地球化学行为，提出花岗岩型铀矿为内（表）生变价活化、天水富集成矿的复成因热液型矿床，并建立了诸广山南部区域铀矿成矿模式。

# 湖南新宁—广西江头村地区矿产地质调查

崔 森　夏 杰　刘小龙　程顺波　王 磊　刘圣博　张遵遵　刘 飞　刘华应
钟辉运　罗攀峰

（武汉地质调查中心）

**摘要**　初步厘定了调查区地层层序；将岩浆岩划分为奥陶纪、志留纪、三叠纪、侏罗纪和白垩纪5个侵入时代，确定了13个岩浆岩填图单位，建立了岩浆岩演化序列；圈定了1∶5万水系沉积物测量综合异常29处（其中甲类5处、乙类9处、丙类15处），划分地球化学找矿远景区5处；新发现矿（化）点5处；大致查明了金、钨、铜等矿产成矿地质条件、控矿因素和成矿规律，建立了钨等主要矿种的成矿模式与找矿模型；划分了综合找矿远景区6处（其中A类2处、B类3处、C类1处），圈定找矿靶区3处，分析了资源潜力，明确了下一步钨铜金等矿产找矿方向。

## 一、项目概况

调查区位于广西壮族自治区与湖南省两省（区）交界地带，涉及湖南省新宁县、东安县，广西壮族自治区资源县、全州县，其中新宁县与资源县为国家贫困县。地理坐标：东经110°45′00″—111°15′00″，北纬26°10′00″—26°30′00″，包括1∶5万新宁幅、大庙口幅、窑市幅、江头村幅4个国际标准图幅，面积约1 844 km²。

工作周期：2014—2016年。

总体目标任务：系统收集分析区域地质、物探、化探、遥感及矿产等成果资料，通过在湖南新宁—广西江头村地区开展1∶5万矿产地质调查、水系沉积物测量及遥感地质解译等工作，圈定异常和矿化有利地段。在此基础上，开展异常查证和矿产检查，总结找矿标志及成矿规律，圈定找矿靶区，为下一步矿产勘查工作提供了依据。编制1∶5万地质矿产图、建造构造图和矿产预测图。

## 二、主要成果与进展

（一）在对前人资料系统分析的基础上，通过剖面测制与对比，建立了地层层序表（表1），明确了各岩石地层单位的划分标志、岩性组合特征、古生物化石面貌、特殊岩性层、岩石地层单位间的接触关系及含矿性等。解决了广西和湖南二省（区）交界地带地层划分与对比不一致问题，并统一了认识。

（二）对岩浆岩体进行了解剖，划分为奥陶纪、志留纪、三叠纪、侏罗纪和白垩纪5个侵入时代，明确了13个岩浆岩填图单位，建立了岩浆岩演化序列表（表2）。重点对越城岭花岗岩（图1）进行了全面分析，获得了一批花岗岩的高精度锆石LA-ICP-MS U-Pb年龄数据。基本查明了调查区不同期次岩浆岩分布、结构构造、矿物组成及岩石地球化学特征，初步探讨了不同时代花岗岩的物质来源及其形成构造环境。

表1 湖南新宁—广西江头村地区地层单位划分表

| 年代地层单位 | | | 岩石地层单位 | | 厚度(m) | 岩性特征 | 含矿性 |
|---|---|---|---|---|---|---|---|
| 界 | 系 | 统 | 群、组 | 代号 | | | |
| 新生界 | 第四系 | 全新统 | | Qh | 5~25 | 冲积物和残坡积物 | 钨、锡等砂矿 |
| | | 更新统 | | Qp | 0~43 | 以冲积物为主,发育残坡积物 | 钨、锡等砂矿 |
| 中生界 | 白垩系 | 下统 | 神皇山组 | $K_1sh$ | >497.0 | 上部含砾砂岩、含砾泥质粉砂岩夹泥岩、粉砂岩;下部砾岩、砂砾岩 | |
| 古生界 | 二叠系 | 上统 | 龙潭组 | $P_3l$ | >84.7 | 碳质页岩、页岩、泥质粉砂岩夹硅质岩 | 黄铁矿、煤 |
| | | 中统 | 当冲组 | $P_2d$ | 250.7 | 硅质岩、泥质硅质岩、铁锰质硅质岩、泥质灰岩、透镜状灰岩、页岩 | 铁、锰 |
| | | | 小江边组 | $P_2x$ | 108.8 | 以含碳质页岩为主夹硅质岩及泥灰岩、粉晶云岩、生物屑粉晶灰岩、粉晶含泥灰岩、粉细晶含铁锰质泥质灰岩、硅质灰岩夹泥灰岩、硅质岩、页岩及粉砂质泥岩 | 铁、锰 |
| | | | 栖霞组 | $P_2q$ | 20.5 | 粉泥晶灰岩,含生物屑粉晶灰岩、泥灰岩 | |
| | | 下统 | 壶天群 | $C_2P_1H$ | 431.3 | 白云岩 | |
| | | 上统 | | | | | |
| | | 下统 | 梓门桥组 | $C_1z$ | 238.4 | 粉晶—泥晶含生物碎屑灰岩、含泥粉晶生物碎屑灰岩、粉泥晶灰岩 | |
| | | | 测水组 | $C_1c$ | 105.5 | 页岩、粉砂质页岩、石英粉砂岩夹石英砂岩及煤层 | 煤矿、菱铁矿 |
| | | | 石磴子组 | $C_1sh$ | 457.6 | 含生物屑粉晶灰岩、含生物屑粉晶含泥灰岩、泥-粉晶灰岩夹泥灰岩 | |
| | | | 天鹅坪组 | $C_1t$ | 95.0 | 以钙质粉砂岩、钙质页岩、泥灰岩为主夹生物屑粉晶含泥灰岩及粉晶灰岩透镜体 | |
| | | | 马栏边组 | $C_1m$ | 261.5 | 深灰色—灰色中—厚层状粉晶灰岩,粉晶生物屑灰岩,粉晶棘屑灰岩,常见富集的白云质及硅质团块 | |

续表 1

| 年代地层单位 | | | 岩石地层单位 | | 厚度 (m) | 岩性特征 | 含矿性 |
|---|---|---|---|---|---|---|---|
| 界 | 系 | 统 | 群、组 | | 代号 | | | |
| 古生界 | 泥盆系 | 上统 | 孟公坳组 | | $D_3m$ | 121.3 | 粉晶灰岩、含生物屑粉晶灰岩、含生物屑泥晶灰岩为主夹含钙石英粉砂岩及粉砂质页岩 | |
| | | | 欧家冲组 | | $D_3o$ | 109.1 | 砂岩、粉砂岩、泥质粉砂岩及粉砂质页岩夹1~4层泥-粉晶泥质白云岩及泥灰岩 | |
| | | | 锡矿山组 | 上段 | $D_3x^2$ | 190.0 | 粉晶灰岩、条带状云质粉晶灰岩、泥晶灰岩，核形石灰岩、亮晶内碎屑灰岩 | |
| | | | | 下段 | $D_3x^1$ | 384.0 | 生物碎屑灰岩、泥晶灰岩、粉晶灰岩 | |
| | | 中统 | 棋梓桥组 | | $D_{2-3}q$ | 321.9 | 灰岩、白云岩、泥灰岩、泥质灰岩、硅质岩、页岩和粉砂岩、泥晶灰岩、粉晶灰岩夹生物屑灰岩、核形石灰岩、亮晶内碎屑灰岩 | |
| | | | 跳马涧组 | | $D_2t$ | >249.8 | 石英砂岩、砂岩、含砾石英砂岩夹泥质粉砂岩、粉砂质泥岩、含豆状赤铁矿粉砂岩 | 赤铁矿 |
| | 奥陶系 | 上统 | 天马山组 | | $O_3t$ | >3 010.0 | 轻变质砂岩、轻变质砂岩与粉砂质板岩及黏土质板岩等互层 | |
| | | 中统 | 烟溪组 | | $O_2y$ | 227.4 | 含碳泥质硅质岩夹碳质板岩、硅质板岩 | |
| | | 下统 | 桥亭子组 | | $O_1q$ | >241.0 | 中下部：绿泥石板岩、绿泥石绢云母板岩及轻变质细砂岩；上部：碳泥质板岩、碳质板岩夹硅质岩 | |
| | | | 白水溪组 | | $O_1b$ | 223.0 | 条带状绿泥石绢云母板岩 | |
| | 寒武系 | 芙蓉统 | 小紫荆组 | | $\epsilon_{3-4}x$ | >892.0 | 灰岩夹泥质、白云质灰岩，砂、泥质条带板岩、含碳板岩夹石煤，灰岩、泥质灰岩夹板岩 | 钨铜锡矿、石煤 |
| | | 第三统 | | | | | | |
| | | 第二统 | 茶园头组 | | $\epsilon_2c$ | 784.0 | 变质砂岩、条带状砂质板岩、板岩夹透镜状灰岩 | |
| | 震旦系 | | 留茶坡组 | | $Z_2l$ | 525.0 | 灰黑色硅质岩 | |
| 晚元古界 | 青白口系 | | 岩门寨组 | | $Qb_2y$ | >200.0 | 条带状板岩、砂质板岩、凝灰质板岩夹凝灰岩 | |

表 2　湖南新宁—广西江头村地区花岗岩期次划分表

| 地质时代 | | | 代号 | 岩　　性 | 代表性年龄(Ma) |
|---|---|---|---|---|---|
| 代 | 纪 | 世 | | | |
| 中生代 | 白垩纪 | 早世 | $\eta\gamma K_1$ | 细粒白云母二长花岗岩 | 122② |
| | 侏罗纪 | 晚世 | $\eta\gamma J_3^b$ | 细粒黑云母二长花岗岩 | |
| | | | $\eta\gamma J_3^a$ | 中细粒斑状黑(二)云母二长花岗岩 | 153.4② |
| | | 中世 | $\eta\gamma J_2$ | 中细粒黑云母二长花岗岩 | 168.7② |
| | | 早世 | $\eta\gamma J_1$ | 中粗粒斑状黑云母二长花岗岩 | 190.4② |
| | 三叠纪 | 晚世 | $\eta\gamma T_3^f$ | 细—中粒黑云母二长花岗岩 | 222±2 |
| | | | $\eta\gamma T_3^e$ | 细粒斑状黑云母二长花岗岩 | 227±3 |
| | | | $\eta\gamma T_3^d$ | 中粒黑云母二长花岗岩 | 193±25② |
| | | | $\eta\gamma T_3^c$ | 中粒斑状黑云母二长花岗岩 | 214±9② |
| | | | $\eta\gamma T_3^b$ | 中—粗粒黑云母二长花岗岩 | 215.3±2② |
| | | | $\eta\gamma T_3^a$ | 中—粗粒斑状黑云母二长花岗岩 | 222±1 |
| 古生代 | 志留纪 | 晚世 | $\eta\gamma S_2^a$ | 中粗粒斑状黑云母二长花岗岩 | 425.1±2.5<br>436.6±4.8 |
| | 奥陶纪 | 中世 | $\eta\gamma O_2$ | 细粒黑云母二长花岗岩 | 466.7±3.6① |

数据来源:①1∶5万梅溪幅、窑市幅、江头村幅、资源县幅、龙水幅、黄沙河幅区域地质调查报告,中国地质大学(武汉),2014;②1∶5万白沙幅、新宁县幅、大庙口幅区域地质调查报告,湖南省地质矿产局,1992;其余为本项目。

(三)调查区位于扬子陆块江南造山带与华南褶皱带的过渡部位,受多期次构造运动影响,褶皱及断裂发育,主要沿北西至北东方向延伸(图2)。根据区域角度不整合,划分为4个构造层:寒武系—奥陶系构造层($\in_1$—$O_3$)、中泥盆统—二叠系构造层($D_2$—$P_2$)、下白垩统构造层($K_1$)、新生界构造层(Q)。

(四)1∶5万水系沉积物测量圈定综合异常29处,其中甲类5处、乙类9处、丙类15处。划分地球化学找矿远景区5处:Ⅰ赵家岭钨锡锑地球化学找矿远景区、Ⅱ王家湾-地村锰矿地球化学找矿远景区、Ⅲ舜皇山-井沉尖钨铋铜矿地球化学找矿远景区、Ⅳ界牌钨铜矿地球化学找矿远景区、Ⅴ剑子石-金子岭钨金铅多金属矿地球化学找矿远景区、Ⅵ伍家-椅子岭金锑矿地球化学找矿远景区。

(五)通过对资料的综合整理与评价,结合异常踏勘检查,选择9处具有一定找矿潜力的1∶5万水系沉积物测量综合异常开展了异常查证与矿产检查,新发现矿(化)点5处,找矿效果较好(表3)。

(六)开展了1∶5万遥感地质解译。调查区解译出174条断裂,其中大中型断裂39条、中小断裂135条。大部分断裂(137条)集中分布在花岗岩区,这可能与花岗岩地区易解译有关。大型断裂主要为近南北向、北北东向,而中小型断裂则主要为近东西向、北西向。解译出环形构造23个,大部分集中在界牌-铺里断裂两侧、岩体与地层接触带上。结合地质矿产特征,对调查区进行了初步遥感成矿预测,圈定了3处遥感找矿远景区:界牌-黄泥脚钨铜找矿远景区、八步岭-鸡公凸钨找矿远景区和王家湾锰找矿远景区,为综合找矿提供了信息。

(七)从加里东期到燕山期伴随有多期次构造岩浆活动及相应的热液蚀变成矿作用。调查区金属矿产以钨矿为主,主要受构造、岩浆岩和地层岩性控制。在系统调查区域成矿规律、控矿因素、找矿标志的基础上,初步建立了钨矿成矿模式(图3)及找矿模型(表5)。

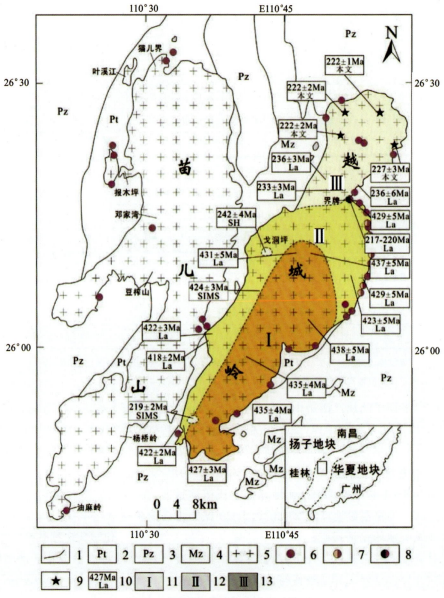

图 1 越城岭-苗儿山岩基地质简图

[年代学数据据赵葵东等,2006;杨振,2012;Chu 等,2012;Zhao 等,2013;中国地质大学(武汉)地调院,2014;柏道远等,2015;程顺波等,2013,2016]

1.地质界线;2.元古界;3.古生界;4.中生界;5.花岗岩;6.钨矿床(点);7.钨锡矿床(点);8.钨铜矿床(点);9.采样地点;10.花岗岩年代及方法;11.加里东期第一阶段;12.加里东期第二阶段;13.印支期;LA 为 LA-ICP-MS;SH 为 SHRIMP

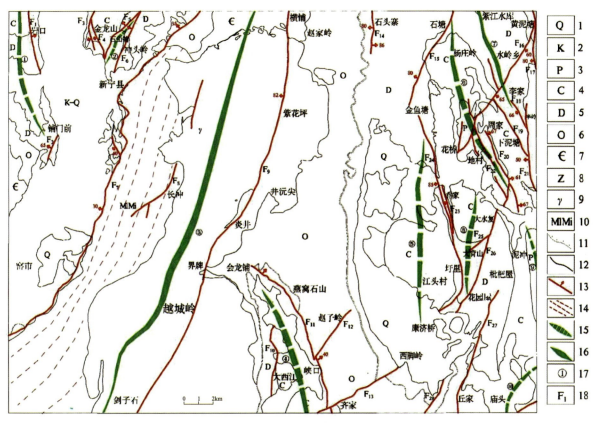

**图 2 湖南新宁—广西江头村地区构造纲要图**

1.第四系;2.白垩系;3.二叠系;4.石炭系;5.泥盆系;6.奥陶系;7.寒武系;8.震旦系;9.岩体;10.糜棱岩;11.界线;
12.不整合界线;13.断层;14.韧性剪切带;15.向斜;16.背斜;17.褶皱编号;18.断层编号

**表 3 湖南新宁—广西江头村地区新发现矿(化)点基本特征表**

| 序号 | 矿(化)点名称 | 矿区地质特征 | 矿化特征 | 蚀变特征 |
|---|---|---|---|---|
| 1 | 金子岭铅矿点 | 位于越城岭复式岩体东侧接触带,出露上寒武统小紫荆组灰岩 | 含矿围岩为上寒武统硅化灰岩、黑色板岩。矿体呈脉状产出。倾向 N265°～345°,倾角 20°～60°。宽 20～40cm,长 20～80m。矿石矿物以方铅矿为主,次为黑钨矿、黄铜矿、黄铁矿、辉钼矿、毒砂等,脉石矿物为石英。品位 Pb 0.005%～0.456%、$WO_3$ 0.02%、Cu 0.016%～0.043%,属中温热液型 | 硅化 |
| 2 | 崖背石钨铜矿点 | 位于越城岭岩体东侧,出露加里东期中粗粒斑状黑云母二长花岗岩和燕山期中细粒斑状黑云母二长花岗岩,发育北东向、东西向两组硅化破碎带 | 1 条矿体,矿(化)体主要赋存于加里东期与燕山期花岗岩接触带中的硅化破碎带及云英岩化带中,顶底板均为黑云母二长花岗岩。钨矿体产状 140°∠72°,厚度 0.77m,平均品位 0.13%;铜矿单工程厚度 0.77m,品位 0.68%;钼矿单工程厚度 0.66m,品位 0.065% | 硅化 |

续表3

| 序号 | 矿(化)点名称 | 矿区地质特征 | 矿化特征 | 蚀变特征 |
|---|---|---|---|---|
| 3 | 崖背石钼矿点 | 出露加里东期中粗粒似斑状黑云母二长花岗岩和燕山期中细粒斑状黑云母二长花岗岩,发育北东向、东西向两组硅化破碎带 | 矿体产在中粒似斑状黑云母花岗岩中。受两组硅化破碎带控制。一组为北东-南西向,另一组为东西向。硅化破碎带宽5～7m。带内石英脉发育、硅化强烈。接触面平直,带内岩石呈浅灰色、灰色,表面风化为棕红色、褐黄色,鳞片变晶结构,矿物成分主要为石英、绢云母、白云母等。带内可见石英细脉穿插,脉宽8～15cm不等,与接触面产状一致,石英脉呈白色,致密状,两侧及接触面普遍含黄铁矿化。含钼矿带厚0.66m,Mo品位0.065% | 硅化、云英岩化 |
| 4 | 伍家金矿点 | 位于大西江向斜东翼,出露下奥陶统桥亭子组绿泥石板岩及轻变质细砂岩等 | 含矿石英脉赋存于青灰色粉砂质板岩中。石英脉呈网状分布,往上脉体变宽。较大脉体主要有4层,石英脉宽约15cm,呈透镜状尖灭、再现。其他石英脉体呈细脉状分布。含矿层厚1.15m,Au品位$1.098 \times 10^{-6}$ | 硅化、褐铁矿化 |
| 5 | 椅子岭金矿化点 | 位于大西江向斜西翼,出露下奥陶统桥亭子组绿泥石板岩、绿泥石绢云母板岩及轻变质细砂岩等 | 矿化体赋存于硅化破碎带中,破碎带接触面呈微波状,断面具轻微擦痕,主要由断层角砾岩、断层泥、透镜体、脉石英等组成。断层角砾岩呈棱角状、次棱角状、不规则状。破碎带产状305°∠48°,分两层:1层厚0.93m,Au品位$0.39 \times 10^{-6}$;2层厚0.93m,Au品位$0.572 \times 10^{-6}$ | 硅化、褐铁矿化 |

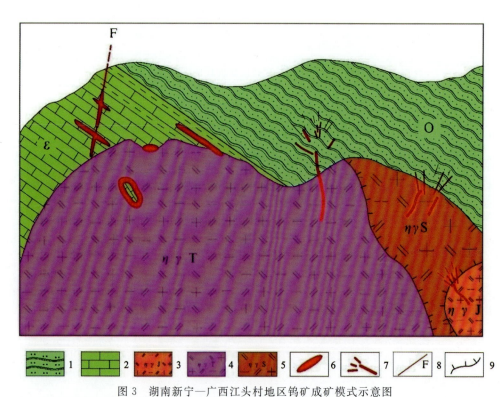

图3 湖南新宁—广西江头村地区钨矿成矿模式示意图

1.粉砂质板岩;2.灰岩;3.侏罗纪二长花岗岩;4.三叠纪二长花岗岩;5.志留纪二长花岗岩;
6.矽卡岩型矿体;7.石英脉型矿体;8.断裂;9.侵入界线

表 4  湖南新宁—广西江头村地区钨矿找矿模型

| 标志分类 | | 主要特征 | |
|---|---|---|---|
| | | 矽卡岩型 | 石英脉型 |
| 区域构造 | 大地构造位置 | 湘中桂中裂谷盆地 | |
| | 地表及深部构造 | 龙水-会龙铺弧形断裂带与界牌-铺里断裂的交会复合部位 | 龙水-会龙铺弧形断裂带与界牌-铺里断裂的交会复合部位、新资等北北东向断裂 |
| 区域地层 | 建造 | 碳酸盐岩建造 | 碎屑岩建造 |
| | 含矿岩性 | 中厚层灰岩、白云质灰岩 | 砂岩、粉砂质板岩 |
| 岩浆岩 | | 以印支期岩体为主,少量加里东期岩体 | 加里东期、印支期、燕山期岩体 |
| 区域地球化学场 | | W-Au-Bi-Cu-Zn-Ag 高背景—高值场 | |
| 地球物理 | | 航磁异常带的分布范围、重力梯度带 | |
| 遥感 | | 主干线性构造与较大的环形构造交会处,两个环形构造交会处,大环套小环处;铁染、羟基、硅化异常 | |
| 矿区构造 | | 次级断裂、主干断裂附近的雁行裂隙以及节理裂隙,岩体的内外接触带,岩凹悬垂体及捕房体控制,悬垂体下部、捕房体中部和捕房体与岩体接触部位 | 次级断裂、主干断裂附近的雁行裂隙以及节理裂隙,岩体的内外接触带,断裂破碎带,特别是张性和扭性断裂,其空间大,利于成矿物质的运移和储存 |
| 矿化露头 | | 白钨矿化、黄铜矿化、铁帽 | 黑钨矿化、白钨矿化、黄铜矿化 |
| 围岩蚀变 | | 云英岩化、硅化、矽卡岩化、大理岩化、黄铁矿化 | 云英岩化、硅化、角岩化、黄铁矿化 |
| 矿区地球化学异常 | | W、Sn 元素异常范围大,强度高,浓集中心明显,矿化元素和元素组合重叠性好的化探元素综合异常 | |
| 其他 | | 采空塌陷区,老硐、采坑、矿渣堆 | |

(八)在综合分析地质-物化遥及矿产成果资料的基础上,根据找矿远景区分类原则,在调查区划分了找矿远景区 6 处(其中 A 级 2 处,B 级 3 处,C 级 1 处)(图 4,表 5),优选圈定找矿靶区 3 处(图 4)。

1. 广西全州县伍家—椅子岭金矿找矿靶区(A1):位于广西全州县伍家—椅子岭一带,面积 19.2km²。出露地层主要为奥陶系白水溪组、桥亭子组、烟溪组、天马山组,为一套巨厚的浅海相碎屑岩沉积物。靶区地处大西江向斜东翼,向斜核部为早石炭世石磴子组。主要断裂为龙水-会龙铺弧形断裂,上盘为下奥陶统白水溪组粉砂岩和板岩,逆冲至下石炭统马栏边组厚层灰岩之上。该断层为区域性的导矿构造,其诱导和派生出的大量不同序次、不同等级的次级构造裂隙是该区金矿的容矿构造。金矿点常位于南北向及北北东向两组次级断裂的接触部位附近,总体呈近南北向分布。

1∶5 万水系沉积物测量为 AS23 异常,面积 27.4km²,异常规模较大,其中金浓集中心尤为明显,金异常面积较大,砷、汞次之,其他相对较差,且金、砷、汞重合度较好(图 5)。金异常面积 18.4km²,最高值 2 120×10⁻⁹,平均值 101.7×10⁻⁹。土壤剖面分析结果显示,土壤样品 Au 含量高,最高达 930×10⁻⁹。

遥感地质特征表明,以羟基异常为主,同时伴有少量硅化、铁染异常等。

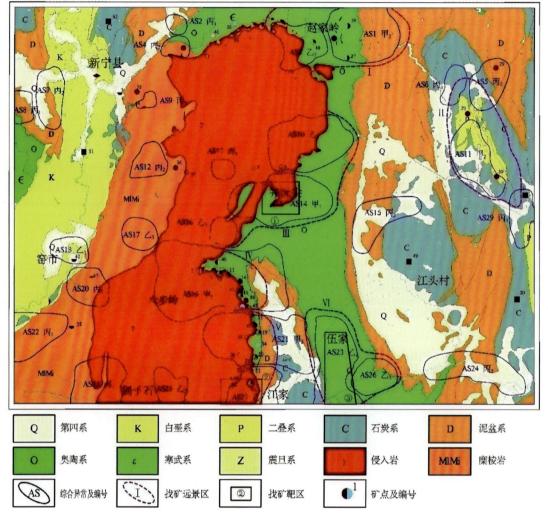

图 4 湖南新宁—广西江头村地区找矿远景区及找矿靶区分布图

目前,该区发现有矿点 1 处、矿化点 1 处。伍家金矿点产在硅化破碎带中(图 6),石英脉沿劈理裂隙发育,劈理产状 92°∠78°,破碎带厚 1.15m,Au 品位 $1.098\times10^{-6}$。椅子岭金矿化点也产在硅化破碎带中,破碎带产状 305°∠48°,分两层:第 1 层厚 0.93m,Au 品位 $0.39\times10^{-6}$;第 2 层厚 0.93m,Au 品位 $0.572\times10^{-6}$。

有用矿物主要为自然金,脉石矿物主要为石英。矿石主要为似层状、网脉状及浸染状构造。主要蚀变有硅化、黄铁矿化、绢云母化、褐铁矿化、硅化、黄铁矿化,与金矿化关系密切。矿床类型为热液石英脉型。

通过水系沉积物测量、土壤地球化学、地层和构造特征及少量槽探工程揭露均显示该区具有较好的成矿地质条件及很好的金矿找矿前景。下一步找矿工作应主要集中在土壤剖面圈定异常带、近南北向或北北东向断裂带两侧地层,重点寻找与金成矿关系密切的硅化、黄铁矿化、褐铁矿化及绢云母化破碎带。

2. 湖南省东安县井沅尖钨铜矿找矿靶区(B1):位于湖南省东安县井沅尖一带,面积约 $10.5km^2$。靶区主要发育奥陶系桥亭子组、烟溪组及天马山组,为一套巨厚的浅海相碎屑岩沉积。构造单一,主要为受界牌-铺里区域性大断裂影响形成的一系列近于平行的南北向次生断裂构造破碎带,它们是该区矿液运移通道或容矿构造。岩浆岩为印支期中粗粒黑云母二长花岗岩、中细粒含斑黑云母二长花岗岩、细粒斑状二云母二长花岗岩及细粒二云母二长花岗岩。

表 5 湖南新宁—广西江头村地区找矿远景区特征一览表

| 编号 | 调查区名称 | 地理位置 | 成矿地质条件 地层 | 成矿地质条件 岩浆岩 | 成矿地质条件 构造 | 地质背景及矿化特征 矿化特征 | 成矿信息 化探 | 成矿信息 遥感 |
|---|---|---|---|---|---|---|---|---|
| ⅠA | 湖南省东安县赵家岭钨锡锑金银找矿远景区 | 位于湖南省东安县赵家岭一带，面积约69.3km² | 出露奥陶系白水溪组至泥盆系棋梓桥组 | 越城岭岩体、石英岩脉、伟晶岩脉 | 位于越城岭复式岩体东北部外接触带 | 已发现赵家岭中型钨矿床及铅锌矿点2处，钨多金属矿点1处 | 区内有AS1(甲₂)、AS3(乙₃)带，内以W、Sn、Bi异常为主，次为Au、As、Sb、Mo，局部伴有U、Cu异常。异常组合较好，形态规整，具较高强度，浓集中心明显，W、Sn、Bi异常集中套合好 | 近南北向线性构造发育，以羟基异常为主，伴有较小的硅化与铁化异常 |
| ⅡA | 湖南省新宁县界牌钨铜矿找矿远景区 | 位于湖南省新宁县界牌一带，面积约37.2km² | 出露寒武系小紫荆组至泥盆系棋梓桥组 | 越城岭岩体、石英岩脉、伟晶岩脉、花岗斑岩脉等 | 位于龙水-会龙铺弧形断裂与铺里-界牌北东向断裂接合部位，大石江向斜核部西翼，铺里-界牌剪切带发育 | 已发现界牌中型钨铜矿床及岩体接触带上一系列钨多金属矿点 | 区内AS19(甲₁)异常。区内元素组合以W、Au、Bi、Cu、Ag为主，次有As、Cd、Sn。W异常面积最大，其次是Bi、Cu。W含量最高为4 220×10⁻⁶，平均为380×10⁻⁶。W、Au、Bi、Cu、Ag异常套合好，浓集中心明显 | 近东西向线性构造发育，硅化、铁化、羟基异常显著 |
| ⅢB | 广西全州县伍家一椅子岭金锑矿找矿远景区 | 位于广西全州县伍家一椅子岭一带，面积约50.4km² | 出露奥陶系白水溪组，泥盆系棋梓桥组至石炭系大塘阶组及第四系 | 无岩浆岩出露 | 位于越城岭复式岩体东约6km，龙水-合龙铺弧形断裂带 | 新发现伍家岭金矿点、椅子岭金矿化点 | 由AS23(乙₂)、AS26(乙₃)两处综合异常组成。区内异常元素组合复杂，以Au、As、Sb为主，Au最高值为2 120×10⁻⁹，平均值为101.7×10⁻⁹ | 以北东向线性构造为主，羟基、铁化异常较强 |

续表5

| 编号 | 调查区名称 | 地理位置 | 地质背景及矿化特征 | | | | | |
|---|---|---|---|---|---|---|---|---|
| | | | 成矿地质条件 | | | 矿化特征 | 成矿信息 | |
| | | | 地层 | 岩浆岩 | 构造 | | 化探 | 遥感 |
| ⅣB | 湖南省东安县王家湾-地村锰矿找矿远景区 | 位于湖南王家湾-地村,面积约54.5km² | 石炭系大塘阶石磴子组至二叠系龙潭组,当冲组是区内重要的含锰地层 | 无岩浆岩出露 | 位于地村向斜的核部 | 已发现王家湾-地村锰矿、立起江-小龙口锰矿两处锰矿点 | 有AS11(丙$_2$)、AS5(丙)、AS6(丙$_3$)3处异常。元素组合以Ag、Ni为主,次为Mo、Cd,局部有Cr、As、Zn异常 | 无明显线性构造发育,具铁化、羟基异常 |
| ⅤB | 湖南省东安县皇山-舜皇山-井远尖铜铍钨钼多金属矿找矿远景区 | 位于湖南皇山-舜皇山-井远尖一带,面积约126.4km² | 出露奥陶系白水溪组至天马山组 | 越城岭岩体,石英岩脉、花岗岩、细粒花岗岩脉、细晶花岗岩脉 | 位于越城岭复式岩体东北部外接触带 | 已发现舜皇山黑钨矿等3处钨矿点 | 有AS14(甲$_1$)、AS10(乙$_3$)、AS16(乙$_3$)、AS13(丙$_1$)4处异常。元素组合以W、Bi为主,次为Sb、Sn、Cu。异常元素组合复杂,地球化学异常以Sb、As组合为主,具强度高,浓集中心明显,套合性好之特征 | 近南北向线性构造发育,以羟基异常为主,伴有较小的硅化与铁化异常 |
| ⅥC | 广西全州县剑子石-金子岭金铅钨多金属矿找矿远景区 | 位于广西剑子石-金子岭一带,面积85.8km² | 出露寒武系小紫荆组至石炭系大塘阶石磴子组 | 越城岭岩体,石英岩脉、伟晶岩脉、花岗斑岩脉等 | 位于龙水-会龙铺弧形断裂与铺里-界牌北北东向断裂接合部位,大石江向斜核部西翼,铺里-界牌韧性剪切带发育 | 已发现双江口多金属矿点、黄泥脚钨矿点等10处矿点 | 有AS21(甲$_2$)、AS27(乙$_3$)、AS28(乙$_3$)3处异常。元素组合以W、Au、As为主,次有Sb、Cd、Sn。各元素异常套合好,浓集中心明显 | 近东西向线性构造发育,硅化、铁化、羟基异常显著 |

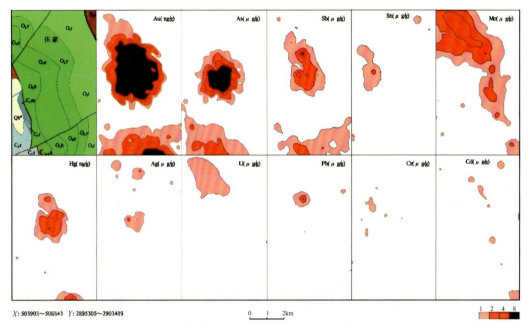

图 5 伍家-椅子岭金矿找矿靶区异常剖析图

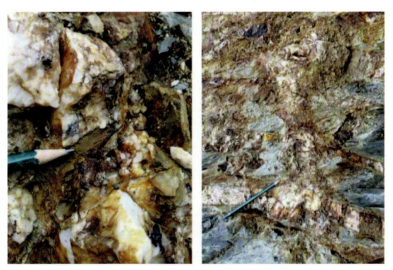

图 6 褐铁矿化含金石英脉

通过 1∶5 万水系沉积物测量圈定出综合异常 AS14,面积 35.4km²,异常规模较大,其中钨浓集中心尤为明显,Sb、Bi、Sn、As、Mo 元素次之(图 7)。钨异常面积 26.4km²,最高值达 623.00×10⁻⁶,平均值为 55.89×10⁻⁶。

遥感特征以羟基异常为主,环带明显,铁染异常、硅化异常相伴于羟基异常边部。

井沅尖钨铜矿体主要产在北北西向石英脉带及云英岩化花岗岩蚀变带中,脉体呈雁列式排列,单条石英脉表现为中间厚,向两端逐渐变薄直至尖灭,脉宽 0.1～1.0m 不等,单条矿脉延伸 200～800m 不等。在垂直于脉体约 1.3km 范围内分布有 16 条石英脉带,呈现两侧脉体延伸较短,中间脉体延伸较长。对其中 8 条石英脉进行了探槽控制,有 7 条钨矿脉达到工业品位,钨矿体矿化特征见表 6,此外 TCJ05、TCJ06 可见铜矿体(表 7)。

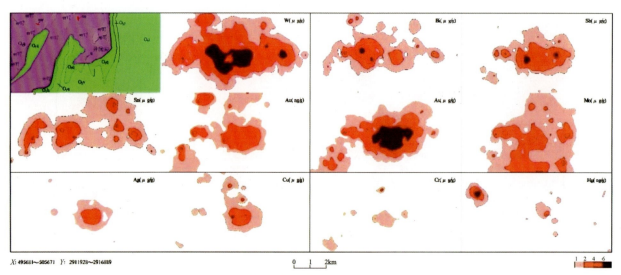

图 7　井沅尖钨铜找矿靶区异常剖析图

表 6　井沅尖钨矿体参数表

| 矿体 | 工程 | 样号 | 岩(矿)石名称 | 样厚(m) | WO₃(%) | 单工程 | | 矿体 | |
|---|---|---|---|---|---|---|---|---|---|
| | | | | | | 厚度(m) | 品位(%) | 厚度(m) | 品位(%) |
| Ⅰ号钨矿体 | BTJ01 | BTJ01-2H1 | 黑钨矿石 | 0.14 | 0.13 | 0.84 | 0.70 | 0.84 | 0.70 |
| | | BTJ01-2H2 | 黑钨矿化花岗岩 | 0.47 | 0.03 | | | | |
| | | BTJ01-2H3 | 黑钨矿石 | 0.23 | 2.40 | | | | |
| Ⅱ号钨矿体 | TCJ01 | TCJ01-2H1 | 黑钨矿石 | 0.15 | 4.09 | 0.15 | 4.09 | 0.12 | 2.67 |
| | TCJ10 | TCJ10-6H1 | 黑钨矿化脉石英 | 0.09 | 0.30 | 0.09 | 0.30 | | |
| Ⅲ号钨矿体 | TCJ01 | TCJ01-9H1 | 黑钨矿石 | 1.08 | 0.07 | 1.08 | 0.07 | 0.77 | 0.12 |
| | TCJ10 | TCJ10-10H1 | 黑钨矿石 | 0.30 | 0.30 | 0.45 | 0.23 | | |
| | | TCJ10-10H2 | 黑钨矿石 | 0.15 | 0.09 | | | | |
| Ⅳ号钨矿体 | TCJ10 | TCJ10-14H1 | 黑钨矿石 | 0.56 | 0.40 | 0.56 | 0.40 | 0.56 | 0.40 |
| Ⅴ号钨矿体 | TCJ02 | TCJ02-2H1 | 黑钨矿石 | 0.29 | 0.43 | 0.29 | 0.43 | 0.29 | 0.43 |
| Ⅵ号钨矿体 | TCJ04 | TCJ04-2H1 | 黑钨矿石 | 0.60 | 0.49 | 1.00 | 0.49 | 0.83 | 0.73 |
| | | TCJ04-3H1 | 黑钨矿石 | 0.40 | 0.50 | | | | |
| | TCJ07 | TCJ07-29H1 | 黑钨矿石 | 0.28 | 1.70 | 0.65 | 0.83 | | |
| | | TCJ07-29H2 | 黑钨矿石 | 0.09 | 0.28 | | | | |
| | | TCJ07-29H3 | 黑钨矿石 | 0.28 | 0.13 | | | | |
| Ⅶ号钨矿体 | TCJ04 | TCJ04-6H1 | 黑钨矿石 | 0.12 | 0.45 | 0.12 | 0.45 | 0.27 | 0.30 |
| | TCJ07 | TCJ07-33H1 | 黑钨矿石 | 0.32 | 0.24 | 0.41 | 0.26 | | |
| | | TCJ07-33H2 | 黑钨矿石 | 0.09 | 0.35 | | | | |

表7 井沅尖铜矿体参数表

| 矿体 | 工程 | 样号 | 岩（矿）石名称 | 样厚（m） | Cu（%） | 单工程 | | 矿体 | |
|---|---|---|---|---|---|---|---|---|---|
| | | | | | | 厚度（m） | 品位（%） | 厚度（m） | 品位（%） |
| Ⅰ号铜矿体 | TCJ06 | TCJ06-3H1 | 铜矿石 | 0.15 | 1.76 | 0.15 | 1.76 | 0.15 | 1.76 |
| Ⅱ号铜矿体 | TCJ06 | TCJ06-6H1 | 铜矿石 | 0.60 | 0.45 | 0.60 | 0.45 | 0.60 | 0.45 |
| Ⅲ号铜矿体 | TCJ06 | TCJ06-8H1 | 铜矿石 | 0.70 | 0.79 | 0.70 | 0.79 | 0.70 | 0.79 |

矿石矿物主要为黑钨矿、黄铜矿、辉钼矿；脉石矿物主要为石英、白云母。黑钨矿为粒状，呈星点状、晶族状；黄铜矿呈粒状，辉钼矿呈细脉状。主要蚀变有硅化、云英岩化、黄铁矿化和褐铁矿化。矿床类型为高—中温石英脉型及云英岩型。含矿石英脉主要分布在破碎带中，而该区破碎带又较发育，且含矿石英脉向下有变大、矿石变富的趋势。因此，该区下步找矿工作应着力于深部，主要寻找石英脉型、云英岩型钨多金属矿。

3. 广西全州县毛坪里钨矿找矿靶区（C1）：位于广西壮族自治区全州县毛坪里一带，面积约10.5km²。靶区仅出露泥盆纪跳马涧组地层，岩性主要为灰绿色、紫红色、浅灰色石英砂岩、细砂岩、粉砂岩等。岩浆岩为加里东期中粗粒斑状黑云母二长花岗岩和燕山期侵入的中细粒斑状黑云母二长花岗岩。主要发育两组硅化破碎带：一组为北东-南西向；另一组为东西向。硅化破碎带宽5~7m。带内石英脉发育、硅化强烈，为主要容矿构造。

1∶5万水系沉积物AS27异常面积27.4km²，规模较大（图8），其中钨、锡浓集中心明显。金异常面积10.2km²，最高值228×10⁻⁹，平均值49.5×10⁻⁹。

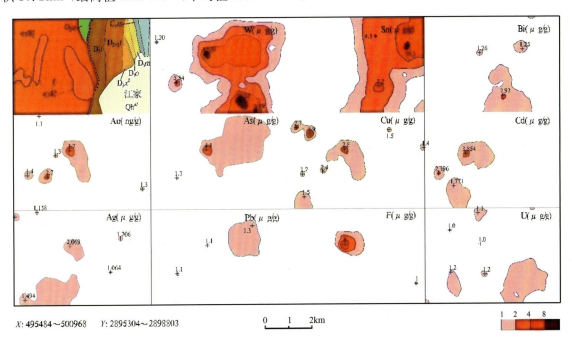

图8 毛坪里钨找矿靶区异常剖析图

区内已发现3条矿体、1条矿化体，主要赋存于加里东期与燕山期花岗岩接触带的硅化破碎带及云英岩化蚀变带中，顶底板为黑云母二长花岗岩，特征见表8。

表 8 毛坪里矿体参数表

| 矿体 | 工程 | 样号 | 岩(矿)石名称 | 样厚(m) | WO₃(%) | 单工程厚度(m) | 单工程品位(%) | 矿体厚度(m) | 矿体品位(%) |
|---|---|---|---|---|---|---|---|---|---|
| Ⅰ号钨矿体 | TCM4 | TCM4-3H1 | 石英脉 | 0.72 | 0.07 | 0.72 | 0.07 | 2.51 | 0.23 |
| | TCM3 | TCM3-11H1 | 碎裂岩 | 1.49 | 0.16 | 1.49 | 0.16 | | |
| | BTM2 | BTM2-4H1 | 石英脉 | 1.38 | 0.10 | 5.31 | 0.27 | | |
| | | BTM2-4H2 | 石英脉 | 1.38 | 0.24 | | | | |
| | | BTM2-4H3 | 石英脉 | 1.27 | 0.50 | | | | |
| | | BTM2-4H4 | 石英脉 | 1.27 | 0.24 | | | | |
| Ⅱ号钨矿体 | BTM2 | BTM2-3H1 | 石英脉 | 0.52 | 0.32 | 0.52 | 0.32 | 0.52 | 0.32 |
| Ⅲ号钨矿体 | TCM01 | TCM01-2H1 | 云英岩 | 0.70 | 0.17 | 0.88 | 0.17 | 0.77 | 0.13 |
| | | TCM01-2H2 | 石英脉 | 0.18 | 0.15 | | | | |
| | TCM02 | TCM02-2H1 | 云英岩 | 0.66 | 0.07 | 0.66 | 0.07 | | |
| Ⅳ号钨矿体 | BTM01 | BTM01-4H1 | 细粒黑云二长花岗岩 | 1.04 | 0.06 | | | | |
| | | BTM01-4H2 | 细粒黑云二长花岗岩 | 1.04 | 0.03 | | | | |
| | | BTM01-4H3 | 细粒黑云二长花岗岩 | 0.86 | 0.04 | | | | |
| | | BTM01-4H4 | 细粒黑云二长花岗岩 | 0.74 | 0.02 | | | | |

矿石矿物主要为白钨矿、黄铜矿、辉钼矿。白钨矿为米白色粒状,呈星点状、团块状,黄铜矿呈粒状,辉钼矿呈细脉状。脉石矿物主要为石英、白云母,主要蚀变有硅化、云英岩化、萤石化、绿泥石化。矿床类型为高—中温石英脉型及云英岩型。靶区内有一条含钨硅化破碎带宽 4.5~5.31m,延伸稳定,长约 3km,呈近东西向展布,此外还有大量北北东向的含钨硅化破碎带。硅化破碎带为该区容矿构造,通过本次地质调查认为该区找矿条件较好,建议对硅化破碎带进一步控制。

## 三、成果意义

1. 建立了调查区地层层序,解决了湘桂两省(区)交界地段地层划分与对比不一致问题,统一了认识。

2. 对越城岭花岗岩岩体进行了解体,获得了大量花岗岩锆石 U-Pb 同位素年龄,系统分析了它们的岩石地球化学特征,为建立岩浆岩演化序列及其与成矿的关系奠定了基础,也为整个华南地区加里东期、印支期花岗岩与成矿研究提供了基础材料。

3. 圈定化探综合异常 29 处,新发现钨、锡、钼矿(化)点 5 处。通过综合分析地质、物探、化探、遥感及矿产资料,划分了找矿远景区,圈定了找矿靶区,为下一步钨锡铜金等找矿工作规划部署指出了方向。

# 湖南苗儿山地区矿产地质调查

杜 云 田 磊 王敬元 周立同 樊 晖 章 靖 陈剑锋 刘 锋 何 禹

(湖南省地质调查院)

**摘要** 基本查清了调查区地层、构造、岩浆岩和主要矿产特征;获得了一批高质量成岩、成矿年龄数据,厘定了地层、岩浆岩填图单位。择优开展了矿产检查,新发现矿(化)点16处,提交新发现矿产地1处;总结了成矿规律,提出了"北加里东期、南印支期"成岩、成矿格局的新认识;在综合分析地质-物化遥及矿产资料的基础上,划分找矿远景区6处,提交找矿靶区4处,分析了资源潜力,指出了下一步的找矿方向。

## 一、项目概况

调查区位于湘、桂交界的湖南省境内,行政区划隶属邵阳市城步、绥宁、新宁、武冈县管辖。地理坐标:东经 110°15′00″—110°45′00″,北纬 26°20′00″—26°40′00″,包括1:5万西岩幅、安心观幅、城步幅、麻林幅4个国际标准图幅,面积约 1 800km²。

工作周期:2014—2016年。

总体目标任务:系统收集了区内已有地质、物探、化探、重砂、遥感、矿产、科研等资料,大致查明了区域成矿地质条件,发现并圈定异常、矿化带。以钨、铜、铅、锌为重点,兼顾其他矿产。利用矿产地质测量、物探、化探、遥感解译等手段,开展了矿产检查和异常查证工作,圈定了找矿靶区。全面研究了区内成矿地质背景,总结了区域成矿规律,并进行成矿预测,对调查区找矿远景做出了综合评价。编制了1:5万地质矿产图(调查区及分幅)、建造构造图和矿产预测图。

## 二、主要成果与进展

以有关技术要求和行业标准为指南,以当前先进地学理论为指导,经过3年的野外及室内艰苦工作,圆满完成了任务书及设计书规定的任务,达到了预期目的,取得了许多有意义的新成果与新认识。

(一)参照《湖南岩石地层》,通过剖面测量和野外地质调查,调查区划分出37个岩石地层单位(表1),各填图单位之间界线清晰,标志明显,岩性稳定,将多重地层单位划分与研究提高到了新水平。

(二)对岩浆岩体进行了解体,获得一批高质量花岗岩的成岩年龄数据,将岩浆岩划分为青白口纪、志留纪、三叠纪和侏罗纪4个侵入时代,共17个侵入次(表2),厘定了岩浆岩填图单位。基本查明了调查区岩浆岩的分布和岩石学、岩石地球化学和同位素地球化学特征,为建立岩浆岩的演化序列及研究其与成矿的关系奠定了基础。

(三)提出了青白口纪花岗岩形成于岛弧环境的新认识。华南新元古代青白口纪花岗岩在湖南、广西、江西、安徽、湖北、贵州等省(区)均有出露,大体上沿扬子陆块东南缘江南造山带呈带状分布。岩石类型以花岗闪长岩为主,花岗岩次之,它们一般规模都较小(湘东北九岭岩体除外),整体呈北东向带状展布。调查区青白口纪花岗岩与江南造山带同期的过铝质S型花岗岩类,特别是西南侧紧邻的桂北本洞、三防、元宝山等过铝质S型花岗岩类具有相似的岩石学、地球化学和年代学特征,应该是在相似构造

表 1 苗儿山地区地层系统一览表

| 地质年代 | | | 岩石地层 | | 地层代号 | 厚度(m) |
|---|---|---|---|---|---|---|
| 代 | 纪 | 世 | 群 | 组 | | |
| 新生代 | 第四纪 | 全新世 | | 全新统 | Qh | 5~25 |
| 中生代 | 白垩纪 | 早世 | | 栏垅组 | $K_1l$ | 175.7~260.0 |
| 晚古生代 | 二叠纪 | 中世 | | 孤峰组 | $P_2g$ | 30.2 |
| | | | | 栖霞组 | $P_2q$ | 26.1~145.91 |
| | | 早世 | 壶天群 | | $CPH$ | 567.3~859.0 |
| | | 晚世 | | | | |
| | 石炭纪 | 早世 | | 梓门桥组 | $C_1z$ | 203.3 |
| | | | | 测水组 | $C_1c$ | 33.9~100.0 |
| | | | | 石磴子组 | $C_1sh$ | 677.6~791.9 |
| | | | | 天鹅坪组 | $C_1t$ | 26.2~149.2 |
| | | | | 马栏边组 | $C_1m$ | 181.1~303.0 |
| | 泥盆纪 | 晚世 | | 孟公坳组 | $D_3m$ | 69.1 |
| | | | | 欧家冲组 | $D_3o$ | 45.0~115.6 |
| | | | | 锡矿山组 | $D_3x$ | 266.7 |
| | | | | 长龙界组 | $D_3c$ | 48.1 |
| | | | | 佘田桥组 | $D_3s$ | >387.5 |
| | | | | 榴江组 | $D_3l$ | 330.4~341.7 |
| | | 中世 | | 棋梓桥组 | $D_2q$ | >744.6 |
| | | | | 易家湾组 | $D_2yj$ | 60.0~194.4 |
| | | | | 跳马涧组 | $D_2t$ | 250.0~312.5 |
| | | 早世 | | 源口组 | $D_1y$ | 166.1~191.0 |
| 早古生代 | 奥陶纪 | 晚世 | | 天马山组 | $O_3tm$ | 128.5~852.0 |
| | | 中世 | | 烟溪组 | $O_2y$ | 68.0~95.0 |
| | | 早世 | | 桥亭子组 | $O_1q$ | 599.7~772.0 |
| | | | | 白水溪组 | $O_1bs$ | 239.9~606.0 |
| | 寒武纪 | 晚世 | | 探溪组 | $\epsilon_{3-4}t$ | 428.9 |
| | | 中世 | | 污泥塘组 | $\epsilon_{2-3}w$ | 1450.8 |
| | | 早世 | | 牛蹄塘组 | $\epsilon_{1-2}n$ | 257.0~270.9 |
| 新元古代 | 震旦纪 | 晚世 | | 留茶坡组 | $Z_2l$ | 48.7~101.0 |
| | | 早世 | | 金家洞组 | $Z_1j$ | 28.0~80.1 |
| | 南华纪 | 晚世 | | 洪江组 | $Nh_2h$ | 162.9~678.0 |
| | | 早世 | | 大塘坡组 | $Nh_1d$ | 63.0~87.0 |
| | | | | 富禄组 | $Nh_1fl$ | 135.8~768.0 |
| | | | | 长安组 | $Nh_1c$ | 167.7~680.4 |
| | 青白口纪 | 晚世 | 板溪群 | 岩门寨组 | $Qb_2y$ | 440.5 |
| | | | | 架枧田组 | $Qb_2j$ | 230.2 |
| | | 早世 | | 砖墙湾组 | $Qb_1z$ | 399.7 |
| | | | | 黄狮洞组 | $Qb_1hs$ | 730.5 |

表 2  苗儿山地区岩浆岩期次划分表

| 时代 | 岩体 | 侵入次 | 代号 | 岩性 | 同位素年龄(Ma) | 测年方法 |
|---|---|---|---|---|---|---|
| 中侏罗世 | 苗儿山岩体 | 第五侵入次 | $\eta\gamma J_2^e$ | 细粒-微细粒二长花岗岩 | 155.4±6.1① | 锆石 U-Pb 稀释法 |
| | | 第四侵入次 | $\eta\gamma J_2^d$ | 细粒斑状黑云母二长花岗岩 | 167.2±8.6① | 锆石 U-Pb 稀释法 |
| | | 第三侵入次 | $\eta\gamma J_2^c$ | 中细粒斑状黑云母二长花岗岩 | 168② | 锆石 U-Pb 法 |
| | | 第二侵入次 | $\eta\gamma J_2^b$ | 中粒斑状黑云母二长花岗岩 | 170③ | 黑云母 K-Ar 法 |
| | | 第一侵入次 | $\eta\gamma J_2^a$ | 中粗粒黑云母二长花岗岩 | 192② | 锆石 U-Pb 法 |
| 晚三叠世 | 苗儿山岩体 | 第三侵入次 | $\eta\gamma T_3^c$ | 细粒黑云母二长花岗岩 | 211±2④ | 锆石 SHRIMP U-Pb 法 |
| | | 第二侵入次 | $\eta\gamma T_3^b$ | 微细粒斑状黑云母二长花岗岩 | 210.6±1.6⑤ | 锆石 LA-ICP-MS U-Pb 法 |
| | | 第一侵入次 | $\eta\gamma T_3^a$ | 中细粒黑云母二长花岗岩 | 228±11⑥ | 锆石 SHRIMP U-Pb 法 |
| 志留纪 | 苗儿山岩体 | 第六侵入次 | $\eta\gamma S^f$ | 细粒黑云母二长花岗岩 | 408.3±3.5⑤ | 锆石 LA-ICP-MS U-Pb 法 |
| | | 第五侵入次 | $\eta\gamma S^e$ | 细粒斑状黑云母二长花岗岩 | 409±4⑦ | 锆石 SHRIMP U-Pb 法 |
| | | 第四侵入次 | $\eta\gamma S^d$ | 中细粒黑云母二长花岗岩 | 415±2⑧ | 锆石 LA-ICP-MS U-Pb 法 |
| | | 第三侵入次 | $\eta\gamma S^c$ | 中粒斑状黑云母二长花岗岩 | 417±6⑨ | 锆石 SHRIMP U-Pb 法 |
| | 苗儿山岩体、兰容岩体 | 第二侵入次 | $\eta\gamma S^b$ | 中粗粒斑状黑云母二长花岗岩 | 421.3±3.2~420.3±3.4⑤ | 锆石 LA-ICP-MS U-Pb 法 |
| | 苗儿山岩体 | 第一侵入次 | $\eta\gamma S^a$ | 中细粒斑状黑云母二长花岗岩 | 428.1±3.6⑤ | 锆石 LA-ICP-MS U-Pb 法 |
| 青白口纪 | 报木坪岩体群 | 第三侵入次 | $\eta\gamma Qb^c$ | 糜棱岩化花岗闪长岩 | 806±9⑩ | 锆石 SHRIMP U-Pb 法 |
| | 谭家坳岩体群 | 第二侵入次 | $\eta\gamma Qb^b$ | 糜棱岩化花岗闪长岩 | 807±11⑩ | 锆石 SHRIMP U-Pb 法 |
| | 猫儿界岩体群 | 第一侵入次 | $\eta\gamma Qb^a$ | 糜棱岩化花岗闪长岩 | 811.3⑪ | 颗粒锆石 U-Pb 稀释法 |

测年数据来源:①湖南省地矿局四一八队,1995;②孙涛等,2007;③北京第三研究所等,1974;④李妩巍等,2010;⑤本文;⑥谢晓华等,2008;⑦柏道远等,2014;⑧Zhang F F 等,2012;⑨Zhao K D 等,2013;⑩湖南省地质调查院,2009;⑪周厚祥,2006。

背景下的产物。在 Pearce 等(1984)多组微量元素构造环境判别图解(图 1)中,大部分落入火山弧花岗岩区,表明它们为与洋壳俯冲有关的岛弧型花岗岩,暗示华南洋俯冲板片的折断和拆沉引发深部地幔上涌致使基底地壳部分熔融而形成花岗岩,同时有少量幔源成分的加入(王孝磊等,2006)。柏道远等(2010)对苗儿山岩体西侧板溪群下部云场里组(实为青白口纪黄狮洞组中的不稳定夹层)中的变质中酸性火山岩开展了地球化学和年代学研究,证实其为岛弧火山岩,并获得了 828±10Ma 的成岩年龄,进一步证明调查区在晋宁期发生了强烈的岛弧岩浆活动。

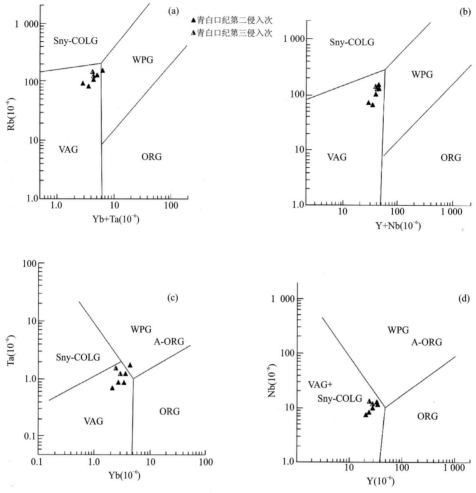

图 1 青白口纪花岗岩(Y+Nb)-Rb、Y-Nb 判别图(据 Pearce 等,1984)
VAG. 火山弧花岗岩;WPC. 板内花岗岩;Sny-COLG. 同碰撞花岗岩;ORG. 洋中脊花岗岩

(四)基本查明了调查区构造形迹(图 2)以北北东—北东向为主,并且是主要的控岩控矿构造。调查区经历了加里东期、印支期、早燕山期、晚燕山期、喜马拉雅期等多次重要变形事件。志留纪晚期加里东运动主要受南东东向挤压,前泥盆纪地层变形,形成以北北东向为主、北东向为辅的褶皱和同走向逆断裂。中三叠世后期的印支运动和中侏罗世的早燕山运动受到以北西西向为主挤压,东北部上古生界形成大量北北东向至南北向褶皱和同走向逆断裂,以及东西向右行平移断裂;城步以西地区形成北北东向逆断裂,或加里东期逆断裂产生叠加逆冲活动。白垩纪区域伸展(晚燕山运动),先期北北东向逆断裂常产生正断层活动,形成以北北东向为主的小型断陷盆地。上述构造运动与变形事件形成了大量褶皱、断裂以及中生代小规模构造盆地,组成较为复杂的构造图像(图 2)。根据地层沉积角度的不整合接触关系,结合不同时代沉积建造、构造变形、岩浆活动及变质作用特点等,将构造层划分为青白口纪—奥陶纪构造层、泥盆纪—二叠纪构造层、早白垩世构造层、第四纪构造层 4 个构造层。

(五)完成了调查区 1∶5 万水系沉积物测量,编制了 W、Sn、Mo、Bi、Cu、Pb、Zn、Ag、Au、Sb、As、Hg、Cd、Cr、Ni、Co、F、La 共 18 个元素的点位数据图、地球化学图及地球化学异常图。圈出综合异常 31 处,其中甲类 10 处、乙类 18 处、丙类 3 处;划分地球化学找矿远景区 9 处(图 3),其中Ⅰ级 4 处、Ⅱ级 4 处、Ⅲ级 1 处。

(六)完成了全区 1∶5 万遥感地质解译工作。确定了区内地层、岩浆岩、构造等地质体的综合影像特征;通过地质解译和提取铁染蚀变与羟基蚀变信息,圈定遥感异常 8 处,其中以工作区中南部的 7 号

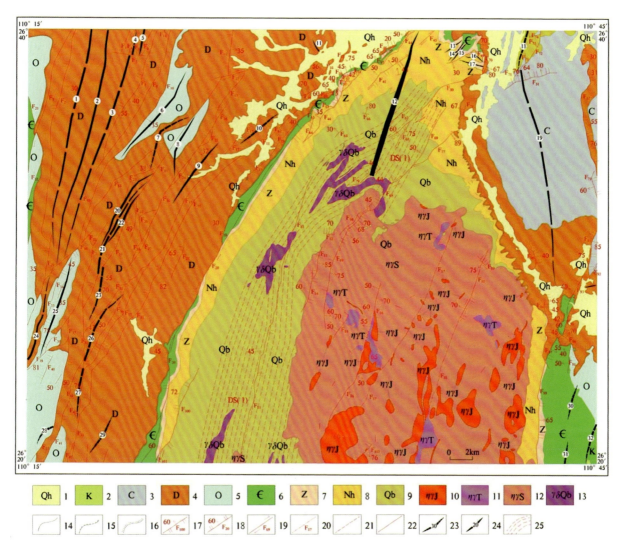

图 2 苗儿山地区构造纲要图

1.第四系;2.白垩系;3.石炭系;4.泥盆系;5.奥陶系;6.寒武系;7.震旦系;8.南华系;9.青白口系;10.侏罗纪二长花岗岩;11.三叠纪二长花岗岩;12.志留纪二长花岗岩;13.青白口纪花岗闪长岩;14.实测整合地质界线;15.花岗岩超动接触界线;16.实测不整合地质界线;17.实测逆断层(°)及编号;18.实测正断层(°)及编号;19.实测走滑断层及编号;20.航卫片解译断层;21.推测断层;22.实测性质不明断层;23.向斜及编号;24.背斜及编号;25.韧性剪切带

异常范围、强度、找矿潜力最大,为综合找矿提供了依据。

(七)通过异常查证和矿产检查,新发现矿(化)点 16 处(表3),其中钨锡铜钼多金属矿产地 1 处、钨铜矿(化)点 2 处、钨矿点 2 处、铜铅锌矿点 1 处、铅锌矿点 1 处、铜矿化点 1 处、煤矿点 1 处、金矿(化)点 2 处、天然饮用泉水矿点 5 处。

(八)首次在苗儿山岩体北段获得大量的加里东期成岩成矿年龄数据,提出整个苗儿山复式岩体具有"北加里东期、南印支期"的成岩成矿格局的新认识。苗儿山地区花岗岩分属晋宁期、加里东期、印支期和燕山期等,但并非每个时代的花岗岩都成矿。调查区已知钨(铜、钼)矿床(点)主要分布在苗儿山岩体北部和南部接触带附近。目前已经有较多的高精度测年数据证明苗儿山岩体南段主要成岩成矿时代为印支期(梁华英,2011;伍静等,2012;李晓峰等,2012;杨振等,2013;程顺波等,2013a;张迪等,2015),成岩时限为 230~210Ma,成矿时限为 216.8~212Ma。我们近几年在苗儿山岩体北段的落家冲钨锡矿床测得赋矿花岗岩锆石 LA-ICP-MS U-Pb 年龄为 423.7±2.7Ma(图 4)(湖南省地质调查院,2018);白

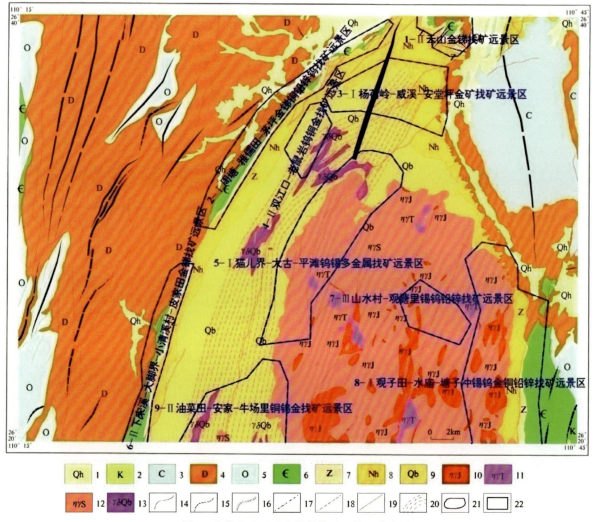

图 3 苗儿山地区地球化学找矿远景区分布图

1.第四系;2.白垩系;3.石炭系;4.泥盆系;5.奥陶系;6.寒武系;7.震旦系;8.南华系;9.青白口系;10.侏罗纪二长花岗岩;11.三叠纪二长花岗岩;12.志留纪二长花岗岩;13.青白口纪花岗闪长岩;14.实测整合地质界线;15.花岗岩超动接触界线;16.实测不整合地质界线;17.航卫片解译断层;18.推测断层;19.实测性质不明断层;20.韧性剪切带;21.地球化学找矿远景区

钨矿 Sm-Nd 等时线年龄为 401.5±9.4Ma(图 5)、平滩钨矿床[未蚀变花岗岩年龄为 430.8±2.4Ma(图 6),辉钼矿 Re-Os 等时线年龄和加权平均模式年龄分别为 432±15Ma 和 426.9±5.4Ma(图 7;湖南省地质调查院,2018)]和沙坪钨矿床[全岩钨矿化的第六侵入次细粒花岗岩的锆石 LA-ICP-MS U-Pb 年龄为 408.3±3.5Ma(图 8)]获得了一批高精度的加里东期成岩成矿年龄数据,证实苗儿山岩体北段的主要成岩成矿时代为加里东期,成岩时限为 430~408.3Ma,成矿时限为 426.9~401.5Ma。研究认为苗儿山岩体具有"北加里东期、南印支期"的整体成岩成矿格局。目前,调查区尚未发现与燕山期花岗岩有关的钨(铜、钼)矿床(点)。

表3 苗儿山地区新发现矿产地、矿(化)点基本特征表

| 编号 | 名称及坐标 | 矿床地质特征 | 规模 | 评价意见 |
|---|---|---|---|---|
| 1 | 城步县落家冲钨锡钼铜矿 | 矿体赋存于苗儿山岩体内接触带上,矿体呈脉状产出,受志留纪花岗岩中的北东向、北西西向、或近南北向断层或节理控制,地表共发现钨锡铜钼多金属矿脉共13条,矿脉呈北东向、北西西向、北东东向或近南北向,分为构造蚀变带型、(电气石-)石英细脉带型和蚀变角砾岩型3种类型,控制长度200~1 600m,矿化体厚度为0.6~100m,矿脉之厚度为0.5~30.76m,单工程$WO_3$平均品位在0.120%~0.44%之间。矿石按自然类型分为钨矿石、钨锡矿石、铜钼矿石、铜钨矿石和钨铜矿石等。矿石矿物为白钨矿、锡石、黄铜矿、辉铜矿、辉钼矿孔雀石等,脉石矿物为石英、电气石、绢云母等。围岩蚀变有硅化、黄铁矿化、绿泥石化、绢云母化等 | 矿产地 | 已做重点检查,有进一步工作的价值 |
| 2 | 城步县老鼠岩铜钨矿 | 矿脉产于青白口纪花岗闪长岩与青白口纪黄狮洞组外接触带上,产于北东向断裂破碎带中的铜钨矿脉2条,矿脉厚度在1m左右,矿脉延伸为几米至十几米。矿石矿物主要为黑钨矿、黄铜矿等,脉石矿物主要为石英。围岩蚀变有硅化。品位$WO_3$ 0.219%,Cu 0.698% | 矿点 | 有进一步工作的价值 |
| 3 | 城步县界福山钨铜矿 | 发现钨(铜)矿脉5条,其中4条为层间矽卡岩型钨(铜)矿脉,均顺层产于苗儿山志留纪花岗岩体北西部外接带青白口纪黄狮洞组层间矽卡岩中,还有1条为石英细脉带型矿脉,产于北西西向石英细脉带中。矿石矿物主要为白钨矿,其次为黄铜矿、锡石、毒砂、软锰矿等。脉石矿物主要有石榴石、透辉石等矽卡岩矿物及石英、长石等长英质矿物。矿脉长200~300m,厚1.3~5m。单工程$WO_3$平均品位为0.076%~3.93%,Cu平均品位0.22%~0.28%,Pb平均品位0.57%,Zn平均品位0.48%,Sn平均品位0.11%~0.50% | 矿点 | 有进一步工作的价值 |
| 4 | 城步大突界钨矿 | 矿脉位于加里东晚期中粗粒斑状黑云母二长花岗岩中,矿脉走向北东,矿脉宽度2.2m。白钨矿主要出露于发育一组产状为328°∠84°的剪节理中,节理两侧花岗岩中也可见白钨矿分布,节理内充填石英细脉及线脉。白钨矿呈星点状、浸染状分布于岩石及其节理面上,白钨矿呈半自形-他形粒状,粒径一般为0.5~2mm,局部矿化蚀变较强处呈细脉状,细脉0.5~1.0mm不等,节理内主要发育硅化蚀变。矿脉$WO_3$品位0.056% | 矿化点 | 已做踏勘检查,有进一步工作的价值 |
| 5 | 城步县沙坪钨矿 | 地表仅发现一条矿脉,产于志留纪第六侵入次细粒含电气石黑云母二长花岗岩中,表现为志留纪第六侵入次花岗岩株发生全岩矿化。矿脉走向北东,倾向北西,倾角70°~80°,控制长度长约400m,厚87.7m,单样$WO_3$平均品位一般0.032%~0.062%,其中$WO_3$品位在边界品位以上(0.064%~0.2%)的厚度约为20m。主要矿石矿物为白钨矿,伴生黄铁矿、辉铋矿和辉钼矿。白钨矿主要呈浸染状分布于花岗岩中,并常常呈团块状、细脉状产于电气石、黄铁矿、褐铁矿(黄铁矿氧化而成)及辉铋矿、辉钼矿的富集处 | 矿点 | 已做重点检查,有进一步工作的价值 |

续表3

| 编号 | 名称及坐标 | 矿床地质特征 | 规模 | 评价意见 |
|---|---|---|---|---|
| 6 | 城步县桃里水铜铅锌矿 | 矿脉位于青白口纪黄狮洞组中,矿脉受北东向硅化断层破碎带控制,破碎带宽10~30m,含矿石英脉极不均匀地分布其中,矿脉产状:125°∠86°。矿脉延伸情况尚不清楚,金属矿物为黄铜矿、黄铁矿、铅锌矿等,脉石矿物为石英。矿石品位:Cu 0.082%,As 0.02%,Au 0.11×10$^{-6}$ | 矿点 | |
| 7 | 新宁县五丘田铅锌矿 | 矿脉产于苗儿山岩体北端 $\eta\gamma S_3^c$ 灰白色中粒斑状黑云母二长花岗岩中,已发现铅锌矿脉一条,产于北西向硅化破碎带中,宽约2m。主要矿石矿物为方铅矿、闪锌矿和黄铁矿。主要脉石矿物为石英,呈烟灰色或白色,透明—不透明。矿脉产状:200°∠65°。矿石品位:Pb 0.90%、Zn 0.34%、Ag 13.5g/t。另外发现砷铅锌矿脉带1条,由5条矿脉沿近于平行的断裂、节理或裂隙充填组成,单个矿脉宽1~10cm。主要矿石矿物为块状、细脉状毒砂,其次为黄铁矿、方铅矿等,主要脉石矿物为石英。矿脉产状:303°∠89°。矿石品位:As 22.5%、Pb 0.420%、Zn 0.02%、Ag 33.3×10$^{-6}$ | 矿点 | |
| 8 | 城步县桃子坪铜矿 | 已发现铜矿脉1条,产于北东向硅化断层破碎带中,切穿青白口纪黄狮洞组和砖墙湾组,宽5~10m。其中可见稀疏浸染状、细脉状黄铜矿、黄铁矿,矿化极不均匀,局部较为富集。主要矿石矿物为黄铜矿、黄铁矿,风化面上见孔雀石。脉石矿物主要为石英。矿脉产状:139°∠60°~78° | 矿化点 | |
| 9 | 城步县杨荷岭金矿 | 青白口纪岩门寨组内已发现了4条产于断裂破碎带中的金矿脉,分别为Ⅰ、Ⅱ、Ⅲ、Ⅳ号,其中2条为近东西走向(Ⅰ、Ⅱ号),另2条为北东走向(Ⅲ、Ⅳ号),可见长度为200~600m,厚1~5m,断层破碎带中蚀变强烈,以硅化、褐铁矿化、黄铁矿化为主。金属矿物有自然金、黄铁矿及少量黄铜矿、毒砂、钛铁矿等;脉石矿物有石英、白云石、铁白云石等。单工程Au平均品位(0.23~4.52)×10$^{-6}$ | 矿点 | 进行了重点检查 |
| 10 | 城步县安塘坪金矿 | 矿脉产于青白口纪岩门寨组浅变质碎屑岩内断裂破碎带中,断层破碎带宽1~2m,强硅化蚀变。矿石中可见黄铁矿、毒砂矿、方铅矿、闪锌矿、碳酸盐、重晶石等矿物,拣块样化学分析结果含金0.2×10$^{-6}$ | 矿化点 | |
| 11 | 武冈市陈家煤矿 | 煤层主要赋存于寒武系牛蹄塘组底部,呈层状、似层状分布,形态简单,共4层,Ⅰ、Ⅱ层为可采煤层,厚度分别为0.6~0.9m、1.5~2.0m,其余为不可采煤层,煤层顶底板为碳质板岩或碳质硅质岩,煤质为中灰、中—高硫、中发热量石煤 | 矿点 | |
| 12 | 绥宁县关黎泉水 | 泉水产于泥盆系跳马涧砂岩中,见5处泉眼,相距2~5m,出水量约196t/d,泉水产于北东向断裂中 | 矿点 | 可做居民饮用水,未达到矿泉水标准 |
| 13 | 城步县大毛冲泉水 | 泉水产于苗儿山岩体中细粒斑状黑云母二长花岗岩中,见1处泉眼,出水量约100t/d,泉水沿北东向断裂面中流出 | 矿点 | 可做居民饮用水,未达到矿泉水标准 |

续表 3

| 编号 | 名称及坐标 | 矿床地质特征 | 规模 | 评价意见 |
|---|---|---|---|---|
| 14 | 城步县于家团泉水 | 泉水产于苗儿山岩体花岗碎裂岩中,见1处泉眼,出水量约100t/d,泉水沿北东向断裂面中流出 | 矿点 | 可做居民饮用水,未达到矿泉水标准 |
| 15 | 新宁县高洞泉水 | 泉水产于苗儿山岩体中粒斑状黑云母二长花岗岩中,见5处泉眼,相距2~5m,出水量约200t/d。泉水产于一组北东向的节理与三组切割该组节理的裂隙的交会处,表明北东向节理为蓄水构造,当有裂隙切割该节理时,就形成泄水口 | 矿点 | 可做居民饮用水,未达到矿泉水标准 |
| 16 | 新宁县蛇蟆塘泉水 | 泉水产于苗儿山岩体中细粒斑状黑云母二长花岗岩中,见3处泉眼出水量约15t/d,泉水产于北东和北西向两组节理裂隙交会处,水中可见串珠状气泡溢出,表明此泉为天然含气泉 | 矿点 | 可做居民饮用水,未达到矿泉水标准 |

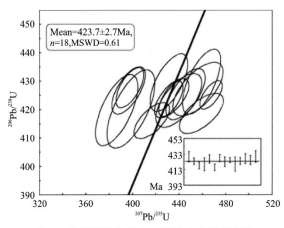

图 4　落家冲钨锡矿床主要赋矿花岗岩锆石 LA-ICP-MS U-Pb 年龄(Ma)谐和图

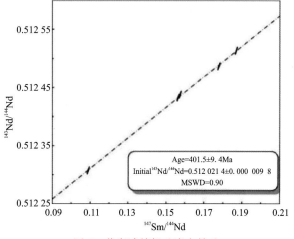

图 5　落家冲钨锡矿床白钨矿 Sm-Nd 同位素等时线图

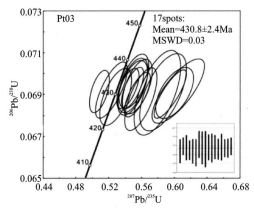

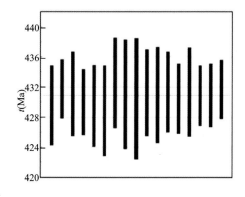

图 6　平滩钨矿床未蚀变花岗岩锆石 LA-ICP-MS U-Pb 年龄谐和图

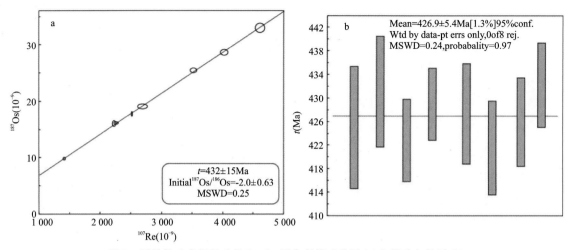

图7 平滩钨矿床辉钼矿的 Re-Os 同位素等时线图(a)和模式年龄图(b)

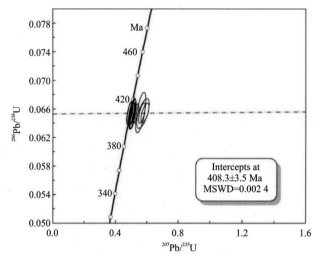

图8 沙坪钨矿床钨矿化细粒花岗岩锆石 U-Pb 年龄谐和图

(九)分析、研究了调查区控矿地质条件、综合信息找矿标志,结合湖南省矿产资源潜力评价项目的成果,建立了区内主要矿床预测类型(柿竹园式矽卡岩-云英岩复合型钨锡多金属矿预测类型、瑶岗仙式石英脉型钨锡矿预测类型、桃林式裂隙充填交代型脉状铅锌铜矿预测类型)及其成矿模式与预测模型,编制了区域地质矿产图、矿产预测图,总结了区内矿产成矿规律;划分找矿远景区 6 个(表 4)、圈定找矿靶区 4 处(图 9)。

表4 苗儿山地区找矿远景区划分一览表

| 序号 | 名称 | 级别 | 面积($km^2$) | 主攻矿种 | 主攻类型 |
|---|---|---|---|---|---|
| 1 | 湖南省城步县猫儿界-平滩钨锡铜矿找矿远景区 | A | 74 | 钨锡铜 | 石英脉型、构造蚀变带型、矽卡岩型 |
| 2 | 湖南省城步县杨荷岭-安塘坪金矿找矿远景区 | A | 85 | 金 | 构造蚀变岩型、石英脉型 |
| 3 | 湖南新宁县观子田-深冲钨锡矿找矿远景区 | A | 100 | 钨锡 | 石英脉型、构造蚀变带型 |

续表4

| 序号 | 名称 | 级别 | 面积(km²) | 主攻矿种 | 主攻类型 |
|---|---|---|---|---|---|
| 4 | 湖南新宁县兰容钨矿找矿远景区 | B | 42 | 钨 | 矽卡岩型、云英岩型 |
| 5 | 湖南新宁县羊角岭-金水铜铅锌矿找矿远景区 | B | 44 | 铜铅锌 | 石英脉型、构造蚀变带型 |
| 6 | 湖南邵阳市周塘-周山钨铅锌矿找矿远景区 | B | 34 | 钨 | 构造蚀变带型、层控型 |

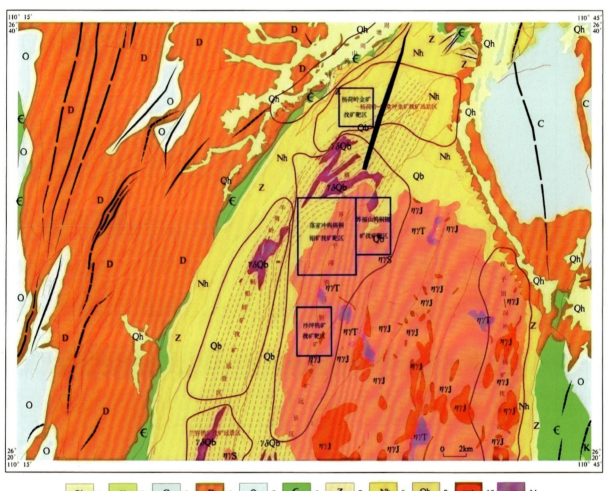

图9 苗儿山地区找矿远景区与找矿靶区分布图

1.第四系;2.白垩系;3.石炭系;4.泥盆系;5.奥陶系;6.寒武系;7.震旦系;8.南华系;9.青白口系;10.侏罗纪二长花岗岩;11.三叠纪二长花岗岩;12.志留纪二长花岗岩;13.青白口纪花岗闪长岩;14.实测整合地质界线;15.花岗岩超动接触界线;16.实测不整合地质界线;17.航卫片解译断层;18.推测断层;19.实测性质不明断层;20.韧性剪切带;21.找矿远景区;22.找矿靶区

1. 湖南省城步县落家冲钨锡铜钼多金属矿（矿产地）：位于湘、桂交界的湖南省西南部，行政区划隶属邵阳市城步县管辖，面积 32.5km²。

矿区地处苗儿山岩体北西部接触带，出露地层为青白口系，北东向和近东西向构造发育，有青白口纪、志留纪和侏罗纪岩浆岩侵入，其中志留纪岩浆岩是已知钨锡铜钼多金属矿脉的主要赋矿围岩（图 10）。

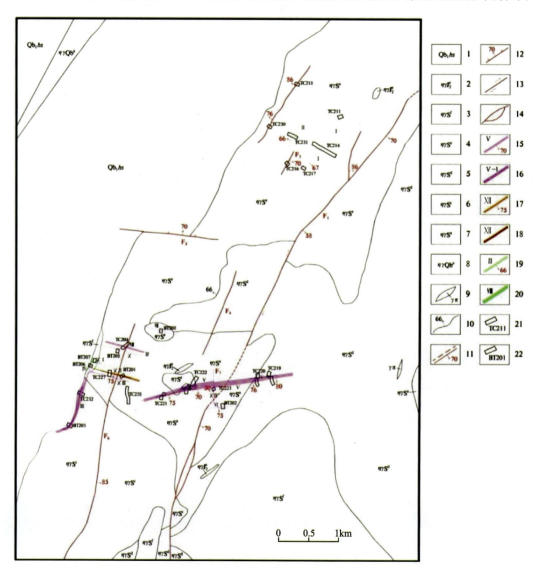

图 10 湖南落家冲矿区地质略图

1.青白口系黄狮洞组；2.中侏罗世第五侵入次二长花岗岩；3.志留纪第六侵入次二长花岗岩；4.志留纪第五侵入次二长花岗岩；5.志留纪第四侵入次二长花岗岩；6.志留纪第三侵入次二长花岗岩；7.志留纪第一侵入次二长花岗岩；8.青白口纪第一侵入次糜棱岩化二长花岗岩；9.花岗斑岩脉；10.地质界线及接触面产状（°）；11.实测/推测性质不明断层及其产状（°）；12.正断层及其产状（°）；13.平移断层；14.硅化破碎带；15.钨矿脉、矿化体及其编号、产状（°）；16.钨矿体及其编号；17.锡钨矿脉、矿化体及其编号、产状；18.锡钨矿脉及其编号；19.铜（钼）矿脉、矿化体及其编号、产状；20.铜（钼）矿体及其编号；21.已完工探槽及其编号；22.已完工剥土及其编号

围岩蚀变普遍，大体沿苗儿山复式岩体北西部接触带呈带状展布。外接触带主要发生角岩化，蚀变宽 200～400m；内接触带主要发生硅化、黄铁矿化以及方解石化，蚀变宽 50～100m，局部形成构造蚀变带，发生白钨矿化。构造蚀变带型钨（铜钼）矿脉围岩蚀变主要有硅化、黄铁矿化、绿泥石化等；而（电气石-）石英细脉带型钨（锡）矿脉的围岩有轻微绢云母化和绿泥石化，仅个别矿脉见强烈的云英岩化和绿泥石化。

矿脉产于苗儿山岩体北西部内接触带志留纪花岗岩中。根据矿脉产出部位、形态特征，与岩浆岩、地层、构造的时空关系，以及矿物组成、结构构造及围岩蚀变等特征，可分为 3 类：构造蚀变带型钨铜钼多金属矿脉、(电气石-)石英细脉带型钨锡多金属矿脉和蚀变角砾岩型钨矿脉，其中(电气石-)石英细脉带型属于产于花岗岩中具备"五层楼"成矿特征的新类型钨矿脉。

构造蚀变带型钨铜钼多金属矿脉以沿节理、裂隙或接触带等构造发生强烈蚀变为主要特征，并且还常常发育平行构造蚀变带的石英大脉。构造蚀变带中岩石一般破碎不强，局部可见较强糜棱岩化和碎裂岩化。目前已在矿区北部及西南部发现该类型钨矿脉 2 条(Ⅰ、Ⅲ号)、铜(钨)矿脉 2 条(Ⅱ、Ⅳ号)和铜钼矿脉 1 条(Ⅹ号)。控制长度 200～740m，矿化厚度 0.6～55m，达到工业品位的真厚度 0.50～14.14m，单工程 $WO_3$ 平均品位 0.132%～0.379%，Cu 平均品位 0.28%～0.760%，Mo 平均品位 0.075%。

(电气石-)石英细脉带型钨锡多金属矿脉以密集发育的含钨锡石英细脉、电气石-石英细脉为特征，含钨石英细脉或云英岩细脉的密度为 25～35 条/m(密集细脉带型)或 4～10 条/m(稀疏细脉带型)，单个细脉的宽度为 4～20mm(图 11)。并且含钨锡石英细脉、电气石-石英细脉两侧的花岗岩中亦可见浸染状或星点状的白钨矿化、黄铁矿化、褐铁矿化，局部还可见零星黄铜矿化、辉钼矿化、孔雀石化及毒砂矿化；当石英细脉两侧的花岗岩中发生云英岩化时，则通常会发生锡矿化，并且云英岩化越强，锡矿化也越强。目前已在矿点南部发现(电气石-)石英细脉带型钨矿脉 6 条(Ⅴ、Ⅵ、Ⅶ、Ⅸ、Ⅹ、Ⅻ号)和锡钨矿脉 1 条(Ⅺ号)，严格受北东东向或北西西向(电气石-)石英脉细脉带控制。矿脉走向北东东或北西西，倾角 70°～80°，长 200～1 600m 不等，矿化厚度为 1～100m，但达到工业品位的真厚度一般为 0.88～27.85m，单工程 $WO_3$ 平均品位 0.120%～0.446%，Sn 平均品位 0.234%～0.317%。

图 11 落家冲细脉带型钨(多金属)矿

蚀变角砾岩型钨矿脉以断层破碎带中的角砾岩发生强烈蚀变和白钨矿化为特征。目前已在矿区南部发现了 1 条该类型钨矿脉(ⅩⅢ号)，产于北北西向断层($F_7$)破碎带中，该断层破碎带可进一步分为花岗质糜棱岩亚带和断层角砾岩亚带，其中普遍发生了不同程度的硅化、绢云母化和黄铁矿化，可见白钨矿呈星点状分布于花岗质糜棱岩和断层角砾岩中。矿脉走向北北西，倾角 50°，长约 200m，矿化厚度为 4m，达到工业品位的真厚度为 1.39m，单工程 $WO_3$ 平均品位 0.144%。

矿石按自然类型主要有钨矿石(Ⅰ、Ⅴ、Ⅵ、Ⅶ号等矿脉)、钨锡矿石(Ⅻ号矿脉)、铜钼矿石(Ⅺ号矿脉)、铜矿石(Ⅱ、Ⅲ号矿脉)和钨铜矿石等。矿物生成顺序为：金红石→磁铁矿→赤铁矿→黄铁矿→白钨矿→辉钼矿→黄铜矿-辉铜矿-闪锌矿→方铅矿→铜蓝-孔雀石→褐铁矿。

矿石结构主要有自形—半自形粒状结构、他形粒状结构、填隙结构、尖角状结构、细脉-网脉状结构、包含结构、镶边结构、交代残余结构及共结边结构等。矿石构造有细脉状构造、浸染状构造、星点状构造、块状构造、角砾状构造。

矿石按氧化程度属原生矿石；按矿石构造可分为细脉状、浸染状、星点状、块状、角砾状；按矿物共生组合可划分为石英-白钨矿矿石、石英-长石-黑云母白钨矿矿石、石英-长石-电气石-白钨矿矿石、绢云母-石英-长石-绿泥石-锡石-白钨矿矿石、石英-长石-辉钼矿矿石、石英-白钨矿-黄铜矿矿石、石英-辉钼矿-黄铜矿矿石等。

矿石中主要有用组分为 $WO_3$、Sn、Cu、Mo，其含量分别为 0.065%～0.446%、0.234%～0.317%、0.424%～0.760% 和 0.075%～2.713%。钨、锡、铜、钼分别主要以白钨矿、锡石、黄铜矿和辉钼矿的形式存在。

通过估算，共获 334-1 矿石量为 $418.15×10^4$t，$WO_3$ 金属量为 7 161.97t，锡金属量为 881.07t，铜金属量为 167.02t，钼金属量为 9.50t。

矿区位于苗儿山岩体北西部接触带中的北东向钨锡铜钼多金属成矿带上，其北东和南西侧分别分布有猫儿界中型铜钨矿床和平滩中型钨矿床以及数量众多的钨铜矿点，成矿条件优越。矿区内有构造蚀变带型和（电气石-）石英细脉带型两种不同类型的钨锡铜钼多金属矿脉，其中前者与平滩中型钨矿床的矿脉特征相似，应具有一定的找矿潜力；而后者相当于"五层楼＋地下室"中的"上部石英细脉带"，按"五层楼＋地下室"找矿模型，其找矿潜力较大，具有寻找大中型钨矿的远景。下一步的找矿方向就是向中深部寻找"中部石英细脉-大脉混合带""下部石英大脉带"及相当于"地下室"的云英岩型或花岗岩型钨锡多金属矿体。

2. 湖南省城步县杨荷岭金矿找矿靶区：位于湘、桂交界的湖南省西南部，行政区划隶属邵阳市城步县管辖。地理坐标：东经 110°31′44″—110°33′30″，北纬 26°35′15″—26°36′51″，面积约 9.4km²。

出露地层有南华系长安组和青白口系岩门寨组、砖墙湾组（图12）。区内褶皱构造较简单，整体属苗儿山复式背斜的倾伏端，地层产状总体倾向北西，局部可见层间小褶皱发育。断裂构造较发育，主要见 3 组断裂构造，即北东向、近东西向和北西向（图12）。

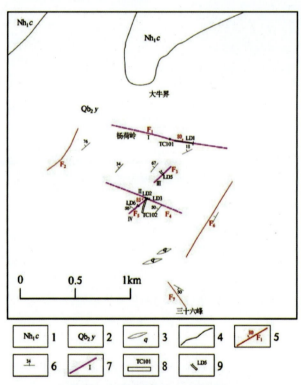

图 12　湖南杨荷岭矿区地质略图

1.南华系长安组；2.青白口系岩门寨组；3.石英脉；4.整合地质界线；5.性质不明断层及其产状（°）和编号；
6.地层产状（°）；7.金矿脉及其编号；8.已完工探槽及其编号；9.采矿老窿及其编号

围岩蚀变主要发生在断层破碎带中和矿脉两侧的青白口系中,蚀变以硅化为主,其次为黄铁矿化、褐铁矿化。上述蚀变与金矿化关系密切,是区内金矿的找矿标志之一。

水系沉积物异常发育,异常元素组合是 $Au^3 Pb^3 Ag^3 Hg^3 Cd^3 Sb^2 Zn^2$,Au 异常规模大(约 5km$^2$),强度高(峰值达 $6.878×10^{-6}$),Pb 异常强度次之(峰值达 $1\,981×10^{-6}$);Au、Pb、Ag、Hg、Cd 元素皆具三级浓度分带,Sb、Zn 异常则具二级浓度分带;未见高温元素异常的伴生出现,说明矿点离岩体较远,以中—低温热液活动为主。各元素异常吻合较好(图 13)。

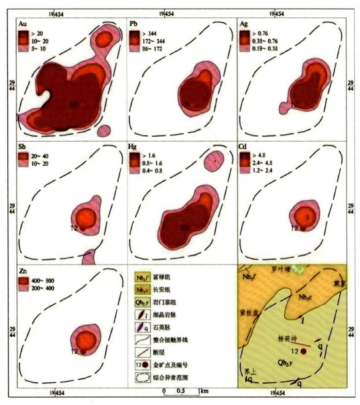

图 13　湖南杨荷岭金矿区水系沉积物异常剖析图

矿区 1∶1 万土壤剖面异常获得的土壤异常显著,Au 异常峰值为 $0.38×10^{-6}$,并与已知矿脉吻合较好,具有良好的找矿指示意义。

该矿点已发现了 4 条产于断裂破碎带中的金矿脉,分别为 Ⅰ、Ⅱ、Ⅲ、Ⅳ 号,其中 2 条为近东西走向(Ⅰ、Ⅱ 号),另 2 条为北东走向(Ⅲ、Ⅳ 号),可见长度为 200~600m,厚 1~5m,单工程 Au 平均品位$(0.23~4.52)×10^{-6}$。

Ⅰ 号矿脉位于矿区中部,产于近东西向断层破碎带中,蚀变强烈,以硅化、褐铁矿化、黄铁矿化为主。石英脉平行断层破碎带发育,脉宽一般 10~20cm,少数可达 1m。矿脉走向近东西向,倾向北,倾角 80°~85°,长约 600m,厚 1~2m,单工程 Au 平均品位为$(1.41~4.52)×10^{-6}$(表 6)。

Ⅱ 号矿脉位于矿区中部,产于近东西向断层破碎带中,蚀变强烈,以硅化、褐铁矿化、黄铁矿化为主。常见石英脉平行断层破碎带发育,脉宽一般为 10~20cm。矿脉走向近东西向,倾向南,倾角 85°,长约 300m,厚约 1m,单工程 Au 平均品位为$(0.23~0.24)×10^{-6}$。

Ⅲ 号矿脉位于矿区中部,产于近东西向断层破碎带中,断层破碎带中蚀变强烈,蚀变以硅化、褐铁矿化、黄铁矿化为主。常见石英脉平行断层破碎带发育,脉宽一般为 10~20cm。矿脉走向北东,倾向北西,倾角 85°,长约 200m,厚约 1m,单工程 Au 平均品位为 $0.27×10^{-6}$。

Ⅳ 号矿脉位于矿区中部,产于近东西向断层破碎带中,断层破碎带中蚀变强烈,蚀变以硅化、褐铁矿化、黄铁矿化为主。常见石英脉平行断层破碎带发育,脉宽一般为 10~20cm。矿脉走向近东西向,倾向北西,倾角 75°,长约 200m,厚约 1m,单工程 Au 平均品位为 $0.71\times10^{-6}$。

矿石矿物成分复杂,金属矿物有自然金、黄铁矿、方铅矿、闪锌矿、辉锑矿及少量黄铜矿、白钨矿、菱铁矿、毒砂、钛铁矿等;脉石矿物有石英、白云石、铁白云石、重晶石、钠长石、绿泥石等。自然金呈金黄色,成色高,呈他形粒状、片状、不规则状,分布很不均匀,常赋存于碎块边部石英晶(裂)隙或与黄铁矿等硫化物伴生,颗粒较细,一般粒径为 0.01~0.08mm,少数达 0.1mm,最大约 0.3mm。

矿石结构有自形粒状结构、他形粒状结构、包嵌结构、碎裂和网格状结构等。矿石构造有块状、网格状、浸染状、角砾状等构造。

矿石按氧化程度属原生矿石;按矿石构造可分为细脉状、块状、角砾状矿石;按矿物共生组合可划分为石英-自然金矿石、石英-黄铁矿-自然金矿石、石英-多种硫化物-自然金矿石,并以前两种为主。

矿石中主要有益组分为 Au、Pb、Zn,分别主要以自然金、方铅矿和闪锌矿的形式存在。矿石中伴生 Pb、Zn 等有益组分一般达不到综合评价指标。

矿脉均受近东西向或北东向断层破碎带控制,故近东西向或北东向断层破碎带是该区重要的找矿标志。发生金矿化的断层破碎带中蚀变强烈,蚀变以硅化、褐铁矿化、黄铁矿化为主,通常蚀变越强,矿化也越强。蚀变在地表表现明显,易于识别和追索,因此为重要的找矿标志。

杨荷岭金矿点位于苗儿山岩体北侧、苗儿山复式背斜倾伏端的青白口系出露区,已发现了 4 条产于断裂破碎带中的金矿脉,金矿化与硅化、黄铁矿化、褐铁矿化等蚀变关系密切。区内水系沉积物和土壤剖面异常面积大、强度高,与金矿化关系密切,显示出具有良好的找矿前景。该矿点与近几年在湘西南白马山岩体周围青白口系出露区所发现的众多金矿床(点)具有相似的成矿地质条件和成矿规律,找矿潜力较大。

3. 湖南省城步县界福山钨铜矿找矿靶区:位于湘、桂交界的湖南省西南部,行政区划隶属邵阳市城步县和新宁县管辖。地理坐标:东经 110°32′19″—110°34′25″,北纬 26°29′24″—26°32′00″,面积约 14.4km²。

靶区内地层简单,仅见青白口纪地层,其中青白口纪黄狮洞组与岩体接触部位发生矽卡岩化,为矽卡岩型矿体赋矿围岩。构造较简单(图 14),属苗儿山复式背斜北部倾伏端,地层总体倾向北北西,受岩体侵入挤压影响,外接触带地层呈舒缓波状起伏,并发育层间小褶皱和挠曲。岩浆岩面积大,出露青白口纪、志留纪和侏罗纪多个时代的花岗岩,其中志留纪花岗岩与成矿关系密切。

围岩蚀变较普遍,沿苗儿山复式岩体北西部接触带呈带状展布。外接触带主要发生角岩化和矽卡岩化,蚀变宽度一般为 200~400m,岩体内凹部位蚀变宽度最大可达 1.5km;内接触带主要有硅化、黄铁矿化,局部有绿泥石化,蚀变宽度为 50~100m。

矿脉皆产于苗儿山岩体北西部内接触带。根据矿脉的产出部位、形态特征,与岩浆岩、地层、构造的时空关系,以及矿物组成、结构构造及围岩蚀变等方面的特征,可将其分为两类,分别是层间矽卡岩型钨矿脉和石英细脉带型钨矿脉。

层间矽卡岩型钨矿脉:该脉有 4 条,分别为 Ⅰ、Ⅱ、Ⅲ、Ⅳ 号,顺层产于苗儿山志留纪花岗岩体北西部外接触带青白口纪黄狮洞组层间矽卡岩中,主要矽卡岩矿物为石榴石、透辉石、绿帘石等。其中 Ⅰ、Ⅱ、Ⅲ 号矿脉富含软锰矿,局部形成软锰矿透镜体,整体呈灰黑色;Ⅳ 号矿脉富含石英,深色矽卡岩矿物与浅色的石英相间定向排列,构成条带状构造。上述矿脉长 200~300m,厚 1.3~5.0m,单工程 $WO_3$ 平均品位 0.076%~3.93%,Cu 平均品位 0.22%~0.28%,Pb 平均品位 0.57%,Zn 平均品位 0.48%,Sn 平均品位 0.11%~0.50%。

以 Ⅰ 号矿脉研究程度最高。该矿脉位于矿区南部,钨、铜矿化与矽卡岩化关系密切,一般矽卡岩化越强,矿化就越强,主要矿石矿物为白钨矿、黄铜矿、锡石、黄铁矿、软锰矿等。矿脉走向北西西 290°,倾向北北东 20°,倾角 35°,长约 200m,已控制厚度 1.3m(未揭穿),单工程 $WO_3$ 平均品位 3.93%,Cu 平均

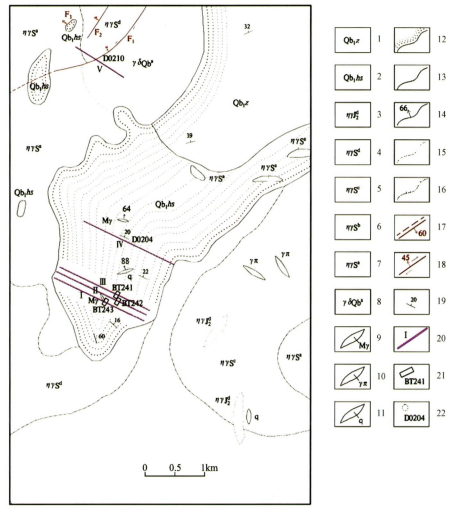

图 14　湖南界福山矿区地质略图

1.青白口系砖墙湾组；2.青白口系黄狮洞组；3.中侏罗世第四侵入次二长花岗岩；4.志留纪第四侵入次二长花岗岩；5.志留纪第三侵入次二长花岗岩；6.志留纪第二侵入次二长花岗岩；7.志留纪第一侵入次二长花岗岩；8.青白口纪第一侵入次糜棱岩化花岗闪长岩；9.细粒花岗岩脉；10.花岗斑岩脉；11.石英脉；12.矽卡岩化；13.角岩化；14.地质界线及接触面产状（°）；15.花岗岩脉动型侵入接触关系；16.花岗岩超动型侵入接触关系；17.实测/推测性质不明断层及其产状（°）；18.平移断层及其产状（°）；19.地层产状（°）；20.钨（铜）矿脉及其编号；21.已完工剥土及其编号；22.见矿地质观察点及其编号

品位 0.28%，Sn 平均品位 0.11%。

　　石英细脉带型钨矿脉：已发现 1 条矿脉，为 V 号，分布于矿区北西角，产于北西西向石英细脉带中，围岩为青白口纪糜棱岩化花岗闪长岩。石英细脉带切穿青白口纪糜棱岩化花岗闪长岩及北东向 $F_1$ 断裂，$F_1$ 断裂又切割了志留纪花岗岩，因此，我们认为石英细脉带及其中的白钨矿均是后期产物，很可能是加里东晚期形成的。石英细脉带型钨矿脉以密集发育的含钨石英细脉为特征，并且含钨石英细脉两侧的糜棱岩化花岗闪长岩中亦发育浸染状或星点状的白钨矿化，可见白钨矿呈微细浸染状交代黄色长石碎斑，局部还可见零星黄铁矿化和毒砂矿化。含钨石英细脉或电气石-石英细脉的密度为 10～20 条/m，含脉率为 10%～30%，单个细脉的宽度多数为 5～10mm，个别达 20cm。矿脉走向北西西，倾角 80°，长约 200m，矿化厚度为 3～10m，单工程 $WO_3$ 品位为 1.17%。

　　矿石矿物主要为白钨矿，其次为黄铜矿、锡石、黄铁矿、毒砂、软锰矿和白铁矿，局部见少量磁黄铁矿、闪锌矿、方铅矿、辉铜矿、金红石、褐铁矿及铜蓝，偶见辉钼矿等。脉石矿物主要有石榴石、透辉石、绿帘石、绿泥石等矽卡岩矿物及石英、长石等长英质矿物,其次为磷灰石,个别矿脉中还可见较多石膏。

矿石结构主要有自形—半自形粒状结构、他形粒状结构、填隙结构、尖角状结构、细脉状结构、鸟眼状结构、包含结构、镶边结构、交代残余结构、假象结构、胶状结构及共结边结构等。矿石构造有细脉状构造、稠密浸染状构造、星点状构造、块状构造、条带状构造。

矿石按自然类型属原生矿石;按矿石构造可分为细脉状、浸染状、星点状、块状、条带状;按矿物共生组合可划分为石榴石-透辉石-白钨矿矿石、绿帘石-石榴石-透辉石-白钨矿矿石、石榴石-透辉石-石英-白钨矿矿石、石英-长石-白钨矿矿石、黄铁矿-白钨矿矿石、软锰矿-黄铜矿-白钨矿矿石等。

界福山钨铜矿床位于苗儿山岩体北西部接触带中的北东向钨铜成矿带上,其北东和南西侧分别分布有猫儿界中型钨铜矿床和平滩中型钨矿床以及数量众多的钨铜矿点,成矿条件优越。矿区内有层间矽卡岩型和石英细脉带型两种不同类型的钨矿脉,其中前者与猫儿界中型钨铜矿床的矿脉特征相似,应具有一定找矿潜力;而后者与其西南侧的落家冲钨矿床的特征相似(杜云等,2016),相当于"五层楼+地下室"中的"上部石英细脉带",按"五层楼+地下室"找矿模型,其找矿潜力较大。下一步的找矿方向就是在外接触带寻找以矽卡岩为找矿标志的层间矽卡岩型钨铜矿脉,而在内接触带向中深部寻找"中部石英细脉-大脉混合带""下部石英大脉带"及相当于"地下室"的云英岩型或花岗岩型钨矿。

4.湖南省城步县沙坪钨矿找矿靶区:位于靠近湘、桂交界的湖南省西南部,行政区划隶属邵阳市城步县和新宁县管辖。地理坐标:东经110°29′34″—110°31′22″,北纬26°24′47″—26°27′01″,面积约12.3km²。

矿区位于苗儿山岩体北西内接触带,无地层出露,志留纪和侏罗纪岩浆岩发育,其中志留纪岩浆岩是已知钨矿脉的赋矿围岩,北东向和近南北向构造发育(图15)。

围岩蚀变主要有黄铁矿化、电气石化、绢云母化和绿泥石化。

1:5万水系沉积物W、Bi异常显著,浓度分带明显,异常套合极佳。主要成矿元素W异常面积大,大致呈椭圆—长椭圆状,面积约4km²;异常强度高,W异常峰值为$164×10^{-6}$。异常中心与矿体位置基本吻合,表明该异常为矿致异常。

1:1万土壤W、Sn、Bi、Mo、Cu等元素异常较为显著,已知矿脉附近可见W、Mo、Cu等元素高值异常,其中W元素异常明显,峰值为$318.2×10^{-6}$。矿体附近多条土壤剖面显示异常明显呈北东向展布,显示该矿脉往北东和南西都有一定延伸,规模较大。

发现一条矿脉,产于志留纪第六侵入次细粒含电气石黑云母二长花岗岩中,表现为全岩矿化(图16)。主要矿石矿物为白钨矿,伴生黄铁矿、辉铋矿和辉钼矿。白钨矿主要呈浸染状分布于花岗岩中。矿脉走向北东,倾向北西,倾角70°～80°,控制长度长约400m,厚87.7m,单样$WO_3$平均品位一般为0.032%～0.062%,其中$WO_3$品位在边界品位以上(0.064%～0.2%)的厚度约为20m。

矿石矿物以白钨矿为主,伴生黄铁矿、褐铁矿(黄铁矿氧化而成)辉钼矿。脉石矿物主要有石英、钾长石、斜长石、黑云母、电气石,其次为白云母、绢云母、石榴石、绿泥石和绿帘石等,并且黑云母和电气石的含量通常呈反比,互为消长。

矿石结构主要有自形晶结构、他形晶结构和半自形晶结构。矿石构造有浸染状构造、星点状构造和细脉状构造。

矿石按自然类型属原生矿石;按矿石构造可分为浸染状、星点状、细脉状矿石;按矿物共生组合可划分为石英-长石-黑云母-白钨矿矿石、石英-长石-电气石-白钨矿矿石等。

矿石中主要的有益组分为$WO_3$、Mo,分别主要以白钨矿和辉钼矿的形式存在。

沙坪钨矿床钨矿脉为由志留纪第六侵入次花岗岩株发生全岩矿化形成,矿脉沿北东向分布,与区内构造线方向一致。矿脉内局部矿化富集,矿石矿物呈细脉状、团块状不规则分布,伴生有辉钼矿、黄铁矿、电气石等矿物。脉内主要的构造为规模较小的裂隙,产状无规律分布。矿脉内未见明显构造迹象和强烈的蚀变现象。上述特征表明该矿脉与花岗岩珠同期形成,矿床类型为花岗岩型钨矿。

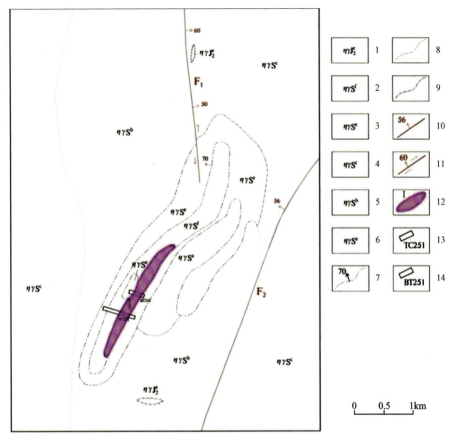

图 15 湖南沙坪矿区地质略图

1.中侏罗世第五侵入次二长花岗岩;2.志留纪第六侵入次二长花岗岩;3.志留纪第五侵入次二长花岗岩;4.志留纪第三侵入次二长花岗岩;5.志留纪第二侵入次二长花岗岩;6.志留纪第一侵入次二长花岗岩;7.地质界线及接触面产状(°);8.花岗岩脉动型侵入接触界线;9.花岗岩超动型侵入接触界线;10.实测性质不明断层及其产状(°);11.平移断层及其产状(°);12.钨矿脉及其编号;13.已完工探槽及其编号;14.已完工剥土及其编号

图 16 沙坪矿区花岗岩型白钨矿

沙坪钨矿床位于苗儿山岩体北西部内接触带中的北东向(铜)钨成矿带上,其北东和西侧分别分布有猫儿界中型铜钨矿床和平滩中型钨矿床以及数量众多的钨、铜矿点,成矿条件优越。矿区内1∶5万水系沉积物及1∶1万土壤剖面测量异常都较为显著,并与已知矿脉吻合较好,既是良好的找矿标志,又反映了矿床具有良好的找矿潜力。近年来,南岭地区的找矿成果表明,花岗岩型钨矿作为一种品位低、规模大的新类型钨矿具有重要的找矿价值。沙坪钨矿具有类似花岗岩型钨矿床特点,目前工作程度较低,推测该区具有寻找中大型钨矿床的远景,值得进一步部署勘查工作。

(十)成果转化应用和有效服务方面成效显著:一是基于该项目的工作成果,申请了2018年度湖南省省级两权价款项目"湖南省城步县落家冲矿区钨锡铜钼多金属矿预查";二是在该项目工作的基础上,围绕湖南省当前的矿产资源总体规划和勘查开发利用的重点,在苗儿山岩体及其周边地区开展矿泉水、滑石、饰面用花岗岩等非金属矿产的调查评价工作;三是湖南省地勘局四〇七队在实施"湖南省城步苗族自治县威溪矿区边深部铜多金属矿普查"项目过程中,应用该项目提出的"多旋回"成矿理论,以及建立的成矿模式和找矿预测模型,取得了与新元古代花岗岩有关的矿床找矿突破,新增333+334资源量:三氧化钨 $3.12 \times 10^4$ t,铜 8 782t,伴生银 19.054t,伴生镓 210t,潜在经济价值达23.12亿元;四是撰写论文8篇,其中已在《地质科技情报》《华南地质与矿产》等期刊上公开发表6篇,另有2篇被《中国地质》录用。

## 三、成果意义

1. 对调查区地层、构造、岩浆岩和变质岩进行了详细的调查研究,厘定了地层和岩浆岩填图单位,编制了1:5万地质矿产图、建造构造图等系列图件,提高了苗儿山地区基础地质研究程度,为今后的矿产勘查工作提供了丰富、翔实的基础地质资料。

2. 调查区新发现两种找矿潜力较大的新类型钨多金属矿(产于志留纪花岗岩中的电气石-石英细脉带型钨多金属矿和志留纪晚期细粒花岗岩全岩矿化形成的花岗岩型钨矿),为区域找矿突破提供了新线索。

3. 获得一批高精度花岗岩的成岩成矿年龄数据,提出"北加里东期、南印支期"成岩成矿格局的新认识,在理论上有所创新,对指导区域找矿具有积极意义。

4. 新发现落家冲钨锡铜钼多金属等矿(化)点16处,提交新发现矿产地1处。总结了成矿规律,划分了找矿远景区,圈定了找矿靶区,指出了调查区今后开展普查找矿的地域和方向。

5. 以该项目成果资料为基础申请的新项目找矿效果良好,潜在经济价值大,充分发挥了公益性地质矿产调查项目的引领作用。

# 湖南省临武县香花岭地区矿产地质调查

周念峰　祝西闯　刘晓曦　吴南川　邓亮明　蒋喜桥
杨齐智　杨俊广　黄　秋　覃孝明

（湖南省有色地质勘查局）

**摘要**　对调查区地层、构造、岩浆岩和主要矿产进行了较详细的调查研究，厘定了地层和岩浆岩填图单位；圈定1∶5万水系沉积物测量综合异常19处，其中甲类6处、乙类11处、丙类2处；择优开展了矿产检查工作，认为香花铺锡铅锌矿点和土地寺锡铅锌矿点等具有进一步工作价值；建立了香花岭地区综合成矿模式，以及主要矿床找矿模型；开展了成矿预测，划分综合找矿远景区3处，提交找矿靶区4处，分析了其资源潜力。

## 一、项目概况

调查区位于湖南省郴州市西南部，行政区划主要隶属湖南省郴州市、桂阳县、宜章县、临武县管辖。地理坐标：东经112°30′00″—112°45′00″，北纬25°10′00″—25°30′00″，包括1∶5万香花岭幅、临武幅两幅国际标准图幅，面积910km²。

工作周期：2014—2016年。

总体目标任务：在南岭成矿带中段选择香花岭远景区作为重点调查区。以先进的理论、技术方法为指导，全面开展调查区矿产地质调查工作，研究区内成矿地质条件、物化特征、矿化富集规律，运用面积性的物探、地质等综合手段优选调查区有利成矿区带，开展成矿预测，评价区域资源潜力。

## 二、主要成果与进展

（一）通过矿产地质调查，结合前人资料，以《湖南省岩石地层》为蓝本，参考1∶5万香花岭幅、临武幅区域地质调查报告以及《湖南省区域地质志》，在调查区建立了岩石地层填图单位26个（表1），厘定岩浆岩填图单位9个（表2），明确了各填图单位的岩性标志及主要赋矿层位特征。

（二）初步建立了香花岭地区构造格架（图1）。调查区主要经历了加里东期、海西-印支期、燕山期—喜马拉雅期3个构造阶段。形成的构造形迹纵横交错，以南北向、北东向构造最为发育，次为北北东、北西向。这些褶皱、断裂分属于不同的构造体系，控制着绝大多数金属矿床的产出。

**表1　香花岭地区地层特征一览表**

| 界 | 系 | 组 | 代号 | 厚度(m) | 岩性 | 主要矿产 |
|---|---|---|---|---|---|---|
| 新生界 | 第四系 | 橘子洲组 | $Qj$ | 0～10 | 现代农田、残坡积物 | |
| | | 湘江群 | $QX$ | 0～100 | 黏土、亚黏土层、砾石层 | |

续表 1

| 界 | 系 | 组 | 代号 | 厚度(m) | 岩性 | 主要矿产 |
|---|---|---|---|---|---|---|
| 中生代 | 白垩系 | 南强组 | $K_2n^2$ | >1 031.3 | 紫红色薄—中厚层长石石英砂岩、泥质粉砂岩和粉砂质泥岩 | |
| | | 南强组 | $K_2n^1$ | 839.0 | 紫红色薄—中层石英粉砂岩、粉砂质泥岩,含砾粉砂岩 | |
| | | 文明司组 | $K_1w^3$ | 227.36 | 紫色—紫红色薄—中层状泥质粉砂岩夹粉砂质泥岩、长石石英杂砂岩 | |
| | | 文明司组 | $K_1w^2$ | 729.0 | 灰白色—紫红色中厚层泥质粉砂岩、石英砂岩,含砾石英砂岩 | |
| | | 文明司组 | $K_1w^1$ | >161.12 | 紫红色薄层粉砂质泥岩、泥质粉砂岩、石英粉砂岩、含砾石英砂岩 | |
| | 三叠系 | 大冶组 | $T_1d$ | >99.1 | 浅灰色—深灰色薄—中层状灰岩、泥灰岩 | |
| 上古生界 | 二叠系 | 大隆组 | $P_3dl$ | >163.3 | 深灰色厚层状硅质岩、页岩、灰白色—灰色灰岩、泥晶灰岩 | |
| | | 龙潭组 | $P_3l$ | 366.9 | 石英砂岩、石英粉砂岩夹粉砂岩、碳质页岩,含煤层 | 煤 |
| | | 当冲组 | $P_2d$ | 27~56 | 灰黑色硅质岩、硅质页岩、泥灰岩,局部含碳质 | |
| | | 栖霞组 | $P_2q$ | 34~89 | 深灰色—黑色厚层泥晶灰岩,含燧石结核或条带 | |
| | 石炭系 | 壶天群 | CPH | 107.0 | 灰白色、浅灰色中—厚层状灰岩夹云灰岩和白云岩,浅灰色、灰白色厚—块状白云岩 | |
| | | 梓门桥组 | $C_1z$ | 518.0 | 灰白色—深灰色中厚层状云灰岩、白云岩夹灰岩 | |
| | | 测水组 | $C_1c$ | 74~115 | 中厚状砂岩、粉砂岩夹粉砂质页岩、黑色碳质页岩、煤层 | |
| | | 石磴子组 | $C_1sh$ | 300~532 | 以中厚层灰岩为主,夹泥灰岩、页岩 | 铅锌、铜 |
| | | 天鹅坪组 | $C_1t$ | 12~37 | 泥灰岩、泥质灰岩、粉砂质页岩夹灰岩 | |
| | | 孟公坳组 | $C_1m$ | 143~356 | 厚—巨厚层状灰岩、含白云质灰岩 | 铅锌银、锡 |
| | 泥盆系 | 岳麓山组 | $D_3y$ | 82~89 | 砂页岩夹灰岩、泥灰岩 | |
| | | 锡矿山组 | $D_3x$ | 152~204 | 白云质灰岩、灰岩,含条带状白云质或泥质条带 | 铅锌、锡 |
| | | 佘田桥组 | $D_3s$ | 162~338 | 泥晶灰岩,泥质灰岩,上部偶夹石英粉砂岩 | 钨锡铋、铅锌银 |
| | | 棋梓桥组 | $D_2q$ | 613~1182 | 灰岩,白云质灰岩,白云岩 | 钨、锡铅锌 |
| | | 跳马涧组 | $D_2t$ | 254~600 | 灰白色—紫红色中厚层状石英砂岩夹砂质页岩,底为砾岩 | 钨、锡铅锌 |
| 下古生界 | 寒武系 | 小紫荆组 | $\epsilon_{3-4}xz$ | >1 920.0 | 灰色—深灰色中厚层状浅变质长石石英杂砂岩夹粉砂质板岩、少量碳泥质板岩 | 钨、锡 |
| | | 茶园头组 | $\epsilon_{2-3}cy$ | 407.4 | 上部岩性为灰绿色中厚层状浅变质中细粒石英杂砂岩与灰黑色砂质板岩、硅质板岩互层;下部为青灰色—深灰色厚至巨厚层状浅变质中细粒石英砂岩、板岩 | 铅锌、钨 |
| | | 香楠组 | $\epsilon_{1-2}x$ | >1 010.0 | 灰绿、灰黑色中厚层状浅变质砂岩及灰黑色碳质泥板岩、砂质板岩 | 钨、锡 |

表 2　香花岭地区岩浆岩填图单位划分表

| 时代 | 期次 | 代号 | 岩体名称 | 岩性 | 产状 | 同位素年龄（Ma） | 备注 |
|---|---|---|---|---|---|---|---|
| 白垩纪 | | λ | 次火山岩 | 流纹岩 | 岩脉 | | |
| | | χξχ | 侵入岩 | 云斜煌斑岩 | 岩脉 | | |
| | | γπ | | 花岗斑岩 | 岩脉 | | |
| | | γ | | 细粒花岗岩 | 岩脉 | | |
| 晚侏罗世 | 3 | $\xi\gamma J_3^c$ | 尖峰岭岩体 | 细粒黑云母二长花岗岩 | 小岩株 | | 香花岭岩体群 |
| | 2 | $\eta\gamma J_3^b$ | 尖峰岭、癞子岭、通天庙岩体 | 细粒斑状（黑云母）二长花岗岩 | 小岩株 | | |
| | 1 | $\eta\gamma J_3^a$ | 尖峰岭、癞子岭、通天庙等岩体 | 细中粒斑状黑云母二长花岗岩 | 小岩株 | 153 | |
| 中侏罗世 | 2 | $\gamma\pi J_2$ | 骑田岭岩体 | 花岗斑岩 | 岩脉 | | 骑田岭岩体 |
| | 1 | $\eta\gamma J_2^a$ | 骑田岭岩体 | 细—中粒斑状角闪石黑云母二长花岗岩 | 岩株 | 162 | |

（三）完成1∶5万水系沉积物测量面积约910km²，获得18种元素的定量分析数据，圈定综合异常19处（图2），其中甲类6处、乙类11处、丙类2处。划分地球化学Ⅰ级找矿远景区2处（三十六湾中高温热液型钨锡铅锌多金属矿地球化学找矿远景区（Ⅰ-1）、土地寺中高温热液型钨锡铅锌多金属矿地球化学找矿远景区（Ⅰ-2））、Ⅱ级找矿远景区4处[天河村中高温热液型钨锡铅锌多金属矿地球化学找矿远景区（Ⅱ-1），王家和-马鞍山-南正街中高温热液型钨多金属矿地球化学找矿远景区（Ⅱ-2），葡萄湾中高温热液型钨锡、铅多金属矿地球化学找矿远景区（Ⅱ-3），葛塘冲热液型钨、金锑多金属矿地球化学找矿远景区（Ⅱ-4）]。编制了整套单元素异常图、地球化学图及综合研究解释系列成果图件，获得各地质单元元素地球化学参数资料，基本查明元素含量变化与地层和岩体之间的关系，提高了基础地质、地球化学工作程度。

（四）调查区矿（化）点共84处，其中有大型规模以上的铌钽及高岭土、金属类矿产69处。通过矿产检查和异常查证，新发现锑矿化点1处，钨矿化点1处，铅锌矿点2处，锡铅锌矿点2处，褐铁矿点1处（表3）。

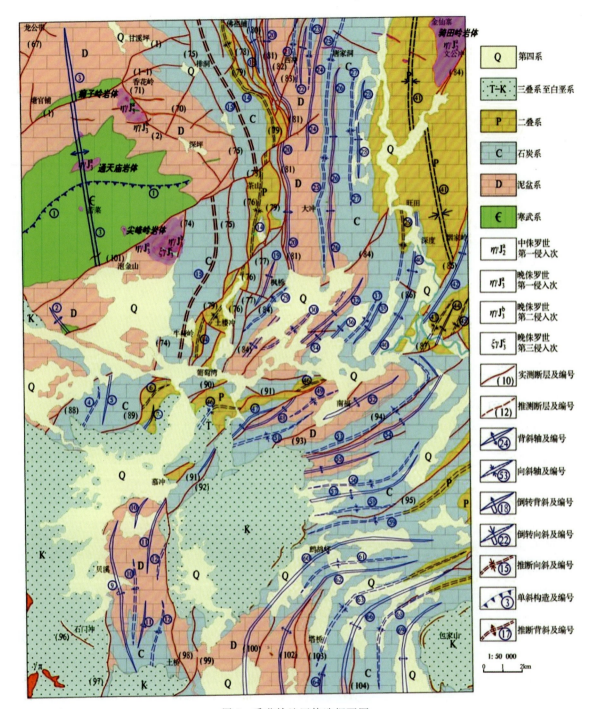

图 1 香花岭地区构造纲要图

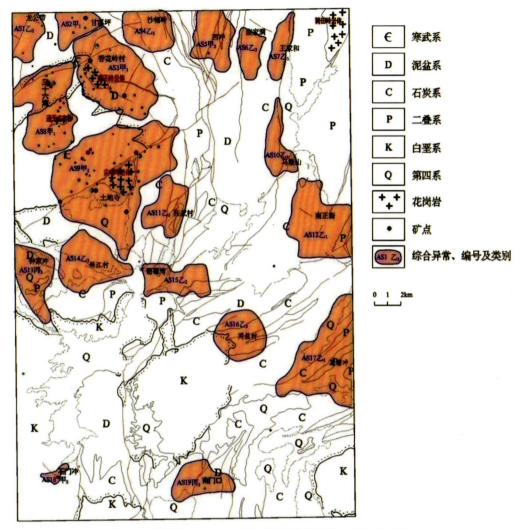

图 2　香花岭地区 1∶5 万水系沉积物测量综合异常分布图

**表 3　香花岭地区新发现金属矿点特征表**

| 序号 | 矿点名称 | 矿种 | 规模 | 矿化特征 |
|---|---|---|---|---|
| 1 | 石门冲 | 锑矿 | 矿化点 | 锑矿（化）体主要产于北西向断裂破碎带及其旁侧次级裂隙中，矿体规模较小，呈透镜体、团块状产出，矿化不连续。PD1 中采样 Sb 0.617% |
| 2 | 葡萄湾 | 钨矿 | 矿化点 | 处于香花岭短轴背斜东南倾伏端，地层为石炭系测水组砂岩、碳质页岩，石磴子组灰岩，北东向断裂发育。D1000 点地表见铁锰颗粒，D1002 点见民采铁锰痕迹。围岩为灰岩，泥碳质灰岩、页岩，含铁质成分高，部分呈褐红色。取样分析 $WO_3$ 0.068%、Ti 0.375% |
| 3 | 十字圩 | 铅锌 | 矿化点 | 受 $F_1$ 断层控制，倾向南，在十字圩一带呈弧形弯曲，为应力集中区。槽探 TC1 揭露，见宽约 10m 断层铁锰土，取样分析 Pb 为 0.76%，与土壤圈定异常基本吻合 |

续表 3

| 序号 | 矿点名称 | 矿种 | 规模 | 矿化特征 |
|---|---|---|---|---|
| 4 | 西冲 | 铅锌 | 矿点 | 受北西向断层控制,宽 1～1.5m,倾向 200°,倾角 80°；破碎带主要由角砾岩、方解石、泥质物充填,硅化较强。破碎带从地表往深部逐渐变宽,且往深部破碎带边部开始发育大量平行小裂隙,内见铅锌矿呈细脉状脉充填。采取分析 Pb 0.47%,Zn 2.62% |
| 5 | 香花铺 | 锡铅锌 | 矿点 | 受北东向断裂控制,宽约 2m,见灰岩角砾,由网脉状方解石胶结,铁泥质物发育,局部见浸染状黄铁矿、方铅矿、闪锌矿,裂隙发育,品位 Sn 0.342%,Pb 7.10%,Zn 1.17%,Ag $118.22\times10^{-6}$ |
| 6 | 土地寺 | 萤石、钨铅锌 | 矿点 | 萤石受 $F_{424}$ 断层控制,矿体呈透镜状、串珠状及似脉状赋存于北东向断裂中,长>400m,产状 317°∠85°。品位 $CaF_2$ 14.72%～53.84%；钨铅锌矿体产于花岗岩内破碎带中。品位 $WO_3$ 0.142%,Pb 1.24%,Zn 0.93%,Cu 0.55% |
| 7 | 玉美田 | 铁 | 矿点 | 产于石炭系测水组粉砂岩、页岩与石磴子组灰岩的接触部位,含碳质、铁质较高,可见浸染状、星点状黄铁矿及铁锰结核,有人工煅烧痕迹；D2016 地质点 Fe 30.77% |

（五）在系统总结香花岭地区各类矿床成矿规律、控矿因素的基础上,结合实际找矿成果,建立了香花岭地区综合成矿模式(图 4)以及蚀变底砾岩型锡矿、热液充填交代型锡铅锌矿、矽卡岩型锡铅锌矿、层控型铅锌矿、石英脉型钨锡铅锌矿 5 个找矿模型,以便更好地指导区内找矿工作的开展。

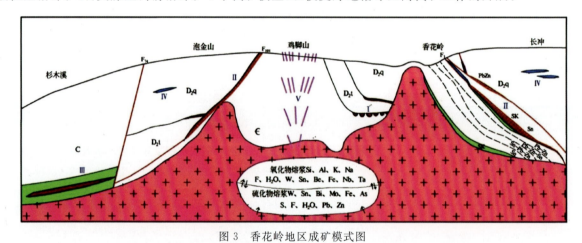

图 3 香花岭地区成矿模式图

Ⅰ.蚀变底砾岩型锡矿；Ⅱ.断裂(裂隙)热液充填交代型锡铅锌矿；Ⅲ.矽卡岩型锡铅锌矿；
Ⅳ.层间破碎带型铅锌矿；Ⅴ.石英脉型钨锡铅锌矿

（六）在综合地质、矿产、物探、化探资料的基础上,根据找矿远景区的划分原则,圈定Ⅰ类找矿远景区 2 个,Ⅱ类找矿远景区 1 个(表 4,图 9),分析了找矿方向和资源潜力,提交找矿靶区 4 处(图 4)。

表 4　香花岭地区找矿远景区划分一览表

| 找矿远景区名称 | 编号 | 类别 | 面积（km²） | 主攻矿种 | 找矿方向和潜力 |
|---|---|---|---|---|---|
| 湖南省临武县塘官铺-香花岭锡铅锌多金属找矿远景区 | Ⅰ-1 | Ⅰ | 93.0 | Sn、Pb、Zn | 蚀变底砾岩型锡矿，中温热液充填交代型锡铅锌矿，中型 |
| 湖南省临武县泡金山-茶山钨锡铅锌多金属找矿远景区 | Ⅰ-2 | Ⅰ | 69.0 | Sn、Pb、Zn | 矽卡岩型、热液充填交代型锡、铅锌矿，中型 |
| 湖南省临武县西冲-唐家洞铅锌矿找矿远景区 | Ⅱ-1 | Ⅱ | 26.6 | Pb、Zn | 构造破碎带型铅锌矿，小型 |

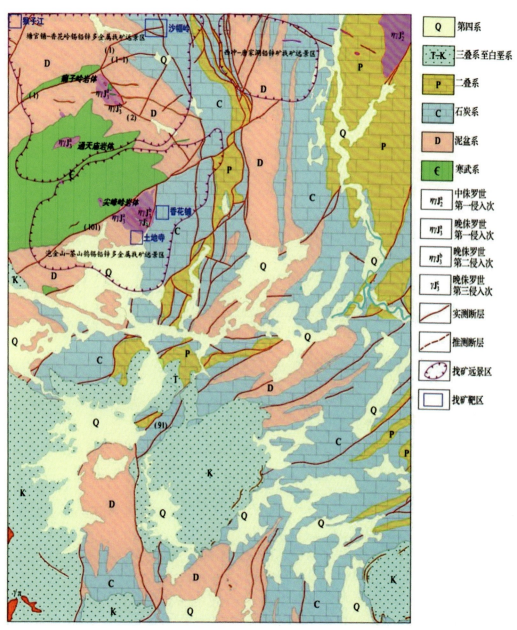

图 4　香花岭地区找矿靶区及找矿远景区分布示意图

1. 湖南省临武县香花铺锡铅锌矿找矿靶区:靶区位于临武县城北直线距离约15km香花铺村,行政上属郴州市临武县管辖,面积约4km²。

出露地层走向近南北(图5),主要有石炭系孟公坳组白云质灰岩-大理岩化灰岩、天鹅坪组粉砂岩、石磴子组含泥质灰岩、测水组石英砂岩夹泥页岩;其中近花岗岩的孟公坳组、石磴子组碳酸盐岩地层具大理岩化、矽卡岩化、条纹岩化蚀变,是调查区重要的赋矿层。

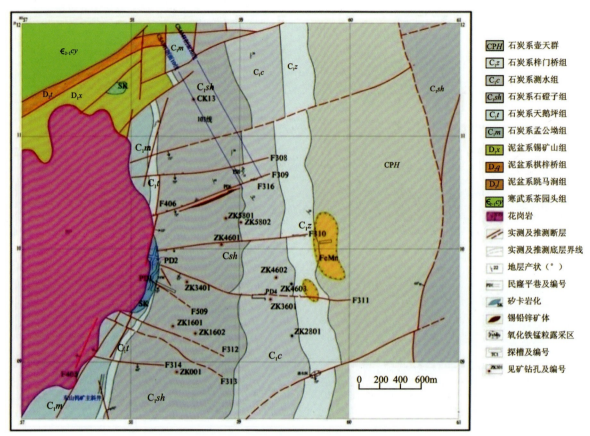

图5 临武县香花铺锡铅锌矿区地质简图

断裂构造发育(图5),有北东向、北北东向、北西向、近东西向和南北向5组,主要含矿构造为北东向$F_{308}$和$F_{309}$,北北东向$F_{406}$、北西向$F_{509}$断裂。

靶区内没见岩体出露,西部为尖峰岭岩体,成岩时代为晚侏罗世,主要岩性为中细粒黑云母二长花岗岩,为形成矿床提供了主要的成矿物质。

围岩蚀变主要有云英岩化、矽卡岩化、硅化、萤石化、大理岩化、白云石化、方解石化、绿泥石化、条纹岩化及叶腊石化等。

激电中梯剖面及磁法剖面测量圈定3个磁异常和5个极化率异常。CSAMT测深工作获得了2条剖面地表标高600m至深部标高−200m范围内的地电断面。反演电阻率断面图显示,剖面西北段反映较差,东南段反映较好。分析认为剖面西北段受干扰因素主要有地形起伏相对较大、近地表岩性局部不均匀、中深部较为杂乱的层间破碎带、岩溶裂隙带,可能还有矿区采空区等。其中,层间破碎带、岩溶裂隙带内有含水泥砂质充填物,其电阻率较低,探测深度受到影响。

区内异常发育的元素为Sn、W、Bi、F,中等发育元素为Zn、Sb、Pb、As、Ag、Cu。其中Sn最高值$2083\times10^{-6}$,W最高值$3973\times10^{-6}$,Pb最高值$15760\times10^{-6}$,Zn最高值$15790\times10^{-6}$,Ag最高值$40.3\times10^{-6}$。异常与岩体、断裂关系密切,西部靠近岩体处形成高强度W、Sn、Bi等元素异常,Pb、Zn、As、Sb、Cu等中低温元素异常主要分布于岩体外接触带。岩体从内而外从西向东出现W、Sn、Bi-Pb、Zn、Cu、

Ag-As、Sb、F元素分带现象；区内异常主要呈北东向分布，成矿热液沿断裂构造从西向东迁移。

异常元素组合为Sn、W、Bi、F(Zn、Sb、Pb、As、Ag、Cu)，异常规模大，强度高，连续性好，浓度分带明显。西部形成高强度W、Sn、Bi等元素异常，具有寻找矽卡岩型及断裂破碎带型钨锡多金属矿前景；深坑里南—香花铺村一带出现高强度北西向Pb、Sn、Cu、Ag、As等元素异常，此部位是寻找断裂(裂隙)破碎带型铅锌锡矿体最有利部位。综合该次检查情况，表明异常部分由已知锡铅锌矿化引起外，异常Sn、Pb、Zn、Ag高值部位可能还有地表矿化，根据异常特征及所处成矿位置，认为深部可能存在钨锡铅锌等高—中温矿化体。

区内已发现破碎带型铅锌矿体、热液充填交代型雄(雌)黄矿、矽卡岩型钨锡矿及花岗岩型铷矿。

铅锌矿体受PD6和CK28控制，走向北东，倾向南东，倾角60°左右，沿走向长约300m，厚度1.0～2.0m。产于北东向$F_{316}$断裂破碎带中。

雄(雌)黄矿体受ZK3601、ZK4602、PD4 3个工程控制，沿走向长200m，倾斜长250m，走向北东-南西，倾向南东，倾角32°左右，厚度0.42～1.00m，平均厚度0.68m，平均品位26.27%。

靶区南部杉木溪矿区控制了深部的岩体接触带，ZK3401、ZK1601、ZK5801、ZK001、ZK1602、ZK5802、ZK4601等工程控制到了花岗岩及大理岩-矽卡岩蚀变带，探获了锡钨矿体及铷矿体，走向北东-南西，倾向南东，长1 500m，倾向长750m，矿体沿北东走向均未封边，靶区内仍有进一步的找矿潜力。

针对靶区南部杉木溪矿区以往施工的钻孔见矿情况，同时结合该次物探激电中梯、高磁测量、可控源测深剖面及化探成果，可做探索性的浅钻揭露，了解了深部隐伏矿化体赋存情况，并布置少量钻探工程进行验证，进一步查明区内资源潜力。

2.湖南省临武县土地寺锡铅锌矿找矿靶区：位于临武县城北直线距离约13km处、土地寺北侧，面积约4km²。

出露地层为泥盆系跳马涧组石英砂岩、粉砂岩，棋梓桥组中段灰岩、白云质灰岩及锡矿山组上段白云岩、白云质灰岩，靠近岩体位置部分灰岩具大理岩化。北东向压扭性断裂发育，主要见$F_{423}$、$F_{424}$，为主要控矿构造。靶区位于尖峰岭花岗岩岩体的南西面(图6)，该花岗岩的形成时代为燕山早期，岩性主要为黑云母花岗岩。

围岩蚀变发育在岩体接触带附近或断层挤压破碎带中及旁侧岩层中，主要有滑石化、绿泥石化、铁锰碳酸盐化、蛇纹石化、透闪石化、含铍条纹岩化、萤石化、大理岩化、黄铁矿化及较弱的硅化、褪色化等。

利用激电中梯剖面及磁法剖面测量圈定出4个磁异常、3个极化率异常。这些异常位于北东向压扭断裂带上或旁侧，在M2、M4及IP2周边地表发现萤石、锡铅锌等含矿细脉。北东向压扭性断裂为主要控矿构造，有寻找锡多金属矿的可能。

通过土壤剖面测量结果显示异常元素组合为Sn、W、Bi、Pb、Zn、Ag(As、Sb、F、Cu、Au、Mo)，与1:5万水系沉积物异常相一致。其中Sn最高值$1 324×10^{-6}$，W最高值$2 120×10^{-6}$，Cu最高值$1 037×10^{-6}$，Pb最高值$19 050×10^{-6}$，Zn最高值$6 445×10^{-6}$，Ag最高值$16.1×10^{-6}$。异常绝大多数呈线状或面状，并呈北东向分布，可能与北东向断裂有关。异常规模较大，强度高，连续性好，浓度分带明显，岩体从内而外从北向南，出现从W、Sn、Bi、F-Pb、Zn、Cu、Ag-As、Sb、Au元素分带现象，岩体及近接触带形成高强度W、Sn、Bi、F等元素异常。岩体与锡矿山组地层接触部位、北西西向断裂带是寻找矽卡岩型和断裂破碎带型锡钨矿有利部位；Pb、Zn、As、Sb、Cu等元素高异常值主要分布于岩体外接触带，沿$F_{423}$断裂及其南东部可圈定两条Pb元素大于$1 000×10^{-6}$，北东向的高值异常带，该处是寻找断裂破碎带型铅锌锡矿有利部位。综合本次检查情况，除异常部分由地表铅锌矿化引起外，Sn、Pb、Zn、Ag高值部位可能还有地表矿化，根据异常所处成矿位置及已发现的萤石矿化点分析，认为深部可能存有钨锡铅锌等高中温矿化体。

区内已发现有破碎带型萤石矿及热液充填交代型钨锡多金属矿(化)脉。

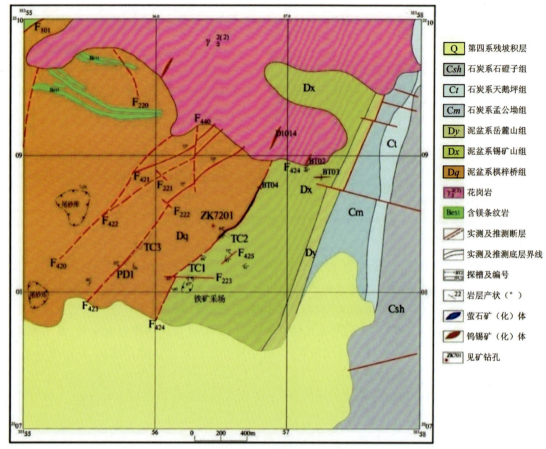

图 6 临武县土地寺锡铅锌矿区地质简图

萤石矿脉受工程 TC2、BT04 控制,长约 400m,真厚度 3.1m,$CaF_2$ 平均品位 38.57%。产状与断层产状一致,倾向约 315°,倾角 85°。

目前共发现热液充填交代型钨锡多金属矿(化)脉 3 条,分布于尖峰岭岩体西南角,矿体主要产于岩体内断裂及围岩裂隙中,分布不连续。

平面上从岩体内部往外,存在一个由高温到低温的矿化分带[钨、锡-锡(钨)铅锌-铜铅锌-萤石],推测在纵剖面上也可能存在着从地表至深部由低温到高温的矿化分带。并且,靶区位于香花岭矿田南侧,香花岭穹隆构造的南部,处于泡金山铅锌锡多金属矿和东山钨矿之间,紧邻尖峰岭成矿岩体,具有丰富的成矿物质来源及有利构造条件。地表及槽探见有钨锡铅锌及萤石矿(化)体,$F_{424}$ 与东山钨矿主要含矿构造 $F_{405}$ 为同期同组构造,因此,该区具有寻找中小型断裂破碎带型铅锌锡、萤石矿床前景。

下一步建议对成矿条件较好的 $F_{424}$ 断裂附近及岩体内外接触带开展重点工作,加强老隆调查,确定矿体产出特征,在合适位置可进行浅钻揭露,对有利部位进行深部验证。

3. 湖南省临武县猴子江铅锌找矿靶区:位于湖南省郴州市临武县北部,行政上属临武县三合乡、麦市乡管辖,面积约 $4km^2$。

出露地层有泥盆系跳马涧组、棋梓桥组。区内构造主要呈北东—北东东向展布(图 7),是主要的导矿控矿构造。

围岩蚀变主要有碳酸盐化、硅化、绿泥石化、绢云母化、矽卡岩化、萤石化等。

区内存在 1∶5 万水系沉积物异常 AS1(乙$_2$),在香花岭锡铅锌多金属成矿带外围,异常面积 $6.72km^2$。异常区出现以 Zn、Pb、Ag、Cd、Hg、Sn、W 为主的多元素异常。异常总体呈带状沿北东向断裂展布,其中 Pb 的异常面积较大,基本覆盖整个异常区。

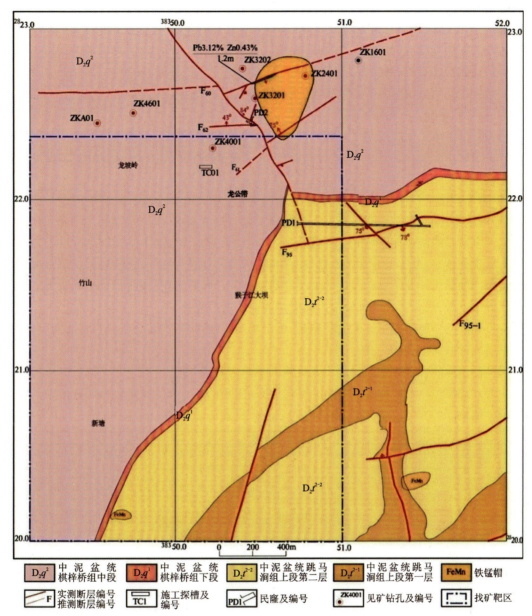

图 7 临武县猴子江铅锌矿区地质简图

土壤剖面测量结果显示异常区出现 Pb、Zn、Mo、W、Sn、Ag、As 多元素异常,与 1∶5 万水系沉积物异常相一致。异常绝大多数呈线状或面状(Pb、Zn、Mo)北东向分布,可能与北东向断裂有关。Pb、Zn、Mo 异常范围较大,其次为 W、Sn、Ag、As。空间上,从北西-南东方向,元素 SnAg→MoW→PbZn→As 变化趋势反映出由高温—中温—低温元素变化特征。异常强度高,Zn、Mo、Sn 异常具三级浓度带,Pb、W 具二级浓度带。最高含量 Sn 为 $168.6×10^{-6}$、Mo 为 $102.07×10^{-6}$、Zn 为 $3\,709×10^{-6}$、Pb 为 $1\,693×10^{-6}$。总体上,异常区内主要富含中高温元素,具有寻找中高温钨锡、铅锌多金属矿前景。成矿可能与深部隐伏岩体及断层破碎带热液活动有关。

该次检查情况表明部分异常由已知锡铅锌矿化引起,但异常强度规模都比已知的大,仍有找矿前景。异常 Sn、Pb、Zn、Ag 高值部位可能还有矿(化)体,根据异常特征及所处成矿位置,认为深部可能存在钨锡铅锌等高中温矿(化)体。

该区主要为层间破碎带型铅锌矿床,矿体产于中泥盆统棋梓桥组中段碎裂白云岩、含生物碎屑白云岩中。受地层、层间构造控制明显,常呈多组平行矿体产出,呈似层状、条带状,铅锌矿体走向北东东,倾向北北西,平均倾角26°,整体向西侧伏。控制走向延长1 065～1 545m,倾向延伸200～385m。矿体平均厚度3.49～3.87m,平均品位Pb 0.14%～0.33%,Zn 1.53%～1.68%,Ag $(2.4～3.6)\times 10^{-6}$。

矿石的金属矿物主要有闪锌矿、方铅矿、黄铁矿、磁黄铁矿等,次为毒砂、黄铜矿等;脉石矿物主要有白云石、方解石,其次为石英、绿泥石、绢云母等。

矿石的结构主要有自形晶不等粒结构、半自形不等粒结构、他形晶不等粒结构等。矿石的构造主要有块状构造、浸染状构造、条带状构造等。

靶区北侧外围已施工钻孔控制了层间破碎带型铅锌矿体,产于中泥盆统棋梓桥组中段碎裂白云岩、含生物碎屑白云岩中。受地层、层间构造控制明显,常呈多组平行矿体产出,呈似层状、条带状,矿体产状随围岩岩层褶皱变化而变化。

AS1异常(乙$_2$)位于香花岭锡铅锌多金属成矿带外围。Pb、Zn、Ag、Cd沿断层展布明显,异常吻合良好,有明显的浓集中心,均有内、中、外带。区内断层附近异常较好,且浓度较高。土壤剖面测量成果显示异常绝大多数呈线状或面状(Pb、Zn、Mo)北东向分布,可能与北东向断裂有关。Pb、Zn、Mo异常范围较大。异常强度高,总体上异常区主要发育中高温元素,具有寻找中高温钨锡、铅锌多金属矿前景。成矿可能与深部隐伏岩体及断层破碎带热液蚀变活动有关。因此,结合地质背景及异常特征判断,该区除了已知铅锌矿点外,继续探索仍有发现中高温热液矿床的可能性。

4. 湖南省临武县沙帽岭锡铅锌矿找矿靶区:位于湖南省临武县北部,与临武县城直线距离约13km,行政区划隶属临武县镇南乡,面积约6km$^2$。

该矿区广泛出露晚古生界上泥盆统—石炭系碳酸盐岩地层,泥盆系棋梓桥组、佘田桥组,石炭系石磴子组是主要含矿层位。断裂构造主要呈北东向展布(图8),以F$_1$、F$_{1-1}$为重要。调查区未见岩体出露,外围有燕山早期癞子岭岩体及花岗斑岩脉,它们与成矿关系密切。

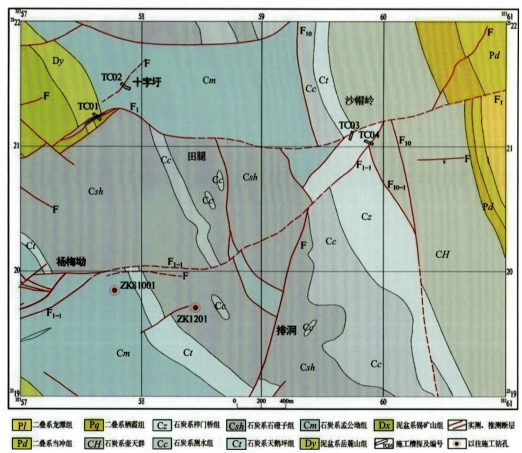

图8 沙帽岭铅锌锡矿区地质简图

围岩蚀变主要有硅化、碳酸盐化、黄铁矿化、绿泥石化、矽卡岩化、大理岩化和云英岩化等。铅锌锡矿化多与硅化、矽卡岩化、黄铁矿化和云英岩化等有关。

靶区内存在一处1:5万水系沉积物异常 AS4（乙$_3$），是一个以 Ag、W、Sn、Hg、Sb、As、Zn、Pb 为主的多元素异常。异常总体呈北东或近南北向带状展布，其中 Sb、Hg 的异常面积较大，基本覆盖整个异常区，强度高。Ag、W、Sn 衬值都比较高，分别为 9.14、6.14、5.77；各元素均具三级浓度，元素间吻合性较好，浓集中心较明显。异常展布与构造带方向基本吻合，推测异常主要与断裂热液蚀变活动有关。从异常范围上看，低温元素范围大于中温元素范围，说明异常源剥蚀程度较浅。结合地质背景，该异常在深部具有寻找中高温热液矿的前景。

经地表调查及资料收集，发现锡矿（化）体2个，位于北北东向断层 $F_1$、$F_{1-1}$ 之间，主要集中在两条区域性断层的次级断裂中，受断层控制。调查区内12线已施工钻孔 ZK1201，见两层锡矿（化）体：在进尺 572.97～574.18m 见 1.21m 锡矿化体，品位 Sn 0.14%；在进尺 668.40～669.43m 见 1.03m 锡矿体，品位 Sn 0.389%。围岩分别为泥盆系锡矿山组灰岩及佘田桥组白云岩，围岩蚀变为大理岩化、绿泥石化等。

靶区内沿 $F_1$ 断层破碎带地表见硅化、绿泥石化和碳酸盐化，在 $F_1$ 的深部及旁侧见厚大的石榴石矽卡岩，并伴生锡铅锌矿化，局部地段见脉状含铅锌硫化物矿体，在深部见到隐伏岩体，隐伏岩体顶盖有云英岩型钨锡矿化。结合收集物化探成果，初步认为 $F_1$ 从邻近新风矿区往北东至沙幅岭一带，$F_{1-1}$ 东延部位是寻找热液交代充填型铅锌多金属矿床、矽卡岩型锡铅锌矿床的有利部位。建议加强综合研究，必要时可进行深部钻探验证。

## 三、成果意义

1. 对地层、构造、岩浆岩进行了调查研究，确定了地层和岩浆岩填图单位，编制了1:5万地质矿产图、1:5万建造构造图等系列图件，提高了调查区的工作程度。

2. 1:5万水系沉积物测量获得了18种元素的定量分析数据，划分了地球化学找矿远景区，为地质找矿提供了重要信息。

3. 通过综合分析，建立了不同类型矿床的找矿模型，划分了找矿远景区，圈定了找矿靶区；认为土地寺、香花铺等地区具备良好的成矿条件和找矿潜力，中深部有望找到中型以上规模的锡铅锌等中高温热液矿床，进一步明确了找矿目标。

# 湖南通道—广西泗水地区 1∶5 万地质矿产综合调查

陈希清　夏金龙　定　立　卢友月　马丽艳　秦拯纬

（武汉地质调查中心）

**摘要**　全面分析了调查区 19 个地层填图单元特征及含矿性、5 个岩浆岩填图单元的岩石学、地球化学及年代学特征；探讨了岩浆岩的成因及岩浆活动与成矿作用关系；进行构造单元划分，探讨了构造与成矿作用的关系。编制金等 20 个元素的地球化学图，圈定水系沉积物综合异常 39 处并进行了异常分类、排序。在综合分析地质、物探、化探、遥感工作成果的基础上，利用大比例尺地质、化探工作手段，配合槽探等地表工程，重点检查化探异常 11 处。通过地质调查和异常检查新发现矿（化）点 8 处，重点检查矿点 6 处。大致查明了区内金、锰、钴、钨等成矿地质条件、控矿因素和成矿规律，建立了金矿、锰矿种的找矿模型；初步划分找矿远景区 7 个（A 类 3 个、B 类 1 个、C 类 3 个），优选、圈定找矿靶区 4 个（金B 类找矿靶区 2 个、钴 B 类找矿靶区 1 个、锰 C 类找矿靶区 1 个），明确了调查区今后开展普查找矿的地域和方向。

## 一、项目概况

调查区位于湖南、广西和贵州 3 省（区）交界地区，行政上属湖南省怀化市通道侗族自治县、邵阳市城步苗族自治县、广西壮族自治区桂林市龙胜各族自治县和柳州市三江侗族自治县管辖。地理坐标：东经 109°30′00″—110°15′00″，北纬 25°50′00″—26°10′00″，包括 1∶5 万通道县幅、五团幅、瓢里幅、泗水幅 4 个国际标准图幅。

工作周期：2015—2018 年。

**总体目标任务**：以锰、金为主攻矿种，兼顾锡、钨、钼、铜等矿产；系统收集区内已有地质、物探、化探、遥感、矿产、科研等成果资料；开展 1∶5 万矿产地质调查、1∶5 万水系沉积物测量及遥感地质解译等工作，大致查明区内成矿地质条件，圈定化探异常，寻找成矿有利地段；利用大比例尺地质、物探、化探等手段，匹配少量地表探矿工程，开展异常查证和矿（化）点检查，总结找矿标志及成矿规律，圈定找矿靶区，为下一步矿产勘查工作提供依据。编制 1∶5 万地质矿产图（全区及分幅）、建造构造图和矿产预测图。

## 二、主要成果与进展

调查区位于扬子陆块东南缘，上扬子陆块与湘桂裂谷盆地的交界部位，主体属湘中-桂中裂谷盆地，西部边缘位于雪峰山陆缘裂谷盆地（图 1）。区内经历了多期构造、岩浆活动。含铁锰矿地层发育，存在多处物化探异常及重砂异常，调查区及外围有较多金、铜、锰、铁等矿（床）点，且成带分布，成矿地质条件较好。

（一）通过实测地质剖面及与邻区岩石地层单位研究对比，基本查明了调查区地层层序与花岗岩的侵入期次，划分了 19 个组级、2 个段级岩石地层填图单位和 5 个岩浆岩填图单元（表 1、表 2），明确了各填图单位的岩性标志。

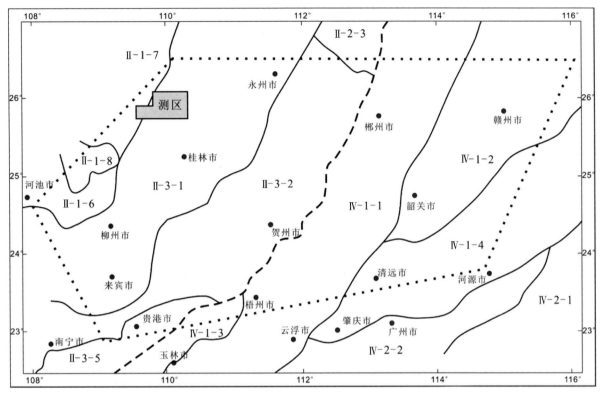

图 1 南岭地区大地构造单元划分示意图

一级构造单元：Ⅱ.扬子陆块区；Ⅳ.武夷-云开造山系。二级构造单元：Ⅱ-1.上扬子陆块；Ⅱ-2.下扬子陆块；Ⅱ-3.湘桂裂谷盆地；Ⅳ-1.武夷-云开弧盆系。三级构造单元：Ⅱ-1-6.上扬子东南缘被动边缘盆地($Pz_1$)；Ⅱ-1-7.雪峰山陆缘裂谷盆地(Nh)；Ⅱ-1-8.上扬子东南缘古弧盆系($Pt_2$)；Ⅱ-2-3.江南古岛弧($Pt_2$)；Ⅱ-3-1.湘中-桂中裂谷盆地($D-T_1$)；Ⅱ-3-2.湘东-桂北残余盆地(Nh-O)；Ⅱ-3-5.十万大山前陆盆地(J-K)；Ⅳ-1-1.罗霄岩浆弧(Nh-Pz1)；Ⅳ-1-2.新干-永丰弧间盆地(Nh-∈)；Ⅳ-1-3.六万大山-大容山岩浆弧(T-J)；Ⅳ-1-4.武夷岛弧(Nh-$Pz_1$)

表 1 湖南通道—广西泗水地区岩石地层单位划分表

| 地质年代 | | | 岩石地层单位 | | | 备注 |
|---|---|---|---|---|---|---|
| 代 | 纪 | 世 | 组（段） | 代 号 | 厚度(m) | |
| 新生代 | 第四纪 | 全新世 | | Q | 2.0~25.0 | |
| 中生代 | 白垩纪 | | | K | | |
| 晚古生代 | 泥盆纪 | 中世 | 跳马涧组 | $D_2t$ | 250.0~312.5 | |
| 早古生代 | 奥陶纪 | 早世 | 白水溪组 | $O_1b$ | 235.2~334.4 | 局部 |
| | | | 爵山沟组 | $\epsilon Oj$ | 70.1 | |
| | 寒武纪 | 晚世 | 小紫荆组 | $\epsilon_3 xz$ | 1 062.8 | |
| | | | 探溪组 | $\epsilon_{2-3}t$ | 184.9 | |
| | | 中世 | 茶园头组 | $\epsilon_2 cy$ | 545.4 | |
| | | | 污泥塘组 | $\epsilon_2 w$ | 412.0~808.7 | |
| | | 早世 | 牛蹄塘组 | $Z\epsilon n$ | 566.8 | |

续表1

| 地质年代 | | | 岩石地层单位 | | | 备注 |
|---|---|---|---|---|---|---|
| 代 | 纪 | 世 | 组（段） | | 代号 | 厚度(m) | |
| 新元古代 | 震旦纪 | 晚世 | 留茶坡组 | | $Z_2l$ | 38.5～99.7 | |
| | | 早世 | 金家洞组 | | $Z_1j$ | 98.8～129.7 | |
| | 南华纪 | 晚世 | 洪江组 | | $Nh_3h$ | 546.8 | |
| | | 中世 | 大塘坡组 | 上段 | $Nh_2d^2$ | 22.5 | |
| | | | | 下段 | $Nh_2d^1$ | 46.7 | |
| | | 早世 | 富禄组 | | $Nh_{1-2}f$ | 252.4～421.0 | |
| | | | 长安组 | | $Nh_1c$ | 415.0 | |
| | 青白口纪 | 晚世 | 岩门寨组 | | $Qb_2y$ | 440.5 | |
| | | | 架枧田组 | | $Qb_2j$ | 800.5 | |
| | | 早世 | 砖墙湾组 | | $Qb_1z$ | >399.7 | 未见底 |

表2 湖南通道—广西泗水地区岩浆岩填图单元划分表

| 时代 | 代号 | 主要岩性 | 年龄(Ma) |
|---|---|---|---|
| 晚三叠世 | $\eta\gamma T_3^5$ | 细粒二云母二长花岗岩 | |
| | $\eta\gamma T_3^4$ | 中细粒含斑黑（二）云母二长花岗岩 | |
| | $\eta\gamma T_3^3$ | 粗中粒（斑状）黑云母二长花岗岩 | |
| | $\eta\gamma T_3^2$ | 中粒（斑状）黑云母二长花岗岩 | |
| | $\eta\gamma T_3^1$ | 中细粒/细中粒黑云母二长花岗岩 | 211±0.95 ①<br>227±3.2 ②<br>215.2±3.1 ③<br>218.6±4.3 ④ |

①②黄子进等（2017）锆石 LA-ICP-MS U-Pb 法测年结果；③本次锆石 LA-ICP-MS U-Pb 法测年结果；④柏道远等（2014）锆石 SHRIMP U-Pb 法测年结果。

（二）根据区域不整合面的特征，将调查区划分为雪峰期—加里东期构造层（雪峰亚构造层、加里东亚构造层）、印支期构造层、燕山期构造层和喜马拉雅期构造层4个构造层，建立了调查区基本构造格架（图2）。

（三）在对调查区岩浆岩的岩石学、地球化学详细研究的基础上，获得五团岩体黑云二长花岗岩和花岗斑岩的锆石 LA-ICP-MS U-Pb 年龄分别为 217.4±2.5Ma（图3）和 215.2±3.1Ma（图4）。研究认为五团花岗岩岩体是在伸展应力的体制下（图5），元古宙变质沉积岩减压部分熔融作用的产物（图6）。

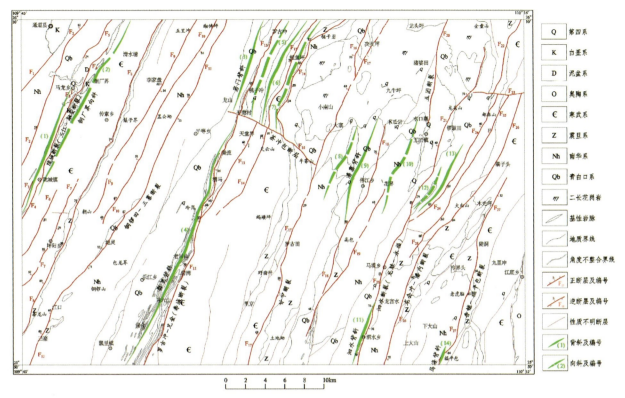

图 2 湖南通道—广西泗水地区构造纲要图

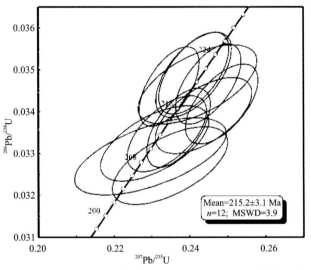

图 3 黑云母二长花岗岩锆石 LA-ICP-MS U-Pb 年龄谐和图

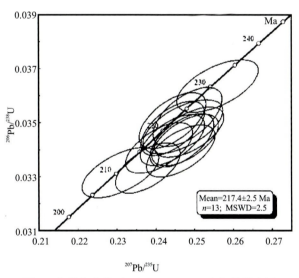

图 4 花岗斑岩锆石 LA-ICP-MS U-Pb 年龄谐和图

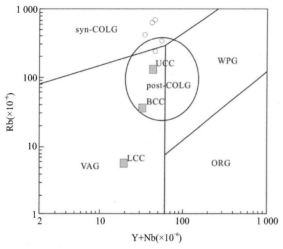 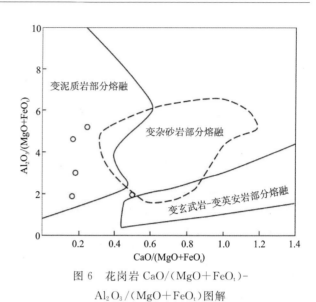

图 5　花岗岩 Rb-(Y+Nb)构造环境判别图

ORG. 洋中脊花岗岩；WPG. 板内花岗岩；VAG. 火山弧花岗岩；syn-COLG. 同碰撞花岗岩；post-COLG. 后碰撞花岗岩；UCC. 大陆上地壳；BCC. 整体大陆地壳；LCC. 大陆下地壳

图 6　花岗岩 $CaO/(MgO+FeO_t)$-$Al_2O_3/(MgO+FeO_t)$ 图解

（四）新发现金、钴、钨、锰、滑石等矿（化）点 8 处（表 3），其中金矿点 3 处、钴矿点 1 处、钨矿化点 1 处、锰矿点 2 处、小型滑石矿 1 处。

表 3　湖南通道-广西泗水地区新发现矿（化）点基本特征表

| 编号 | 矿（化）点名称 | 矿种 | 规模 | 类型 | 备注 |
|---|---|---|---|---|---|
| 1 | 杨家湾锰矿点 | 锰 | 矿点 | 沉积型 | 3 层矿体，厚度分别为 2.5m、1.25m、1.82m，品位 11%～18.4%，具进一步工作的价值 |
| 2 | 美流滑石矿 | 滑石 | 小型 | 变质型 | 规模较小，可供地方开采 |
| 3 | 天云山金矿点 | 金 | 矿点 | 构造-蚀变岩型 | 远景较大，具进一步工作的价值 |
| 4 | 猪婆田钨矿化点 | 钨 | 矿化点 | 岩浆热液型 | 工作程度较低，有一定找矿前景 |
| 5 | 里京锰矿点 | 锰 | 矿点 | 风化淋滤型 | 品位较高但规模小，价值不大 |
| 6 | 保合寨钴矿点 | 钴 | 矿点 | 岩浆型 | 岩体规模较大，具较好的找矿前景 |
| 7 | 木光坪金矿点 | 金 | 矿点 | 构造-蚀变岩型 | 见工业矿体，工作程度低，具进一步工作的价值 |
| 8 | 冷界头铜金矿点 | 金 | 矿点 | 构造-蚀变岩型 | 见 3 条工业矿体，远景较大，具进一步工作的价值 |

(五)完成1∶5万水系沉积物测量面积约2 311 km²,获得10 791个水系沉积物样点的金等20种元素的地球化学数据,编制了系列元素地球化学图,为调查区基础地质调查、生态环境地质调查等多领域提供了精确的地球化学资料。圈定综合异常39处,其中甲类10处、乙类24处、丙类5处,初步查明了引起异常的原因。在对调查区元素地球化学分布及富集特征分析研究、异常检查的基础上,圈定了陇城-门架铜镍钴地球化学找矿远景区、马安-塘马铜镍钴地球化学找矿远景区、平等-强盗坪金地球化学找矿远景区、天云山金地球化学找矿远景区、白水坪-决支坪钨地球化学找矿远景区、雪花界-牛塘钨地球化学找矿远景区、福平包-冷界头-木光坪金地球化学找矿远景区、谭家湾-江口锰地球化学找矿远景区8处地球化学找矿远景区。

(六)对调查区11处综合异常(锯子岩-鲤鱼坪Au-As-Sb-Hg-Bi异常、牛塘W-Sn-Bi-U异常、天云山Au-As-Sb-Hg-W异常、塘马Cu-Cr-Co-Ni异常、寨子头Au-As-Sb-Hg-Mo-Ag异常、木光坪Au-As-Sb-W-Mo异常、坪阳Au-Sb-Hg-Mo-Ag异常、冷界头Au-As-Sb-Ag-Cu-Mo异常、里京Au-Sb-Hg-Ag-Mo异常、江口Mn-Cd-Ag-Mo-Pb-Co异常、马安Cu-Cr-Co-Ni异常等)开展了概略检查,新发现了天云山金矿点、木光坪金矿点、冷界头铜金矿点和保合寨钴矿点,化探找矿效果明显;对天云山金矿点、木光坪金矿点、冷界头铜金矿点、杨家湾锰矿点和江口锰矿点6处矿点进行了重点检查,明确了其进一步的工作价值。

(七)在对区域成矿规律和本次地质矿产综合调查所取得的地质、物探、化探、遥感、矿产等资料综合分析研究的基础上,根据物化探异常特征、已知矿(化)点分布及有利的地层、构造、岩浆岩条件,划分综合找矿远景区7处,其中A类3处、B类1处、C类3处,分析了资源潜力(表4,图7)。优选、圈定找矿靶区4个,其中A类1个、B类2个、C类1个(表5,图7)。

**表4 湖南通道—广西泗水地区找矿远景区划分一览表**

| 找矿远景区名称 | 编号 | 类别 | 面积(km²) | 主攻矿种 | 找矿方向和潜力 |
|---|---|---|---|---|---|
| 广西龙胜县天云山金矿找矿远景区 | Y-5 | A | 15.74 | Au | 构造-蚀变岩型金矿床,中型 |
| 广西龙胜县马安-塘马(铜)铬镍钴找矿远景区 | Y-6 | A | 60.19 | CuCrNiCo | 基性—超基性岩型(铜)铬镍钴矿,中型 |
| 广西龙胜县福平包-冷界头-木光坪金矿找矿远景区 | Y-7 | A | 131.96 | Au | 构造-蚀变岩型金矿床,大型 |
| 湖南通道县杨家湾-平溪锰矿找矿远景区 | Y-1 | B | 12.93 | Mn | "湘潭式"沉积型锰矿床,中型 |
| 广西龙胜县平等-强盗坪石金找矿远景区 | Y-2 | C | 60.79 | Au | 石英脉型金矿床,小型 |
| 广西龙胜县白水坪-决支坪钨矿找矿远景区 | Y-3 | C | 42.88 | W | 岩浆热液型钨矿床,小型 |
| 湖南城步县牛塘-锣鼓田钨矿找矿远景区 | Y-4 | C | 23.53 | W | 岩浆热液型钨矿床,小型 |

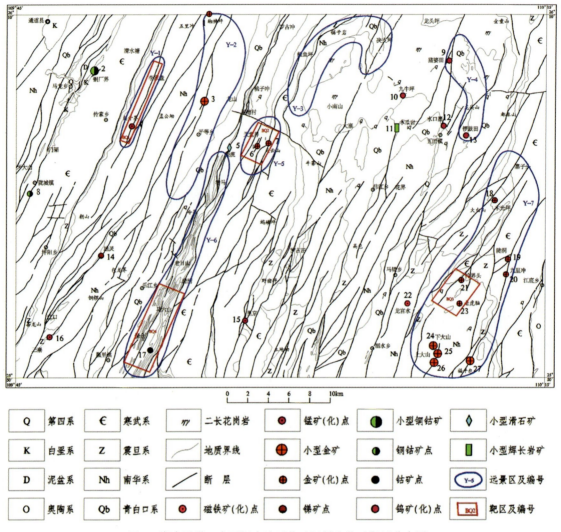

图 7　湖南通道—广西泗水地区找矿远景和找矿靶区分布图

表 5　湖南通道—广西泗水地区找矿靶区一览表

| 找矿靶区名称 | 编号 | 类别 | 面积（km²） | 主攻矿种 | 矿床类型、预测规模 |
|---|---|---|---|---|---|
| 湖南通道县杨家湾锰找矿靶区 | BQ1 | C | 7.42 | Mn | "湘潭式"沉积型锰矿床，中型 |
| 广西龙胜县天云山金找矿靶区 | BQ2 | B | 8.12 | Au | 构造-蚀变岩型金矿床，中型 |
| 广西龙胜县冷界头金找矿靶区 | BQ3 | B | 10.95 | Au | 构造-蚀变岩型金矿床，中型 |
| 广西龙胜县保合寨钴找矿靶区 | BQ4 | B | 22.83 | Co | 岩浆矿床，中型以上 |

1. 湖南通道县杨家湾锰找矿靶区（BQ1）：位于通道县传素瑶族乡杨家湾，距离通道县城约 13km，面积 7.42km²。

出露地层主要为南华系富禄组、大塘坡和洪江组。大塘坡组位于靶区中心，西部出露有震旦系金家洞组、茶坡组和寒武系牛蹄塘组、污泥塘组（图 8）。富禄组为长石石英砂岩夹条带状粉砂质板岩；大塘坡组下部为含碳质硅质粉砂质板岩、碳质页岩夹白云岩、菱锰矿，上部为板状页岩、碳质页岩；洪江组为含砾长石石英杂砂岩、含砾砂质板岩。南华纪大塘坡组黑色薄层状碳质板岩是锰矿含矿层位。

靶区处在三江-融安断裂带和寿城断裂之间，受两大深大断裂影响，北北东向断裂构造和北北西走向次级断裂发育(图8)。断裂构造主要有传素断层、潘家寨断层。传素断层($F_8$)：走向北北东，倾向北西西，倾角50°～70°，长约33km，断层破碎带出露宽度2～5m，主要特征是污泥塘组逆冲于牛蹄塘组之上，牛蹄塘组地层厚度强烈缩短，并对两边褶皱位态加以改造。潘家寨断层($F_9$)：走向北东，倾向北西，倾角约65°，区域上延伸>30km，南端于瓢里幅倾伏，北端延伸出图，断层破碎带出露宽度4～8m，断层破碎带内地层普遍破碎，节理、劈理发育，片理发育。两条断层均属逆断层性质。

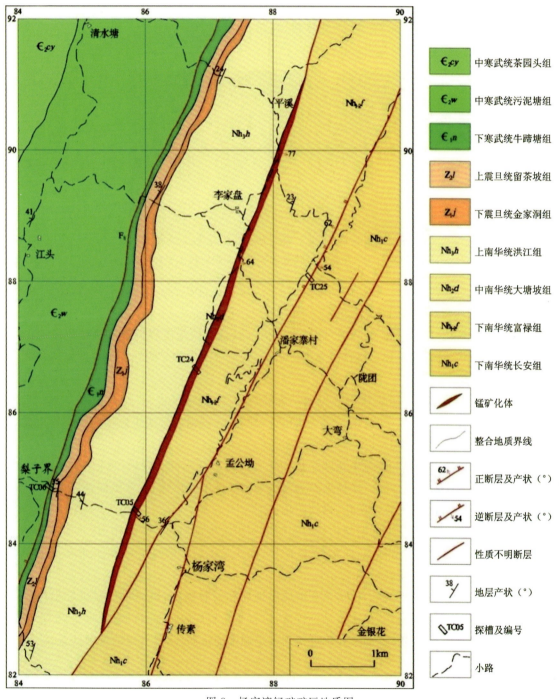

图8  杨家湾锰矿矿区地质图

遥感异常表现为铁染异常较强，沿南华系大塘坡组和富禄组连续分布。大塘坡组出露地层区以西，迅速过渡为铁染负异常，特征明显。

1∶5万水系沉积物测量Mn异常3个，伴生As、Sb、Ag、Mo、Hg等，强度较高，相互吻合好，均呈北北东向展布，与含矿层位分布一致。

杨家湾锰矿点位于两条大断裂的夹持部位。矿区内大塘坡组与富禄组呈断层接触。大塘坡组碳质板岩发生褶曲变形，部分碎裂岩化，锰矿化与之关系密切。

本次新发现锰矿体1个。锰矿化发育于大塘坡组硅化黄铁矿化碎裂碳质板岩中（图9）。矿体走向与大塘坡组产状一致，为30°～35°。矿体呈脉状，长约9km，宽60～100m。矿石品位Mn 11.0%～18.4%。

图9 发育于大塘坡组硅化黄铁矿化碎裂碳质板岩中锰矿化

锰矿石的金属矿物有硬锰矿、软锰矿和偏酸锰矿等，属氧化锰矿石。非金属矿物有黏土、石英和有机碳、黄铁矿等。

矿石结构为微粒状结构、假鲕状结构。微粒状结构：硬锰矿、软锰矿和偏酸锰矿颗粒呈他形粒状分布于矿石中。假鲕状结构：大多数豆鲕粒由多种矿物组成，由于不同的矿物在豆鲕粒中呈环状分布而显简单的同心环状结构。

矿石构造以角砾状构造和团块状构造为主。角砾状构造：碳质板岩、石英脉破碎成大小不等的角砾，被次生锰矿物（软锰矿、硬锰矿）胶结。团块状构造：软锰矿、硬锰矿等次生矿物在矿床氧化带中经重结晶形成团块状。

矿体底板为南华系富禄组灰黄色中至厚层状浅变质细粒长石石英杂砂岩，顶板为南华系洪江组灰黄色厚层至块状浅变质含砾杂砂岩。矿体夹石为南华系大塘坡组碳质板岩、硅质板岩等。

围岩蚀变以硅化为主，次为黄铁矿化、褐铁矿化。

矿床成因属化学沉积型，后期的断裂构造对锰的进一步次生富集起了重要作用。

碎裂碳质板岩是找矿的构造标志；硅化、黄铁矿化、褐铁矿化是找矿的蚀变标志，水系沉积物异常是间接找矿标志；民采老窿是直接找矿标志。

湖南通道县杨家湾锰找矿靶区内南华系大塘坡组地层相对较稳定，碳质页岩锰矿沉积环境有利成矿，本次工作新发现有杨家湾锰矿点，矿石品位较富，矿石质量较好，成矿条件较好，且1∶5万水系沉积物测量锰异常强度较高。预测其深部及外围可找到一定规模的锰矿体，具一定的资源远景，该靶区划分为C类靶区。

2.广西龙胜县天云山金找矿靶区（BQ2）：位于龙胜县平等镇以东天云山一带，距平等镇约6.8km，面积8.12km²。

出露地层主要为中寒武统污泥塘组、下南华统富禄组，天云山主峰一带局部为震旦系金家洞组和留茶坡组（图10）。

靶区内及外围断裂构造发育(图10)。区域性大断裂寿城断裂(平敖断裂)呈北北东向从远景区通过。断裂倾向北西西,倾角63°~68°,为逆冲断裂,断裂带宽10~50m,岩层受强烈挤压变形,糜棱岩发育。断裂东盘震旦系—寒武系表现为平行主断裂方向的次级脆性、韧性断层和尖棱次级褶皱发育,岩层受强烈挤压。北部边缘为北西向茶冲包断层($F_{15}$),走向315°,断层破碎带宽约15m,破碎带内发育断层角砾岩,角砾大小0.5~5cm不等,以次棱角状—次圆状为主,硅化强烈,伴有铁、锰质胶结,为左行平移断层,形成较晚。

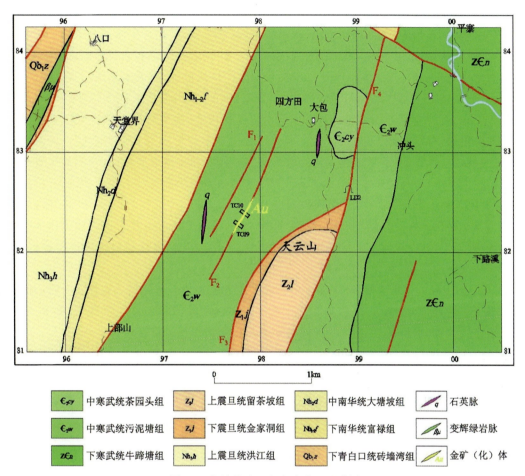

图10 龙胜县天云山金矿矿区地质图

天云山Au-As-Sb-Hg-W异常(HS16)元素组合复杂,以Au为主,构成异常的大致轮廓,伴生As、Sb、Hg、W等元素异常。Au、As、Hg异常强度高、梯度大。Au极大值$2040×10^{-9}$,平均值$100.39×10^{-9}$,26个异常点连续出现,规模值(NAP)达129.30;As极大值$613×10^{-6}$,平均值$194.13×10^{-6}$;Hg极大值$1610×10^{-9}$,平均值$898.33×10^{-9}$,异常再现性好。

靶区内北东侧有已知的龙胜县大包金矿点,且本次异常检查中新发现天云山金矿,金矿矿脉赋存于区域性大断裂平敖断裂带的北北东向次级构造内,地表出露宽度较大、稳定,蚀变、金矿化连续。

新发现金矿体产于$F_2$断裂破碎带中,由TC09、TC10两条探槽控制。破碎带内岩石挤压片理构造发育,大多岩石发生扭曲变形,呈"S"状。发育有强硅化、黄铁矿化、褐铁矿化碎裂岩和石英脉。石英细脉呈烟灰色—灰黑色,局部地段石英脉变宽,达1m,呈不规则脉状。破碎带两侧污泥塘组含碳质板岩、粉砂质板岩,零星见有黄铁矿,岩石较破碎,多发育石英细脉,局部硅化、褐铁矿化碎裂岩。矿体产状为275°∠60°~67°。矿体长约300m,厚度0.18~2.00m,Au品位$(1.02~1.55)×10^{-6}$。

矿石矿物组分较简单,主要金属矿物有黄铁矿、褐铁矿,次为辉锑矿。非金属矿物主要有石英、绢云母等。Au主要以自然金形式出现，少数赋存在黄铁矿、毒砂、黄铜矿等金属硫化物中。

矿石结构主要为碎裂碎粉结构，次为半自形—他形粒状结构。碎裂碎粉结构：可见绢云母化粉砂质泥岩角砾，粒度0.46~2.98mm不等，含量约50%；石英碎屑粒度0.35~1.65mm，含量约40%，呈碎裂碎粉状。半自形—他形粒状结构：黄铁矿呈半自形—他形粒状，分布于微晶石英硅化处。

矿石构造主要为网脉构造、网脉状构造，如褐铁矿化沿网状裂隙分布，多切穿绢云母化粉砂质板岩。

矿体顶、底板均为灰黑色薄至中层状含碳质板岩、碳质板岩、粉砂质板岩。夹石多为弱硅化含碳质板岩、碳质板岩、粉砂质板岩。

围岩蚀变以硅化较普遍，次为褐铁矿化、辉锑矿化、黄铁矿化，硅化与矿体关系密切。

初步分析研究认为，矿床成因属中低温热液型矿床。碎裂岩为找矿的构造标志；硅化、褐铁矿化、辉锑矿化、黄铁矿化是找矿的蚀变标志；水系沉积物异常为间接找矿标志；民采老窿为直接找矿标志。

天云山Au-As-Sb-Hg-W异常（HS16）面积大、强度高（Au极大值达$2040×10^{-9}$），Au相关指示元素As-Sb等异常相互套合好，且异常再现性好，显示是寻找构造-蚀变岩型金矿有利区。靶区内断裂构造分布密集、矿化强，有已知的大包金矿点，且本次异常检查中新发现了天云山金矿。天云山金矿地表出露宽度较大、稳定，蚀变、金矿化连续。从目前矿床控制程度和矿体地质特征，预测矿床资源远景可达中型，具较好的资源远景，有进一步的工作价值，该靶区划分为B类靶区。

目前已发现矿脉1条，化探异常仍具有较好的找矿前景，进一步工作，已发现矿脉（体）的规模还有望进一步扩大，也存在区内及外围发现新矿脉的可能，东部民采老窿区也仍有进一步工作的价值。建议开展进一步的查证工作，在异常区进行系统的土壤测量，择优选取矿化有利地段进行探槽揭露，以进一步查明区内资源潜力。

3. 广西龙胜县冷界头金找矿靶区（BQ3）：位于龙胜县泗水乡北东老虎脑—冷界头一带，福平包-冷界头-木光坪构造-蚀变岩型金矿找矿远景区（编号Y-7）中段，距泗水乡直线距离9.5km。面积10.95km²。

出露地层有南华系长安组、富禄组、洪江组、大塘坡组和震旦系金家洞组、留茶坡组等。断层主要为北北东向龙会冲-潘内断层（$F_{26}$）及其近南北向次级构造（图11）。龙会冲-潘内断层倾向多变，倾角55°~80°，为逆冲断层，断层带宽约10m，北宽南窄，由角砾岩、硅化石英岩、压碎岩组成。断层带东盘多处金矿化点和金异常，反映断层与金矿化关系密切。

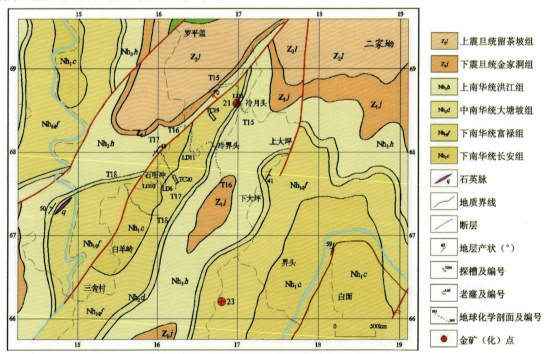

图11 龙胜县冷界头铜金矿矿区地质图

靶区内主要有冷界头 Au-As-Sb-Ag-Cu-Mo 异常（HS27），异常元素组合较复杂，以 Au 为主，伴生 As、Sb、Ag、Cu、Mo 等异常。Au、As 和 Ag 异常强度高，梯度大。Au 极大值 $679\times10^{-9}$，平均值 $37.27\times10^{-9}$，34 个异常点连续出现，规模值（NAP）达 77.96；As 极大值 $433\times10^{-6}$，平均值 $118.33\times10^{-6}$；Ag 极大值 $580\times10^{-9}$，平均值 $245.84\times10^{-9}$。冷界头 Au 异常为典型的"高、大、全"异常，且元素组合特征、分带性均好，与已知矿异常老寨-福平包相似，找矿所示意义明确。

异常检查已在断层东侧碎裂岩及石英脉中发现铜金矿体 2 个。冷界头铜金矿受北北东向断裂及其次级断裂裂隙控制，围岩为长安组、富禄组含砾长石石英杂砂岩、长石石英砂岩。矿区内金矿化主要发育于 $F_1$ 断层带东侧附近长安组、富禄组碎裂岩及石英脉中。

断层破碎带内岩石挤压片理构造发育，大多岩石发生扭曲变形，呈"S"状。发育有强硅化、黄铁矿化、褐铁矿化碎裂岩和石英脉。石英细脉呈烟灰色—灰黑色，局部地段石英脉变宽，达 1m，呈不规则脉状。新发现铜金矿体 2 个，分别由 2 条矿脉组成。矿体呈脉状，总长约 700m，厚度 0.5~0.7m。矿脉产状 $128°\sim82°\angle31°\sim44°$。矿石品位 Cu 1.04%~5.20%，Au $(2.46\sim9.34)\times10^{-6}$。

矿石矿物组分较简单，金属矿物主要有黄铁矿、黄铜矿，其次为孔雀石、褐铁矿；非金属矿物有石英、长石、绢云母等。

矿石结构主要有碎裂碎粉结构、他形粒状结构等。碎裂碎粉结构：可见石英碎屑粒度 0.10~1.80mm，含量约 90%，呈碎裂碎粉状。矿石构造主要有网脉状构造、皮壳状构造等。网脉状构造：网脉的成分为孔雀石脉，孔雀石呈纤维状，高级白干涉色，切穿赤铁矿化的磁铁矿或黄铁矿颗粒，说明孔雀石矿化时间最晚。孔雀石脉的宽度一般为 0.012mm 左右，孔雀石的含量约 2%。皮壳状构造：可见黄铁矿大多数已氧化为褐铁矿，褐铁矿沿黄铁矿的裂隙进行交代呈皮壳状。

矿体顶底板为灰绿色厚层状长石石英砂岩、含钙长石石英砂岩、石英砂岩、含砾长石石英杂砂岩等。夹石为弱硅化长石石英砂岩、含砾长石石英杂砂岩等。

围岩蚀变主要为硅化，次为褐铁矿化、黄铁矿化、孔雀石化等。

初步分析研究认为，矿床成因类型属中低温热液型矿床。碎裂岩为找矿的构造标志；硅化、褐铁矿化、黄铁矿化、孔雀石化是找矿的蚀变标志；水系沉积物异常为间接找矿标志；民采老窿为直接找矿标志。

从目前矿床控制程度和矿体地质特征，预测矿床资源远景可达中型规模，具进一步工作的价值。

4. 广西龙胜保合寨钴找矿靶区（BQ4）：位于龙胜县瓢里镇上塘山、保合寨至乐江乡河口村一带，马安-塘马基性—超基性岩型（铜）铬镍钴找矿远景区（编号 Y-6）南部，中心距瓢里镇约 5km，面积 22.83km²。

靶区位于瓢里背斜核部，罗古冲-兄金断裂（寿城断裂）西侧。出露地层主要为青白口系砖墙湾组绢云母板岩、条带状粉砂质板岩，西侧边部及外围为青白口系架砚田组浅变质细—中粒长石石英杂砂岩，东侧边部及外围为寒武系污泥塘组含碳质板岩，与砖墙湾组断裂接触。

区内基性—超基性侵入岩发育（图12），主要呈北北东向的透镜状、长条状及不规则状顺层侵位于砖墙湾组内，与围岩有两种接触关系：侵入接触和断层接触，以侵入接触为主，长为 1.5~3.5km，宽 50~300m，最长约 10km。岩性以辉绿岩（$\beta\mu$）、橄辉岩（$\sigma\varphi$）为主，均已发生浅变质作用，地表风化强烈。

靶区内北北东向断裂构造发育（图7）。寿城深大断裂从矿区通过，断裂倾向北西西，倾角 $63°\sim68°$，为逆冲断裂，走向与瓢里背斜轴向平行，断裂带宽 10~60m。

靶区内地球化学异常主要有马安 Cu-Cr-Co-Ni 异常，大致呈南北走向的椭圆状，长约 4.7km，宽约 2.5km，面积 10.62km²。异常强度高、梯度大、浓集中心明显，具有良好的找矿指示意义。通过异常查证，已发现 Co 矿体 1 个（保合寨钴矿）。矿体走向为 $20°\sim35°$。矿体呈脉状，长约 8.5km，厚度为 0.1~0.2km，最厚处达 0.45km。Co 品位 $(210\sim531)\times10^{-6}$。

矿石矿物组分为变辉绿岩矿物组成，主要矿物有绿泥石、纤闪石、绢云母、斜长石、角闪石等，次要矿物为石英；副矿物为褐铁矿化的立方体状磁铁矿和榍石、磷灰石。

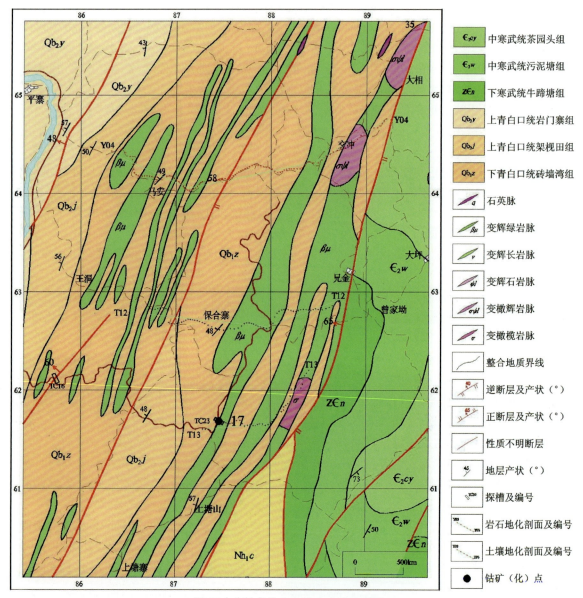

图 12　龙胜县保合寨钴矿矿区地质图

矿石结构主要为斑状结构、似糜棱结构。斑状结构：斑晶为角闪石，可见大多已纤闪石化及绿泥石化，呈扁豆状，部分呈书斜式排列，似糜棱结构，部分可见残留角闪石式的两组解理，粒度 1.05～3.15mm，含量约 12%。基质成分是角闪石，角闪石多已纤闪石化和绿泥石化，粒度约 0.28mm。似糜棱结构：角闪石呈扁豆状，具似糜棱结构，部分可见残留的菱形块，为典型的角闪石式的两组解理。

矿石构造主要有半定向构造、假流动构造。

矿体顶、底板均为砖墙湾组千枚岩、绢云母板岩、变质砂岩。夹石为含钴量较低的变辉绿岩。

围岩蚀变以砖墙湾组的角岩化为主。变辉绿岩体本身亦发育强烈的蚀变，如绿泥石化、纤闪石化、绢云母化、硅化等。

保合寨钴矿区出露的变辉绿岩体为具有良好岩浆分异作用的基性岩体，伴有钴的富集作用，其形成机理类似于通道县长界镍矿。矿床成因属基性—超基性岩型矿床。

变基性、超基性岩是找矿的直接标志；水系沉积物 Cr、Ni、Co 等元素异常为间接找矿标志。

靶区内基性、超基性岩出露连续稳定且规模较大，一般 1.5～3.5km，宽 50～300m，最长达 10km。马安 Cu-Cr-Co-Ni 异常强度高、梯度大、浓集中心明显，面积达 10.62km²，与基性、超基性岩吻合。异常初步检查土壤及岩石剖面样品、探槽样品均已发现超过或接近工业品位的钴矿体（保合寨钴矿）。从目前矿床控制程度和矿体地质特征，预测矿床资源远景可达中—大型规模，具进一步工作价值。建议在对靶区进行系统大比例尺地质填图和面积性土壤测量的基础上，采用探槽、浅井等轻型山地工程对矿体进行揭露控制，并适当开展中深部工程验证，进一步查明钴矿床远景规模。

（八）调查区通道县、城步县、龙胜县和三江县为侗、汉、苗、瑶、壮等多民族聚居区，也是革命老区，以农业为主，工业不发达，经济落后，为国家扶贫开发工作重点县。但区内及周边旅游资源十分丰富，著名的有南山国家公园（南山国家风景名胜区、金童山国家级自然保护区、两江峡谷国家森林公园、白云湖国家湿地公园）、通道万佛山国家地质公园、龙脊梯田等自然保护区和风景名胜区3处（图13）。在开展地质调查工作的同时，注重收集相关旅游地质方面的第一手材料，丰富旅游地质景观。另外，发表科普读物"湘西南屋脊——南山"1篇，对南山风景区进行推介，促进旅游经济发展，助力革命老区人民群众早日脱贫致富。

图13　调查区及周边自然保护区、风景名胜区示意图

（九）项目的实施，实现了老地质调查员工的传帮带，武汉地质调查中心的两名年轻研究生（硕士）得到了锻炼，业务水平明显提高，已成为技术骨干。另外，指导了长江大学硕士研究生季文斌、黄子敬、郭赵扬等的野外工作和研究论文编写，他们已顺利毕业或继续深造，并以该项目为依托，发表学术论文5篇，其中核心期刊3篇。

## 三、成果意义

1. 对地层、构造、岩浆岩进行了详细的调查研究，明确了地层和岩浆岩填图单位，编制了1∶5万地质矿产图等系列图件，提高了调查区地质工作程度。

2. 调查区基性—超基性岩体发育，且与铬、镍、钴等矿产关系十分密切，为我国寻找这些关键金属矿产提供了线索。

3. 通过1∶5万水系沉积物的测量，编制了20种元素地球化学系列图件，为农业地质、生态环境地质调查等提供服务；开展旅游地质调查，提出旅游开发建议，助力国家级贫困县革命老区人民群众早日脱贫致富。

4. 划分找矿远景区7处，提交找矿靶区4处，指出了下一步开展找矿的重点地段和方向。

# 广西宝坛地区 1∶5 万地质矿产综合调查

石伟民　李祥庚　农道义　苏　可　叶家辉　杨振威　周秋娥　罗强孙　刘炳胜　刘春丽

(广西壮族自治区地质调查院)

**摘要**　调查区厘定出 24 个岩石地层填图单位和 22 个岩浆岩填图单位。1∶5 万水系沉积物测量圈定综合异常 52 处(其中甲类 24 处、乙类 22 处、丙类 6 处),划分了地球化学找矿远景区 3 处(其中Ⅰ级 1 个、Ⅱ级 2 个)。开展异常查证 23 处,其中转化为重点检查区 5 处、概略检查区 3 处。新发现矿(化)点 18 处。总结了区域成矿规律,建立了主要矿床找矿模型。开展了成矿预测,划分找矿远景区 3 处,提交找矿靶区 3 处。

## 一、项目概况

调查区位于广西壮族自治区北部,河池市罗城仫佬族自治县、环江毛南族自治县与柳州市融水苗族自治县 3 县交接部位。地理坐标:东经 108°30′00″—109°00′00″,北纬 24°50′00″—25°10′00″,包括 1∶5 万加刷幅、龙岸圩幅、腊峒幅、黄金幅 4 个国际标准图幅,面积 1 864 km²。

工作周期:2015—2018 年。

总体目标任务:以岩浆热液-交代型锡矿、岩浆热液叠加改造型锡铜矿为主攻矿种,兼顾钨、铅锌矿,在江南隆起西段元宝山锡铜铅成矿区南部的宝坛地区开展 1∶5 万矿产地质测量、1∶5 万水系沉积物测量、地面高精度磁测和遥感地质解译等面积性工作,大致查明锡多金属矿控矿条件、成矿地质特征,圈定物化探异常和找矿远景区。利用大比例尺地质、物探、化探和槽探工程等手段对重点找矿远景区开展矿产调查评价,圈定找矿靶区。开展区域矿产预测,总体评价区域资源潜力。预期提交找矿靶区 2~3 处,为推动商业性勘查、实现项目目标任务提供基础资料和技术支撑。

## 二、主要成果与进展

(一)通过 1∶5 万矿产地质测量、1∶5 000 实测地质剖面等工作,基本查明了地层、火山岩、侵入岩的分布、岩性组合,以及岩浆岩活动期次等基本特征。调查区厘定出 24 个岩石地层填图单位(表 1)和 22 个岩浆岩填图单位(表 2),结合 1∶20 万、1∶5 万区域地质调查成果资料,重新勾绘了 4 个 1∶5 万图幅的地质矿产图。

(二)开展 1∶5 万水系沉积物测量,分析了 W、Sn、Cu、Ni、Co、Cr、Mo、Bi、Cd、Ba、La、Au、Ag、As、Pb、Zn、Sb、Hg、B、F 20 种元素。调查区圈定了综合异常 52 处(其中甲类 24 处、乙类 22 处、丙类 6 处)(表 3),划分为 7 个主要异常区(表 3),为矿产检查工作的开展提供了重要信息。结合区域矿产分布特征及成矿地质环境,划分了地球化学找矿远景区 3 处,其中Ⅰ级 1 处(田朋-平英-清明山锡多金属矿地球化学找矿远景区),Ⅱ级 2 处(龙有-蒙洞口钴镍多金属矿地球化学找矿远景区、怀群-兼爱铅锌矿地球化学成矿远景区),对远景区内的成矿地质条件、资源潜力进行了分析。

表1 宝坛地区岩石地层单位划分表

| 年代地层 | | | 1:20万融安幅划分(1967年) | | | | 1:5万加刷东幅广西区调队(1987年) | | | 地质时代 | 1:5万龙岸圩东幅广西地调院(2012年) | | | 本次工作划分方案(2015—2018年) | | |
|---|---|---|---|---|---|---|---|---|---|---|---|---|---|---|---|---|
| 新生界 | | | 第四系 | 全新统 | | Qh | 第四系 | 洪冲积层 Qp$^{al}$ | | 新生界 | 第四系 | 上统 | 桂平组(Qhg) | 全新统 | | 临桂组(Ql) |
| | | | | 更新统 | | Qp | | | | | | | 临桂组(Ql) | 更新统 | | |
| 上古生界 | 石炭系 | | 石炭系 | 上统 | | C₃ | 石炭系 | 缺失 | | 古生界 | 石炭系 | 上统 | 黄龙组(C₂h) 大埔组(C₂d) | 石炭系 | 上统 | 黄龙组(C₂h) 大埔组(C₂d) |
| | | | | 中统 | | 黄龙灰岩组(C₂h) | | | | | | | 罗城组(C₁₋₂l) | | | 罗城组(C₁₋₂l) |
| | | | | 下统 | 大塘阶 | 大埔白云岩组(C₂d) | | 黄金组(C₁h) | 上段 中段 下段 | | | 下统 | 寺门组(C₁s) | | 下统 | 寺门组(C₁s) |
| | | | | | | 罗城段(C₁d³) | | | | | | | 黄金组(C₁h) | | | 黄金组(C₁h) |
| | | | | | C₁d | 大塘段(C₁d²) | | 英塘组 | | | | | 英塘组(C₁yt) C₁yt³ C₁yt² C₁yt¹ | | | 英塘组(C₁yt) |
| | | | | | | 黄金段(C₁d¹) | | | | | | | 尧云岭组(C₁y) | | | 尧云岭组(C₁y) |
| | | | | | 岩关阶 C₁y | 上段(C₁y³) | | 天河组 | 上段 下段 | | | | 天河组(D₃t) 五指山组(D₃w) | | | |
| | | | | | | 中段(C₁y²) | | | | | | | 融县组(D₃r) | | | 融县组(D₃r) |
| | | | | | | 下段(C₁y¹) | | | | | | | | | | |
| | 泥盆系 | | 泥盆系 | 上统 | D₃ | 榴江组(D₃l) | 泥盆系 | 上统 | 容县组(D₃r) | | 泥盆系 | 上统 | 桂林组(D₃g) 榴江组(D₃l) | | 上统 | 桂林组(D₃g) |
| | | | | | | | | | 桂林组(D₂₋₃g) | | | | | | | 榴江组(D₃l) |
| | | | | | | | | | 东岗岭组(D₂₋₃d) | | | | 唐家湾组(D₂t) 东岗岭组(D₂d) | | | 唐家湾组(D₂t) 东岗岭组(D₂d) |
| | | | | 中统 | 东岗岭阶(D₂d) | | | 中统 | 铁厂组(D₂t) | | | 中统 | | | | |
| | | | | | 郁江阶 (D₂y) | 上段(D₂y²) | | | 宝坛组(D₂₋₃b) | | | | 信都组(D₂x) | | 中统 | 信都组(D₂x) |
| | | | | | | 下段(D₂y¹) | | | 龙洞水组(D₁d) | | | | | | | |
| | | | | 下统 | | 那高岭组(D₁n) | | 下统 | 古埂组(D₁₋₂g) 拉郎组(D₁₋₂l) 缺失 | | | 下统 | 缺失 | | 下统 | 缺失 |
| | | | | | | 莲花山组(D₁l) | | | | | | | | | | |
| 下古生界 | 寒武系 | | 寒武系 | | | 上段(Єb²) | 寒武系 | 上统 | 缺失 | | 寒武系 | | 边溪组(Є₂b) | 寒武系 | 第三统 | 缺失 |
| | | | | | 边溪组 | 下段(Єb¹) | | | | | | | | | | |
| | | | | | | 上段(Єq³) | | 下统 | 清溪组(Є₁q) | | | | 清溪组 (Єq³) (Єq²) (Єq¹) | | 第二统 | 清溪组(Єq) |
| | | | | | 清溪组 | 中段(Єq²) | | | | | | | | | | |
| | | | | | | 下段(Єq¹) | | | | | | | | | | |
| 上元古界 | 震旦系 | | 震旦系 | 上统 Z₃ | | 老堡组(Z₃l) | 震旦系 | 上统 | 老堡组(Z₂l) | | 震旦系 | | 老堡组(Z₂l) | 震旦系 | | 老堡组(Z₂l) |
| | | | | | | 陡山沱组(Z₃d) | | | 陡山沱组(Z₂d) | | | | 陡山沱组(Z₂d) | | | 陡山沱组(Z₂d) |
| | | | | 中统 | | 南沱组(Z₂n) | | 下统 | 泗里口组(Z₁s) | | 南华系 | | 黎家坡组(Nhl) | 南华系 | | 黎家坡组(Pt₃³l) |
| | | | | 下统 | | 富禄组(Z₂l) | | | 富禄组(Z₁l) | | | | 富禄组(Nhf) | | | 富禄组(Pt₃³f) |
| | | | | | | 长安组(Z₁c) | | | 长安组(Z₁c) | | | | 长安组(Nhc) | | | 长安组(Pt₃³c) |
| | | 上板溪群 | | | | 拱洞组(Pt₃g) | 丹洲群 | | 拱洞组(Pt₃g) | | 青白口系 | | 拱洞组(Qbg) | 丹洲群 | | 拱洞组(Pt₃¹ᵈg) |
| | | | 合桐组 | | | 上段(Pt₃h²) | | | 合桐组(Pt₃h) | | | | 合桐组(Qbh) | | | 合桐组(Pt₃¹ᵈh) |
| | | | | | | 下段(Pt₃h¹) | | | | | | | | | | |
| | | | | | | 白竹组(Pt₃b) | | | 白竹组(Pt₃b) | | | | 白竹组(Qbb) | | | 白竹组(Pt₃¹ᵈb) |
| 中元古界 | | 下板溪群 | | | | Pt₂ | 四盘群 | | 鱼西组(Pt₂y) | | 四盘群 | | 鱼西组(Pt₂y) | 四盘群 | | 鱼西组(Pt₂ᵏy) |
| | | | | | | | | | 文通组(Pt₂w) | | | | 文通组(Pt₂w) | | | 文通组(Pt₂ᵏw) |

表2 宝坛地区侵入岩填图单位划分表

| 代号 | 时代 | 岩性名称 | 年龄(Ma) | 引用文献 |
|---|---|---|---|---|
| βμ-δT | 印支期 | 基性—中性杂岩体 | 226.1±1.9 | 覃小锋,2017 |
| γπD₂? | 印支期? | 花岗斑岩 | | |
| λπ | | 石英斑状 | | |
| γPt₃¹ᶜ | | 细粒花岗岩、细粒二长花岗斑岩 二长花岗岩、斑状黑云母花岗岩 | | |
| πηγ⁵Pt₃¹ᶜ | | (中)细粒斑状黑云母碱长花岗岩 | | |
| πηγ⁴Pt₃¹ᶜ | | 含电气石中细粒黑云母碱长花岗岩 | 794.2±8.1 | 王孝磊等,2006 |
| | 雪峰期 | | 835.6±4.8 | 覃小锋,2017 |
| πηγ³Pt₃¹ᶜ | | 粗粒斑状黑云母二长花岗岩 | 837.6±7.4 | 覃小锋,2017 |
| πηγ²Pt₃¹ᶜ | | (中)粗粒斑状黑云母二长花岗岩 | 844.9±9.6 | 覃小锋,2017 |
| πηγ¹Pt₃¹ᶜ | | (细)中粒斑状黑云母二长花岗岩 | 846.9±3.3 | 覃小锋,2017 |
| plγδπPt₃¹ᶜ | | 中细粒多斑状斜长花岗岩 | | |

续表2

| 代号 | 时代 | 岩性名称 | 年龄(Ma) | 引用文献 |
|---|---|---|---|---|
| $\gamma\delta\pi Pt_3^{1c}$ | "四堡期" | 花岗闪长斑岩 | | |
| $\gamma\delta Pt_3^{1c}$ | | 花岗闪长岩 | | |
| $\delta o Pt_3^{1c}$ | | 石英闪长岩 | 780 | 张航,2018 |
| $\gamma o Pt_3^{1c}$ | | 英云闪长岩 | 837±3 | 高林志等,2013 |
| | | | 835.8±2.5 | 王孝磊等,2006 |
| $\delta Pt_3^{1c}$ | | 闪长岩 | | |
| $\delta\text{-}\beta\mu Pt_3^{1c}$ | | 闪长-辉绿辉长岩 | | |
| $\delta\text{-N }Pt_3^{1c}$ | | 中基性岩 | | |
| $\beta\mu Pt_3^{1c}$ | | 辉绿辉长岩 | | |
| N $Pt_3^{1c}$ | | 基性未分 | | |
| N-$\delta Pt_3^{1c}$ | | 基性未分、闪长岩 | | |
| $\Sigma$-N$Pt_3^{1c}$ | | 辉橄岩、基性未分 | | |
| $\Sigma Pt_3^{1c}$ | | 辉橄岩、橄辉岩 | 850 | 张航,2018 |

**表3 宝坛地区化探异常分类表**

| 异常区名称 | 异常地名称 | 异常编号 | 异常分类 | 矿产特征 |
|---|---|---|---|---|
| 田朋-平英岩体异常区 | 五地(一洞)-社堡-民族、平英-池洞平安、池洞-久灯 | HS6、HS7、HS8、HS9、HS13、HS15、HS18、HS24、HS28、HS34 | 甲$_1$ | 一洞-五地大型锡铜矿,红岗湾、沙坪中型锡铜矿,白马锡矿点,才滚锡铜矿,大同田、一家坪、田朋岩体、飞水岭、弯勾顶锡矿床,关山口铜铅锌矿床,雨平山铜镍矿床,桐油坪铜镍矿床,池洞铜钴镍矿床,文通-文得铜镍矿床 |
| 盘龙-龙有异常区 | 盘龙、地吴、维洞、满峒、地苏、寨岑、宝坛乡、古城、龙有、纳道 | HS10、HS12、HS16、HS22、HS27、HS29、HS30、HS31、HS33、HS36、HS37、HS40、HS44、HS48 | 甲$_2$ | 玉苗铅锌矿点、四堡-地吴-清明山大型铜镍矿床、满峒-地苏铜镍矿床、界排铜镍矿点、龙有锡铜铅锌矿床、纳道铜镍矿点 |
| 乔善-古邦异常区 | 乔善、古邦、古金 | HS49、HS51、HS52 | 乙$_2$ | 古邦铅锌矿床 |
| 顶新-才乐异常区 | 顶新、才乐、峒杭、大竹 | HS26、HS32、HS42 | 乙$_2$ | 大竹铅锌矿点、峒杭(下养)铜铅锌矿点 |
| 兼爱-果敢村异常区 | 兼爱、甘逢、耕尧、果敢 | HS41、HS45、HS47、HS50 | 乙$_2$ | 孔前锌矿床、兰潭铜铅锌矿点、兼爱铅锌矿点、怀群铅锌锑矿点 |

续表3

| 异常区名称 | 异常地名称 | 异常编号 | 异常分类 | 矿产特征 |
|---|---|---|---|---|
| 才乐村-洞敏异常区 | 久灯村、才乐村、达兴村、龙城村、洞敏村 | HS3、HS4、HS5、HS11、HS14、HS17、HS19、HS20、HS21、HS23 | 乙$_2$ | 龙昂乙耐铅锌矿点、马朝铅锌矿点 |
| 峒马异常区 | 峒马 | HS1、HS2 | 乙$_2$ | 峒马铜镍、钨铋矿点 |
| 龙岸镇-桥头镇异常区 | 龙岸、黄金、桥头镇 | HS25、HS35、HS38、HS39、HS43、HS46 | 丙$_1$ | 几厘米至十几厘米厚,含铅锌高达20%,几十平方千米大面积散布炉渣 |

（三）宝坛地区开展了1∶5万遥感解译,共解译出断裂构造140条,线性构造53条,环形构造35个。调查区划分了遥感预测区13处(其中A类4处,B类5处,C类4处),对区内地层、线性构造、环形构造、遥感蚀变强度、遥感综合异常、矿产等情况进行了分析,对找矿远景进行了半定量评价,为开展矿产检查提供了重要信息。

（四）对调查区23处地物化异常进行了踏勘检查,筛选出社堡锡铜镍多金属异常区、高邦山锡镍钴异常区、界排镍钴异常区、盘龙钴镍异常区、下养铅多金属异常区、鱼西磁异常区、才腊磁异常区等8个异常区进行概略检查。在综合分析研究概略检查成果资料的基础上,进一步筛选出社堡锡铜镍多金属异常区、高邦山锡镍钴异常区、界排镍钴异常区、盘龙钴镍异常区、下养铅多金属异常区5个异常区进行重点检查。通过工作,新发现矿(化)点18处(表4)。

表4　宝坛地区新发现矿(化)点基本信息表

| 序号 | 名称 | 规模 | 矿床类型 | 勘查程度 |
|---|---|---|---|---|
| 1 | 广西罗城县社堡锡多金属矿 | 中型潜力 | 高温热液 | 调查 |
| 2 | 广西罗城县盘龙钴镍矿 | 中型潜力 | 基性—超基性岩型 | 调查 |
| 3 | 广西罗城县界排镍钴矿 | 中型潜力 | 基性—超基性岩型 | 调查 |
| 4 | 广西罗城县板覃村锡矿 | 矿点 | 高温热液型 | 调查 |
| 5 | 广西罗城县板覃村锡矿 | 矿化点 | 高温热液型 | 调查 |
| 6 | 广西罗城县板覃村锡矿 | 矿化点 | 高温热液型 | 调查 |
| 7 | 广西罗城县寨卜村镍钴矿 | 矿化点 | 基性—超基性岩型 | 调查 |
| 8 | 广西罗城县盘龙铜钴矿 | 矿化点 | 基性—超基性岩型 | 调查 |
| 9 | 广西罗城县盘龙铜矿 | 矿化点 | 中低温热液型 | 调查 |
| 10 | 广西罗城县社堡铜镍矿 | 矿化点 | 基性—超基性岩型 | 调查 |
| 11 | 广西罗城县社堡铜矿 | 矿化点 | 中低温热液型 | 调查 |
| 12 | 广西罗城县社堡铜矿 | 矿化点 | 中低温热液型 | 调查 |
| 13 | 广西罗城县社堡铅矿 | 矿化点 | 中低温热液型 | 调查 |
| 14 | 广西罗城县唐村锡矿 | 矿化点 | 高温热液型 | 调查 |
| 15 | 广西罗城县拉荣铜矿 | 矿化点 | 高温热液型 | 调查 |

续表 4

| 序号 | 名称 | 规模 | 矿床类型 | 勘查程度 |
|---|---|---|---|---|
| 16 | 广西环江县龙黑铅矿 | 矿化点 | 中低温热液型 | 调查 |
| 17 | 广西环江县久登村铅锌矿 | 矿化点 | 中低温热液型 | 调查 |
| 18 | 广西环江县才乐锌矿 | 矿化点 | 中低温热液型 | 调查 |

（五）对宝坛地区典型矿床进行了研究，总结了区内主要矿产的成矿规律，初步建立了岩浆融离型铜镍矿床找矿模型（表5）、锡多金属矿床找矿模型（表6）和铅锌黄铁矿矿床找矿模型（表7）。

表 5　宝坛地区铜镍矿床找矿模型

| 模型要素 | | 描述内容 |
|---|---|---|
| 特征描述 | | 岩浆熔离型铜镍矿 |
| 地质环境 | 大地构造位置 | 羌塘-扬子-华南板块扬子克拉通（Ⅳ-4） |
| | 构造环境 | 四堡期倒转背斜，南北、东西向断裂发育。矿体主要产于控制镁铁质-超镁铁质侵入岩产出和分布的四堡断裂、池洞断裂的次级断裂——东西向断裂和南北向断裂中 |
| | 赋矿地层 | 侵入四堡群地层的四堡期基性—超基性岩 |
| | 岩性组合 | 辉长岩、辉长辉绿岩，蚀变超基性岩等成矿元素 Cu、Ni、Cr、Co 丰度高 |
| | 成矿时代 | 新元古代四堡期，935～840Ma |
| | 侵入岩特征　岩体 | 四堡期蚀变基性—超基性岩脉 |
| | 侵入岩特征　含矿岩体岩石化学特征 | $SiO_2$ 含量：42.73%～48.13%，$Al_2O_3$ 6.62%～10.58%，MgO 16.15%～26.39%，（$K_2O+Na_2O$）0.23%～1.94%，$TiO_2$ 0.29%～0.59%，具低 $TiO_2$ 和低碱的特点 |
| 矿床特征 | 矿体特征 | 地表出露的铜镍矿体多数以岩墙的形式呈近东西走向，倾向南，一般矿体宽2～15m，长0.5m至1.6km，沿岩体底部（橄榄岩相、辉石岩相底部 0.5～15m 范围内）分布。矿石以浸染状结构为主，镍品位 0.2%～0.5%，铜 0.10%～0.3%，钴 0.01%～0.03%，在底部熔离型浸染状分布的铜镍矿体中间常有贯入型和后期热液充填交代型的脉状铜镍矿体分布，镍品位较高，一般在1%以上 |
| | 矿物组合 | 磁黄铁矿、镍黄铁矿、黄铜矿、辉砷镍矿、阳起石、纤闪石、石棉、绿泥石 |
| | 围岩蚀变 | 阳起石化、纤闪石化、蛇纹石化、绢云母化、碳酸盐化、透闪石化、绿泥石化、硅化 |
| | 矿石结构 | 粒状结构、反应边结构、蠕虫结构、网状结构、溶蚀结构、包裹结构等 |
| | 矿石构造 | 主要为豆斑状、稀疏浸染状、块状和脉状构造 |
| | 矿床类型 | 岩浆熔离型矿床 |
| 化探 | 土壤化探异常 | Cu、Ni、Cr、Co 化探组合异常 |
| 物探 | 电、磁异常 | 赋存铜镍矿的镁铁质岩体表现为高磁、高极化和低阻地球物理特征 |

表 6  宝坛地区锡多金属矿床找矿模型

| 模型要素 | | | 描述内容 |
|---|---|---|---|
| 特征描述 | | | 宝坛式热液型锡多金属矿（电英岩型） |
| 地质环境 | 大地构造位置 | | 羌塘-扬子-华南板块扬子克拉通（Ⅳ-4） |
| | 构造环境 | | 四堡期倒转背斜，北北东、北东、东西向断裂发育。矿体主要产于北东向断裂及其派生的次级断裂以及层间裂隙中 |
| | 赋矿地层 | | 四堡群文通组、鱼西组地层及侵入该层位的四堡期中性—基性—超基性岩 |
| | 岩性组合 | | 变质砂岩-粉砂岩和闪长岩-辉长岩辉绿岩，蚀变辉绿岩等成矿元素 W、Sn 丰度高 |
| | 成矿时代 | | 雪峰期，835±10Ma |
| | 侵入岩特征 | 岩体 | 雪峰期花岗岩体，内部相为粗粒黑云母花岗岩，过渡相为中粗粒电气石黑云母花岗岩，边缘相为细粒电气石花岗岩 |
| | | 岩石化学特征 | 岩石富硅碱，$SiO_2$ 平均含量 76%，$K_2O+Na_2O$ 为 0.7%～8%，$K_2O/Na_2O$ 为 1.49%～1.88%；贫铁镁组分，$FeO+Fe_2O_3$ 小于 1.8%，MgO 不大于 0.4%，分异指数平均 91.20%。岩体中 B 元素含量高于维氏酸性岩相应元素丰度值的 45 倍，Sn 为 4.4 倍，W 为 4.6 倍，Bi 为 74 倍。为标准的含锡花岗岩 |
| 矿床特征 | 矿体特征 | | 矿体主要产在花岗岩体外接触带，少数矿体产在花岗岩与围岩的接触带上。大部分矿体倾角在 40°以上，部分呈缓倾斜 |
| | 矿物组合 | | 锡石、黑钨矿、黄铁矿、黄铜矿、斑铜矿、闪锌矿、方铅矿、黝铜矿、镍黄铁矿、辉砷镍矿、石英、白云母、萤石、黄玉、电气石、黑云母 |
| | 围岩蚀变 | | 云英岩化、硅化、电气石化、绿泥石化、萤石化，以云英岩化、硅化、电气石化与成矿关系密切 |
| | 矿石结构 | | 他形粒状结构、半自形粒状结构，其次为自形粒状结构和破碎结构 |
| | 矿石构造 | | 主要为浸染状构造，其次为脉状、条带状、角砾状构造等 |
| | 矿床类型 | | 高—中温气成热液矿床 |
| 化探重砂 | 土壤化探异常 | | Sn、B、F、Bi、Pb、Zn、Cu、As、Ni 化探组合异常 |
| | 自然重砂异常 | | 锡石自然重砂异常 |

表7 宝坛地区铅锌矿床找矿模型

| 模型要素 | | 描述内容 |
|---|---|---|
| 特征描述 | | 热液型铅锌矿(北山式) |
| 地质环境 | 大地构造位置 | 羌塘-扬子-华南板块扬子克拉通(Ⅳ-4) |
| | 构造环境 | 矿体主要产于切穿中—上泥盆统的南北向断裂中 |
| | 赋矿地层 | 泥盆系东岗岭组、融县组和桂林组 |
| | 岩性组合 | 白云岩、白云质灰岩 |
| | 成矿时代 | 印支期,328~184Ma |
| 侵入岩特征 | 岩体 | 侵入中泥盆统东岗岭组花岗斑岩,推测形成时代为印支期 |
| | 岩体岩石化学特征 | 岩石主要矿物成分:钾长石35%~45%、斜长石25%~30%、石英30%~35%和黑云母2%~3% |
| 矿床特征 | 矿体特征 | 矿体产于中泥盆统东岗岭组白云岩、白云质灰岩中,尤其是压碎构造中。矿体为似层透镜状、囊状,产状与围岩一致,倾向南西或西,倾角8°~22°,局部小错动的部位有陡倾角的小脉状矿体。赋矿的角砾状白云岩、压碎白云岩、白云质灰岩孔隙度大,矿体易氧化 |
| | 矿物组合 | 方铅矿、闪锌矿、黄铁矿、黄铜矿、少量菱铁矿、菱锌矿 |
| | 围岩蚀变 | 方解石化、白云岩化、硅化、黄铁矿化、褐铁矿化 |
| | 矿石结构 | 自形粒状结构、半自形—他形粒状、变胶状压碎结构、交代残余结构等 |
| | 矿石构造 | 主要为稀疏浸染状、块状、角砾状和脉状构造 |
| | 矿床类型 | 中低温热液型矿床 |
| 化探 | 土壤化探异常 | Cu、Pb、Zn、Ag、As、Hg、Cd化探组合异常 |
| 物探 | 激电异常 | 赋存大量硫化物金属,表现为高极化和低阻地球物理特征 |

(六)在综合分析地质、物探、化探、遥感及矿产成果资料的基础上,按远景区划分原则,在宝坛地区划分出3个找矿远景区(图4),其中Ⅰ级1个(广西罗城县田朋-平英锡多金属找矿远景区),Ⅱ级2个(广西罗城县龙有-盘龙钴镍多金属找矿远景区、广西罗城县怀群-兼爱铅锌找矿远景区)。提交A类找矿靶区3个(图4)。

1.广西罗城县社堡锡多金属找矿靶区(A1):位于广西罗城县纳翁乡社堡村,地理坐标:东经108°41′10″—108°42′12″,北纬25°00′02″—25°04′09″,面积约25km²。

出露地层为四堡群文通组、鱼西组,泥盆系信都组(图5)。褶皱主要有弯沟顶-游鱼沟倒转复式向斜和南平山-记洞湾倒转复式背斜,褶皱形态由北往南具由紧密逐步变开阔平缓的趋势,说明北部应力场比南部强,褶皱控制锡矿床的空间展布。区内主要断裂为北北东—近南北向和近东西向两组(图5),主断裂为池洞大断裂,其次为池洞断裂旁侧的次一级断裂,另有位于池洞断裂西侧与其近平行的次一级断裂,为该区主控矿赋矿构造。

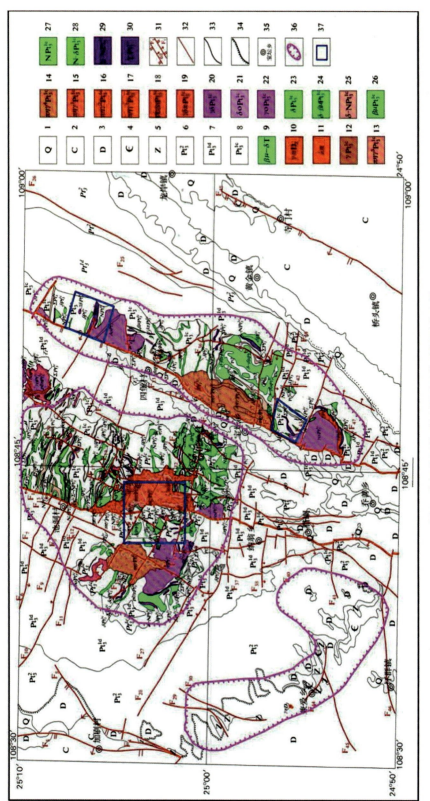

图4 宝坛地区找矿远景区及找矿靶区分布图

1.第四系；2.石炭系；3.泥盆系；4.寒武系；5.震旦系；6.南华系；7.青白口系；8.四堡群；9.印支期基性—中性杂岩体；10.印支期花岗斑岩；11.石英斑岩；12.雪峰期细粒花岗岩、细粒二长花岗岩；13.雪峰期（中）细粒斑状黑云母二母碱长花岗岩；14.雪峰期粗粒斑状黑云母二长花岗岩；15.雪峰期粗粒斑状含电气石中细粒二长花岗岩；16.雪峰期（中）粗粒斑状黑云母二长花岗岩；17.雪峰期中粒斑状多斑结构黑云母二长花岗岩；18.雪峰期花岗闪长斑岩；19.四堡期花岗闪长岩；20.四堡期斜长花岗岩；21.四堡期石英闪长岩；22.四堡期闪英云长岩；23.四堡期闪长岩；24.四堡期辉绿辉长岩；25.四堡期基性岩；26.四堡期中基性岩；27.四堡期闪长岩、闪长玢岩；28.四堡期基性未分；29.四堡期石英闪长岩；30.四堡期辉绿岩、橄辉岩、橄榄岩、基性未分；31.逆断层、正断层（°）及其编号；32.不明性质断层；33.整合地层界线；34.角度不整合分界线；35.乡镇；36.远景区；37.找矿靶区

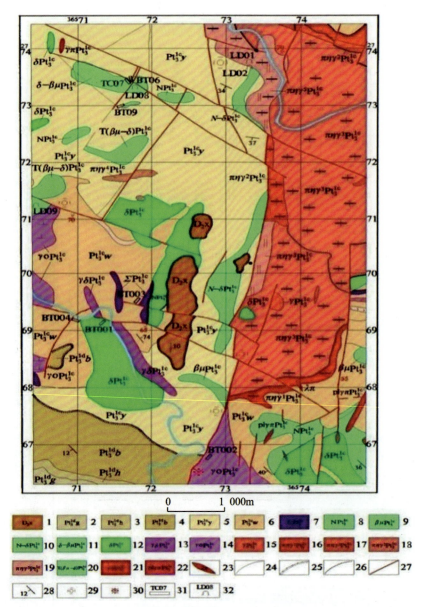

图 5 社堡找矿靶区地质略图

1.泥盆系信都组；2.丹洲群拱洞组；3.丹洲群合桐组；4.丹洲群白竹组；5.四堡群鱼西组；6.四堡群文通组；7.四堡早期第一次的超基性岩；8.四堡早期第一次的基性岩(未分)；9.四堡早期第一次辉绿辉长岩；10.四堡早期第二次基性未分-闪长岩；11.四堡早期第二次石英闪长岩-辉绿辉长岩；12.四堡早期第二次闪长岩；13.四堡中期第一次花岗闪长岩；14.四堡中期第一次英云闪长岩；15.雪峰期花岗岩；16.雪峰期第一次(细)中粒斑状黑云母二长花岗岩；17.雪峰期第二次(中)粗粒斑状黑云母二长花岗岩；18.雪峰期第三次粗粒斑状黑云母二长(-碱长)花岗岩；19.雪峰期第五次(中)细粒斑状黑云母(二长-)碱长花岗岩；20.印支期基性—中性岩杂岩体；21.雪峰期花岗岩细晶岩；22.四堡中期第二次中细粒多斑状斜长花岗斑岩；23.斑岩岩脉；24.整合地质界线；25.角度不整合地质界线；26.岩浆岩相变界线；27.断层；28.产状(°)；29.硅化；30.云英岩化；31.探槽(剥土)位置及其编号；32.民窿位置及其编号

岩浆活动主要为四堡期和雪峰期，少量印支期。四堡期出露酸性—超基性岩脉，其中中性—基性岩为该区锡铜矿主要赋矿地质体，常形成锡石-石英、锡石硫化物和电气石-石英型锡矿，以电气石-石英型锡矿最重要；基性—超基性岩脉底部为该区铜镍矿主要赋矿地质体。雪峰期为黑云母斑状花岗岩，仅在工作区北西、东侧各出露田朋、平英岩体之局部，岩体中断裂破碎带为云英岩型锡矿有利赋矿部位。

1∶5万水系沉积物测量圈定 W-Sn-Bi-B-F、Cu-Ni-Cr-Co、Pb-Zn-Cd-Ag 组合异常各1处。Cu-Ni-Cr-Co 异常形态大体反映隐伏超基性岩空间展布形态，可为寻找铜镍矿提供依据。W-Sn-Bi-B-F 异常位于池洞大断裂西侧平英岩体外接触带四堡群内,为锡矿致异常。Pb-Zn-Cd-Ag异常明显受北北西向含方铅矿石英脉断裂影响,可能为矿致异常。

存在锡和铜镍两种类型矿体,锡矿体:①花岗岩体内云英岩-绢英岩型锡矿;②花岗岩体外接触带中基性岩石英-硫化物型、电英岩型锡矿。铜镍矿体赋存在四堡期辉橄岩底部纤闪石化辉石岩中。

该次工作在辉橄岩上部新发现铜矿体1个,云英岩-绢英岩锡矿体2个,中基性岩内锡石-硫化物型锡矿体9个,铜矿体1个,锡矿化体14个,铜矿化体3个。

辉橄岩出露长度大于24m,上部见厚1m铜矿体,Cu含量0.2%,矿化不均匀。云英岩-绢英岩锡矿体产在花岗岩体内的破碎带中,其中1个矿体产状270°∠63°,宽约1m,有向西渐窄直至尖灭的趋势,长约15m,Sn品位0.18%。另1个产状290°∠57°,宽约0.84m,长约29m,Sn品位0.29%。

石英-硫化物型锡、铜矿(化)体呈脉状,与围岩界线不明显,产于闪长岩-辉绿岩挤压破碎带和闪长岩-辉绿蚀变岩中,矿体倾角变化大,最缓23°,最陡77°。共揭露8个锡矿体、14个锡矿化体、1个铜矿体、1个铜矿化体。锡矿体厚0.83~3.33m,合计总厚11.7m,矿体品位0.1%~0.56%,平均品位0.27%。铜矿体厚0.5m,品位0.22%。铜矿化体3个,厚0.57~1.38m,品位0.11%~0.15%。锡矿化体14个,厚0.32~3.21m,合计总厚16.34m,品位0.05%~0.07%。

单工程揭露闪长岩-辉绿岩破碎带中的锡铜矿(化)体20余个。闪长岩-辉绿岩向南倾伏,走向近东西,长>2.2km,宽>300m,矿体明显受到了后期热液叠加改造。与该区典型矿床—洞锡铜矿床的矿石矿物蚀变组合特征比较,目前我们发现的蚀变带可能为该区的次一级成矿蚀变带,推测以电气石云英岩化为主成矿蚀变带的相关锡铜主矿体可能在深部花岗岩体附近,也就是说在已发现的锡铜矿体的南、南东侧的深部还具有较大锡铜找矿潜力。

该区成矿地质背景条件优越。通过资源潜力预测,全区锡资源量共37 899t,铜资源量14 858t,找矿靶区内尚有约$3.2×10^4$t锡金属的资源潜力。

2. 广西罗城县盘龙钴镍找矿靶区(A2):位于罗城县宝坛乡拉郎村,地理坐标:东经108°50′52″—108°53′53″,北纬25°04′43″—25°07′17″,面积约20km²。

出露地层为四堡群文通组,丹州群白竹组、合桐组和拱洞组。构造发育,褶皱主要为拉汪-盘龙倒转背斜,断裂以北北东—近南北向和近东西向为主(图6),主断裂为四堡大断裂和近东西向断裂,次为四堡断裂西侧近北北东—近南北向的平行断裂。四堡期从酸性—超基性岩均有岩浆侵入,以及少量喷发的玄武质中基性凝灰岩。蒙洞口英云闪长岩、盘龙中性侵入岩、洞艾-盘龙基性—超基性岩脉为该区最大的侵入岩体(脉)。四堡期基性—超基性岩脉底部为铜镍钴矿的主要赋矿地质体。

圈定1:5万水系沉积物Cu-Ni-Cr-Co异常1处,其异常形态大体可能反映超基性岩展布形态,为寻找铜镍钴矿提供依据。1:1万土壤剖面异常基本上指示铜镍钴矿化体的平面展布形态,工程揭露异常大多新发现了钴镍矿(化)体。

从激电测深$\rho s$断面图上看,整体呈中—高阻特征。结合该区的成矿地质特征及物性分析,激电极化异常推断为岩体与地层或是岩体间的接触带上存在局部矿化蚀变现象,而沿着断裂构造分布的极化异常推断为充填于破碎带中的矿(化)体所引起。AMT反演成果和激电测深成果基本相同,依据电性层差异及电阻率等值线同步低阻下凹及密集排列现象,对地层界面进行划分并推断两条具一定导矿、容矿的断裂构造。根据大地电磁测深和激电测深联合物探剖面进行综合推断矿(化)体顶板埋深100~150m。

铜镍钴矿体主要赋存在四堡期辉橄岩底部纤闪石化辉石岩中,矿化体赋存于鳞片状灰绿色阳起石化纤闪石化辉橄岩中。蚀变辉橄岩脉近东西向展布,走向长约1 500m,宽>200m,发育少量黄铜矿、闪石棉。该次工作新发现钴矿体1个、镍钴矿化体12个。钴矿体厚7.92m,钴含量0.027%;钴矿化体10条,合计厚14.75m,钴含量0.014%;镍钴矿化体2个,合计厚12.19m,钴含量0.011%,镍含量0.1%。

四堡断裂控制着与镁铁质-超镁铁质岩体密切相关的岩浆铜镍硫化物矿床的形成和分布。盘龙铜镍矿床(点)分布于四堡断裂东侧的近东西次级构造镁铁质-超镁铁质岩体中,成矿受复合界面的联合控制,具有成矿岩性控制专属性(分布在岩体的橄榄岩相、辉石岩相中)特点。新发现1个钴矿体、11个镍

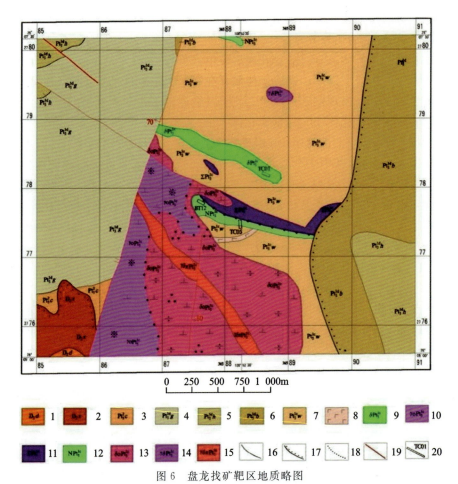

图 6 盘龙找矿靶区地质略图

1.中泥盆统东岗岭组；2.中泥盆统信都组；3.南华系长安组；4.丹洲群拱洞组；5.丹洲群合桐组；6.丹洲群白竹组；7.四堡群文通组；8.火山凝灰岩；9.四堡期闪长岩；10.四堡期英云闪长岩；11.四堡期橄榄岩、橄辉岩、橄榄角闪岩；12.四堡期辉石岩、橄榄岩、闪长岩、基性未分；13.四堡期石英闪长岩；14.四堡期花岗闪长岩；15.四堡期中细粒多斑状花岗闪长斑岩；16.整合地层界线；17.角度不整合地层界线；18.相变过渡接触关系；19.断层；20.探矿工程位置及其编号

钴矿化体、多处闪石棉、黄铜矿化、钴矿化等，显示区内优越的成矿条件和成矿潜力。

综上所述，盘龙镁铁质岩体具备形成铜镍钴矿床的成矿条件，在该区寻找此类型的熔离型铜镍钴矿床是可行的。从预测资源量镍金属 $2.3×10^4$ t 的情况来看，该找矿靶区具有寻找中型及以上规模铜镍钴矿床潜力。

3.广西罗城县界排镍钴找矿靶区（A3）：位于罗城县乔善乡龙有村，地理坐标：东经 108°46′00″—108°48′40″，北纬 24°54′37″—24°57′21″，面积约 20km²。

出露地层为四堡群文通组、鱼西组，丹洲群白竹组、合桐组、合拱洞组，泥盆系融县组和桂林组，第四系临桂组（图7）。该区位于四堡断裂东测，南北向应力作用使四堡群形成一系列近东西向的紧密线状四堡期清明山-龙有倒转复式背斜。北北东—北东向断裂控制着超基性岩侵入就位和中基性火山岩溢流方向。四堡期基性—超基性岩以岩脉（岩墙）形式出现，近北东向展布，倾向西，与四堡大断裂近平行展布，岩脉南侧被龙有斜长花岗岩体侵入，北侧尖灭于四堡群变质粉砂岩中。

1:5万水系沉积物 Cu、Cr、Co、Ni 异常显示良好，具有内、中、外三级浓集中心，Co、Ni 异常高值与目前新发现钴镍矿（化）体相吻合。

界排铜镍矿床成因及控矿因素与盘龙钴镍矿床几乎一致。界排铜镍矿床（点）分布于四堡断裂东侧次级构造控制的镁铁质-超镁铁质岩体中，近南北向展布。已揭露蚀变辉橄岩脉 1 条，真厚度＞49m，近全岩镍钴矿化，镍含量 0.12%，钴含量 0.01%，矿化体未完全揭露。大致推测辉橄岩脉宽约 200m，走向

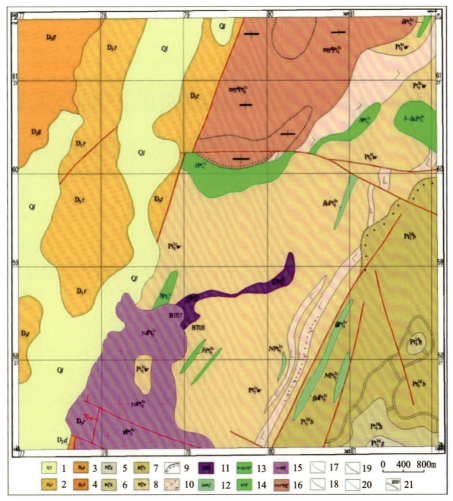

图 7 界排找矿靶区地质略图

1.第四系;2.上泥盆统融县组;3.上泥盆统桂林组;4.中泥盆统东岗岭组;5.丹洲群拱洞组;6.丹洲群合桐组;7.丹洲群白竹组;8.四堡群文通组;9.大理岩;10.细碧岩、熔凝灰岩;11.辉橄岩;12.辉绿辉长岩;13.闪长岩-辉绿辉长岩;14.闪长岩;15.英云闪长岩;16.含电气石中细斑状黑云母(二长)碱长花岗岩;17.整合地层界线;18.角度不整合地层界线;19.相变过渡接触关系;20.断层;21.剥土位置及其编号

长约1 500 m,见有镍钴矿化体、闪石棉、铜钴矿化等,表明界排镁铁质岩脉完全具备形成岩浆熔离型铜镍钴矿床的成矿条件。预测资源量镍金属 $2.05 \times 10^4$ t,显示界排镍钴找矿靶区具有寻找中型及以上规模铜镍钴矿的资源潜力。

（七）成果转化良好,社堡找矿靶区申请广西自然资源厅大规模找矿计划项目《广西罗城记洞湾锡铜多金属矿普查》获立项通过,2019年度预算经费166万元。通过项目实施,发表论文1篇,培养研究生1人,4人职称晋升,增强了新元古代岩浆岩与锡成矿关系研究小组人才队伍建设,业务水平不断提升。

## 三、成果意义

1.对地层、构造、岩浆岩进行了较详细的调查研究,厘定了地层和岩浆岩填图单位,编制了1∶5万地质矿产图、建造构造图和成矿预测图等系列图件,提高了调查区的基础地质研究程度。

2.新发现矿(化)点18处,部分为关键金属矿产锡镍钴;划分找矿远景区3处,圈定找矿靶区3处,为下一步我国关键金属矿产的寻找提供了重要信息。

3.成果转化良好,《广西罗城记洞湾锡铜多金属矿普查》获得资金支持,发挥了公益性地质矿产调查项目的引领作用。

# 湖南浣溪地区1∶5万地质矿产综合调查

朱继华 林碧海 陈必河 熊 雄 李 超 陈剑锋
郑正福 周国祥 贺春平 刘 均

(湖南省地质调查院)

**摘要** 厘定了调查区构造格架、地层和侵入岩序列；确定岩石地层填图单位23个、侵入岩填图单位7个；圈定水系沉积物综合异常32处（其中甲类8处、乙类12处、丙类12处），划分地球化学找矿远景区9处（其中Ⅰ级3处、Ⅱ级3处、Ⅲ级3处）；新发现矿（化）点10处，其中提交新发现矿产地2处（策源硅石矿、东岭高岭土矿）；总结了区域矿产资源特征和成矿规律，建立了综合成矿模式，划分了综合找矿远景区6处，圈定找矿靶区4处，评价了找矿前景。

## 一、项目概况

调查区位于湘赣两省交界地带，行政区划主要隶属株洲市炎陵县、茶陵县，郴州市安仁县、永兴县管辖。地理坐标：东经113°30′00″—114°00′00″，北纬26°20′00″—26°40′00″，包含1∶5万浣溪幅、沔渡幅、三河公社幅、鄩县幅4个国际标准图幅，面积1840 km²。

工作周期：2015—2018年。

总体目标任务：围绕二级项目"南岭成矿带中西段地质矿产调查"的目标任务，开展湖南浣溪地区1∶5万矿产地质测量、遥感地质解译、水系沉积物测量等工作。系统收集区内以往成果资料，大致查明区内地质特征、主要控矿条件和成矿规律。以锡、钨、稀土为主攻矿种，兼顾其他矿种，圈定异常和找矿靶区，开展异常查证和矿点检查工作。编制1∶5万地质矿产图、建造构造图和矿产预测图。

## 二、主要成果与进展

浣溪地区位于南岭成矿带北部东侧、湘东南有色多金属矿集区北缘、扬子陆块与华夏陆块结合部位。

（一）调查区地层分布广，出露齐全，占总调查区总面积的61%。参照《中国区域地质志·湖南志》，重新厘定了区内地层系统，共划分为23个组、段级岩石地层单位（表1）。岩浆岩发育，分布于调查区东部和南部，主要为花岗岩类，占调查区面积的39%。形成时代以加里东期为主，其次为燕山早期。主要岩性为黑云母二长花岗岩，其次为花岗闪长岩，少量石英闪长岩、英云闪长岩、二云母二长花岗岩。另有少量石英斑岩、花岗伟晶岩、辉绿岩、煌斑岩等岩脉。根据侵入体间的接触关系和同位素年龄，花岗岩体可分为2期7个侵入次（表2）。

（二）通过对已有地层记录、地质体接触关系、花岗岩浆活动及同位素年代学等资料的综合分析，认为调查区地壳演化历史可上溯至早古生代寒武纪，直至第四纪；经历的构造运动就地表岩石变形、变质而言，主要有加里东运动、印支运动、燕山运动及喜马拉雅运动，从而形成了大量不同时代和期次、不同方向和规模及不同性质的断裂、褶皱、构造盆地等构造形迹（图1）。

表 1 浣溪地区岩石地层单位划分表

| 年代地层 | | 岩石地层 | | | | |
|---|---|---|---|---|---|---|
| | | 组 | 段 | 代号 | 厚度(m) | 岩性组合 |
| 第四系 | 全新统 | 冲积层 | | $Qh^{al}$ | 0～40 | 黏土、泥砂土、砂砾石 |
| 古近系 | | 枣市组 | | $E_1z$ | >415 | 泥岩、泥质粉砂岩、砂砾岩、石膏 |
| 白垩系 | 上统 | 百花亭组 | | $KEb$ | 215 | 砾岩、含砂砾岩、泥质细粉砂、砂岩 |
| | | 红花套组 | | $K_2h$ | 521 | 泥岩、细粒石英砂岩、粉砂岩 |
| | | 罗镜滩组 | | $K_2l$ | 630～812 | 砾岩、含砾砂岩、细砂岩、粉砂岩 |
| 侏罗系 | 下统 | 茅仙岭组 | | $J_1m$ | 381～971 | 长石石英砂岩、砂质页岩，含煤线 |
| 石炭系 | 下统 | 测水组 | | $C_1c$ | 113 | 砂岩、钙质页岩、碳质页岩、含煤线 |
| | | 石磴子组 | | $C_1sh$ | 258～501 | 灰岩、泥晶灰岩、砂屑灰岩、生物屑灰岩 |
| | | 天鹅坪组 | | $C_1t$ | 17～40 | 泥质粉砂岩、钙质粉砂质泥岩夹灰岩 |
| | | 马栏边组 | | $C_1m$ | 104～256 | 灰岩、泥质灰岩、粉晶灰岩、生物屑灰岩 |
| 泥盆系 | 上统 | 孟公坳组 | | $D_3m$ | 99～176 | 钙质粉砂泥岩、粉砂质泥岩、钙质页岩 |
| | | 锡矿山组 | | $D_3x$ | 141～222 | 灰岩、泥质灰岩、粒屑灰岩、生物屑灰岩 |
| | | 佘田桥组 | | $D_3s$ | 236～273 | 泥质粉砂岩、石英粉砂岩、粉砂质灰岩 |
| | 中统 | 棋梓桥组 | | $D_{2-3}q$ | 443～498 | 白云质灰岩、细晶白云岩、粉晶砂屑灰岩 |
| | | 易家湾组 | | $D_2y$ | 7～65 | 以钙质页岩、钙质泥岩为主夹泥质灰岩 |
| | | 跳马涧组 | | $D_2t$ | 336～518 | 砾岩、石英砂岩、粉砂质泥岩、砂质页岩 |
| 奥陶系 | 上统 | 天马山组 | 上段 | $O_3t^3$ | >798.1 | 石英杂砂岩、长石石英杂砂岩、粉砂质绢云母板岩、绢云母板岩、板岩 |
| | | | 中段 | $O_3t^2$ | 343～479 | 石英杂砂岩、绢云母板岩、岩屑石英砂岩、粉砂质绢云母板岩、板岩 |
| | | | 下段 | $O_3t^1$ | 251～947 | 粉砂质板岩、绢云母板岩、石英杂砂岩 |
| | 中统 | 烟溪组 | | $O_{2-3}y$ | 60～98 | 碳质板岩、硅质碳质板岩、硅质板岩 |
| | 下统 | 桥亭子组 | | $O_{1-2}q$ | 215～386 | 绢云母板岩、条带状板岩、凝灰质板岩 |
| | | 爵山沟组 | | $\in Oj$ | 486.6～952.1 | 砂质板岩、绢云母板岩、浅变质细粒石英杂砂岩、碳质板岩 |
| 寒武系 | 芙蓉统 | 小紫荆组 | | $\in_3xz$ | 767.2～876.8 | 浅变质细粒石英杂砂岩、长石石英杂砂岩 |
| | 第三统 | | | | | |

表 2  浣溪地区花岗岩填图单位划分表

| 时代 | 侵入期次 | 代号 | 岩性 | 岩体 | 分布面积（km²） | 同位素年龄值 *（Ma） |
|---|---|---|---|---|---|---|
| 晚侏罗世 | 第一次 | $\eta\gamma J_3^a$ | 粗中粒斑状黑云母二长花岗岩 | 万洋山 | 9.424 | SH 155.7±2.4 |
| 早志留世 | 第六次 | $\eta\gamma S_1^f$ | 细粒黑云母二长花岗岩 | 万洋山 | 46.082 | SH 448.1±8.4<br>LA 451.6±2.7 |
| 早志留世 | 第五次 | $\eta\gamma S_1^e$ | 细粒斑状黑云母二长花岗岩 | 万洋山 | 47.909 | LA 446.7±2.7 |
| 早志留世 | 第四次 | $\eta\gamma S_1^d$ | 细中粒斑状黑云母二长花岗岩 | 万洋山 | 245.951 |  |
| 早志留世 | 第三次 | $\eta\gamma S_1^c$ | 粗中粒斑状黑云母二长花岗岩 | 万洋山、东风、彭公庙 | 350.642 | LA 446±3.4（季文兵等）<br>LA 433.5±2.6、<br>432.0±2.5 |
| 早志留世 | 第二次 | $\gamma\delta S_1^b$ | 细中粒斑状黑云母花岗闪长岩 | 万洋山、东风、彭公庙 | 1.302 | LA 454.7 |
| 早志留世 | 第一次 | $\delta o S_1^a$ | 细粒角闪石黑云母石英闪长岩 | 万洋山 | 1.216 |  |

注：* LA. 锆石 LA-ICP-MS U-Pb 法；SH. 锆石 SHRIMP U-Pb 法。

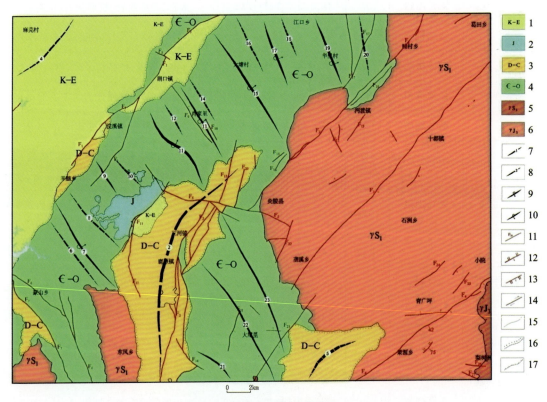

图 1  浣溪地区构造纲要图

1. 白垩纪—古近纪地层；2. 侏罗纪地层；3. 泥盆纪—石炭纪地层；4. 寒武纪—奥陶纪地层；5. 早志留世侵入体；6. 晚侏罗世侵入体；7. 背斜及编号；8. 向斜及编号；9. 倒转背斜；10. 倒转向斜；11. 断层及编号；12. 逆断层及产状（°）；13. 正断层及产状（°）；14. 平移（走滑）断层；15. 地质界线；16. 角度不整合界线；17. 超动侵入接触界线

(三)编制完成了调查区19个元素的1∶5万地球化学图、单元素异常图及综合异常图等系列图件;圈定综合异常34处,其中甲类8处、乙类12处、丙类14处;结合地质及矿产特征,划分地球化学找矿远景区9处,其中Ⅰ级3处:双爪垄-洞里-瑞口-黄上-葛田金铅锌铜钨萤石地球化学找矿远景区(Ⅰ-2)、东风稀土矿地球化学找矿远景区(Ⅰ-7)、大屋里-木湾金地球化学找矿远景区(Ⅰ-8);Ⅱ级3处:塘垄-塘窝稀土地球化学找矿远景区(Ⅱ-4)、石井下萤石地球化学找矿远景区(Ⅱ-5)、梨树洲钨锡地球化学找矿远景区(Ⅱ-9);Ⅲ级3处:仙垅里-南坑-肖家里金锑铅地球化学找矿远景区(Ⅲ-1)、老虎坑稀土地球化学找矿远景区(Ⅲ-3)、寺厂-水垄里钨锡金地球化学找矿远景区(Ⅲ-6)。

(四)通过矿产检查,新发现矿产地、矿(化)点10处,其中硅石矿产地1处、高岭土矿产地1处、稀土矿点2处、金矿(化)点3处、钨矿点1处、铜矿点1处、萤石矿点1处(表3)。对矿(化)点地质及矿化特征进行了初步总结,对成矿地质条件进行了分析,并给出了下一步的工作建议。

表3 浣溪地区新发现矿产地、矿(化)点基本特征一览表

| 编号 | 名称 | 矿产地、矿(化)点 | 矿床类型 | 勘查程度 |
|---|---|---|---|---|
| 1 | 炎陵县石井下萤石矿 | 矿点 | 岩浆热液型 | 踏勘 |
| 2 | 炎陵县策源硅石矿 | 矿产地 | 中—低温热液型 | 重点检查 |
| 3 | 炎陵县青广坪稀土矿 | 矿点 | 离子吸附型 | 重点检查 |
| 4 | 炎陵县塘窝稀土矿 | 矿点 | 离子吸附型 | 重点检查 |
| 5 | 炎陵县东岭高岭土矿 | 矿产地 | 风化型 | 重点检查 |
| 6 | 炎陵县梨树洲钨矿 | 矿点 | 高温热液型 | 重点检查 |
| 7 | 炎陵县双爪垄金铅矿 | 矿点 | 破碎蚀变岩型 | 重点检查 |
| 8 | 炎陵县龙王坑金矿 | 矿化点 | 破碎蚀变岩型 | 重点检查 |
| 9 | 井冈山市葛田金矿 | 矿化点 | 破碎蚀变岩型 | 概略检查 |
| 10 | 炎陵县洞里铜矿 | 矿点 | 中—高温热液型 | 概略检查 |

(五)根据成矿地质条件和成矿作用特征,结合典型矿床的调查研究,建立了浣溪地区综合成矿模型(图2):在构造作用下,深部岩浆和深部成矿流体沿断裂或岩浆通道向上运移。随着成矿流体温压降低和围岩条件不同,在有利成矿地质条件下成矿物质逐渐沉淀富集形成了不同类型矿床。如图2所示,在小岩体顶部或周围,形成云英岩型铷钨矿床(石洲铷矿)、石英脉型钨矿床(梨树洲钨矿);基性岩脉内或附近形成金(铅锌)矿床;断裂带内形成充填交代型矿床(石下金矿,黄上萤石矿、策源硅石矿);花岗岩与围岩接触带附近形成矽卡岩型矿床(锡田钨锡矿);花岗岩风化淋滤、次生富集形成离子吸附型稀土矿床。

(六)在系统总结区域矿产特征及成矿规律的基础上,开展了成矿预测,分析认为调查区矿产预测类型主要有"铲子坪式"破碎蚀变岩型金矿、"双江口式"岩浆热液型萤石矿、"瑶岗仙式"石英脉型钨矿、"姑婆山式"离子吸附型稀土矿4种。圈定综合找矿远景区6处,其中Ⅰ级2处、Ⅱ级2处、Ⅲ级2处(图3,表4),并进行了潜力评价。提交新发现矿产地2处、找矿靶区4处。

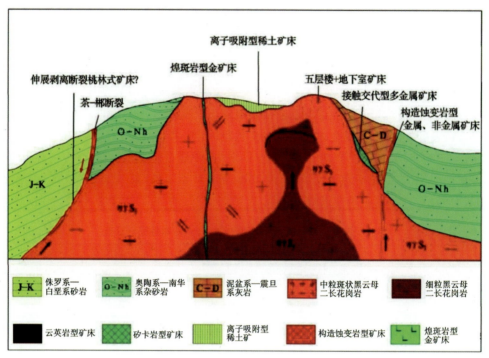

图 2 浣溪地区综合成矿模式图

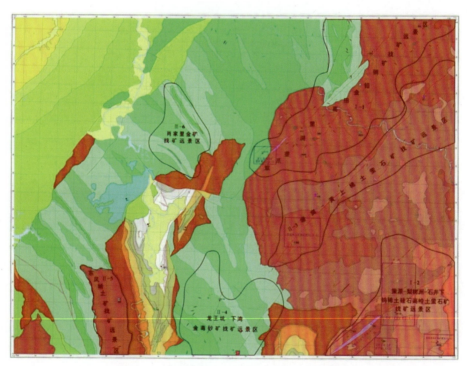

图 3 浣溪地区找矿远景区和找矿靶区分布图

表 4 浣溪地区找矿远景区特征表

| 分级 | 名称及编号 | 面积（km²） | 综合异常 | 矿种 | 新发现矿产地、矿（化）点、提交找矿靶区及编号 |
|---|---|---|---|---|---|
| Ⅰ级 | 湖南省炎陵县双爪垄-洞里-葛田金铅铜矿找矿远景区（Ⅰ-1） | 144 | AS3、AS4、AS5、AS10、AS11、AS15、AS16、AS19 | 金、铅锌矿、铜 | 双爪垄金铅矿点（找矿靶区 A-3）洞里铜矿点（26）葛田金矿点（25） |
| Ⅰ级 | 湖南省炎陵县策源-梨树洲-石井下钨稀土硅石高岭土萤石矿找矿远景区（Ⅰ-2） | 115 | AS25、AS34 | 钨、稀土、硅石、高岭土、萤石 | 策源硅石矿（矿产地 A-1）东岭高岭土矿（矿产地 A-2）青广坪稀土矿（找矿靶区 B-5）梨树洲钨矿点（找矿靶区 C-6） |
| Ⅱ级 | 湖南省炎陵县塘窝-黄上稀土萤石矿找矿远景区（Ⅱ-3） | 118 | AS23、AS20、AS12 | 稀土、萤石 | 塘窝稀土矿（找矿靶区 B-4） |
| Ⅱ级 | 湖南省炎陵县龙王坑-下湾金毒砂矿找矿远景区（Ⅱ-4） | 86 | AS28、AS32 | 金、毒砂 | 龙王坑金矿化点（24） |
| Ⅲ级 | 湖南省炎陵县东风稀土矿找矿远景区（Ⅲ-5） | 34 | AS31 | 稀土 |  |
| Ⅲ级 | 湖南省炎陵县肖家里金矿找矿远景区（Ⅲ-6） | 44 | AS8、AS18 | 金 |  |

1. 湖南省炎陵县策源硅石矿床。位于湖南省炎陵县,行政区划隶属于炎陵县策源乡,拐点坐标：东经113°54′00″,北纬26°22′32″,东经113°55′15″,北纬26°22′32″,东经113°55′15″,北纬26°21′50″,东经113°55′15″,北纬26°20′00″,东经113°51′45″,北纬26°20′00″,东经113°51′45″,北纬26°20′50″,面积约15.2km²。

矿区构造简单,黄金龙-策源断裂（$F_4$）大断裂通过矿区,截切万洋山岩体,走向50°,沿断裂发育宽约几十到百余米的强烈硅化破碎带,有大量石英脉穿插。岩浆岩主要为万洋山岩体第三侵入次灰白色中粗粒斑状黑云母二长花岗岩（图4）,斑状结构,斑晶含量15%～20%,主要为灰白色长石斑晶以及乳白色石英斑晶,以长石斑晶为主,长石斑晶呈半自形板柱状和他形粒状,大小为(1.0cm×1.5cm)～(3cm×4cm)。基质含量80%～85%,主要由长石、石英、黑云母组成。长石含量25%～30%,石英40%～45%,黑云母5%～10%。花岗岩风化较严重,普遍具有不同程度的硅化。此外,局部见明显高岭土化、钾长石化、绢云母化,局部黄铁矿化、绿泥石化、萤石矿化、毒砂矿化。

该次工作共发现一条硅石矿体,编号Ⅰ,发育在黄金龙-策源大断裂（$F_4$）破碎带中。矿区内发育近垂直矿体走向的陡峻"峡谷"（图5）,坚硬的似层（透镜体）状硅石矿被切割成巨大的"V"形陡崖。矿体两侧有明显的分带,自内向外分别为硅石矿体-强硅化破碎带-强硅化花岗岩带-弱硅化花岗岩（围岩）。

矿体走向沿延伸约6.2km,产状121°～175°∠55°～80°。$SiO_2$含量最高98.76%,最低95.28%；$Fe_2O_3$含量最高0.68%,最低0.049%；$Al_2O_3$含量最高1.975%,最低0.39%；$TiO_2$含量最高0.040%,最低0。矿体平均厚度31.88m,平均品位$SiO_2$ 98.16%。

矿石矿物成分较简单,主要矿物为石英,次要矿物有绢云母、长石、锆石、萤石等。

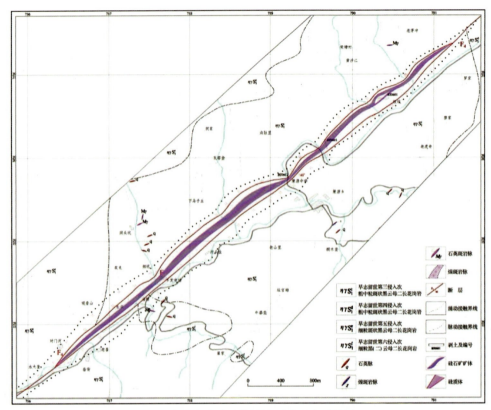

图 4　湖南省炎陵县策源硅石矿区地质简图

图 5　策源硅石矿野外照片

硅石矿结构以粒状—犬齿状、碎裂状结构、交代残余结构为主，含部分隐晶质结构、角砾状结构，矿石构造主要为块状构造、脉状构造、晶洞簇状构造。

矿石类型属热液充填类脉石英型硅石矿，自然类型主要为致密硬质硅石矿。

矿床成因类型为中低温热液充填型矿床。

灰白色—乳白色厚大硅石矿体及其形成的峭壁陡崖为硅石矿的直接找矿标志；强烈硅化的构造角砾岩带为间接找矿标志。

策源硅石矿 $SiO_2$ 是主要有用组分，$Fe_2O_3$、$Al_2O_3$ 为有害成分。该次资源量估算工业指标的选用依据《玻璃硅质原料矿产地质勘查规范》(DZ/T0207—2002)以及《矿产资源工业要求手册》等行业标准中一般工业指标及伴生组分评价指标要求。对硅石矿确定如下工业指标：Ⅳ级品位：$SiO_2 \geq 90.00\%$，

$Fe_2O_3 \leqslant 0.33\%$、$Al_2O_3 \leqslant 5.50\%$。可采厚度≥2m。最大夹石允许厚度1m。

资源量估算范围为策源硅石矿区范围内Ⅰ号矿体(图6),估算的资源量类别为334-1资源量:沿矿体二维方向受多个工程稀疏控制,工程网度800m×320m(即矿体无限外推或平推的距离为200m×80m)的地段及边缘见矿工程外推部分。

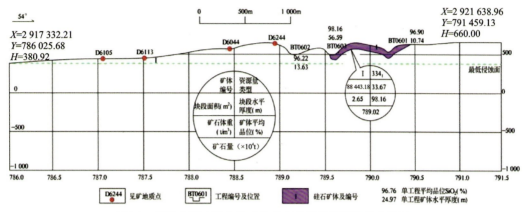

图6 策源硅石矿区Ⅰ号矿体垂直投影纵资源储量估算图

资源量估算采样垂直纵投影地质块段法,在最低侵蚀面标高380.9m之上,根据工程控制的矿体倾向方向延伸80m(工程间距的1/4平推)作为该次资源量(334-1)估算,同时针对部分见矿地质点控制的矿体和工程中少量$Fe_2O_3$超标的高铁矿石作为远景(334-2)评价。封腊排水法测得硅石矿平均体重$2.65t/m^3$。经估算,获得硅石334资源量$3588.56×10^4t$,其中334-1类硅石资源量$789.02×10^4t$(表5)。

表5 策源矿体资源量估算表

| 矿种 | 矿体号 | 资源量类别 | 矿体平均品位(%) | | | | 矿体真厚度 $\sum M(m)$ | 矿体水平厚度 $\sum L(m)$ | 矿体垂直投影面积 $S(m^2)$ | 矿体体积 $V(m^3)$ | 矿体体重 $\rho(t/m^3)$ | 矿石量 $T(×10^4 t)$ |
|---|---|---|---|---|---|---|---|---|---|---|---|---|
| | | | $SiO_2$ | $Fe_2O_3$ | $Al_2O_3$ | $TiO_2$ | | | | | | |
| 硅石矿 | Ⅰ | 334-1 | 98.16 | 0.10 | 0.95 | 0.01 | 31.88 | 33.67 | 88 443.18 | 2 977 439.65 | 2.65 | 789.02 |

由于地表风化侵蚀等原因造成个别样品$Fe_2O_3$含量略偏高,但是在部分工程揭露的矿体新鲜露头,经分析其中$Fe_2O_3$含量并不高,矿石完全能够满足玻璃用硅质原料工业指标的相关要求,该次资源量没有估算这部分储量。根据地质特征及各种矿化、蚀变分布情况,推测调查区亦有寻找超大型硅石矿的远景。

2.湖南炎陵县东岭高岭土矿床。位于炎陵县,行政区划隶属于炎陵县镇策源乡东岭村,地理坐标为:东经113°53′38″—113°55′29″,北纬26°20′09″—26°21′27″,面积约15.2$km^2$。

矿区构造简单,偶见规模较小的硅化破碎带,宽几厘米至数米不等,硅化较强部位节理裂隙发育,矿区北西部有一区域性大断裂即黄金龙-策源断裂($F_4$)。岩浆岩主要为万洋山岩体,具多期次活动特征,由早志留世第三侵入次粗中粒斑状黑云母二长花岗岩、早志留世第四侵入次中细粒斑状黑云母二长花岗岩、早志留世第六侵入次细粒二云母二长花岗岩组成。以早志留世第三侵入次粗粒斑状黑云母二长花岗岩为主。区内岩脉较发育,主要有煌斑岩脉、石英脉、花岗斑岩脉等。花岗岩风化较严重,普遍具有不同程度的高岭土化、绢云母化。

矿区高岭土矿脉原岩为石英斑岩脉,经风化作用而成高岭土矿脉,区内已发现高岭土矿脉4条

(图7),初步圈定矿体4个,由北至南分别编号为Ⅰ号矿体、Ⅱ号矿体、Ⅲ号矿体和Ⅳ号矿体。其中Ⅰ号矿体位于矿区中部,与矿区北东延伸部位目前正在开采的西梅垅矿区高岭土矿为同一矿体。根据野外陡坎、深沟实际调查,Ⅰ号矿体延伸深度大于40m,并且越到深部,矿石白度、纯度越高,质量越好。各矿体主要特征参数见表6。

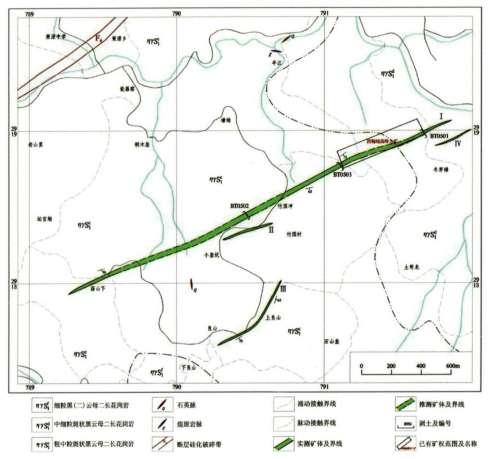

图7 炎陵县东岭高岭土矿地质简图

**表6 炎陵县东岭矿区矿体特征统计**

| 矿体编号 | 矿种 | 见矿工程或地质点 | 产状(°) | 矿体厚度(m) | 单工程平均品位(%) | | | 走向延伸(km) | 平均厚度(m) | 平均品位(%) | | |
|---|---|---|---|---|---|---|---|---|---|---|---|---|
| | | | | | $Al_2O_3$ | $Fe_2O_3$ | $TiO_2$ | | | $Al_2O_3$ | $Fe_2O_3$ | $TiO_2$ |
| Ⅰ | 高岭土矿 | BT0501 | 148°∠75° | 14.98 | 19.35 | 0.96 | 0.07 | 2.8 | 15.95 | 19.92 | 0.86 | 0.06 |
| | | BT0502 | 146°∠59° | 13.88 | 20.38 | 0.78 | 0.05 | | | | | |
| | | BT0503 | 145°∠78° | 18.98 | 20.03 | 0.84 | 0.05 | | | | | |
| | | D5407 | 160°∠70° | 8.00 | | | | | | | | |
| Ⅱ | | D5413 | 155°∠75° | 6.00 | | | | 0.5 | 6.00 | | | |
| Ⅲ | | D5411 | 130°∠78° | 4.80 | | | | 0.9 | 4.80 | | | |
| | | D5412 | 145°∠65° | 4.80 | | | | | | | | |
| Ⅳ | | D5003 | 145°∠65° | 7.00 | | | | 0.6 | 7.00 | | | |

高岭土矿属于砂质高岭土，矿石呈灰色、白色、松散状，见有褐红色铁锈斑块，矿体内尚保留有部分原岩残余结构，长石已完全解体成高岭石类矿物。矿石呈松散状，手捻成粉，有滑感，遇水具可塑性。

矿区高岭土$Al_2O_3$品位17.69%～24.02%，平均品位19.92%，$Fe_2O_3$含量0.50%～1.40%，平均含量0.89%，$TiO_2$含量0.02%～0.13%，平均含量0.06%。

近地表矿石基本全风化成土状，呈砂泥质结构，到深部风化程度逐渐减弱，具变余半自形结构。由地表往深部，矿石构造由松散状到块状构造呈逐渐过渡关系。

矿体围岩主要为万洋山花岗岩岩体，接触带蚀变较弱，仅有少量的高岭土化或硅化，围岩与矿体界线分明，易于识别。

高岭土矿成矿母岩为沿北东向印支期断裂侵入的石英斑岩脉，该岩脉为高岭土矿床的形成提供了有利的物质来源基础，后期的构造改造促使岩石破碎，增强其渗透性，形成了较好的表生风化残积作用成矿系统，为矿床表生富化作用提供了有利条件，使其富化形成优质的"风化残积型"高岭土矿床。

东岭高岭土矿为砂质高岭土，$Al_2O_3$是主要有用组分，$Fe_2O_3$、$TiO_2$为有害成分。资源量估算范围为东岭高岭土矿区范围内Ⅰ号矿体(图8)。资源量估算采样垂直剖面投影法，在最低侵蚀面标高592m之上。矿区地处亚热带，具亚热带季风湿润气候特征，局部风化壳较厚，大于20m。矿区处在罗霄山脉中段，属中高山区，切割较深，多为"V"形山谷，坡度20°～50°，野外实际调查结合西梅坨矿区高岭土矿山开采情况，矿体倾向方向延伸超过40m。体积法测得高岭土矿平均体重1.65t/m³。该次仅对Ⅰ号矿体进行资源储量估算，获得Ⅰ号矿体高岭土矿334资源量741.26×10⁴t，其中334-1资源量161.72×10⁴t(表7)，具大型远景规模。

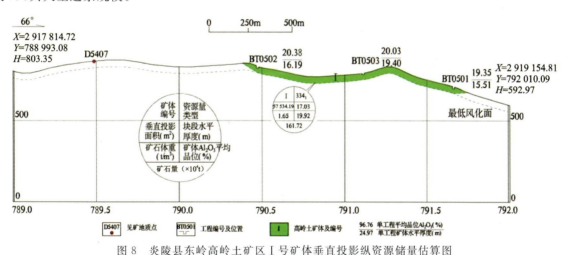

图8 炎陵县东岭高岭土矿区Ⅰ号矿体垂直投影纵资源储量估算图

表7 炎陵县东岭矿体资源量估算表

| 矿种 | 矿体号 | 资源量类别 | 矿体平均品位(%) | | | 矿体真厚度 $\sum M(m)$ | 矿体水平厚度 $\sum L(m)$ | 矿体垂直投影面积 $S(m^2)$ | 矿体体积 $V(m^3)$ | 矿体体重 $\rho(t/m^3)$ | 矿石量 $T(\times 10^4 t)$ |
|---|---|---|---|---|---|---|---|---|---|---|---|
| | | | $Al_2O_3$ | $Fe_2O_3$ | $TiO_2$ | | | | | | |
| 高岭土 | Ⅰ | 334-1 | 19.92 | 0.86 | 0.06 | 15.95 | 17.03 | 57 534.19 | 980 091.68 | 1.65 | 161.72 |

东岭高岭土矿规模较大，矿体连续性强，矿石品质高。下一步工作建议对该高岭土矿区进行较为系统、全面的普查勘探工作。同时加强地质研究工作，详细分析了解沿走向、倾向矿石分级后矿体的变化，

加强矿石的淘洗精矿试验分析。

3.湖南省炎陵县梨树洲钨矿找矿靶区。地处湖南省炎陵县,隶属湖南省株洲市炎陵县策源乡梨树洲村。地理坐标:东经113°58′22″—113°59′55″,北纬26°19′58″—26°23′00″,面积约15.1km²。

靶区内出露岩浆岩为万洋山岩体,主要为早志留世第五侵入次灰白色中细粒斑状黑云母二长花岗岩、早志留世第六侵入次细粒二云母二长花岗岩、晚侏罗世第一侵入次中细粒少斑状二云母二长花岗岩。构造较简单,主要表现为岩体接触带构造和断裂构造(图9)。断裂内及两侧普遍具有不同程度的硅化、云英岩化,与成矿关系较密切,为重要的找矿标志。

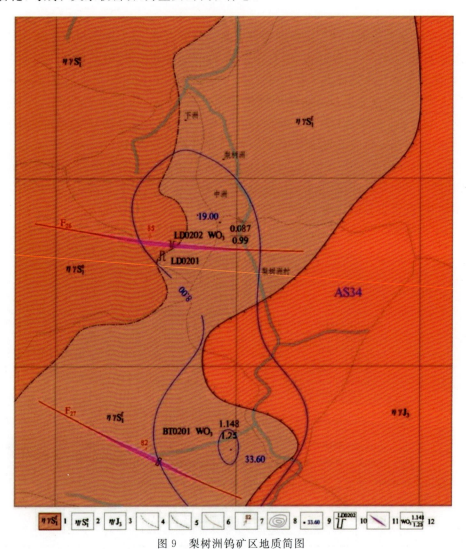

图9 梨树洲钨矿区地质简图

1.早志留世第六侵入次花岗岩;2.早志留世第五侵入次花岗岩;3.晚侏罗世花岗岩;4.脉动接触界线;5.超动接触界线;6.断层;7.断层倾向及倾角(°);8.W元素异常浓集带;9.W元素极值点位置及大小;10.已施工的老硐清理及编号;11.钨矿体;12.WO₃品位及真厚度(品位/真厚度)

靶区位处1∶5万水系沉积物AS34综合异常中,该综合异常属乙₁类,分布面积19.1km²,异常形态总体沿燕山期岩体与加里东期岩体接触带呈南北向展布。主要异常元素为W、Sn、Bi、As、Ag等,次要异常元素有F、Cd等元素。异常元素组合为W-Sn-Bi-As-Ag,异常整体上呈不规则状,各元素异常浓度分带明显,吻合性较好。异常元素组合齐全。各元素异常中以锡异常面积最大,次为钨异常,W、Sn异常在区内套合较好,区内强度最高的异常皆分布于此。

1∶5万水系沉积物测量和1∶1万土壤剖面测量圈定郑家和梨树洲两处钨异常,其中,郑家钨异常

最高达 $25.1\times10^{-6}$，梨树洲钨异常最高达 $33.6\times10^{-6}$，与钨矿点出露位置相吻合。

矿体发育在 $F_{26}$、$F_{27}$ 断裂破碎带石英脉中，与之对应，矿体编号分为 Ⅰ矿体、Ⅱ号矿体（图9）。

Ⅰ号矿体：分布于矿区北部 $F_{26}$ 断裂内，呈北西西向延伸。产状 $5°\angle85°$，长约 300m，平均厚 0.96m，中间被石英脉充填，两侧见云英岩化带，宽 1~12cm。顶底部围岩主要为早志留世第五侵入次细粒斑状黑云母二长花岗岩。刻槽取样分析：$WO_3$ 0.087%，Sn 0.015%，其中钨达到边界工业品位。

Ⅱ号矿体：分布于矿区南部 $F_{27}$ 断裂中，呈北西向延伸，控制长约 400m，宽 1.25m，产状 $32°\angle82°$，大部分为石英脉充填，两侧云英岩化强烈，见黑钨矿及白钨矿等矿化。顶底部围岩主要为早志留世第六侵入次细粒二云母二长花岗岩。刻槽取样分析：$WO_3$ 1.148%，Sn 0.032%，其中钨达到工业品位。

金属矿物主要为黑钨矿，其次为白钨矿，少量黄铁矿，极少量黄铜矿，微量银黝铜矿，偶见银金矿；脉石矿物主要为石英，少量长石、云母，极少量绿泥石。

矿石结构有自形—半自形晶结构、交代溶蚀结构。矿石构造主要为星散状—稀疏浸染状构造。

梨树洲锡钨矿呈脉状赋存于石英脉中，顶底板为加里东期花岗岩，矿体与石英脉同一体，矿石类型属石英脉型。

炎陵县梨树洲钨矿点处在 AS34 综合异常中，异常元素组合为 W-Sn-Bi-As-Ag，各元素异常浓度分带明显，异常元素组合齐全，W、Sn 异常套合较好，该次在异常区内发现钨矿点一处，属矿致异常，是良好的找矿标志。区内断裂发育，主要表现为岩体接触带构造和断裂构造。$F_{26}$、$F_{27}$ 断裂为主要含矿构造，与化探异常套合较好，硅化、绢云母化、绿泥石化、云英岩化等蚀变强，均有较大的找矿潜力。

根据含矿构造的控制长度、已知矿体的厚度及品位、预测的矿体深度和矿石比重等要素，初步估算出炎陵县梨树洲钨矿点的 $WO_3$ 金属量为 $0.97\times10^4$ t。

通过分析地质特征及各种矿化、蚀变分布情况，认为该区成矿地质条件较好，推测调查区内有寻找中小型"瑶岗仙式"石英脉型钨矿床的远景，但位于旅游风景区内，可以作为暂缓部署勘查工作的 C 类找矿靶区。

4. 湖南省炎陵县双爪垄金矿找矿靶区。位于炎陵县，地理坐标：东经 113°46′14″—113°48′17″，北纬 26°31′14″—26°32′16″，面积约 $8.5km^2$。

矿区出露地层为奥陶纪天马山组上段，岩层受构造作用形成的剪切破碎带、顺层劈理化带为主要的赋矿部位。岩浆岩为万洋山岩体，岩性以粗粒斑状黑云母二长花岗岩为主。与成矿有关的蚀变主要为硅化、黄铁矿化、褐铁矿化、毒砂矿化等。区内断裂构造发育，$F_2$ 北东向逆冲断裂带与北西向褶皱轴线近垂直，其附近又派生 $F_{15}$、$F_{16}$ 北东向次级断裂。在断裂带中具强硅化蚀变地段以及断裂复合构造部位是金铅矿体赋存的有利部位。

双爪垄矿点位处 1∶5 万水系沉积物 AS19 综合异常中，属 $乙_2$ 类，异常面积约 $9km^2$。该异常呈圆形，元素组合具有典型的金矿元素组合特征，主要元素为 Au、As、Ag，次要元素有 Pb、Sb、Y 等。异常面积较大，浓集中心明显。Au、As、Ag 最高含量分别为 $12.6\times10^{-9}$、$175\times10^{-6}$、$0.36\times10^{-6}$，Au、Mo、Ni 平均含量分别为 $2.45\times10^{-9}$、$32.73\times10^{-6}$、$0.12\times10^{-6}$。主要成矿元素与双爪垄金矿点吻合较好，为金铅矿致矿异常。

土壤剖面分析结果显示：0线 9~15 测点异常较为显著，存在一个较为显著的异常高峰值，具较好的 Au、Ag、As、Zn、Pb、Mo、Sb、F 异常，且与已知含矿断裂位置及金铅矿体位置吻合，为矿致异常；1线 1~3 测点 Au 异常较为显著，存在一个极为显著的异常高峰值，与已知含矿断裂位置相吻合，表明此范围内可能存在矿（化）体（图10）。

该区已发现两条金铅矿体，分别为 Ⅰ、Ⅱ号金铅矿体（图10）。

Ⅰ号矿体：控制长约 350m。矿体产于 $F_{16}$ 断裂的强蚀变构造角砾岩带中，呈脉状、似层状产出，总体走向北东 45°，倾向北西 315°，倾角 73°~80°，真厚度 0.34~1.64m。矿体具硅化、黄铁矿化、褐铁矿化、方解石化、萤石矿化；发育网脉状石英或石英团块。石英脉宽 3~10cm，石英团块大小 5~20cm。石英

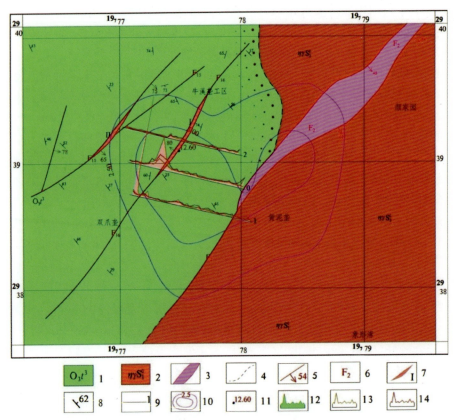

图 10 双爪垄金铅矿点地质简图（附土壤剖面）

1.奥陶纪天马山组第三段；2.早志留世第三侵入次花岗岩；3.断层破碎带；4.推测地质界线；5.断层及产状（°）；6.断层编号；7.金铅矿体及编号；8.地层产状（°）；9.土壤剖面及编号；10.金元素异常浓度分带；11.异常极值点及大小；12.土壤地球化学 Au 异常曲线；13.土壤地球化学 Au 异常曲线；13.土壤地球化学 Pb 异常曲线；14.土壤地球化学 As 异常曲线

脉与围岩接触部位及石英脉中见少量方铅矿，呈自形立方体状，一般大小 0.5～2mm；偶见星点状铜蓝、黄铜矿、闪锌矿及萤石等。矿体顶底板均为断层角砾岩。刻槽样分析结果：Au $(1.20～14.52)×10^{-6}$、Pb $0.31\%～1.44\%$；矿体平均真厚度 1.05m，矿体平均品位：Au $7.21×10^{-6}$、Pb $0.77\%$。

Ⅱ号矿体：产于 $F_{15}$ 断裂的强蚀变构造角砾岩带中，真厚度约 1.18m，呈脉状，总体走向北东 57°，倾向南东 147°，倾角 76°。矿体具硅化、黄铁矿化、绿泥石化；石英脉呈穿插状分布，其中发育有黄铁矿。见有少量毒砂、方铅矿；方铅矿呈自形—半自形立方体状，大小 0.1～2mm，呈星点状分布，目估含量＜1%。矿体顶板为天马山组砂质板岩，底板为断层角砾岩。刻槽样分析：Au $0.84×10^{-6}$、Pb $0.70\%$。

金属矿物主要为黄铁矿，少量褐铁矿、闪锌矿，极少量方铅矿，黄铜矿、毒砂及铜蓝；脉石矿物主要为石英，少量长石、方解石、黏土矿物、萤石、绢云母、绿泥石等。

矿石结构主要为自形—半自形晶结构、压碎结构、交代溶蚀结构、交代残余结构、定向乳浊状结构、筛孔状交代结构等。矿石构造主要有角砾状构造、细脉状—浸染状构造、不规则脉状构造。

金铅矿石的矿石类型主要为破碎蚀变岩型金铅矿石，Au 含量一般为 $(0.12～14.52)×10^{-6}$，Pb 含量一般为 $0.32\%～1.44\%$。

矿床成因类型属中低温热液型金铅矿，工业类型属"破碎蚀变岩型"金铅矿。

双爪垄地区位于 AS19 综合异常中，主要元素为 Au、As、Ag，次要元素有 Pb、Sb、Y 等。该综合异常区异常显著，套合较好，该次在异常区内发现金铅矿点一处，属矿致异常，是良好的找矿标志。双爪垄金铅矿点位于睦村-炎陵-塘田圩断裂（$F_2$）北侧，该断裂为区内主要控矿断裂，沿断裂两侧发育多处矿

（化）点及矿床，其中石下金矿位于双爪垄金铅矿点北东5km处，四亩段金矿位于双爪垄金铅矿点东4km处。区内次级断裂发育，$F_{15}$、$F_{16}$断裂为主要含矿构造，与化探异常套合较好，硅化、绢云母化、绿泥石化、绢英岩化等蚀变强，均有较大的找矿潜力。

在综合分析研究的基础上，初步估算了双爪垄金铅矿点资源潜力为金金属量8.78t，铅金属量$1.49×10^4$t。根据地质特征及各种矿化、蚀变分布情况，认为该区成矿地质条件较好，推测调查区内亦有寻找中型"铲子坪式"破碎蚀变岩型金铅矿床的前景，可作为优先部署勘查工作的A类找矿靶区。

5. 湖南省炎陵县塘窝稀土矿找矿靶区。位于炎陵县垄溪乡，地理坐标：东经113°48′33″—113°50′45″，北纬26°26′10″—26°27′57″，面积约10.5km²。

靶区主要出露万洋山复式岩体，岩性为早志留世第三侵入次粗中粒斑状黑云母二长花岗岩。构造较简单，十都圩-下湾断裂（$F_3$）通过本区，沿断裂发育宽约几十到百余米的强烈硅化破碎带。

区内花岗岩风化强烈，风化壳厚度0～18m，一般4～16m，局部超过20m。一般山顶缓坡处较厚，山脚处变薄。

矿体主要赋存于加里东期早志留世第三侵入次粗中粒斑状黑云母二长花岗岩风化壳。矿体呈层状、似层状、透镜状产出，产状与全风化层基本一致，但矿体的规模要小于风化壳。本次工作共发现两条稀土矿体：Ⅰ号矿体和Ⅱ号矿体。

Ⅰ号矿体南北长约450m，东西宽约300m，平面投影面积约605.10m²，品位$\sum REO$ 0.040%～0.074%，平均品位$\sum REO$ 0.059%，平均厚度约5.00m。

Ⅱ号矿体南北长约480m，东西宽约320m，平面投影面积约767.02km²，品位$\sum REO$ 0.063%～0.081%，平均品位$\sum REO$ 0.074%，平均厚度6.00m，其中工业矿体平均厚1m，平均品位$\sum REO$ 0.081%。

区内轻、中、重元素齐全，稀土元素以中轻稀土为主，$\sum CeO_2/\sum Y_2O_3$的比值一般为1.47～2.46，轻稀土元素比值占总量的63.05%。

矿床成因类型属花岗岩"风化淋滤型"，工业类型属"离子吸附型"稀土矿床。

塘窝稀土矿点处于南岭东西向构造带和罗霄山脉-诸广山南北向构造带中，岩浆活动强烈，裂隙构造发育，加里东期黑云母二长花岗岩中富含稀土元素，为该区离子吸附型稀土成矿提供了丰富的物质。

花岗岩风化强烈，风化壳总面积大于10km²，厚度一般4～16m。矿体总体平均厚度为5.50m，平均品位$\sum REO$ 0.067%，最高$\sum REO$ 0.081%，花岗岩风化壳内均有较大的找矿潜力。预测塘窝稀土矿点$\sum REO$金属量为$1.35×10^4$t。

塘窝稀土矿点成矿条件十分有利，控矿因素清楚，岩体风化壳风化程度高、范围广，生态环境能恢复，且具有寻找中型"姑婆山式"风化壳离子吸附型稀土矿床的远景，可作为部署勘查工作的B类找矿靶区。

6. 湖南省炎陵县青广坪稀土矿找矿靶区。位于炎陵县策源乡，地理坐标：东经113°55′28″—113°57′22″，北纬26°21′02″—26°24′47″，面积约21.0km²。

靶区内岩浆岩主要为万洋山岩体，多期次活动明显，主要由早志留世第三侵入次粗中粒斑状黑云母二长花岗岩、早志留世第四侵入次中细粒斑状黑云母二长花岗岩、早志留世第五侵入次细粒斑状黑云母二长花岗岩、早志留世第六侵入次细粒二云母二长花岗岩组成。构造简单，黄金龙-策源断裂（$F_4$）通过靶区，走向50°，沿断裂发育宽约几十到百余米的强烈硅化破碎带，有大量石英脉穿插。

花岗岩风化强烈，风化壳厚0～16m，一般厚为8～12m，局部超过20m。一般山顶缓坡处较厚，山脚处变薄。根据野外观察，风化壳自上而下可划分为4层。

①腐殖层（A）：灰黑色，暗褐色，含较多的植物根茎。主要由黏土、石英及腐殖酸组成。厚0～0.6m。

②残坡积层（B）：土黄色—砖红色，主要由黏土、石英及少量岩石碎块及植物残骸组成。结构疏松，

厚 0.3~1.0m，山坡和低凹处较厚，山顶山脊较薄。

③全风化层（C）：土黄色—红褐色，由石英、长石、云母和黏土组成，长石含量由上自下显著增多，结构疏松。为矿体的赋存层位，厚度一般 2~10m，局部超过 16m，与下部半风化层呈渐变过渡关系。

④半风化层（D）：风化程度较低，结构较紧密，基本保留原岩结构特征。长石部分黏土化，黏土矿物含量低于 30%。厚度一般 0.5~3.0m。

矿体主要赋存于加里东期早志留世第四侵入次中细粒斑状黑云母二长花岗岩和早志留世第五侵入次细粒斑状黑云母二长花岗岩风化壳中，矿体与强风化层的形态基本一致，但矿体的规模要小于风化壳，呈层状、似层状、透镜状产出。当风化壳较厚时，矿化也较好。该次工作共发现 3 条稀土矿体：Ⅰ号矿体、Ⅱ号矿体、Ⅲ号矿体。

Ⅰ号矿体由工程 BT0704 控制，南北长约 480m，东西宽约 320m，平面投影面积约 750km$^2$，品位 $\Sigma REO$ 0.050%~0.076%，平均品位 $\Sigma REO$ 0.063%，平均厚度为 2.00m。

Ⅱ号矿体由工程 QJ0702 控制，南北长约 480m，东西宽约 320m，平面投影面积约 750km$^2$，品位 $\Sigma REO$ 0.051%~0.100%，平均品位 $\Sigma REO$ 0.078%，平均厚度 8.00m，其中工业矿体平均厚 4m，平均品位 $\Sigma REO$ 0.094%。

Ⅲ号矿体由工程 QJ0706 控制，南北长约 480m，东西宽约 320m，平面投影面积约 750km$^2$，品位 $\Sigma REO$ 0.05%~0.94%，平均品位 $\Sigma REO$ 0.072%，平均厚度 3.00m，其中工业矿体平均厚 2m，平均品位 $\Sigma REO$ 0.083%。

靶区轻、中、重元素齐全，稀土元素以中轻稀土为主，$\Sigma CeO_2/\Sigma Y_2O_3$ 比值一般为 1.69~2.08，轻稀土元素比值占总量的 61.66%。

矿床成因类型属花岗岩"风化淋积型"，工业类型属"离子吸附型"稀土矿床。

矿点处在南岭东西向构造带和罗霄山脉-诸广山南北向构造带中，岩浆活动强烈，裂隙构造发育，加里东期黑云母二长花岗岩中富含稀土元素，为该区离子吸附型稀土成矿提供了丰富的成矿物质。

靶区所在成矿区带归属于滨太平洋成矿域（Ⅰ）→Ⅱ-16 华南成矿省→Ⅲ-83-①南岭东段（赣南隆起）W-Sn-Mo-Be-REE-Pb-Zn-Au 成矿亚带→Ⅳ-20 万洋山-诸广山钨锡多金属稀土成矿区→Ⅴ-37 万洋山-桂东钨锡钼萤石金稀土煤矿集区，其成矿系列属于南岭与加里东期、燕山期中浅成花岗岩类有关的 REE、稀有、有色金属及铀矿床成矿系列，属"姑婆山式"风化壳离子吸附型稀土矿床。

区内花岗岩风化强烈，风化壳总面积大于 12km$^2$，厚度一般 4~16m。该次利用地表地质草测和浅井、剥土等工程共 11 个，其中 3 个工程见矿，见矿率为 27.27%。矿体总体平均厚度为 4.33m，平均品位 $\Sigma REO$ 为 0.074%，最高 $\Sigma REO$ 0.100%。初步估算青广坪稀土矿点 $\Sigma REO$ 金属量为 $1.73\times10^4$t。

根据地质特征及风化壳分布情况，认为该靶区具有一定的找矿前景，推断靶区内亦有寻找中型"姑婆山式"风化壳离子吸附型稀土矿床的远景，可作为进一步部署勘查工作的 B 类找矿靶区。

（七）通过项目实施，发表中文核心期刊论文 6 篇，培养博士及硕士研究生各 1 人，3 人职称得到提升。成果转化效果好，"石井下萤石矿"已转湖南省两权价款项目，策源硅石矿和东岭高岭土矿受到当地政府和企业的高度关注，已申请湖南省两权价款项目。

## 三、成果意义

1.对调查区花岗岩进行了解体，获得了大量花岗岩成岩年龄数据，以加里东期为主，其次为印支期和燕山早期，分析了花岗岩与成矿关系，为寻找钨锡稀土矿提供了大量的基础资料。

2.湖南浣溪地区非金属矿找矿成果显著。浣溪地区位于湖南省炎陵县，该区属于罗霄山集中连片特困地区，也是井冈山革命老区的一部分。由于自然环境恶劣且交通不便，发展一直相对落后，贫困程度较深,脱贫难度大。区内新发现的硅石矿与高岭土矿资源潜力大,开采条件便利,对环境影响较小,受到当地政府和企业关注,可进一步加强成果转化,为实现当地经济快速发展提供新的引擎,助力革命老区早日脱贫致富。

3. 总结了主要矿种成矿规律,建立了成矿模式;开展了成矿预测,划分了找矿远景区9处,提交了找矿靶区4处,为今后的勘查选区提供了重要依据。

# 广东 1∶5 万筋竹圩幅、连滩镇幅、泗纶圩幅、罗定县幅强烈风化区填图试点

卜建军 吴 俊 邓 飞 谢国刚 陈长敬 陈 松 贾小辉 吴富强

(武汉地质调查中心)

**摘要** 中国南方强风化区是特殊地质地貌类型之一,在中国东南部热带亚热带地区广泛分布。强风化层覆盖区经济发达,矿产资源丰富,人口密集,但地质灾害频发。风化层与人类生活息息相关,但在以往的地质填图过程中对其重视不够,也缺少对风化层行之有效的调查方法。围绕强风化区地质填图该"填什么""怎么填""图面怎么表达"等问题,通过技术方法研究和实践,阐述了以强风化层为主要研究对象,综合遥感、物探、钻探和化探等技术方法,调查强风化层的组成、厚度、矿物(元素)的变化、分布规律及下伏基岩的岩性和时代,为解决重大基础地质问题提供基础数据;通过研究风化作用的过程及规律,进而探索岩石圈、水圈、大气圈、生物圈等地表地质过程以及成矿机制和地质环境变化趋势;同时为重大工程建设、岩石风化的预防及处理、地质灾害防治提供基础地质支撑。在项目中也尝试用主图、角图、专业图和三维图等不同的方式提供各具特色的图件,满足不同的需求,创新了地质图的表达方式。

## 一、项目概况

2014 年中国地质调查局下达了"广东 1∶5 万筋竹圩幅、连滩镇幅、泗纶圩幅、罗定县幅强烈风化区填图试点"任务书,所属计划项目是"特殊地质地貌区填图试点",由中国地质科学院地质力学研究所和中国地质大学(武汉)组织实施,工作项目由广东省佛山地质局和中国地质调查局武汉地质调查中心共同承担。武汉地质调查中心主要负责强烈风化区填图方法的调研和试验。2016 年,武汉地质调查中心承担的子项目划归"南岭成矿带中西段地质矿产调查"二级项目管理。

调查区位于广东省境内的罗定市与广西壮族自治区岑溪市交界处,行政区域属广东省罗定市及广西岑溪市所辖。地理坐标:东经 $111°15'00''—111°45'00''$,北纬 $22°40'00''—23°00'00''$,面积 1 894 km$^2$。

工作周期:2014—2016 年。

**总体目标任务:** 充分调研总结国内外 1∶5 万填图方法和经验,系统收集分析调查区已有的地质、物化遥资料,参照《区域地质调查总则》(1∶5 万)、《1∶5 万区域地质调查技术要求(暂行)》等的有关技术要求,采用数字填图技术,开展 1∶5 万地质填图试点,查明区内地层、岩石、构造等特征。针对调查区强烈风化特点,选择有效的物探、化探、槽探和浅钻等技术手段,合理推断和查明强风化覆盖层的组成、结构、厚度及所指示的环境等信息,揭示强风化层下伏地层、岩石、构造、矿产等特征,编制基岩地质图。通过填图试点工作,探索强风化区 1∶5 万地质填图方法,研究总结强风化区地质调查方法技术和图面表达方式。

## 二、主要成果与进展

(一)在全国地层区划中,调查区隶属华南地层大区中的东南地层区,属云开地层分区的罗定小区。

区内地层广泛分布,出露的层位有蓟县系—青白口系、南华系、寒武系、奥陶系、志留系、泥盆系、石炭系、白垩系和第四系。在系统分析前人工作的基础上,结合该次工作,将区内地层序列划分为17个组级岩石地层单位、1个构造地层单位(云开岩群,细分为2个岩组)、1个第四纪成因地层单位。(构造)岩石地层单位共计18个(表1)。另外,将第四系按成因类型划分为冲积层,时代属全新世。

表1 岩石地层单位划分表

| 地质时代 | | | 岩石地层单位 | | | 岩性及厚度 | 化石 | 非正式地层单位 | 主要岩性 |
|---|---|---|---|---|---|---|---|---|---|
| 代 | 纪 | 世 | (岩)群 | 组 | 段 | | | | |
| 中生代 | 白垩纪 | 晚白垩世 | | 铜鼓岭组 $K_2t$ | | 英安质火山质砾岩、复成分砾岩、砂砾岩、含砾砂岩、长石石英砂岩夹钙质粉砂岩、泥质粉砂岩、泥岩,厚度>117m | | | |
| | | 早白垩世 | | 罗定组 $K_1l$ | 二段 | 细粒长石石英砂岩、粉砂岩、粉砂质泥岩及钙质粉砂岩,厚度>2 530m | 双壳类 Tringo-nioideskodairai、叶肢介 Baird-estheria sp. | | |
| | | | | | 一段 | 复成分砾岩夹含砾砂岩、粗中粒长石石英砂岩、细粒长石石英砂岩、钙质粉砂岩、粉砂质泥岩,厚度>3 556m | | | |
| | 三叠纪 | | | | | | | 片麻岩组 $gn(T_1)$ | 黑云斜长片麻岩、黑云钾长片麻岩、黑云母石英片岩、黑云变粒岩 |
| | | | | | | | | 片岩组 $sch(T_1)$ | 堇青石云母片岩、二云母石英片岩、混合质云母石英片岩,局部夹变质细粒长石石英砂岩、黑云变粒岩等 |
| | | | | | | | | 钙硅酸盐岩透镜体 $hom(T_1)$ | 方解方柱透闪透辉岩 |

续表1

| 地质时代 | | | 岩石地层单位 | | 岩性及厚度 | 化石 | 非正式地层单位 | 主要岩性 |
|---|---|---|---|---|---|---|---|---|
| 代 | 纪 | 世 | （岩）组群 | 段 | | | | |
| 晚古生代 | 石炭纪 | | 连县组 $C_1l$ | | 细晶灰岩、粉晶灰岩、白云岩夹白云质灰岩,厚度＞2 114.7m | | | |
| | 泥盆纪 | | 东岗岭组 $D_2d$ | | 泥晶灰岩夹少量粉晶灰岩、粗晶灰岩等,厚度＞183m | 腕足类：*Hypothyridina parallelepipeda* (Briun), *Atryparichthofeni* (Kayser) | | |
| | | | 信都组 $D_2x$ | | 细粒长石石英砂岩、细粒石英砂岩、粉砂岩、泥质粉砂岩等,厚度＞1 093.76m | 腕足类：*Athyrisina* cf. *minor* Hayasaka, *Indospirifer?* sp. | | |
| 早古生代 | 志留纪 | 晚志留世 | 连滩组 $S_{1-2}l$ | | 变质细粒长石石英砂岩夹变质粉砂岩、变质粉砂质泥岩、绢云千枚岩等,厚度大于663.75m | *Glyptogaptus* sff. *Persculptus* 等笔石带 | | |
| | | 早志留世 | 古墓组 $S_1g$ | | 细粒石英砂岩、中细粒石英杂砂岩、深灰色含粉砂质条带泥岩、粉砂质泥岩及页岩,厚度＞543m | *Streptograpyus* sp. 化石带 | | |
| 早古生代 | 奥陶纪 | 中奥陶世 | 东冲组 $O_2d$ | | 角岩化变质细粒长石石英砂岩、角岩化变质粉砂岩等,局部夹有斑点状含红柱石绢云二云长英质角岩等,厚度＞205.6m | | | |
| | | | 罗东组 $O_2l$ | | 斑点状石榴透辉长英质角岩夹角岩化变质杂砂岩等,厚18.4m | | | |

续表1

| 地质时代 | | | 岩石地层单位 | | 岩性及厚度 | 化石 | 非正式地层单位 | 主要岩性 |
|---|---|---|---|---|---|---|---|---|
| 代 | 纪 | 世 | （岩）群组 | 段 | | | | |
| 早古生代 | 奥陶纪 | 早奥陶世 | 罗洪组 $O_1l$ | 二段 | 以含砾砂岩、石英砂岩及绢云千枚岩、板岩为主，夹泥质粉砂岩，厚1 577.1m | | | |
| | | | | 一段 | 变质粉砂岩、变质粉砂质泥岩等，局部夹石英质、砂岩质砾岩透镜体和大理岩透镜体，厚度＞688.1m | | | |
| 新元古代 | 南华纪 | | 大绀山组 $Nh_1d$ | | 变质细粒长石石英砂岩、变质粉砂岩、绢云千枚岩等 | | | |
| | 青白口纪 | | 云开岩群 | 第二岩组 $Pt_3Y^2$ | 条带状混合岩、混合质二云石英片岩、片麻岩、变粒岩夹变质细粒长石石英砂岩、云母石英片岩和千枚岩等，偶夹透辉石岩、斜长角闪岩等 | | | |
| | | | | 第一岩组 $Pt_3Y^1$ | 变质细粒长石石英砂岩、变质粉砂岩与云母石英片岩 | | | |

（二）将风化层作为特定填图对象，研究其结构、组成、厚度、矿物元素迁移、次生成矿（稀土、陶土和铝土矿）、分布（规律）、控制因素、形成机理等。通过地质、物探、化探、钻探综合剖面的研究，将调查区风化层自上而下划分残积土、全风化、强风化、中风化和微风化层，并提出了划分标志（表2～表4）。

（三）使用双极化 ALOS-PALSAR 影像联合 Landsat 8 OLI 多光谱影像提高了遥感解译的能力，增加了可识别的岩性种类，由15类增加至26类，尤其是岩性接近的地层单元和光谱与其他地层接近的侵入岩（图1），为强烈风化植被密集区的地质填图提供了有效的手段。

（四）对调查区开展的物探、化探及钻探等方法的适用条件、效果、有效性进行了评价。总结了强烈风化区的技术路线（图2）和技术方法，针对不同对象，需要采用不同的方法组合。

（五）对地质图的图面表达形式进行了创新，完整的地质图分为左右两个主图，左侧为基岩地质图，为综合地表地质调查（含露头及根据风化土推测的岩性）、遥感、物探、化探、钻探等填出的地质图，主要表达岩石、地层、构造等要素，与传统的地质图基本一致；右侧为风化层地质图，主要表达风化土的类型、厚度等要素，露头地质体，并结合风化土类型、厚度、岩性等要素编制了灾害地质风险图（图3），主图上方编制了强风化层断面图，拓展了地质图的服务范围。

表 2 花岗岩类（那蓬岩体）风化程度划分及识别特征

| 风化级别 | 风化程度 | 野外识别特征（颜色、结构构造保存程度、矿物成分晶形变化、黏土矿物成分及比例、粘手、滑手、锤击声、回弹、掘进方式、吸水反应、水解等） | 记录形式 | 对风化母岩的识别 |
|---|---|---|---|---|
| W6 | 残积土 | 紫红色、浅紫红色、土黄色等色土状；母岩结构构造完全破坏，松软；几乎全部为黏土矿物；黏性一般，不滑手；锤击声沉闷，回痕明显，无回弹；手可掘进，手搓易碎，吸水反应明显，遇水完全崩解 | 颜色＋残积土 | 难以推断岩类 |
| W5 | 全风化 | 紫红色、乳白色土、砂土；呈斑点状、花斑状；石英多呈粒状、高岭石等；石英多呈粒状、高岭石等；母岩结构完全破坏，松散状；除石英外，其他矿物基本全部风化蚀变为次生矿物（绢云母、蛭石），黏土矿物以高岭石、绢云母为主；粘手、滑手，部分石英碎裂化或呈白色砂糖状，可见少量长石假像；少量白云母、蛭石；黏土矿物以高岭石，其云母类含量稍高；锤击声沉闷，回痕明显，无回弹；手可掘进，手搓易碎，局部含有强风化之残块；吸水明显，遇水完全崩解 | 颜色＋全风化、全风化土、全风化质砂石 | 难以推断岩类 |
| W4 | 强风化 | 紫红色土状、网纹砂土状，结构完全破坏，碎块状，裂隙发育，风化面呈浅紫红色、褐色，易呈分散片状，长石部分风化，长石部分保存风化石长石或蚀变成黏土，含少量石英岩屑，粉砂；长石类风化为孔白色高岭石，部分保存长石假像，少量长石碎裂化；石英少量碎裂化，黑云母风化为水黑云母、白色，易分散；滑手、稍粘手；锤击声不清脆，凹痕明显，无回弹；锤可掘进，手搓易碎，遇水反应轻微裂隙吸水明显，裂隙部分崩解 | 颜色＋强风化＋花岗质岩石 | 可初步推断岩类 |
| W3 | 中等风化 | 灰白色、灰色、浅肉红色等色，块状、风化面或裂隙面呈浅紫红色或灰黑色多风化为紫红色、褐色，易呈分散片状，长石部分风化，长石类石占10%～80%；锤击声不清脆，凹痕不明显，回弹，易碎；晶形保存，黑云母多风化褐黄色、白色，易分散；风化面呈浅紫红色或灰黑色，结构基本保存，黑云母晶面、解理面较模糊，风化面呈浅紫红色或灰黑色，结构基本保存，黑云母晶面、解理面较模糊，风化面呈浅紫红色或灰黑色，结构基本保存，黑云母晶面、解理面较模糊，晶体易碎、手能掰碎，整体吸水反应，遇水不完全崩解 | 颜色＋中（等）风化＋花岗岩类定名 | 可初步判断原岩类 |
| W2 | 弱（微）风化 | 灰白色、灰色、浅肉红色等色，块状、风化面或裂隙面呈浅紫红色或灰黑色；结构明显，裂隙部分发育呈片状，长石类部分风化，多见石英化、风化长石占10%以下；晶形保存，长石有石化，地质锤明显，回弹明显，锤击声较清脆；晶面、解理面较清脆；锤击声较清脆；晶面、解理面较清脆；锤击难以掘进，无吸水反应，遇水不崩解 | 颜色＋弱风化＋花岗岩类定名 | 可准确定名 |
| W1 | 未风化（新鲜） | 岩石新鲜，裂隙发育发育处偶见风化现象；锤击声清脆，回弹明显，锤击难击碎，无吸水反应 | 花岗岩类定名 | 可准确定名 |

表 3 变质岩类（云开群）风化程度划分及识别特征

| 风化级别 | 风化程度 | 野外识别特征（颜色、结构构造保存程度、矿物成分晶形变化、黏土矿物成分及比例、粘手、滑手、锤击声、回弹、掘进方式、难易程度、吸水反应、水解等） | 记录形式 | 对风化母岩的识别 |
| --- | --- | --- | --- | --- |
| W6 | 残积土 | 紫红色、浅紫红色、土黄色等土状、砂土状；母岩结构完全破坏，黏土矿物，松软；几乎全部为黏土矿物，含少量石英；黏性一般、不滑手、无回弹，凹痕明显；手搓易碎，锤可掘进，手易搓碎，吸水反应明显，遇水完全崩解 | 颜色＋残积土 | 难以推断岩类 |
| W5 | 全风化 | 紫红色等土状、砂土状；结构完全破坏，松散；稍滑手、稍粘手；除石英外，主要为高岭石等黏土矿物，可见少量石英；锤击声沉闷，回陷；手搓易碎，锤可掘进，遇水崩解 | 颜色＋全风化土、全风化石英砂土 | 难以推断岩类 |
| W4 | 强风化 | 紫红色等杂色；结构基本破坏，色泽暗沉，石英呈颗粒状；矿物以石英、云母及黏土矿物为主，呈含石英云母土状、砂土状；云母周缘常见黑色铁锰质浸染；稍滑手、不粘手，锤击声沉闷、凹陷，呈集合体状；手搓易碎沿云母边缘崩解，锤可掘进，遇水部分崩解 | 颜色＋强风化＋变质岩类定名 | 可初步推断岩类 |
| W3 | 中等风化 | 紫红、灰绿等色、灰白色；结构尚保存、块状；云母裂碎成小块，云母呈集合体状；手搓易沿云母裂隙手难掰碎，锤可掘进；风化呈风化现象，云母呈集合体状；锤击声较沉，不凹陷，不粘手，锤击（石英含量高者）声较清脆、回弹 | 颜色＋中（等）风化＋变质岩类定名 | 可判断原岩 |
| W2 | 弱（微）风化 | 灰色、灰绿、灰白等色；结构保存，裂隙较少，裂隙处见风化现象，云母呈集合体状；锤击（石英含量高者）声较清脆、回弹；手难掰碎、锤难掘进 | 颜色＋弱风化＋变质岩类定名 | 可准确定名 |
| W1 | 未风化（新鲜） | 岩石新鲜；锤击声清脆、回弹；岩块断口边锋利 | 变质岩定名 | 可准确定名 |

表 4 红色碎屑岩（白垩系）风化程度划分及识别特征

| 风化级别 | 风化程度 | 野外识别特征（颜色、结构构造保存程度、矿物成分晶形变化、矿物成分及比例、粘手、滑手、锤击声、回弹、掘进方式、难易程度、吸水反应、水解等） | 记录形式 | 对风化母岩的识别 |
|---|---|---|---|---|
| W6 | 残积土 | 紫红色、浅紫红色土状、砂土状；母岩结构完全破坏、松软；几乎全部为黏土矿物；黏性一般、不滑手；锤击声沉闷、凹痕明显、无回弹；手可掘进、手搓易碎、吸水反应明显、遇水完全崩解 | 颜色＋残积土 | 难以推断岩类 |
| W5 | 全风化 | 紫红色，网纹土状、砂土状、色泽暗沉、硬砂土状；伊利石等黏土矿物，除石英外、其他多为蒙脱石、伊利石等黏土矿物，锤击声沉闷、凹陷、手可掘进、锤可砸碎、手搓易碎、遇水完全崩解 | 颜色＋全风化土、全风化石英砂土 | 难以推断岩类 |
| W4 | 强风化 | 紫红色，网纹硬土状、硬砂土状、色泽暗沉；结构尚保存，块状；风化裂隙发育；除石英、少量云母外其他矿物多已风化、锤击声沉闷、凹陷、手可掘进、锤可砸碎、手易掰碎、遇水不易干水 | 颜色＋强风化＋碎屑岩类定名（粗、细碎屑岩） | 可初步推断岩类 |
| W3 | 中等风化 | 紫红色，暗紫红色、色泽暗沉；结构尚保存，块状；风化裂隙发育，裂隙面多为铁锰质浸染；锤击声沉闷、岩块断口不锋利、用手难掰断手摸无割手感、手可掰碎、锤难掘进、岩心不易干水 | 颜色＋中(等)风化＋碎屑岩定名 | 可判断原岩 |
| W2 | 弱（微）风化 | 紫红色，暗紫红色、色泽光鲜；结构、构造保存；锤击声清脆、回弹、锤击可碎；岩块断口边锋利，用手摸有割手感、手难掰碎、岩心易干水 | 颜色＋弱风化＋碎屑岩定名 | 可准确定名 |
| W1 | 未风化（新鲜） | 岩石新鲜，裂隙发育处偶见风化现象；锤击声清脆、回弹、锤击可碎；岩块断口边锋利，用手摸有割手感、岩心易干水。一般不做划分 | 碎屑岩定名 | 可准确定名 |

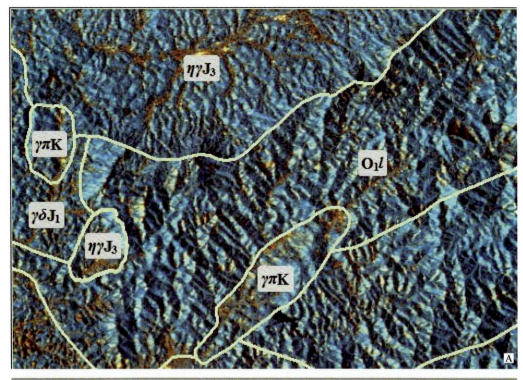

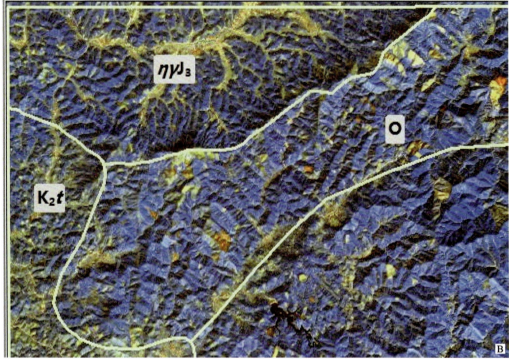

图 1 西北局部区域解译结果放大对比

A. 联合解译结果;B. 光学解译结果;$\gamma\delta J_1$. 早侏罗世花岗闪长岩;$\eta\gamma T_3$. 晚侏罗世二长花岗岩;$\gamma\pi K$. 白垩纪花岗斑岩;
$O_1 l$. 早奥陶世罗东组;O. 奥陶系;$K_2 t$. 晚白垩世铜鼓岭组

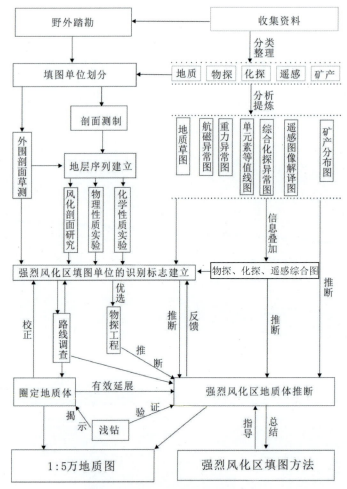

图 2 强烈风化区技术路线示意图

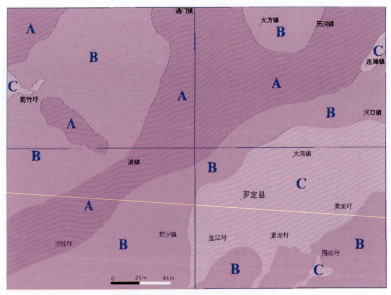

图 3 地质灾害易发程度分区图

A.高易发区；B.中易发区；C.低易发区

（六）志留纪连滩组在区内出露于郁南县连滩镇北侧，呈北东向带状分布。主要岩性以条带状页岩夹粉砂岩、砂岩组合，薄层状为主，岩石颜色以灰色、灰绿色、黑色为主，水平纹层发育（图4），页岩中页理极容易剥开，属页岩建造，含丰富的笔石化石（图5），指示了深海滞流还原沉积环境。常发育由粉砂岩和页岩组成的基本层序，单个基本层序厚度一般小于2m。底部以大套细粒长石石英砂岩的消失为底界，与下伏古墓组呈整合接触。

图4　连滩组页岩纹层理发育

图5　连滩组页岩中丰富的笔石化石

通过对连滩镇连滩组笔石化石的研究，从下到上建立了3个笔石带：*Demirastrites triangulatus*带、*Demirastrites convolutus*带、*Monograptussedg wickii*带，可与湖北宜昌龙马溪组、西秦岭南带安子沟组、陕南宁强龙马溪组、四川城口双河场组、北祁连山肮脏沟组和东秦岭东段张湾组的笔石化石组合进行对比，表明调查区连滩组的地质时代为早志留世埃隆期。

（七）编制了"1∶5万强烈风化区区域地质调查"指南，现正在推广应用中。

1∶5万强烈风化区区域地质调查方法作为中华人民共和国地质矿产行业标准正在修改完善中，包括以下主要方面。

7.1　目标任务

综合应用遥感地质、地质测量、地球物理、地球化学、工程地质钻探、便携式浅钻等工作手段，填制基岩地质图，初步查明风化层结构、厚度、物质组成、基本力学参数，为地质灾害防治、工程建设选址、风化矿床找矿提供基础数据支撑。

7.2　调查内容

7.2.1　主要调查内容包括基岩地质内容以及风化层垂向与横向发育特征。

7.2.2　参照1∶5万区域地质调查相关规范要求，借助遥感地质、物探、化探、便携式浅钻等手段，查明地层、岩浆岩、变质岩、地质构造等区域地质特征。

7.2.3　调查风化层的结构、厚度、物质组成等信息。总结残积层物质组成、地球化学元素与基岩的关联信息，建立调查区有关基岩岩性的判别标志。

7.2.4　对如崩塌、滑坡、泥石流、地面塌陷、地面沉降等与风化作用相关的地质灾害进行调查，分析地质灾害致灾地质条件，进行地质灾害风险区划。

7.2.5　对如球状风化体、风化槽、溶洞、膨胀土等特殊风化作用产物等进行调查，综合岩土体条件，进行工程地质条件适宜性区划。

7.2.6　对如稀土、高岭土、铝土矿等风化矿床成矿地质条件进行调查，进行风化矿床找矿远景区划。

### 7.3 填图单元划分

基岩层和风化层分别确定填图单元。基岩层按照 1∶5 万区域地质调查方法与要求进行填图单元划分；风化层按照地表出露风化产物（土壤层以下）的主体物质组成确定填图单元（不同类型的残积土或不同岩性及其组合、不同风化程度的岩石）。

### 7.4 技术方法

#### 7.4.1 技术方法组合

可采用的技术方法如下：

a) 借助地球物理、地球化学、遥感、浅钻等多种技术手段，揭示强风化层下伏地层、岩石、构造等地质特征。

b) 应用浅钻揭露，选择典型地段开展地质地貌剖面测制，查明区域地貌类型、微地貌特征及其与风化壳发育程度的关系，查明风化壳在山脚、山腰、山顶分布与发育情况，查明风化壳全风化、半风化、弱风化、原岩的分层及各层特征，建立不同岩性的风化层三维结构，建立风化层填图单位。

c) 根据不同岩性风化物地球化学特征，判断原岩性质。

d) 应用浅钻对覆盖层钻入基岩，进行钻孔编录，对基岩进行观测，填制基岩地质图。

e) 选用具有全天候、大面积覆盖、穿透能力强、空间分辨率高等特点的合成孔径雷达（SAR）微波遥感成像手段，进行雷达遥感地质测量。

#### 7.4.2 遥感地质解译

利用多（高）光谱和雷达等类别的遥感数据，针对不同风化程度的不同地质体建立遥感地质解译标志，对地质体进行分类，解译线性构造，解译风化层发育特征、地质灾害、表生矿床等强烈风化区特殊地质信息。

#### 7.4.3 地质测量

7.4.3.1 利用天然或人工风化断面，对调查区各类地质、地貌区风化层的结构、厚度、物质组成等信息进行调查，总结风化层物质组成垂向变化特征及其与基岩岩性的关联性。

7.4.3.2 参照 1∶5 万区域地质调查相关规范要求开展地质填图，对地层、岩浆岩、变质岩、地质构造进行调查，确定地质体分布范围和地质界线。运用残积土与基岩物质组成的关联性规律，针对地质填图需求和重要科学问题，在被残积土严重覆盖的重要地质体或重要地质界线区段进行岩性推断。

#### 7.4.4 地球物理调查

7.4.4.1 针对重要地质界线、重要地质体等地质填图需求与科学目标，适当布置浅层地震测量和电磁法剖面测量。

7.4.4.2 针对风化槽、球状风化体等特殊风化体的发育特征与分布规律，适当布置浅层地震和电磁法剖面测量。

#### 7.4.5 地球化学测量

7.4.5.1 利用自然或人工断面以及钻孔资料，在同一填图单元选择 5 处以上典型地段测制垂向地球化学剖面，系统采集不同风化层位的地球化学样品，研究从残积土、半风化岩到基岩的地球化学元素含量、组合关系与继承性变化，总结风化层地球化学垂向变化特征及其与基岩岩性的关联性。

7.4.5.2 运用残积土与基岩的地球化学关联性规律，针对地质填图需求和重要科学问题，在被残积土严重覆盖的重要地质体或重要地质界线区段进行岩性推断。

7.4.5.3 对典型风化矿床成矿地球化学背景进行分析评价。

#### 7.4.6 工程地质钻探

7.4.6.1 调查收集典型地貌、微地貌以及岩性（组合）区的风化层结构、厚度、物质组成、基本力学参数等信息，分析风化层发育规律。

7.4.6.2 结合地质测量、物探、化探等手段，重点对特殊风化体、风化矿床进行钻探调查，评估影响工程建设的不良地质条件和风化矿床成矿地质条件。

7.4.7 便携式浅钻揭露

7.4.7.1 残积土厚度5～10m地区,针对地质填图需求和重要科学问题,对于被掩盖的重要地质界面或重要地质体,可借助便携式浅钻方法予以揭露。

7.4.7.2 可对利用物探、化探等手段所做的岩性判别进行验证。

7.5 成果图件表达

7.5.1 成果图件宜以基岩地质图和风化层地质图对开表达,突出图件的基础性和应用性。在满足1:5万区域地质调查基本要求的基础上,结合调查区空间、资源、环境、灾害等方面的切实需求,对相关要素和分析评价成果进行表达。

7.5.2 基岩地质图按照区域地质调查规范(1:5万)执行。

7.5.3 风化层地质图宜对分化层填图单元及其物质组成、风化层厚度以及与风化作用相关的地质灾害(崩塌、滑坡、泥石流、地面塌陷、地面沉降等)、特殊风化体(球状风化体、风化槽、溶洞、膨胀土)、风化矿床(稀土、高岭土、铝土矿)等进行表达。

## 三、成果意义

1. 在强风化层开展填图工作是一项开创性工作。通过实地调查和方法试验探索出了强风化区的主要地质调查内容、调查方法和图面表达方式,为中国东南部热带亚热带地区强风化地区地质调查研究提供了技术支撑。

2. 调查发现连滩组主要由黑色页岩组成,含丰富的笔石,沉积环境为深海滞流还原环境。查清了调查区内连滩组的时空分布特征,为页岩气等能源矿产的勘查部署提供了基础资料或方向。

3. 提交的有关风化层剖面和风化层厚度分布等资料和图件,可为离子吸附型稀土矿勘探和地质灾害防治提供服务。

# 中南重大岩浆事件及其成矿作用和构造背景综合研究

马丽艳 梅玉萍 付建明 王晓地 陈 斌 周 洁

(武汉地质调查中心)

**摘要** 获得了一批高精度的花岗岩及包体锆石 U-Pb 年龄数据,部分典型岩体形成时代发生了改变;以广西博白三叉冲岩体及相关钨矿为研究对象,查明三叉冲岩体中细粒二云母花岗岩与中粒黑云母花岗岩不是分离结晶关系,指出细粒二云母花岗岩与三叉冲钨钼成矿作用关系更为密切;初步总结了中南地区侵入岩的时空分布规律及其形成构造背景;按照全国统一格式,提交了中南地区侵入岩年龄数据表,编制了中南地区 1∶250 万侵入岩地质图,为编制全国侵入岩地质图提供了基础材料。

## 一、项目概况

"中南重大岩浆事件及其成矿作用和构造背景综合研究"2014—2015 年为中国地质调查局下达的计划项目"重大岩浆事件及其成矿作用和构造背景研究"下设的工作项目,归口中国地质科学院地质研究所管理,2016 年以续作专题划归武汉地质调查中心承担的二级项目"南岭成矿带中西段地质矿产调查"管理。调查区位于中国中南部,行政上包括湖南、湖北、广东、广西、海南五省(区)以及香港、澳门。地理坐标:东经 $104°00'00''—116°30'00''$,北纬 $18°00'00''—33°00'00''$,陆地面积约 $84×10^4 km^2$。

工作周期:2014—2016 年。

总体目标任务:解剖若干重要成矿带,研究重大岩浆事件时空分布及成因物源对成矿的制约,为寻找与岩浆有关的矿产提供依据。开展综合研究,系统总结中南地区重大岩浆事件的岩浆时空演化、岩石组合特征和岩浆性质及其成矿特点和构造背景,建立中南地区重大岩浆及成矿事件地质年代学格架。编制数字化 1∶250 万中南地区侵入岩地质图。

## 二、主要成果与进展

(一)获得了一批高精度的花岗岩及包体锆石 U-Pb 年龄数据(表 1),为研究花岗岩成因提供年代学资料。部分重要花岗岩岩体形成时代发生变化,如定南岩体西体以前普遍认为属加里东期,本次获得中粗粒似斑状-片麻状黑云母二长花岗岩年龄为 $227.2±3.2Ma$、细粒黑云母二长花岗岩 $227.1±2.1Ma$(图 1),从而明确定南岩体西体形成于印支期;确定湘东北庙山花岗岩形成于晋宁期($800±15Ma$)(图 2)、粤北大坝花岗岩形成于印支期($233.1±2.6Ma$)(图 2),而不是以前一致认为的燕山期。

(二)初步总结了中南地区侵入岩的时空分布规律。从中太古代至第四纪均有岩浆活动发生,其中以新元古代(晋宁期)、早古生代(加里东期)、晚古生代—中三叠世(海西-印支期)、晚三叠世—白垩纪(燕山期)等 4 个时期规模最大(图 3,表 2)。从中-新太古代、古-中元古代、新元古代、古生代—早中生代、晚中生代、喜马拉雅期 6 个时段初步总结了中南地区侵入岩的时空分布规律。

表 1 新发现花岗岩的锆石 U-Pb 年龄一览表

| 序号 | 样号 | 岩体 | 岩性 | 年龄(Ma)(方法) |
|---|---|---|---|---|
| 1 | 14Y024-1Z | 湘东北庙山 | 中粒花岗闪长岩 | 800±15(＊LA) |
| 2 | 14Y025-1Z | 湘东北罗里 | 中细粒花岗闪长岩 | 814.1±6.6(LA) |
| 3 | 14Y026-1Z | 湘东北渭洞 | 变形中粒花岗闪长岩 | 809.2±6.5(LA) |
| 4 | 15YBS-05Z | 桂北元宝山 | 变质细粒斑状二长花岗岩 | 829.3±5.1(LA) |
| 5 | 15YBS-15Z | | 变质细粒斑状二长花岗岩 | 830.7±4.4(LA) |
| 6 | 14Y001-6Z | 粤北古寨 | 糜棱化中细粒花岗闪长岩 | 446.9±2.9(LA) |
| 7 | 14Y002-1Z | | 变质中细粒斑状花岗闪长岩 | 445.5±3.4(LA) |
| 8 | 14Y005-1Z | 粤北和平 | 细粒石英二长闪长岩(包体) | 450.3±2.5(LA) |
| 9 | 14Y005-7Z | | 中细粒斑状花岗闪长岩 | 444.4±3.4(LA) |
| 10 | 14Y005-10Z | | 细粒石英二长闪长岩(包体) | 445.0±2.7(LA) |
| 11 | 14Y006-1Z | | 细粒花岗闪长岩 | 437.1±2.8(LA) |
| 12 | 14Y014-1Z | 粤北高寿 | 细粒石英二长闪长岩 | 458.5±2.9(LA) |
| 13 | 14Y020-1Z | 湘南雪花顶 | 中细粒斑状二长花岗岩 | 416.2±5.1(LA) |
| 14 | 14Y022-1Z | | 中细粒二长花岗岩 | 432.2±6.6(LA) |
| 15 | 14Y011-1Z | 粤北大坝 | 糜棱化粗中粒二长花岗岩 | 233.1±2.6(LA) |
| 16 | 15YSS-5Z | 桂北圆石山 | 中粒多斑状黑云母二长花岗岩 | 164.0±2.1(LA) |
| 17 | 15YSS-6Z | | 中粒多斑状黑云母二长花岗岩 | 165.2±1.2(LA) |
| 18 | 15YSS-7Z | | 细粒斑状黑云母二长花岗岩 | 161.6±1.4(LA) |
| 19 | 15YSS-9Z | | (稍晚期)细粒花岗斑岩 | 159.6±2.2(LA) |
| 20 | SC-4 | 桂中三叉冲1号岩体 | 中粒黑云母二长花岗岩 | 101.5±0.7(SH) |
| 21 | SC91-01 | | 细粒二云母花岗岩 | 105.1±0.5(SH) |
| 22 | SC33-11 | 桂中三叉冲2号岩体 | 中粒黑云母花岗岩 | 104.0±0.4(SH) |
| 23 | SC33-18 | | 细粒二云母花岗岩 | 103.9±0.5(SH) |
| 24 | SC1004-8 | 桂中三叉冲3号岩体 | 中粒黑云母花岗岩 | 103.2±0.2(SH) |
| 25 | DN142 | 赣南定南西体 | 中粗粒似斑状—片麻状黑云母二长花岗岩 | 227.2±3.2(SH) |
| 26 | DN071 | | 细粒黑云母二长花岗岩 | 227.1±2.1(SH) |
| 27 | PM35 | 粤北神仙岭岩体 | 细中粒—中粒黑云母二长花岗岩 | 180.0±2.3(SH) |
| 28 | DN097 | | 细中粒—中粒黑云母二长花岗岩 | 183.1±1.5(SH) |
| 29 | gxw-1 | 粤北寨丁岩体 | 细粒闪长岩 | 187.1±1.7(SH) |

注：＊LA. 锆石 LA-ICP-MS U-Pb 年龄，SH. 锆石 SHRIMP U-Pb 年龄。

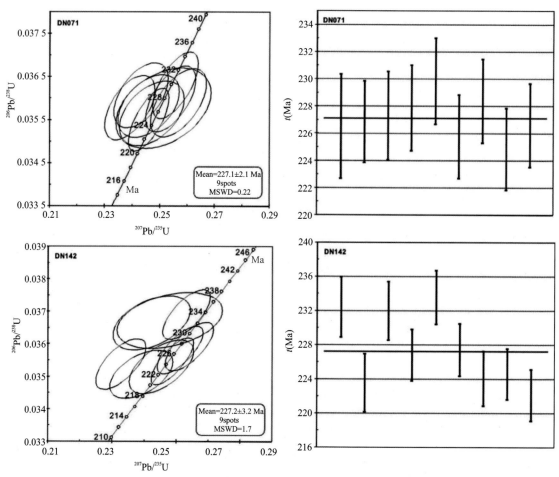

图 1 定南西体花岗岩锆石 SHRIMP U-Pb 年龄谐和图及加权平均图

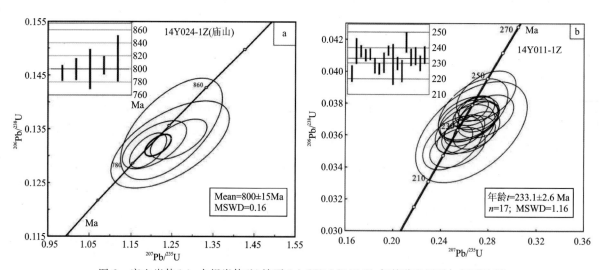

图 2 庙山岩体(a)、大坝岩体(b)锆石 LA-ICP-MS U-Pb 年龄谐和图及加权平均图

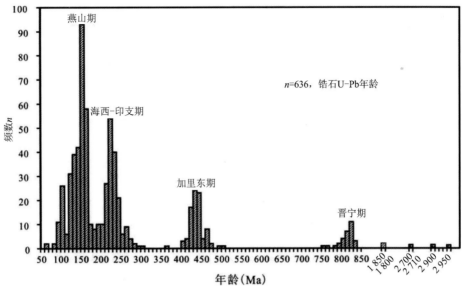

图 3　中南地区侵入岩年龄直方图(636 个年龄数据来自年龄数据表)

表 2　中南地区构造-岩浆事件序列表(据赵小明等,2015 修改)

| 代 | 纪 | 地质年龄(Ma) | 构造期 | 构造环境 | 岩浆岩组合 | 同位素年龄(Ma) |
|---|---|---|---|---|---|---|
| 新生代 | 第四纪 | | 喜马拉雅期 | 大陆裂谷 | 基性—超基性岩组合(辉绿岩、辉长岩、橄榄岩),碱性及拉斑质火山岩、粗面岩等 | 62～0 |
| | 新近纪 | | | | | |
| | 古近纪 | 66 | | | | |
| 中生代 | 白垩纪 | 145 | 燕山期 | 后碰撞-陆内伸展 | A 型花岗岩、壳幔混合花岗岩碱性岩,碱性或拉斑质基性—超基性火山-侵入岩、粗面岩、(英安)流纹岩 | 100～90 |
| | | | | | | 140～130 |
| | 侏罗纪 | 201 | | | | 165～150 |
| | 三叠纪 | | 海西-印支期 | 后碰撞 | 壳源准铝-强过铝(堇青石、二云)、壳幔混合花岗岩,A 型花岗岩,强过铝(超钾质)流纹岩 | 250～200 |
| 晚古生代 | 二叠纪 | 252 | | 后碰撞 | 壳源(强过铝)、壳幔混合花岗岩,钾玄质、高钾钙碱性镁铁质侵入岩 | 278～250 |
| | | | | 同碰撞 | 强过铝壳幔混合花岗岩 | 290～278 |
| | 石炭纪 | 299 | | 同碰撞 | 强过铝二长花岗岩 | 315～290 |
| | 泥盆纪 | 359 | 加里东期 | 同碰撞 | 强过铝壳幔混合花岗岩 | 392～363 |
| | | 398 | | | | |
| 早古生代 | 志留纪 | 416 | | 后碰撞 | 眼球状、环斑状花岗岩,二云母花岗岩、含石榴花岗岩、角闪黑云母花岗闪长岩-二长花岗岩,镁铁质侵入岩 | 510～407 |
| | 奥陶纪 | 443 | | | | |
| | 寒武纪 | 485 | | 同碰撞 | | |
| | | 541 | | | | |

续表2

| 代 | 纪 | 地质年龄(Ma) | 构造期 | 构造环境 | 岩浆岩组合 | 同位素年龄(Ma) |
|---|---|---|---|---|---|---|
| 新元古代 | 震旦纪 | 635 | 雪峰期 | 后碰撞-陆内伸展 | 弱片麻状、眼球状二长花岗斑岩,弱片麻状二长花岗岩、基性—超基性岩组合(辉绿岩、辉长岩、橄榄岩) | 770~680 |
| | 南华纪 | 780 | | | | |
| | 青白口纪 | 1 000 | 晋宁期 | | 强过铝(堇青石或二云母)花岗闪长岩-花岗岩 | 870~800 |
| 中元古代 | 蓟县纪 | 1 400 | "四堡期" | 同碰撞(基底岩浆演化) | 强过铝花岗闪长岩-英云闪长岩-二长花岗岩(TTG组合) | 1 282~1 060 |
| | | 1 600 | | | 壳源强过铝花岗岩 拉斑质基性—超基性火山岩、石英角斑岩、中酸性火山岩,高钾钙碱性或拉斑质玄武岩-玄武安山岩-英安岩-流纹岩 | 1 600~1 407 |
| 古元古代 | 长城纪 | 1 800 | 吕梁期 | 同碰撞 | T1G1组合 | 2 315~1 947 |
| | | 2 500 | | | | |
| 新太古代 | | 2 800 | 前吕梁期 | 俯冲-同碰撞 | 蛇绿岩、TTG组合 | 2 820~2 660 |
| 中太古代 | | 3 200 | | 俯冲 | 蛇绿岩组合 | 3 015 |
| 古太古代 | | | | | | |

1.中-新太古代侵入岩(>2 500Ma,前吕梁期)。

中南地区的太古代侵入岩主要见于上扬子的宜昌黄陵杂岩北部的水月寺—坦荡河、交战垭—雾渡河、高岚镇一带(东冲河奥长花岗片麻岩的锆石SHRIMP U-Pb年龄为2 947±5~2 903±10Ma,高山等,2001),以及扬子北缘的麻城市木子店镇-罗田县(英山县)北部地区(罗田县黄土岭中性麻粒岩锆石U-Pb年龄为2 668Ma,王江海,1998;凤凰关水库英云闪长岩的锆石同位素年龄为2 660Ma,方家冲片麻岩的锆石U-Pb年龄为2 820Ma,美国加州大学测定)。

2.古、中元古代侵入岩(2 500~1 000Ma)。

(1)古元古代(2 500~1 600Ma,吕梁期)侵入岩类出露较为零星,上扬子主要为花岗岩及基性岩脉组合,花岗岩体有黄陵地区圈椅埫(锆石LA-ICP-MS U-Pb年龄1 854±17Ma,熊庆等,2008)和岔路口岩体及钟祥华山观岩体(锆石LA-ICP-MS U-Pb年龄为1 851±18Ma,张丽娟等,2011)。岩石成因类型为A型,形成于后造山环境。吴元保等(2002)获得罗田黄土岭麻粒岩、英山万家老英山万家老屋片麻岩SIMS年龄为2 052Ma、2 230Ma。

(2)中元古代(1 600~1 000Ma,"四堡期")侵入岩扩大至全区范围,分布于上扬子宜昌黄陵地区和扬子北缘麻城市的卡房—龟峰山地区,发育了超基性—基性岩组合,其中黄陵太平溪超基性岩Sm-Nd全岩等时线年龄为1 282Ma(鄂西地质大队,1991)。花岗岩现仅发现于海南西部地区,面积小于100km²。岩性为片麻状似斑状黑云母花岗闪长岩-二长花岗岩及片麻状(含斑)黑云母钾长花岗岩,锆石SHRIMP U-Pb年龄为1 436±7Ma和1 431±5Ma(Li et al,2002)。

3. 新元古代侵入岩(1 000~541Ma)。

区内新元古代侵入岩类大致可分为两个时段。

(1)青白口纪(1 000~780Ma,晋宁期)阶段:该时段侵入岩出露广,在上扬子主要有宜昌黄陵的三斗坪(锆石 U-Pb 一致曲线法年龄 832±12Ma)、黄陵庙岩体(全岩 Rb-Sr 等时线年龄为 809±35Ma),属典型的I(C)型花岗岩。扬子北缘发育随州浆溪店—花山水库—广水镇一带的英云闪长质(石英闪长质)-花岗闪长质-二长花岗质片麻岩组合,分别获得了 Rb-Sr 年龄 980±39Ma(1∶5 万蔡家河幅,1991)和锆石 Pb-Pb 蒸发法年龄 1 024Ma(1∶5 万殷店幅,1994)。湘东北岳阳—平江一带也分布有许多晋宁期花岗岩体,如张邦源(锆石 SHRIMP U-Pb 年龄 816±4.6Ma,马铁球等,2009)、庙山(锆石 LA-ICP-MS 年龄 800±15Ma,本项目)、罗里(锆石 LA-ICP-MS 年龄 814.1±6.6Ma,本项目自测)、渭洞(锆石 LA-ICP-MS 年龄 809.2±6.5Ma,本项目自测)、饶村、钟洞、平江、黄岗口(锆石 LA-ICP-MS 年龄 823±2Ma,张菲菲等,2011)、张家坊、仙源、西园坑(锆石 LA-ICP-MS 年龄 804±3Ma,张菲菲等,2011)等小型岩体。在江南造山带由长三背(锆石不一致曲线和一致直线上交点年龄值 786±15Ma)、本洞、峒马、寨滚、大寨、龙有、平英、田朋、三防、元宝山(锆石 LA-ICP-MS 年龄 830Ma 左右,本项目自测)、城步等构成北东向的巨大岩浆岩带。寨滚、本洞、峒马、三防和田朋岩体最新锆石 LA-ICP-MS U-Pb 精确年龄分别为 835.8±2.5Ma、822.7±3.8Ma、824±13Ma、804±5.2Ma、794.2±8.1Ma,花岗闪长岩形成于 835~820Ma,黑云母花岗岩形成于 810~800Ma(王孝磊等,2006)。此外,在宝坛—元宝山地区发育 825Ma 镁铁-超镁铁质岩,源于亏损地幔部分熔融及堆晶作用,同桂北花岗闪长岩构成"双峰式"岩石组合特征,形成于伸展环境。此外,柏道远等(2010)在城步的苗儿山岩体西部的花岗岩小岩株、岩脉获得了锆石 SHRIMP U-Pb 年龄为 806±9Ma 和 807±11Ma,与桂北黑云母花岗岩形成年龄较一致。

(2)南华纪至震旦纪(780~541Ma)阶段(雪峰期):此时期岩浆活动较弱,侵入岩主要以广泛分布的代表裂解环境基性岩墙与岩脉及少量花岗岩组成。上扬子基性岩墙群集中分布于黄陵地区七里峡一带,辉绿岩 Rb-Sr 全岩等时线,给出年龄为 706±64Ma(李志昌等,2002),基性岩墙群最新锆石 LA-ICP-MS U-Pb 年龄为 744±22Ma(凌文黎等,2007);扬子北缘基性岩分布于青峰断裂以北的竹山—襄阳—随州—孝昌一带,呈岩席、岩墙状侵入武当岩群或耀岭河组中,凌文黎等(2007)对辉长-辉绿岩利用锆石 U-Pb 法获得同位素年龄 679±3Ma;江南造山带基性岩主要见于桂北龙胜地区,扬子陆块东南缘。花岗岩主要是广东省佛山地质局(2009)在粤北细坳发现了新元古代花岗岩,其锆石 SHRIMP U-Pb 年龄为 742.3±9.3Ma(1∶25 万连平幅区调报告),代表了南岭地区为数不多的新元古代晚期的岩浆作用。其成因为 A 型花岗岩,暗示着区域构造背景为伸展的机制,可能为它们与华南地区新元古代多期地幔柱活动所导致的裂解事件有关,也可能是俯冲拆沉和后撤作用的结果。

4. 古生代—早中生代侵入岩(541~201Ma,加里东期及海西-印支期)。

(1)寒武纪—早泥盆世(加里东期,541~398Ma)。此时岩浆活动达到高峰期,遍布全区,总体反映出双峰式岩浆活动特点,从北西向南东岩性由基性向酸性变化。侵入岩主要产于湘桂粤地区,绝大部分为花岗岩类,且不少都有确切的地质依据,如白马山、彭公庙、宏夏桥、板杉铺、万洋山、苗儿山、越城岭、雪花顶、海洋山、七星岩、粤北和平(锆石 LA-ICP-MS U-Pb 寄主岩石年龄为 444.4±3.4Ma、437.1±2.8Ma,暗色包体年龄为 450.3±2.5Ma、445.0±2.7Ma,本项目自测)、古寨(锆石 LA-ICP-MS U-Pb 年龄为 446.9±2.9Ma、445.5±3.4Ma,本项目自测)、高寿(锆石 LA-ICP-MS U-Pb 年龄为 458.5±2.9Ma,本项目自测)等岩体,它们侵入寒武系、奥陶系甚至志留系,又被中或下泥盆统不整合覆盖,并且有不少岩体所测定的同位素年龄也与地质依据相吻合。湘粤桂早古生代早加里东期的花岗岩主要分布于武夷—云开一带,而该带北西的广西、湖南、江西地区主要发育晚加里东期的花岗岩。近年来获得的大量高精度同位素年龄显示,华南加里东期花岗岩岩浆活动的主体年代区间为 450~410Ma,岩浆活动在约 40Ma 的时段内没有明显的时间间断,从早到晚符合岩浆岩的演化规律,可以被认为是同一次造山构造热事件的产物。

(2) 中泥盆世—三叠纪(海西-印支期,398～201Ma)。海西期岩浆活动中心向南东方向迁移明显,岩浆活动较弱,数量较少,局限于东南沿海一带。海西期侵入岩主要见于琼桂粤湘地区。其中广西桂岭二长花岗岩锆石 LA-ICP-MS U-Pb 年龄为 368±8Ma,广西那丽(锆石 LA-ICP-MS U-Pb 年龄为 265～261.9Ma)、岭门(锆石 LA-ICP-MS U-Pb 年龄为 260.5～259.8Ma)、旺冲(锆石 LA-ICP-MS U-Pb 年龄为 262.1Ma)、山心(锆石 LA-ICP-MS U-Pb 年龄为 264.3Ma);海南定安中瑞农场片麻状似斑状黑云花岗岩(具铝质 A 型花岗岩特点)锆石 SHRIMP U-Pb 年龄为 368±3.5Ma,花岗质片麻岩锆石 SHRIMP U-Pb 年龄为 363±6Ma(丁式江等,2005)。

印支期岩浆活动规模及活动范围加大,侵入岩大部分分布于湘桂粤地区,海南岛上有零星出露。广西主要见于苗儿山-越城岭、都庞岭-栗木、台马、旧州及大容山-十万大山等岩体,精确的锆石年龄为 236～210Ma。湖南印支期中酸性侵入岩分布众多,岩性上以花岗岩为主,大致分布于以郴州-临武断裂和溆浦-靖县断裂为限的省内各个地区,以面状展布为特征,出露面积超过 5 600km²,包括桃江、沩山、大神山、白马山、紫云山、歇马、关帝庙、瓦屋塘、崇阳坪、五团、塔山、阳明山、大义山、鸡笼街、将军庙、川口、五峰仙、锡田等岩体,其精确的锆石年龄为 247～204Ma,上述岩体多呈岩基产出,主要侵位于板溪群—泥盆系中,个别岩体侵位于上二叠统。广东印支期侵入岩主要见于九峰—诸广山、鲁溪、下庄、帽峰、中洞、大坝(锆石 LA-ICP-MS U-Pb 年龄为 233.1±2.6Ma,本项目自测)、利源、坪田、油山、洋仔山、细坳、三仙寨、大雁山、侧塘、粤西那蓬等岩体,其精确的锆石年龄为 249～205Ma。印支期是区内除燕山期外最重要的金属成矿期,与花岗岩类相伴,产出了 Au、W、Sn、U 等矿床。

5. 晚中生代侵入岩(201～66Ma,燕山期)

(1)侏罗纪(燕山早期,201～145Ma),201～180Ma 期间中南地区处于由特提斯构造域向滨太平洋构造域转折的时期,被称为岩浆活动"宁静期",极少侵入岩发育。但随着研究的逐步深入,对该时期的岩浆岩也有了陆续报道。如广东霞岚辉长岩-花岗岩杂岩体(196～195Ma)(余心起等,2009)、石背(186.9Ma、187.5Ma)(程顺波等,2016)、笋洞(189.1Ma)(凌洪飞等,2004)等岩体。海南岛的儋县(186Ma)(葛小月,2003)、小洞天等岩体,广西的马山杂岩中的石英二长岩和花岗斑岩(184.6Ma、185.2Ma)等。

大约 180Ma 始,华南地区进入了与 Pangea 超大陆裂解和太平洋板块俯冲有关的燕山期构造-岩浆活动旋回。燕山早期侵入岩广范分布于南岭及华南内陆地区。从 180Ma 到 145Ma 时期,均有侵入岩发育,165～150Ma 为燕山早期岩浆活动的高峰期,其中 171～150Ma 时期的侵入岩主要集中于南岭地区,如佛冈、贵东、大东山、广宁、花山-姑婆山、金鸡岭、骑田岭和天门山等,同时该时段也是成矿大爆发的高峰期,在湘桂粤分布大量该时段的与成矿关系密切的花岗质-花岗闪长质岩体,如千里山、骑田岭、宝山、铜山岭、黄沙坪、水口山、瑶岗仙、锡田、香花岭、大宝山、圆珠项等岩体,与岩体相伴产出了钨、锡、铅、锌、钼等矿产。150～145Ma 时期的岩浆岩主要分布于南岭中东段地区,广东沿海也有分布,主要有连阳、龙源坝、白石岗、莲花山、新塘、八帝山、塘口等岩体。内陆地区的岩体多为准铝-强过铝质,以高钾钙碱性为主,个别为高分异花岗岩,沿海地区岩体多为强过铝质,高钾钙碱性。

(2)早白垩世(燕山中期,145～100Ma),华南地区迎来了岩浆活动的又一次爆发,尤其是 140～130Ma 期间的岩浆岩广泛发育。140～100Ma 时期的岩浆岩在南岭、湘中北、长江中下游及桐柏大别地区均有出露,南岭地区以 A 型花岗岩和碱性岩为主,如密坑山 A 型花岗岩和恶鸡脑正长岩,还有一些大的岩体,如罗浮岩体,该区主要为壳幔混源型的花岗质岩体;湘中北地区岩体散落展布,如南岳白石峰、桃花山、小墨山等岩体,岩性以正长花岗岩为主;长江中下游和桐柏大别地区岩浆岩主要形成于该时期,其中长江中下游地区岩体主要集中于鄂东北,如鄂城、铜绿山和阳新等岩体,岩性由中基性(正长岩、二长岩)—中酸性(花岗闪长岩)—酸性岩(二长花岗岩)的变化,以准铝—过铝质、钙碱性—高钾钙碱性为主,带有明显的幔源印迹;桐柏大别地区岩浆岩岩石类型复杂,从基性—酸性均有发育,出露有石鼓尖、月山、天堂寨等岩体。

（3）晚白垩世（燕山晚期，100～66Ma），该期侵入岩时代集中于100～90Ma，主要分布于华南内陆和沿海，内陆地区主要在右江断裂带及南岭地区西段，如广西大厂的龙箱盖、龙头山等岩体（锆石SHRIMP U-Pb年龄100～91Ma，李华芹等，2008，蔡明海等，2006），沿海地区以100Ma为主，在粤琼桂均有发育，如广东的塘蓬、英桥等岩体（锆石SHRIMP U-Pb年龄96～95Ma，李华芹未发表数据）。

6.喜马拉雅期（＜66Ma）：该时期在中南地区岩浆活动接近尾声，并未见有较大规模的侵入岩出露，在粤东南见有少量的辉绿岩、辉长岩、橄榄岩等基性（超基性）岩出露。在充分研究区内岩浆活动、演化及岩石构造组合等特征的基础上，共划分出3个构造岩浆岩省、8个构造岩浆岩带（表3）。

表3 中南地区构造岩浆岩带划分表（据赵小明等，2015修改）

| 构造岩浆岩省 | 构造岩浆岩带 | 构造岩浆岩亚带 |
|---|---|---|
| 秦岭-大别构造岩浆岩省（QⅠ） | 北秦岭构造岩浆岩带（QⅠ-1） | 小林镇构造岩浆岩亚带（QⅠ-1-1） |
| | 南秦岭构造岩浆岩带（QⅠ-2） | 武当-随州构造岩浆岩亚带（QⅠ-2-1） |
| | | 桐柏-大别构造岩浆岩亚带（QⅠ-2-2） |
| 扬子构造岩浆岩省（QⅡ） | 下扬子构造岩浆岩带（QⅡ-1） | 大冶构造岩浆岩亚带（QⅡ-1-1） |
| | | 幕阜山构造岩浆岩亚带（QⅡ-1-2） |
| | 上扬子构造岩浆岩带（QⅡ-2） | 神农架构造岩浆岩亚带（QⅡ-2-1） |
| | | 雪峰山构造岩浆岩亚带（QⅡ-2-2） |
| | | 湘桂构造岩浆岩亚带（QⅡ-2-3） |
| | | 南盘江构造岩浆岩亚带（QⅡ-2-4） |
| | | 富宁-那坡构造岩浆岩亚带（QⅡ-2-5） |
| | | 崇左构造岩浆岩亚带（QⅡ-2-6） |
| 华夏构造岩浆岩省（QⅢ） | 武夷-云开构造岩浆岩带（QⅢ-1） | 十万大山构造岩浆岩亚带（QⅢ-1-1） |
| | | 钦杭构造岩浆岩亚带（QⅢ-1-2） |
| | | 六万大山-大容山构造岩浆岩亚带（QⅢ-1-3） |
| | | 云开构造岩浆岩亚带（QⅢ-1-4） |
| | | 诸广山构造岩浆岩亚带（QⅢ-1-5） |
| | 赣南构造岩浆岩带（QⅢ-2） | 始兴构造岩浆岩亚带（QⅢ-2-1） |
| | 东南沿海构造岩浆岩带（QⅢ-3） | 粤东构造岩浆岩亚带（QⅢ-3-1） |
| | | 潮洲构造岩浆岩亚带（QⅢ-3-2） |
| | 海南构造岩浆岩带（QⅢ-4） | 排浦构造岩浆岩亚带（QⅢ-4-1） |
| | | 儋州构造岩浆岩亚带（QⅢ-4-2） |
| | | 白沙构造岩浆岩亚带（QⅢ-4-3） |
| | | 琼东构造岩浆岩亚带（QⅢ-4-4） |

（三）总结了中南地区花岗岩形成的构造环境。中南地区跨及秦岭-大别、扬子、武夷-云开3个构造岩浆岩省，从太古代到中新生代，经历了多次的构造运动，板块构造也经历了多次的从离散到会聚和稳定的不同演化阶段，岩浆活动伴随着板块构造演化的不同阶段，形成了各种各样的岩浆岩，组成了不同的岩浆岩的岩石构造组合。根据不同的岩石构造组合特征，总结了中南地区不同时代花岗岩的形成构造环境（表2）。

（四）总结了南岭地区花岗岩与成矿的关系。

根据南岭地区成矿岩体总体特征划分出了"铜铅锌、锡、钨、铌钽"4种成矿花岗岩类型，并对每种成矿花岗岩的特征进行了总结对比。从"花岗岩的时空分布、成因类型、岩石类型与矿床的关系""花岗岩元素地球化学特性对成矿的控制""岩浆岩形成的地球动力学背景对成矿的制约"等方面总结了花岗岩与成矿的关系，并以广西博白三叉冲岩体及钨矿为典型的研究对象，查明了三叉冲岩体中细粒二云母花岗岩与中粒黑云母花岗岩的成因关系，认为细粒二云母花岗岩（为主）与中粒黑云母花岗岩不是分离结晶关系，而是新的一期幔源岩浆底侵加热下地壳并引起下地壳部分熔融的产物，主要证据如下。

(1) 元素的行为可以反映岩浆的演化过程。在$SiO_2$-$Na_2O$和$K_2O$图解中（图4），随$SiO_2$的升高，细粒二云母花岗岩的$Na_2O$含量升高，而$K_2O$含量降低；而中粒黑云母花岗岩的演化趋势则恰好相反。这与细粒二云母花岗岩为中粒黑云母花岗岩的演化产物这一假设不相符，说明细粒二云母花岗岩来源于不同的源区。

(2) 细粒二云母花岗岩相对于中粒黑云母花岗岩具有更高的演化程度（如较高的$SiO_2$含量，较低的$Fe_2O_3$、$MgO$含量）。如前文所述，中粒黑云母花岗岩在演化过程中主要是以角闪石+少量斜长石的分离结晶为主。在这样的的演化体系下，其进一步的演化产物必然具有较低的$CaO$含量（因为角闪石、斜长石都为含钙矿物）。但是细粒二云母花岗岩具有比中粒黑云母花岗岩高的$CaO$含量（图4），这表明细粒二云母花岗岩并非中粒黑云母花岗岩通过分离结晶的产物。同时，细粒二云母花岗岩中较高的锶含量也支持这一推论。

(3) 在部分熔融过程中，源岩残留矿物中辉石占较大部分。因为辉石中的LREE比HREE不相容得多（Mahood and Hildreth, 1983），所以在部分熔融过程中，辉石残留会造成熔体中LREE/HREE比值的升高。而分离结晶过程中辉石并非为主要分离相，所以并不会造成LREE/HREE比值的明显变化。Peccerillo等（2003）通过主微量元素的模拟计算也表明，在部分熔融过程中，不相容元素的比值变化较大（如La/Lu、Th/Nb），而在分离结晶过程中由于分离相对不相容元素的分配系数相似，故其比值不会产生较大变化。在Rb-La/Lu图解中（图5A），细粒二云母花岗岩的La/Lu比值明显要高于中粒黑云母花岗岩，这表明二者是受部分熔融作用控制的，二者之间不存在分离结晶演化关系。

细粒二云母花岗岩具有低的$\varepsilon_{Nd}(t)$（-7.8～-6.7），表明其主要来源于古老地壳基底的部分熔融。但同时细粒二云母花岗岩的$\varepsilon_{Nd}(t)$值又明显高于基底岩石，而低于中生代地幔来源的岩浆（图5B）。Nd同位素特征暗示了壳幔混合作用在细粒二云母花岗岩的形成过程中起了重要作用。幔源基性岩浆不但提供了基底部分熔融所需要的热能，同时也提供了幔源物质。

细粒二云母花岗岩的Nd模式年龄为1 537～1 442Ma，表明其原始岩浆主要来源于下地壳中元古基底的部分熔融。细粒二云母花岗岩中未见角闪石，黑云母也多为晚期结晶，表明岩体系为贫水体系（Anderson, 1983）。细粒二云母花岗岩中低演化程度的样品（$SiO_2$=68.58%），其$K_2O$、$Na_2O$和$K_2O$/$Na_2O$比值分别为3.90%、2.78%和1.40。并且随着岩浆的演化，细粒二云母花岗岩$Na_2O$升高而$K_2O$含量降低。这说明细粒二云母花岗岩的原始岩浆是相对富钾的。细粒二云母花岗岩相对于中粒黑云母花岗岩具有较低的La/Lu比值，表明源区具有更多的辉石残留（Jiang et al, 2005）。平缓的HREE分配模式表明源区没有石榴石的残余。所以我们推测细粒二云母花岗岩的源岩可能为古元古代的长英质麻粒岩。另外细粒二云母花岗岩相对于中粒黑云母花岗岩具有较低的$K_2O$含量、较高的$Na_2O$含量，以及较低的$K_2O$/$Na_2O$比值。实验岩石学表明，拉斑质斜长角闪岩脱水熔融可以产生高$Na_2O$、低$K_2O$

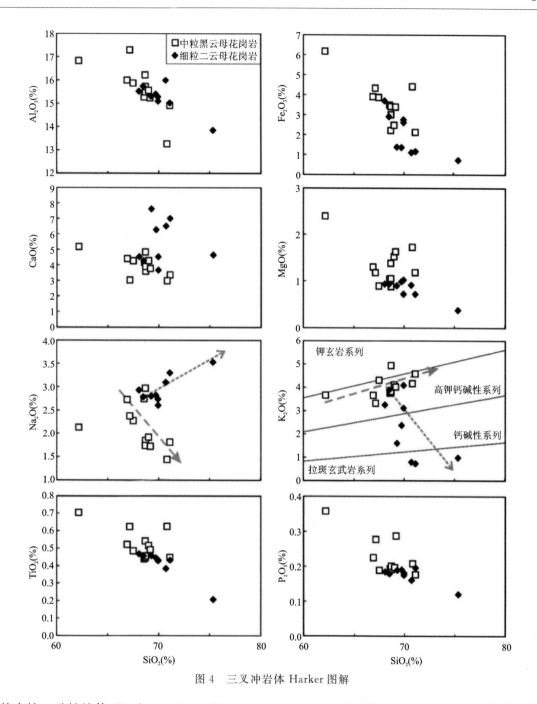

图 4 三叉冲岩体 Harker 图解

含量的中性—酸性熔体(Rushmer,1991；Rapp and Watson,1995),所以我们认为细粒二云母花岗岩的源岩中拉斑玄武质成分也占了一定比例。

随着岩浆的演化,细粒二云母花岗岩越来越富集 $Na_2O$(图4)。这是因为细粒二云母花岗岩为富 F 体系,如在细粒二云母花岗岩中常见萤石矿物的出现。实验数据表明花岗质岩浆中 F 的加入会改变石英和长石相平衡关系(Koster Van Groos and Wyllie,1968；Manning,1981),会使体系三端元最小熔融组分从石英端向钠长石端元移动,这会使得岩浆体系朝富 $Na_2O$ 的方向演化。细粒二云母花岗岩的富 F 性质可能与地幔岩浆的添加有关。Stefano 等(2011)和 Black 等(2011)通过对玄武岩橄榄石中熔融包裹体成分的测定,发现熔融包裹体中具有相当高的 F、Cl 含量(熔融包裹体中 F、Cl 含量最高可达 1.95% 和 $9\,400 \times 10^{-9}$)。Partey 等(2009)通过 Sr-Nd 和 Cl 同位素(萤石中流体包裹体)证据,指出美国 Rio 大型重晶石-萤石-方铅矿矿床中 F、Cl 来源于软流圈岩浆和蒸发岩,其中软流圈源区可占 40%~

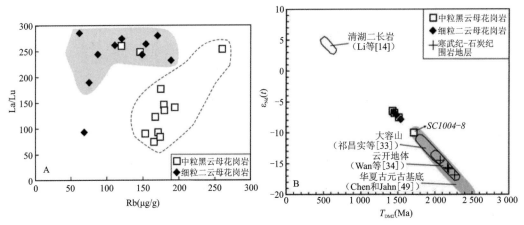

图 5 三叉冲岩体 Rb-La/Lu(A)及 Nd 模式年龄 $T_{DM2}$-$\varepsilon_{Nd}(t)$(B)图解

49%。并且,我们对骑田岭岩体研究中也发现,镁铁质暗色包体中 F、Cl 含量最高为 0.52% 和 728× $10^{-9}$,而寄主花岗岩中 F、Cl 含量最高为 0.47% 和 600×$10^{-9}$,暗色包体中的 F、Cl 含量明显高于寄主花岗岩。Zhao 等(2012)通过地球化学及 Nd-Hf 同位素组成特征,指出骑田岭岩体中镁铁质暗色包体来源于软流圈地幔,并与少量地壳来源长英质岩浆发生混合后形成。综上,我们认为软流圈地幔来源的玄武质岩浆可能是细粒二云母花岗岩岩浆体系中挥发分 F 的主要来源,挥发分 F 对细粒二云母花岗岩的演化起到了重要作用。

$Fe_2O_3$ 和 MgO 与 $SiO_2$ 负相关关系指示了镁铁矿物(如黑云母、角闪石、少量钛铁氧化物)的分离结晶,这与 V、Co 随 $SiO_2$ 的增加而减小是一致的。在 V-Rb 图解中(图略),细粒二云母花岗岩的 Rb 随 V 含量的降低而降低。因为 Rb 主要富集于黑云母中,所以这种关系表明在细粒二云母花岗岩的演化过程中,暗色矿物主要是以黑云母的分离结晶为主。同时,$K_2O$、CaO 和 $Al_2O_3$ 随 $SiO_2$ 的升高而降低表明有钾长石和斜长石的分离结晶。但细粒二云母花岗岩没有或者有弱的 Eu 负异常($\delta Eu$=0.7~1.1),这是镁铁矿物(主要是黑云母)与长石的分离结晶共同作用的结果,使得分离矿物相对 Eu 的整体分配系数接近 1。$P_2O_5$ 和 $TiO_2$ 随 $SiO_2$ 的增加而减少指示了磷灰石和榍石的分离结晶。

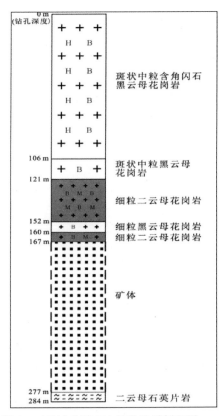

图 6 三叉冲矿区 303 钻孔地质剖面图
H. 角闪石;B. 黑云母;M. 白云母

研究认为细粒二云母花岗岩与三叉冲钨钼成矿作用的关系更为密切,主要证据如下:

(1)在三叉冲矿区 303 钻孔地质剖面图(图 6)中,细粒二云母花岗岩与钨钼矿体直接接触,而中粒黑云母花岗岩则位于远离矿体的位置。这种接触关系表明了细粒二云母花岗岩与成矿的密切关系。

(2)在细粒二云母花岗岩中常见辉钼矿的出现,且出现大量的黄铁矿化,而在中粒黑云母花岗岩中则未发现辉钼矿。同时,微量元素数据表明,细粒二云母花岗岩具有比中粒黑云母花岗岩高得多的 W、Mo 含量。因此岩相学及微量元素数据表明细粒二云母花岗岩具有更强的钨、钼成矿能力。

（五）按照全国统一格式，建立并提交了中南地区侵入岩年龄数据表，服务于中南地区各省地调院及相关单位。该数据表主要收集了中南地区侵入岩的精确年龄（以锆石年龄为主）及岩体的综合信息800多条（附表略）。数据表由以下25个方面的内容构成：编号、样号、岩性＋时代代号、岩性、岩体名称、所属省、具体地理位置一、具体地理位置二、一级构造单元、二级构造单元、三级构造单元、年龄、年龄误差、年龄测试方法、形态、变形程度、面积、最年轻的围岩、相关矿产、矿产种类、成矿时代、经度、纬度、备注、文献来源。

（六）按照全国统一格式，编制完成了1∶250万中南地区侵入岩地质图，为编制全国侵入岩地质图提供了中南地区资料。利用收集的中南地区侵入岩最新年龄（主要是锆石年龄）数据，对区内侵入体进行时代和岩性的更新。收集的侵入岩和各侵入体的年龄等资料来自中南地区侵入岩年龄数据表。以板块构造理论、地球系统科学和大陆动力学思想为指导，以地质构造演化为主线，以近期完成的1∶5万、1∶25万地质调查和各类综合研究资料及文献为基础。地理底图采用国家基础地理信息中心2013年提供的1∶250万、1∶100万地理数据，并根据中南地区的实际情况进行了水系和地名等方面的适量删减。地质底图以1∶150万中南地区大地构造相图为基础，利用中南地区侵入岩年龄（主要是锆石年龄）数据（各项资料截至2015年12月底），采用MapGIS平台下的数字制图和数据库的技术，对图件进行了岩性＋时代的挂接，用高精度的同位素年龄（锆石年龄等）修改了岩体时代，更新编制完成了中南地区1∶250万侵入岩地质图。

（七）通过项目工作，培养子项目负责人1人，业务骨干1名，指导2名本科生和1名研究生实习及毕业设计编写，进一步加强了中国地质调查局"花岗岩成岩成矿地质研究中心"人才队伍建设。

## 三、成果意义

总结了中南地区侵入岩时空分布规律，分析了花岗岩与成矿关系；按照全国统一格式，提交了中南地区侵入岩年龄数据表，编制了中南地区1∶250万侵入岩地质图，为编制全国侵入岩地质图提供了基础材料；项目的开展，培养了花岗岩成岩成矿研究人才。

# 多金属矿样品测试新技术支撑与应用示范

杨小丽 李 芳 黄惠兰 谭 靖

(武汉地质调查中心)

**摘要** 以湖南锡田钨锡多金属矿床、黄沙坪铅锌多金属矿床和留书塘铅锌矿床为研究对象,充分发挥武汉地质调查中心分析测试的学科优势,将岩矿鉴定和岩矿测试有机结合起来,利用先进的现代分析仪器建立了快速、准确、经济、环保的复杂多金属矿多元素分析方法;利用红外显微镜等设备开展黑钨矿、锡石和闪锌矿等不透明金属矿物的流体包裹体温压地球化学研究,在绿柱石、黑钨矿和石英中发现疑似熔体-流体包裹体,为分析研究矿床成因提供了重要信息。

## 一、项目概况

"多金属矿样品测试新技术支撑与应用示范"是二级项目"南岭成矿带中西段地质矿产调查"的子项目"广西1∶5万绍水幅、全州县幅区域地质调查"的一个专题。

工作周期:2016—2018年。

总体目标任务:以南岭成矿带3个典型多金属矿床(湖南锡田钨锡多金属矿床、黄沙坪铅锌多金属矿和留书塘铅锌矿床)为研究对象,以现代大型分析测试仪器为技术手段,系统地开展3个矿区中金属矿物(如黑钨矿、锡石、闪锌矿)和脉石矿物(石英、萤石和方解石)的产状及成因矿物组合、矿物物理性质特征、流体包裹体温压地球化学特征、主量和微量及稀土元素等特征研究,完善研究区内不同阶段的金属矿物和脉石矿物的流体包裹体特征研究,结合赣南钨矿相关矿物流体包裹体特征进行对比研究;建立研究区铅锌多金属矿、钨锡多金属矿元素成分分析新方法;完成研究区有色金属矿元素及矿物分析方法建立及示范应用,为南岭成矿带整装勘查和深部找矿提供矿床成因类型、成矿作用演化和成矿环境等方面的成因信息。

## 二、主要成果与进展

(一)现代仪器分析方法的建立。

1.完善了X荧光光谱仪分析铅锌多金属矿及钨多金属矿方法。建立的铅锌多金属矿及钨多金属矿样品的X荧光多元素快速分析方法,有效改进和完善了多金属矿溶样程序,其准确度和精密度(表1~表4)完全满足《地质矿产实验室测试质量管理规范》(DZ/T0130—2006)要求。图1和图2是该方法用到的帕纳科Axios型X射线荧光光谱仪和加拿大Claisse熔片机。与传统的化学方法相比,该方法具有更环保、效率更高的特点(表5)。

### 表 1  铅锌多金属矿方法准确度结果

| 元素或氧化物 | GBW07173 | | | GBW07169 | | |
|---|---|---|---|---|---|---|
| | 标准值(%) | 测定值(%) | RE(%) | 标准值(%) | 测定值(%) | RE(%) |
| $SiO_2$ | 73.83 | 73.77 | −0.081 | 47.86 | 47.80 | −0.120 |
| $Al_2O_3$ | 7.24 | 7.22 | −0.280 | 11.51 | 11.50 | −0.087 |
| $Fe_2O_3$ | 13.06 | 13.07 | 0.076 | 13.04 | 13.10 | 0.046 |
| CaO | 12.58 | 12.60 | 0.160 | 4.67 | 4.66 | −0.210 |
| MgO | 1.22 | 1.22 | 0.000 | 0.81 | 0.79 | −1.230 |
| $K_2O$ | 0.61 | 0.63 | 3.280 | 1.47 | 1.44 | −2.040 |
| $Na_2O$ | 0.31 | 0.32 | 3.220 | 0.74 | 0.76 | 2.700 |
| $TiO_2$ | 0.53 | 0.52 | 1.890 | 1.10 | 1.10 | 0.000 |
| $P_2O_5$ | 无参考值 | | | | | |
| MnO | 无参考值 | | | 0.14 | 0.12 | 14.300 |
| Cu | 0.48 | 0.47 | −2.080 | 5.49 | 5.48 | −0.180 |
| Pb | 2.14 | 2.13 | −0.470 | 1.12 | 1.11 | −0.890 |
| Zn | 6.06 | 6.10 | 0.660 | 0.61 | 0.62 | 1.640 |

### 表 2  铅锌多金属矿方法精密度结果

| 元素或氧化物 | 样品 1 | | 样品 2 | | 样品 3 | | 样品 4 | |
|---|---|---|---|---|---|---|---|---|
| | 含量(%) | RSD(%) | 含量(%) | RSD(%) | 含量(%) | RSD(%) | 含量(%) | RSD(%) |
| $SiO_2$ | 8.590 | 0.73 | 39.80 | 0.59 | 81.600 | 0.40 | 46.00 | 0.67 |
| $Al_2O_3$ | 1.590 | 2.19 | 7.70 | 0.48 | 2.610 | 2.45 | 10.70 | 0.76 |
| $Fe_2O_3$ | 66.080 | 0.99 | 15.84 | 0.48 | 3.370 | 1.00 | 11.10 | 0.53 |
| CaO | 9.640 | 0.84 | 16.87 | 0.43 | 1.740 | 1.25 | 4.36 | 0.78 |
| MgO | 3.830 | 0.71 | 2.26 | 0.56 | 0.079 | 11.40 | 1.22 | 1.15 |
| $K_2O$ | 0.078 | 7.66 | 1.76 | 1.27 | 0.980 | 1.40 | 2.99 | 1.40 |
| $Na_2O$ | 0.011 | 12.00 | 0.49 | 3.56 | 0.800 | 4.73 | 0.65 | 14.70 |
| $TiO_2$ | 0.059 | 15.00 | 0.36 | 2.48 | 0.0038 | 15.20 | 0.50 | 1.88 |
| $P_2O_5$ | 0.028 | 10.04 | 0.11 | 1.71 | 0.018 | 5.11 | 0.13 | 6.28 |
| MnO | 0.760 | 1.03 | 0.30 | 0.74 | 0.022 | 6.22 | 0.49 | 0.53 |
| Cu | 1.160 | 1.99 | 2.74 | 0.63 | 0.710 | 1.59 | 1.02 | 1.20 |
| Pb | 0.053 | 0.82 | 0.06 | 2.99 | 0.290 | 3.24 | 2.30 | 1.51 |
| Zn | 0.061 | 1.71 | 0.13 | 0.79 | 2.740 | 0.59 | 4.19 | 0.42 |

**表 3　钨多金属矿方法准确度结果**

| 元素或氧化物 | GBW07241 | | | GBW07143 | | |
|---|---|---|---|---|---|---|
| | 标准值(%) | 测定值(%) | RE(%) | 标准值(%) | 测定值(%) | RE(%) |
| $SiO_2$ | 71.270 | 70.68 | −0.83 | 56.87 | 56.770 | −0.18 |
| $Al_2O_3$ | 11.150 | 11.320 | 1.52 | 5.12 | 5.120 | 0.00 |
| $Fe_2O_3$ | 5.600 | 5.480 | −2.14 | 9.88 | 9.900 | 0.20 |
| CaO | 4.170 | 4.220 | 1.20 | 18.09 | 18.110 | 0.11 |
| MgO | 0.140 | 0.145 | 3.57 | 4.35 | 4.310 | −0.92 |
| $K_2O$ | 1.580 | 1.640 | 3.80 | 0.66 | 0.672 | 1.82 |
| $Na_2O$ | 0.120 | 0.125 | 4.17 | 0.90 | 0.920 | 2.22 |
| $TiO_2$ | 0.044 | 0.043 | −2.27 | | | |
| $P_2O_5$ | | | | | | |
| MnO | 0.090 | 0.088 | −2.22 | | | |
| *W | 2 200.000 | 2 217.000 | 0.77 | 557.00 | 562.000 | 0.90 |
| *Mo | 980 | 986.000 | 0.61 | 5 400.00 | 5 298.000 | −1.89 |

**表 4　钨多金属矿方法精密度结果**

| 元素或氧化物 | 样品 1 | | 样品 2 | |
|---|---|---|---|---|
| | 含量(%) | RSD(%) | 含量(%) | RSD(%) |
| $SiO_2$ | 34.10 | 1.98 | 56.77 | 1.82 |
| $Al_2O_3$ | 3.46 | 2.23 | 10.42 | 1.76 |
| $Fe_2O_3$ | 21.34 | 1.13 | 6.15 | 1.01 |
| CaO | 31.44 | 0.86 | 12.56 | 0.65 |
| MgO | 0.86 | 1.56 | 0.47 | 1.63 |
| $K_2O$ | 0.046 | 13.89 | 1.67 | 5.47 |
| $Na_2O$ | 0.075 | 15.72 | 0.53 | 11.98 |
| $TiO_2$ | 0.13 | 2.25 | 0.053 | 7.88 |
| $P_2O_5$ | 0.44 | 4.46 | 0.05 | 10.26 |
| MnO | 1.40 | 2.96 | 0.31 | 2.31 |
| *W | 0.36 | 1.47 | 1.14 | 0.62 |
| *Mo | 1.51 | 0.86 | 0.23 | 1.01 |

**表 5　X 荧光分析方法与传统分析方法比较**

| 影响因素 | 本方法 | 传统方法 | 优势 |
|---|---|---|---|
| 耗时 | 40min | 7d | 效率大大提高 |
| 消耗试剂量 | 固体试剂 8g | 约 50mL 酸 | 更环保 |
| 精密度 | 小于 15% | 无法衡量 | 传统方法受人为因素影响大 |
| 一次熔样件数 | 不间断熔样 | 30 件 | 效率大大提高 |

图1　X射线荧光光谱仪　　　　　　图2　多头熔片机

（1）以铅锌为主的多金属矿快速分析方法。称取复合溶剂6.000g，先倒一半复合溶剂于铂金坩埚里，中间留一凹陷部分；称取1g固体$LiNO_3$倒于复合溶剂的凹陷处，同样在$LiNO_3$中间留一凹洞，将样品0.150g倒入凹洞中；将样品和固体$LiNO_3$搅匀，注意不要使其接触到坩埚底部，最后把剩余的复合溶剂覆盖在样品最上层；加8～12滴50%LiBr溶液，将铂金坩埚放于熔样机上，在600℃预氧化6min，970℃熔融9min，根据熔融过程中的熔融体流动性情况，可加少量的$NH_4I$帮助脱模，熔融成型后，进行铸模，熔融玻璃体脱模后冷却至室温即可取出待测。

（2）以钨为主的多金属矿快速分析方法。称取复合溶剂6.000g，先倒一半复合溶剂于铂金坩埚里，中间留一凹陷部分，称取1g固体$LiNO_3$倒于复合溶剂的凹陷处；同样在$LiNO_3$中间留一凹洞，将样品0.200g倒入凹洞中，将样品和固体$LiNO_3$搅匀，注意不要使其接触到坩埚底部，最后把剩余的复合溶剂覆盖在样品最上层；加8～12滴50%LiBr溶液，将铂金坩埚放于熔样机上，在650℃预氧化3min，1 050℃熔融10min。根据熔融过程中的熔融体流动性，可加少量的$NH_4I$帮助脱模，熔融成型后，进行铸模，熔融玻璃体脱模后冷却至室温即可取出待测。

2.建立了电感耦合等离子体质谱(ICP-MS)分析铅锌及钨多金属矿方法。

建立的铅锌多金属矿及钨多金属矿等离子体质谱法(ICP-MS)测定稀土及微量元素的方法。试验中对溶样流程、仪器条件、干扰等进行了详细分析，试剂用量少，精密度高。图3和图4为该方法使用的X SERIES Ⅱ型电感耦合等离子体质谱仪和密闭消解罐。溶样流程为封闭高压溶样，具体流程如下。

（1）称取50mg样品于聚四氟乙烯坩埚中，少量水润湿后，加入1.5mL $HNO_3$，1.5mL HF，0.5mL $HClO_4$，置于140℃电热板上蒸至湿盐状。

（2）再加入$HNO_3$、HF各1.5mL，加盖及钢套密封，于190℃烘箱中48h，冷却后取出坩埚，于220℃电热板上蒸发至干，加入3mL $HNO_3$蒸至湿盐状。

（3）加入3mL $HNO_3$(1+1)，加盖及钢套密封，置于150℃烘箱中12h，冷却后取出，用2%$HNO_3$定容于25mL塑料瓶中。

与传统的分析方法相比，该方法优势明显（表6）。

表6　ICP-MS分析方法与传统分析方法比较

| 影响因素 | 本方法 | 传统方法 | 优势 |
| --- | --- | --- | --- |
| 耗时 | 1d | 3d | 提高3倍 |
| 消耗试剂量 | 10mL混合酸 | 100mL混合酸 | 减少10倍 |
| 精密度 | <8% | <30% | 提高约4倍 |
| 一次处理样品量 | 不少于100件 | 不大于30件 | 提高3倍多 |

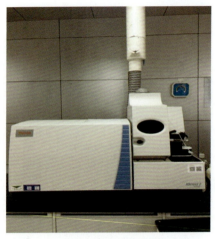

图3 电感耦合等离子体质谱仪图　　　　　图4 密闭消解罐

（二）首次在锡田钨锡多金属矿床的绿柱石、黑钨矿和石英中发现疑似熔体-流体包裹体（图5），对分析研究钨锡多金属矿床成因具有重要意义。

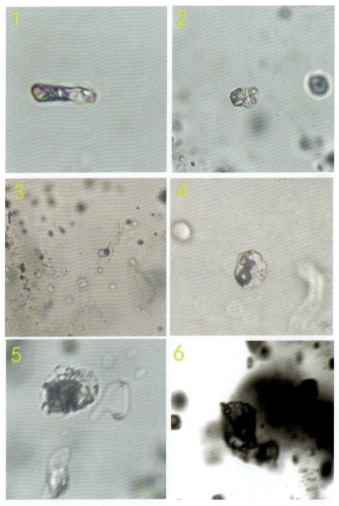

图5 锡田钨锡矿床中绿柱石-黑钨矿-石英中熔体-流体包裹体特征

1.绿柱石中熔体-流体包裹体(HSX,室温);2.绿柱石中熔体-流体包裹体(HSX,室温);3.绿柱石中熔体-流体包裹体(淬火 660℃);4.绿柱石中熔体-流体包裹体(淬火 660℃);5.石英中熔体-流体包裹体(TMS,室温);6.黑钨矿中熔体-流体包裹体(HSX,室温)

(三)基本查明了共生透明矿物(石英等)与不透明矿物(锡石、黑钨矿等)中包裹体 Th 值存在差异的原因。关于透明矿物(如石英)与不透明金属矿物(黑钨矿)包裹体 Th 值和盐度存在重大差异的原因,部分专家认为石英与黑钨矿不是同时形成的,即"石英比黑钨矿形成时间晚",这一解释与客观地质事实及矿石结构构造特征不相符。通常情况下,钨矿床中的黑钨矿一般垂直或斜交脉壁生长,野外或镜下可见石英与黑钨矿的接触界线平直简洁,不存在石英溶蚀黑钨矿现象(图 6),表明黑钨矿与周围石英大致是同时形成的。

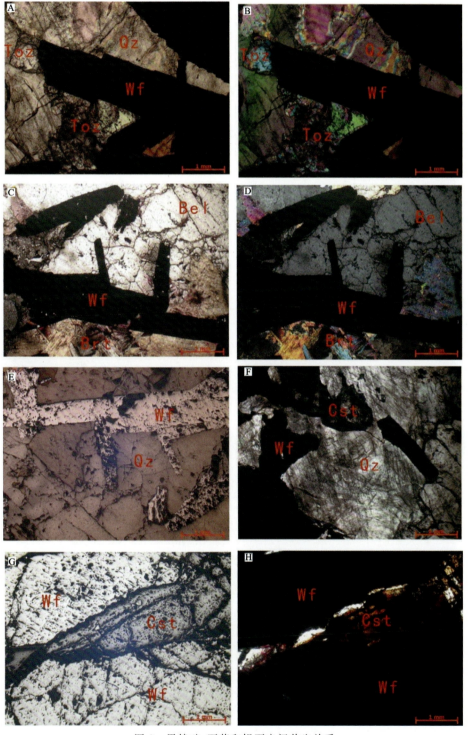

图 6 黑钨矿、石英和锡石之间共生关系

Wf.黑钨矿;Cst.锡石;Qz.石英;Toz.黄玉;Bel.绿柱石;Brt.重晶石

在进行包裹体岩相学观察和包裹体鉴定时,发现与黑钨矿共生的石英中经常布满愈合裂纹或成云雾状(在低倍镜下)或大致沿愈合裂隙分布的次生包裹体群(图7),暗示石英可能经受了强烈应力作用和流体改造,进一步研究发现后期应力作用的强弱或有无是造成共生黑钨矿与石英中包裹体一些地球化学参数出现不一致的重要因素。根据样品中主矿物受应力作用程度大致归为3种(表7):未经应力作用和流体改造样品,石英和黑钨矿都只有原生包裹体,二者的Th值基本相同或完全一致;随着后期应力作用和流体改造从无到有、由弱至强,石英中次生包裹体数量增多,最终几乎只有次生包裹体,而黑钨矿中始终以原生包裹体为主,只是次生包裹体逐渐变多而已。这种变化反映了在后期应力作用和流体改造过程中,共生石英与黑钨矿的稳定性是不大相同的。正是这一原因,导致共生的石英与黑钨矿包裹体Th值出现重大差异。

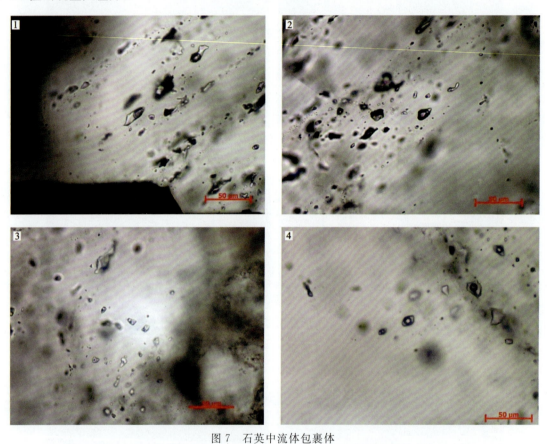

图7 石英中流体包裹体

1.石英中含$CO_2$三相包裹体($L_{H_2O}+L_{CO_2}+V_{CO_2}$);2.石英中含$CO_2$三相包裹体($L_{H_2O}+L_{CO_2}+V_{CO_2}$);
3.石英中含子矿物包裹体($L_{H_2O}+V_{H_2O}+S_{NaCl}$);4.石英中气液包裹体($L_{H_2O}+V_{H_2O}$)

表7 后期应力作用和流体改造程度与包裹体Th值之间的关系

| 后期应力作用和流体改造程度 | 矿物及其包裹体简要特征和包裹体Th值(℃) | 样品实例 | 对比结果 |
| --- | --- | --- | --- |
| 未经后期改造 | 石英(水晶)光洁透明,其中全是原生包裹体,包裹体稀疏自由分布。Th=150~320℃。<br>黑钨矿光洁明亮,全是原生包裹体,包裹体沿晶体生长带排列,Th=210~320℃ | XHS560-V590<br>HSX017-001-V31 | 基本相同或完全一致 |

续表 7

| 后期应力作用和流体改造程度 | 矿物及其包裹体简要特征和包裹体 Th 值（℃） | 样品实例 | 对比结果 |
|---|---|---|---|
| 后期改造较弱 | 石英中有大量呈云雾状或沿愈合裂纹分布的次生包裹体群（Th=160~290℃），但局部地方或有些晶体中保持光洁透明并能找到少量原生气液包裹体（Th=300~400℃）。<br>黑钨矿较光洁明亮，以原生气液包裹体占优势（Th=300~420℃，300~445℃），有时还可见到与气液包裹体共生的硅酸盐熔融包裹体疑似物，有少量次生气液包裹体（Th=200~280℃） | XHS378-V279<br>XHS139-V22<br>（石英与锡石）<br>HSX017-001 | 有相似之处或相同变化趋势 |
| 后期改造较强 | 石英中全是呈云雾状或大致沿愈合裂纹分布的次生包裹体群（Th=130~270℃），偶见原生包裹体（305℃）。<br>黑钨矿中以原生气液包裹体为主（Th=300~380℃，300~445℃），但次生包裹体的数量明显增多（Th=160~230℃） | XHS564-V500<br>XSH480-V299<br>HSX017-001<br>HSX08-1 | 差异很大或完全无法对比 |

（四）项目组成员发表学术论文 6 篇，其中核心期刊 3 篇。通过项目实施，培养了一支多金属矿元素分析及流体包裹体研究团队，业务水平得到提高。

## 三、成果意义

充分发挥了武汉地质调查中心分析测试学科的优势，将岩矿鉴定和岩矿测试专业有机结合起来。利用先进的现代分析仪器建立了复杂多金属矿多元素快速分析方法，具有快速、准确、经济、环保的特点，目前正在推广应用中；基本查明了共生透明矿物石英与不透明矿物黑钨矿中包裹体 Th 值存在差异的原因，首次在锡田钨锡多金属矿床的绿柱石、黑钨矿、石英中发现疑似熔体-流体包裹体，为矿床成因研究提供了重要的基础材料。

# 南岭成矿带中西段成果集成及找矿靶区优选

卢友月　秦拯纬　付建明　马丽艳　陈希清　李剑锋　杨小丽　崔森　程顺波　李伟

(武汉地质调查中心)

**摘要**　进一步完善了南岭地区成钨、成锡、成铜铅锌花岗岩综合判别标志；详细介绍了近年来广西九万大山—元宝山等9个地区花岗岩与成矿研究方面取得的主要成果与进展，获得了一批高精度花岗岩成岩成矿年龄数据，提出了晚三叠世是华南中生代大规模成矿作用次高峰期之一的认识；在分析研究南岭地区成矿地质背景的基础上，系统总结了主要矿床区域成矿规律，划分19个Ⅳ级和56个Ⅴ级成矿区(带)，圈定19处找矿远景区和96处找矿靶区，分析了资源潜力，指出了找矿方向，并提出了下一步工作部署建议方案；通过项目的实施，发表系列论文和专著，培养了人才，夯实了"华南花岗岩与成矿作用研究团队"。

## 一、项目概况

"南岭成矿带中西段成果集成及找矿靶区优选"是"南岭成矿带中西段地质矿产调查"二级项目支撑子项目，全面负责该二级项目的组织实施、业务推进、质量检查、野外验收、成果验收等工作。

工作周期：2016—2018年。

总体目标任务：综合分析工作区以往地质-物化遥和矿产资料，针对典型的钨锡多金属矿床及与之关系密切的花岗岩开展解剖工作。通过野外地质调查及室内综合研究，分析重大地质事件及其与成矿的耦合关系；全面总结区域成矿规律，开展找矿靶区优选研究，进行成矿预测，确定找矿方向，指导区域找矿；跟踪指导成矿带其他子项目的工作，集成南岭成矿带中西段新一轮地质矿产调查成果；提出该区地质矿产调查下一步的工作部署建议。

## 二、主要成果与进展

按照总体设计的工作思路和工作部署，项目组根据年度任务要求，系统收集了南岭成矿带地质、矿产及物化遥资料，紧密跟踪二级项目各子项目的最新进展，分阶段对各成矿区带的重要钨锡多金属矿床及相关花岗岩体进行了野外地质调查和较系统的采样分析工作，并对资料进行了综合分析总结。全面完成了任务书和设计书规定的任务，达到了预期目的，取得了良好的研究成果。

(一)对南岭成矿带成钨、成锡、成铜铅锌花岗岩时空分布、野外地质特征、主量、微量和Nd-Hf同位素组成特征、形成温度、黑云母矿物化学、分异演化程度、氧逸度等进行了系统分析，完善了成钨、成锡、成铜铅锌花岗岩综合判别标志(表1)。

表1　南岭地区成锡、成钨、成铜铅锌花岗岩综合特征对比

| 比较项目 | 成锡花岗岩 | | 成钨花岗岩 | 成铜铅锌花岗岩 |
| --- | --- | --- | --- | --- |
| 成因类型 | 铝质A型 | H型 | C型 | H型 |
| 岩体规模 | 岩基、小岩体 | 以岩基为主 | 岩基、小岩株 | 以小岩体为主 |

续表1

| 比较项目 | 成锡花岗岩 | 成钨花岗岩 | | 成铜铅锌花岗岩 |
|---|---|---|---|---|
| 岩石共生组合 | 正长花岗岩和碱长花岗岩，其次为二长花岗岩，少量花岗闪长岩 | 以花岗闪长岩和二长花岗岩为主，其次为正长花岗岩和二云母花岗岩 | 二长花岗岩、正长花岗岩、二云母花岗岩和（含电气石）石榴石白云母花岗岩 | 二长花岗岩、花岗闪长（斑）岩 |
| 结构、构造 | 以（微）细粒—中粒结构为主，块状构造 | 中、细粒结构均有，斑状结构，块状构造 | 以细、中粒结构为主，早期斑状结构，块状构造 | 中细粒结构，斑状结构，块状构造 |
| 暗色矿物 | 黑云母含量低（2%~4%），个别有铁橄榄石和铁辉石 | 黑云母含量高（4%~6%或更高），基性端元常见角闪石 | 黑云母含量低（2%~4%） | 常见角闪石（~3%）、黑云母含量较高（10%） |
| 浅色造岩矿物 | 石英斑晶广泛分布 | 石英斑晶较多，晚期端元白云母含量<1% | 晚期端元含石英斑晶，白云母含量也较高（1%~2%） | 石英斑晶较少 |
| 挥发分矿物 | 少量黄玉，局部较多 | 少量黄玉 | 电气石较为普遍 | 无 |
| 副矿物 | 榍石-褐帘石-磷灰石-磁铁矿-锆石组合 | 榍石-褐帘石-磷灰石-磁铁矿-锆石组合。基性端元含量高，酸性端元低 | 钛铁矿-锆石-独居石和（或）石榴石-磷灰石组合，含量较低 | 磷灰石-褐帘石-锆石-榍石-金红石 |
| 继承锆石 | 未见 | 较少 | 较多 | 较少 |
| 包体 | 暗色微粒包体少见 | 暗色微粒包体较多，大小不一，几厘米至几米 | 围岩捕虏体及黑云母析离体常见 | 暗色微粒包体常见、个体较小 |
| 主量元素 | 以 $SiO_2<74\%$ 为主，A/CNK 变化大，多为弱过铝质。以 $P_2O_5<0.20\%$ 为主，富 Ca、Mg、Fe | 以 $SiO_2<73\%$ 为主，准铝质-强过铝质。基性端元以 $P_2O_5>0.20\%$ 为主，富 Ca、Mg、Fe | 以 $SiO_2>73\%$ 为主，弱过铝-强过铝质。基性端元以 $P_2O_5<0.10\%$ 为主，贫 Ca、Mg、Fe | 以 $SiO_2=58\%\sim68\%$ 为主，准铝质-弱过铝质 |
| 微量元素 | Sr、Ba、P 和 Ti 负异常弱—强，Cr、Ni、Co 略高，Zr+Nb+Y+Ce 值高，Ga/Al 值高，Nb/Ta 和 Zr/Hf 值中等—高，Sm/Nd 值低 | Sr、Ba、P 和 Ti 负异常明显，Cr、Ni、Co 略高，Zr+Nb+Y+Ce 值低—较高，Ga/Al 值较高，Nb/Ta 和 Zr/Hf 值低—中等，Sm/Nd 值低 | Sr、Ba、P 和 Ti 负异常强烈，Cr、Ni、Co 略低，Zr+Nb+Y+Ce 值低—中等，Nb/Ta 和 Zr/Hf 值极低—中等，Sm/Nd 值高 | Sr、Ba、P 和 Ti 负异常相对较小，Cr、Ni、Co 略高，Zr+Nb+Y+Ce 值中等，Ga/Al 值中低，Nb/Ta 和 Zr/Hf 值高，Sm/Nd 值低 |
| 稀土元素 | ΣREE 高，Eu 负异常明显，δEu 值以 0.03~0.2 为主 | ΣREE 中—高，Eu 负异常较明显，δEu 值以 0.1~0.3 为主 | ΣREE 中—低，Eu 负异常明显，以 δEu 值<0.3 为主 | ΣREE 中，Eu 负异常相对较弱，δEu 值 0.21~0.38 |
| 同位素 | $\varepsilon_{Nd}(t)$ 相对较高（-6~-8），$T_{2DM}$（Nd）<1.6Ga | $\varepsilon_{Nd}(t)$ 高（-8~-6），$T_{2DM}$ 平均值 1.5Ga；$\varepsilon_{Hf}(t)$ 相对较高（-8~-4），$T_{2DM}$（Hf）平均值为 1.46Ga | $\varepsilon_{Nd}(t)$ 较低（多-12~-8），$T_{2DM}$ Nd 平均值 1.68Ga；$\varepsilon_{Hf}(t)$ 相对较低（-12~-8），$T_{2DM}$（Hf）平均值为 1.97Ga | $\varepsilon_{Nd}(t)$ 高（-7.5~-5），$T_{2DM}$（Nd）平均值 1.38Ga；$\varepsilon_{Hf}(t)$ 相对较低（-12~-8），$T_{2DM}$（Hf）平均值为 1.75Ga |

续表1

| 比较项目 | 成锡花岗岩 | | 成钨花岗岩 | 成铜铅锌花岗岩 |
|---|---|---|---|---|
| 锆饱和温度 | 一般>800℃,平均836℃ | 较高(711～819℃),平均781℃ | 较低(636～821℃),平均731℃ | 较高(711～784℃),平均753℃ |
| 幔源物质 | 多 | | 少或无 | 较多 |
| 源区性质 | 下地壳为主+地幔不同程度贡献 | | 上地壳以变泥质岩为主 | 下地壳以角闪岩为主 |
| 时代 | 以晋宁期,印支期,燕山早,晚期为主 | | 以加里东期、印支期、燕山早期为主 | 以燕山早期为主 |
| 分异程度 | 较高,LREE/HREE 较低(2～15),平均5.3;Zr/Hf 较低(16～32),平均25,Nb/Ta 较低(3～12),平均7;Rb/Sr 高,主要集中于2～130,平均34 | | 高、LREE/HREE 低(0.4～15),平均4.2;Zr/Hf 低(0.24～32),平均16;Nb/Ta 低(0.9～12),平均4;Rb/Sr 高,主要集中于1～137,平均36 | 低、LREE/HREE 较低(6～11),平均9;Zr/Hf 较低(2.3～25),平均22;Nb/Ta 较低(0.3～11),平均6;Rb/Sr 极低,主要集中于0.2～3,平均0.8 |
| 氧逸度 | 低,$Ce^{4+}/Ce^{3+}$ 低—高(7～116),平均40;ΔNNO 低(0.2～2.4),平均1.0 | | 低—高,$Ce^{4+}/Ce^{3+}$ 低—高(1～97),平均32;ΔNNO 低—高(0.6～4.8),平均3.3 | 高,$Ce^{4+}/Ce^{3+}$ 高(23～285),平均136;ΔNNO 高(2.4～3.8),平均3.1 |
| 黑云母 | 铁质黑云母-铁叶云母;$Al_2O_3$ 含量低—高(12.1%～18.0%),平均14.4% | | 铁质黑云母-铁叶云母;$Al_2O_3$ 含量较高(17.5%～20.4%),平均19.1% | 镁质黑云母-铁质黑云母;$Al_2O_3$ 含量较低(13.7%～14.4%),平均14.3% |
| 构造位置 | 靠近郴州-临武断裂带或分布于西侧 | | 靠近郴州-临武断裂带或分布于东侧 | 靠近郴州-临武断裂带 |
| 代表性岩体 | 金鸡岭 | 骑田岭、花山-姑婆山 | 西华山 | 水口山、铜山岭 |
| 矿床实例 | 大坳 | 芙蓉、新路 | 西华山 | 水口山、铜山岭 |

(二)获得了一批高精度花岗岩成岩成矿年龄数据,为研究南岭成矿带区域成矿规律、指导区域找矿勘查提供了年代学约束。

1.广西宝坛地区获得晋宁期锡矿(829Ma)成矿直接证据:平英岩体中粗粒少斑黑云母花岗岩的锆石 LA-ICP-MS U-Pb 年龄为 827.2±8.4Ma(图1a),一洞锡矿电英岩型锡铜矿石的锡石 LA-ICP-MS U-Pb 年龄为 829±13Ma(图1b),成岩与成矿年龄在误差范围内基本一致,说明宝坛地区花岗岩成岩与锡矿成矿时代均为新元古代,是目前已发现的华南锡成矿时代最早的地区之一,该成果为研究华南锡矿成矿规律提供了重要的同位素年代学依据。

2.首次确认元宝山地区存在晋宁期和加里东期锡铜矿成矿作用。桂北地区锡铜多金属矿与晋宁期花岗岩有关得到广泛认同。本次工作获得元宝山岩体花岗岩锆石 LA-ICP-MS U-Pb 年龄为 839.1±5.6Ma、821±16Ma、813±23Ma、812±15Ma,九毛锡矿区辉绿岩年龄为 832±11Ma(图2)。同时,获得矽卡岩型锡铜矿石中的云母 $^{40}Ar-^{39}Ar$ 坪年龄为 389±3Ma,相应的等时线年龄为 386±18Ma(图3),石

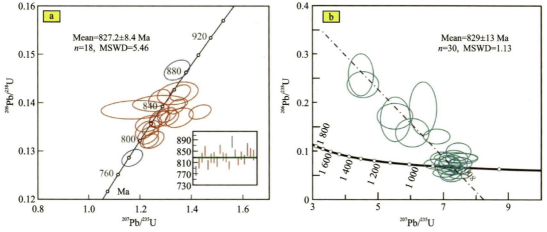

图 1 平英岩体锆石 LA-ICP-MS U-Pb 年龄谐和图(a)和一洞锡矿锡石 LA-ICP-MS U-Pb 年龄谐和图(b)

榴石 Sm-Nd 等时线年龄为 405.1±4.7Ma(图 4A),锡石 LA-ICP-MS U-Pb 年龄为 433±54Ma(图 4B)。结合 Xiang et al(2018)获得的该矿床云英岩型矿石锡石 LA-ICP-MS U-Pb 加权平均年龄 831±20Ma,认为九毛锡矿床可能存在晋宁期和加里东两期成矿作用,晋宁期成矿作用与元宝山花岗岩和矿区内基性—超基性岩有关。由于该区地表还没有发现存在加里东期岩浆岩直接证据,推断深部可能存在隐伏的加里东期岩体,扩大了我们的找矿思路。

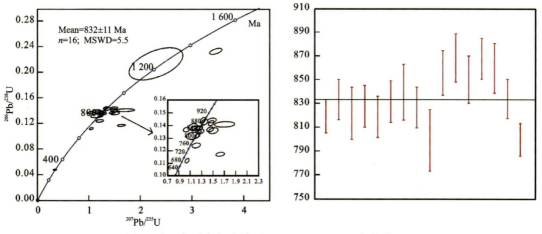

图 2 九毛锡矿辉绿岩锆石 LA-ICP-MS U-Pb 年龄谐和图

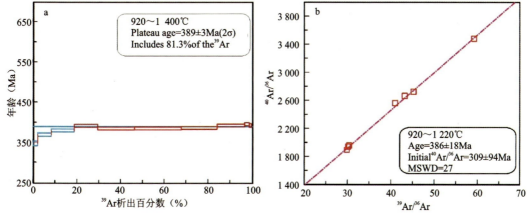

图 3 九毛锡矿锡铜矿石中云母 $^{40}Ar$-$^{39}Ar$ 坪年龄(a)和等时线年龄(b)

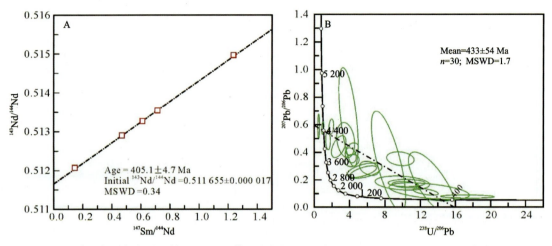

图 4 九毛锡矿锡铜矿石榴石 Sm-Nd 等时线年龄(A)和锡石 LA-ICP-MS U-PbTW 图解(B)

3. 广东大顶发现早侏罗世花岗岩的成岩成矿事件。已有研究显示 200~180Ma 为华南地区成岩成矿"平静期",同期成岩成矿作用非常少。该项目获得广东大顶矿区中石背花岗岩中的锆石 LA-ICP-MS U-Pb 年龄为 187.5±1.8Ma(图 5a)和 186.9±2.0Ma(图 5b),大顶矽卡岩型铁锡矿石中金云母 $^{40}$Ar-$^{39}$Ar 坪年龄为 185.9±1.2Ma(图 6A),相应的等时线年龄为 184.5±2.6Ma(图 6B),成岩与成矿年龄在误差范围一致。大顶 187Ma 的成矿年龄,为南岭地区首例有精确年龄报导的早侏罗世成矿事件,打破了南岭地区早侏罗世不成矿或成矿差的传统认识。

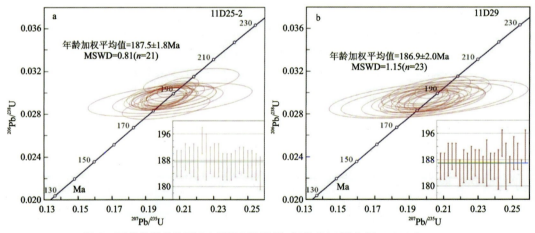

图 5 石背花岗岩锆石 LA-ICP-MS U-Pb 年龄(Ma)谐和图(程顺波等,2016)

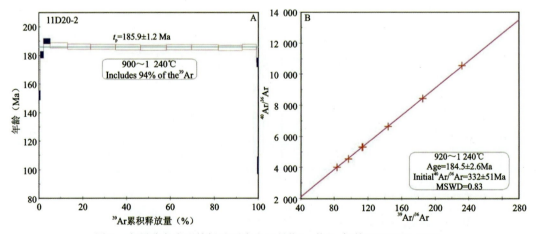

图 6 大顶矽卡岩型铁锡矿石中金云母 $^{40}$Ar-$^{39}$Ar 年龄(程顺波等,2016)

4. 确认湖南砂子岭花岗岩形成于燕山早期而不是印支期。新获得3个花岗岩锆石LA-ICP-MS U-Pb年龄分别为154Ma、154Ma和151Ma，与付建明等（2004）获得的该花岗岩体锆石SHRIMP U-Pb年龄（157Ma）一致。

（三）全面总结了近几年在九万大山—元宝山、越城岭—苗儿山、大义山、九嶷山、红岭、珊瑚、花山、都庞岭、塘唇等地区花岗岩与成矿研究方面成果与找矿进展。认为花岗岩岩基内也具有寻找大型钨锡矿的潜力，矿床类型主要为石英脉型、云英岩型、破碎带蚀变岩型，扩大了我们的找矿视野。分析指出晚三叠世是华南中生代大规模成矿作用的次高峰期之一（图7），改变了印支期花岗岩只与铀等稀有、放射性金属矿有关的既有认识，是继华南"燕山期成矿、小岩体成矿、接触带控矿"传统观点之后内生金属成矿作用的新认识。提出了注意与加里东期、印支期花岗岩有关的钨锡矿寻找，建立了印支期钨锡成矿模式（图8）：晚三叠世华南处于造山后伸展构造背景，在伸展构造环境下，地壳物质熔融形成花岗质岩浆，经分异、演化、成矿物质聚集，最后在地壳浅层的有利部位卸载形成不同类型的矿床。

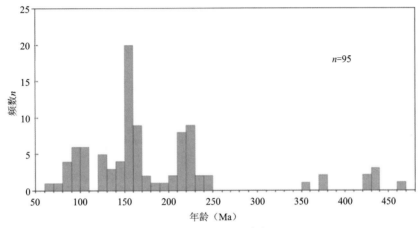

图7 华南成矿年龄直方图

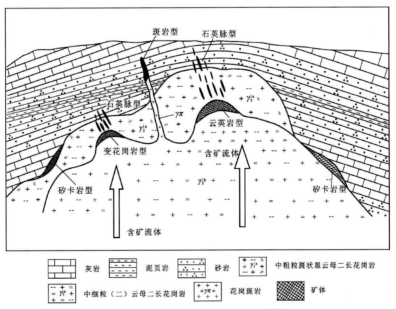

图8 印支期钨锡成矿模式示意图

（四）提出九嶷山西山杂岩是典型A型花岗质火山-侵入杂岩，形成于造山后的岩石圈强烈伸展减薄环境，是中下地壳物质部分熔融的产物。

西山杂岩组成岩性非常复杂，类型多，主要有中—细粒斑状黑云母二(正)长花岗岩、微细粒花岗质碎斑熔岩、流纹(斑)岩、英安(斑)岩、花岗斑岩、火山碎屑岩等。岩石结构构造复杂多样,如流纹构造、气孔状构造、火山角砾构造、杏仁状构造、包橄结构、凝灰结构、珠边结构、碎斑结构等。在微细粒花岗质碎斑熔岩中出现特殊矿物铁橄榄石(Fa90-92)和铁辉石(Fs74-81),呈单晶或集合体形式产出;暗色矿物单斜辉石、角闪石常见,偶见石榴石。

矿物集合体类型多,个体很小,一般仅几毫米,不规则状至球状,由单种矿物或多种矿物集合而成,主要有角闪石黑云母石英集合体、磁铁矿黑云母集合体、黑云母集合体、黑云母角闪石辉石集合体、黑云母铁橄榄石集合体、铁橄榄石铁辉石黑云母集合体、铁橄榄石集合体、黑云母斜长石集合体、黑云母石英集合体、萤石石英黑云母集合体等。

不同类型岩石的锆石 LA-ICP-MS U-Pb 年龄非常集中,主要分布在 160~150Ma。该杂岩中主要岩石单元的主量元素、稀土元素和微量元素含量上变化不大,稀土配分曲线和微量元素蛛网图非常相似。Sr、Nd 同位素组成接近,$I_{Sr}$、$\varepsilon_{Nd(t)}$、$T_{DM}$、$T_{2DM}$ 相差不大(付建明等,2004),具有同时间、同空间、同物质来源的典型火山-侵入杂岩特点。

西山火山-侵入杂岩富硅(69.50%~73.50%)、碱(7.90%~8.70%),贫镁钙,准铝-过铝质,Ga/Al 值(平均3.06)和(Zr+Nb+Ce+Y)组合值(平均 $516.96\times10^{-6}$)明显高于 A 型花岗岩的下限值 $2.6\times10^{-4}$ 和 $350\times10^{-6}$,$FeO^*/MgO$ 值(12.05)较高,在 $10000\times Ga/Al-Zr$、Nb、Ce、Y 以及 Zr+Nb+Ce+Y 对 $FeO^*/MgO$ 和 $(Na_2O+K_2O)/CaO$ 图解上,落入 A 型花岗岩区(图9)。不同类型岩石锆石晶形好,环带发育,没有发现继承锆石核,锆石饱和温度高(平均814℃),含铁橄榄石和铁辉石。上述特点显示西山火山-侵入杂岩具有典型 A 型花岗质岩石特点,形成于板内构造环境(图10)。

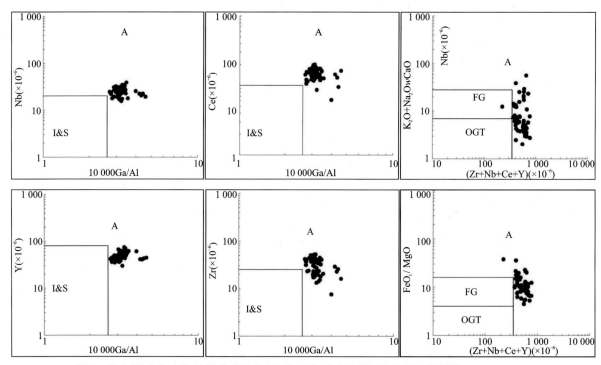

图9 Zr+Nb+Ce+Y 对 $FeO_t/MgO$ (a) 和 $(Na_2O+K_2O)/CaO$ (b) 判别图(Whalen,1987)

A. A型花岗岩区;FG. 分异的长英质花岗岩区;OGT. 没分异的 M、I 和 S 型花岗岩区

研究表明,与西山杂岩处在同一深大断裂上的燕山早期花山-姑婆山、骑田岭、金鸡岭、香花岭花岗岩也具有铝质 A 型花岗岩的岩石地球化学特征,其形成时间与西山铝质 A 型花岗质火山侵入杂岩相近,显示燕山早期在华南内陆沿北东方向可能存在一个 A 型花岗岩带。其位置与 Gilder et al(1996)、洪大卫等(2002)、Chen and Jahn(1998)在浙赣湘桂地区识别出的一条北东向高 $\varepsilon_{Nd}$、低 $T_{DM}$ 花岗岩带近于一致,该带被认为是华夏陆块与扬子陆块之间的碰撞对接带,构造相对薄弱,是岩石圈地幔上涌和岩

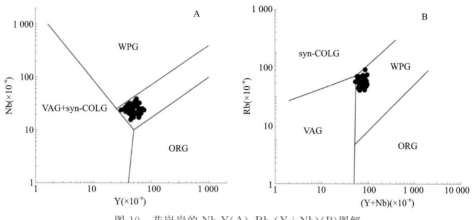

图 10 花岗岩的 Nb-Y(A)、Rb-(Y+Nb)(B)图解

石圈伸展-减薄的有利地区。燕山早期,随着挤压造山作用的结束,造山带崩塌,软流圈上隆,岩石圈强烈伸展减薄、热流值的上升,引起中、下地壳物质的熔融,从而形成了造山后的西山 A 型花岗质火山-侵入杂岩(付建明等,2005)。

(五)在系统分析成矿带地质背景的基础上,通过研究典型矿床,总结了南岭成矿带重要矿产的区域成矿规律:矿床具有成群分布、成带集中特点,主要分布在古板块结合带、隆起区与坳陷区结合部和深大断裂带 3 个地方;南岭地区存在元古代、早古生代、晚古生代、中生代和新生代 5 个主要成矿阶段,其中 160~150Ma 是成岩成矿高峰期(图 11)。根据地质、物化探、遥感、重砂等成矿信息,在南岭成矿带划分了 19 个 IV 级和 56 个 V 级成矿(区)带,圈定 19 个找矿远景区(图 12,表 2)和 96 个找矿靶区(表 2),分析了资源潜力和找矿方向,进一步完善南岭中段燕山期锡矿成矿模式(图 13)。

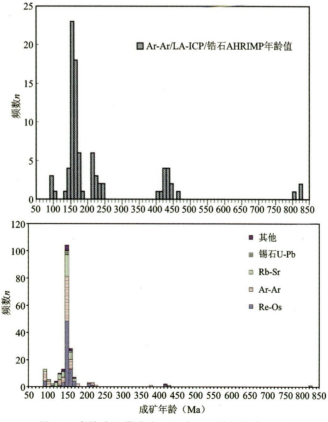

图 11 南岭成矿带成岩(上)成矿(下)年龄直方图

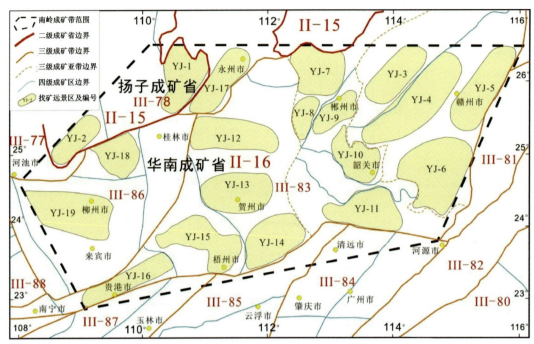

图 12 南岭成矿带成矿区(带)及找矿远景区划分示意图(肖克炎,2013;潘仲芳,2015)

Ⅱ-15.扬子成矿省；Ⅱ-16.华南成矿省；Ⅲ-77.上扬子中东部 Pb-Zn-Cu-Ag-Fe-Mn-Hg-Sb-磷-铝土矿-硫铁矿-煤和煤层气成矿带；Ⅲ-78.江南隆起西段 Sn-W-Au-Sb-Fe-Mn-Cu-重晶石-滑石成矿带；Ⅲ-80.浙闽粤沿海 Pb-Zn-Cu-Ag-W-Sn-Mo 成矿带；Ⅲ-81.浙中-武夷山(隆起)W-Sn-Mo-Au-Ag-Pb-Zn-Nb-Ta-U-叶蜡石-萤石成矿带；Ⅲ-82.永安-梅州-惠州 Fe-Pb-Zn-Cu-Au-Ag-Sb 成矿带；Ⅲ-83.南岭 W-Sn-Mo-Be-REE-Pb-Zn-Au-U 成矿带；Ⅲ-84.粤中 Pb-Zn-Au-Ag-Sn-W-U-RM 成矿带；Ⅲ-85.粤西—桂东南 Sn-Au-Ag-Cu-Pb-Zn-Fe-Mo-W 成矿带；Ⅲ-86.湘中-桂中北(坳陷)Sn-Pb-Zn-W-Cu-Sb-Hg 成矿带；Ⅲ-87.钦州 Au-Cu-Mn-石膏成矿带；Ⅲ-88.桂西-黔西南-滇东南北部(右江海槽)Au-Sb-Hg-Ag-Mn-水晶-石膏成矿区

**表 2 南岭成矿带重要矿产找矿远景区及找矿靶区一览表**

| 找矿远景区 | | 找矿靶区 | |
| --- | --- | --- | --- |
| 编号 | 名称 | 编号 | 名称 |
| YJ-1 | 湖南-广西苗儿山-越城岭钨锡多金属找矿远景区 | ZB01C | 大圳铜铅锌多金属矿找矿靶区 |
| | | ZB02B | 猴子界钨矿找矿靶区 |
| | | ZB03A | 茶坪-梅溪钨锡稀土矿找矿靶区 |
| | | ZB04A | 牛塘界-老茶亭铁钨稀土矿找矿靶区 |
| YJ-2 | 广西九万大山锡铜多金属找矿远景区 | ZB05A | 九毛钨锡铜镍矿找矿靶区 |
| | | ZB06A | 五地锡铜锑矿找矿靶区 |
| YJ-3 | 湖南-江西-万洋山诸广山钨锡稀土找矿远景区 | ZB07C | 井冈山钨铜铅锌矿找矿靶区 |
| | | ZB08C | 州门司钨矿找矿靶区 |
| | | ZB09B | 清泉稀土矿找矿靶区 |
| | | ZB10A | 清洞钨稀土矿找矿靶区 |

续表 2

| | 找矿远景区 | | 找矿靶区 |
|---|---|---|---|
| YJ-4 | 江西遂川-湖南汝城钨锡铅锌多金属找矿远景区 | ZB11C | 良碧洲钨矿找矿靶区 |
| | | ZB12B | 焦里钨铅锌矿找矿靶区 |
| | | ZB13C | 桐苦钨钼矿找矿靶区 |
| | | ZB14A | 西华山-漂塘钨锡钼矿找矿靶区 |
| | | ZB15B | 圩前稀土矿找矿靶区 |
| | | ZB16A | 大平铁钨矿找矿靶区 |
| | | ZB17C | 三江口稀土矿找矿靶区 |
| | | ZB18A | 白云仙钨锡矿找矿靶区 |
| | | ZB19A | 乐昌钨锡矿找矿靶区 |
| YJ-5 | 江西兴国-于都钨锡铅锌萤石稀土找矿远景区 | ZB20B | 青塘钨硫铁矿找矿靶区 |
| | | ZB21A | 银坑金银钨多金属矿找矿靶区 |
| | | ZB22B | 黄婆地钨钼多金属矿找矿靶区 |
| | | ZB23B | 黄沙钨多金属矿找矿靶区 |
| | | ZB24A | 江口稀土矿找矿靶区 |
| YJ-6 | 江西全南-广东连平钨稀土找矿远景区 | ZB25C | 南雄稀土矿找矿靶区 |
| | | ZB26B | 始兴钨多金属矿找矿靶区 |
| | | ZB27B | 翁源铅锌多金属矿找矿靶区 |
| | | ZB28B | 连平钨多金属矿找矿靶区 |
| | | ZB29C | 岗鼓山钨锡多金属矿找矿靶区 |
| | | ZB30A | 大吉山钨多金属矿找矿靶区 |
| | | ZB31A | 峕美山钨多金属矿找矿靶区 |
| | | ZB32A | 足洞稀土矿找矿靶区 |
| YJ-7 | 湖南水口山-大义山钨锡铅锌金银矿找矿远景区 | ZB33A | 水口山铅锌多金属矿找矿靶区 |
| | | ZB34A | 七里坪铅锌多金属矿找矿靶区 |
| | | ZB35B | 白沙锡多金属矿找矿靶区 |
| | | ZB36A | 南阳煤矿找矿靶区 |
| | | ZB37B | 黄市硫铁多金属矿找矿靶区 |
| | | ZB38A | 永兴煤矿找矿靶区 |

续表 2

| 找矿远景区 | | 找矿靶区 | |
|---|---|---|---|
| YJ-8 | 湖南香花岭-坪宝锡铅锌钨多金属矿找矿远景区 | ZB39A | 大坊锰多金属矿找矿靶区 |
| | | ZB40C | 袁家煤锰矿找矿靶区 |
| | | ZB41A | 黄沙坪铅锌多金属矿找矿靶区 |
| | | ZB42A | 香花岭锡铅锌多金属矿找矿靶区 |
| YJ-9 | 湖南骑田岭-千里山钨锡铅锌银找矿远景区 | ZB43A | 柿竹园钨锡铅锌多金属矿找矿靶区 |
| | | ZB44A | 新田岭钨多金属矿找矿靶区 |
| | | ZB45C | 王家山铅锌多金属矿找矿靶区 |
| | | ZB46A | 瑶岗仙钨多金属矿找矿靶区 |
| | | ZB47A | 白腊水钨锡铅锌多金属矿找矿靶区 |
| YJ-10 | 广东乐昌-韶关铅锌钨锑多金属找矿远景区 | ZB48A | 凡口铅锌多金属矿找矿靶区 |
| | | ZB49B | 乳源钨锡锑多金属矿找矿靶区 |
| | | ZB50A | 韶关钨铅锌多金属矿找矿靶区 |
| YJ-11 | 广东英德-曲江铜铅锌钨金多金属找矿远景区 | ZB51A | 沙口硫铁多金属矿找矿靶区 |
| | | ZB52A | 新江铁铜钼铅锌多金属矿找矿靶区 |
| | | ZB53A | 英德钨铜多金属矿找矿靶区 |
| | | ZB54C | 官渡煤硫铁矿找矿靶区 |
| | | ZB55A | 西牛金硫铁矿找矿靶区 |
| | | ZB56A | 石灰铺硫铁矿找矿靶区 |
| | | ZB57A | 佛冈稀土矿找矿靶区 |
| YJ-12 | 广西都庞岭-湖南九嶷山钨锡铅锌多金属找矿远景区 | ZB58B | 黄关锡多金属矿找矿靶区 |
| | | ZB59B | 铜山岭铜铅锌多金属矿找矿靶区 |
| | | ZB60B | 祥霖铺钨多金属矿找矿靶区 |
| | | ZB61A | 后江桥铁锰铅锌多金属矿找矿靶区 |
| | | ZB62C | 湾井铁锰铅锌多金属矿找矿靶区 |
| | | ZB63B | 正冲锂锡多金属矿找矿靶区 |

续表 2

| 找矿远景区 | | 找矿靶区 | |
|---|---|---|---|
| YJ-13 | 广西-湖南花山-姑婆山钨锡金稀土多金属找矿远景区 | ZB64A | 河路口钨锡稀土多金属矿找矿靶区 |
| | | ZB65A | 望高钨锡稀土多金属矿找矿靶区 |
| | | ZB66A | 大宁金银稀土多金属矿找矿靶区 |
| | | ZB67A | 珊瑚钨锡多金属矿找矿靶区 |
| | | ZB68C | 连山金矿找矿靶区 |
| YJ-14 | 广东封开-怀集铜金钼多金属找矿远景区 | ZB69A | 洽水铁铜锡多金属矿找矿靶区 |
| | | ZB70B | 怀集金钨多金属矿找矿靶区 |
| | | ZB71B | 赤坑金铁多金属矿找矿靶区 |
| | | ZB72A | 封开铜钼金多金属矿找矿靶区 |
| | | ZB73C | 广宁金铜多金属矿找矿靶区 |
| | | ZB74C | 渔涝钨铜矿找矿靶区 |
| YJ-15 | 广西大瑶山金银钨稀土多金属找矿远景区 | ZB75B | 大黎金钼多金属矿找矿靶区 |
| | | ZB76B | 马江金矿找矿靶区 |
| | | ZB77B | 夏郢金银钨矿找矿靶区 |
| | | ZB78B | 苍梧金稀土矿找矿靶区 |
| YJ-16 | 广西平南-贵港金铅锌多金属找矿远景区 | ZB79B | 木乐锰铅锌矿找矿靶区 |
| | | ZB80A | 蒙圩铅锌锡稀土矿找矿靶区 |
| | | ZB81A | 覃塘金矿找矿靶区 |
| | | ZB82B | 镇龙山金银铝土矿找矿靶区 |
| YJ-17 | 湖南东安-广西兴安锰找矿远景区 | ZB83B | 紫溪市锰矿找矿靶区 |
| | | ZB84C | 春芽町锰矿找矿靶区 |
| | | ZB85C | 枣木铺锰矿找矿靶区 |
| | | ZB86A | 东湘桥锰矿找矿靶区 |
| | | ZB87A | 两河-大姑拉锰铁铅锌矿找矿靶区 |
| YJ-18 | 广西融安-永福铅锌多金属找矿远景区 | ZB88B | 沙坑-红茶口铅锌多金属矿找矿靶区 |
| | | ZB89A | 泗顶-屯秋铅锌多金属矿找矿靶区 |
| | | ZB90B | 铜矿沟-保安铅锌多金属矿找矿靶区 |
| YJ-19 | 广西宜州-来宾锰煤找矿远景区 | ZB91A | 龙头-山等煤锰矿找矿靶区 |
| | | ZB92A | 洛富-三岔锰铝土矿找矿靶区 |
| | | ZB93B | 七洞锰铝土矿找矿靶区 |
| | | ZB94B | 柳东锰矿找矿靶区 |
| | | ZB95B | 忻城铝土矿找矿靶区 |
| | | ZB96B | 凤凰-思荣锰矿找矿靶区 |

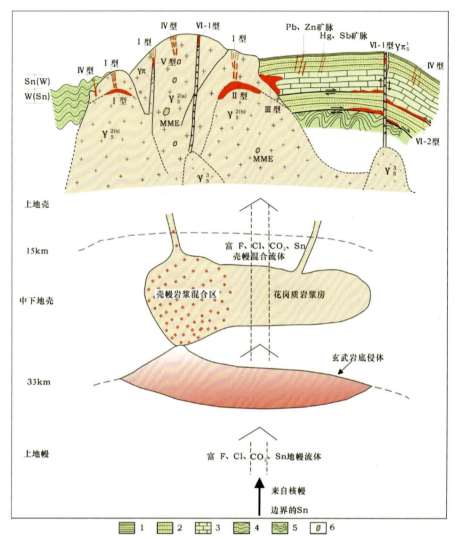

图 13 南岭中段燕山期锡矿成矿模式示意图(据付建明等,2011修改)

1.板岩;2.砂岩;3.碳酸盐岩;4.浅变质碎屑岩;5.前震旦系基底;6.铁镁质微粒包体;Ⅰ.云英岩型;Ⅱ.变花岗岩型;Ⅲ.矽卡岩型;Ⅳ.石英脉型;Ⅴ.斑岩型;Ⅵ-1.断裂破碎带蚀变岩亚型;Ⅵ-2.层间破碎带蚀变岩亚型

(六)通过需求分析,结合国家最新政策,建议部署了"南岭成矿带大义山-骑田岭锡矿地质调查"项目(2019—2021年),以保障锡矿资源需求为核心,兼顾钨、铅锌、铜等重要矿种,力争在锡矿找矿上取得新突破,在南岭复杂花岗岩浆演化与锡多金属成矿关系研究方面取得显著进展,拉动锡矿"358"目标的实现,助推形成湘南百万吨级锡资源基地。该项目已获批,从2019年开始实施。

(七)出版专著3部(主编2部),发表学术论文16篇,其中核心期刊13篇(EI 7篇),发表通讯报道16篇。出版科普读物"中南地区成矿带科普系列丛书"——《南岭成矿带》1本,发表科普论文"南岭成矿带地质遗迹——国家地质公园"1篇。培养二级项目负责人1人,共同培养研究生3名,引进博士后1名,5人职称得到提升。获批国家自然科学(青年)基金1项、湖北省自然科学基金(面上)1项,形成了稳定的华南花岗岩成岩成矿研究团队。

## 三、成果意义

进一步完善了南岭地区成钨、成锡、成铜铅锌花岗岩综合判别标志,系统总结了南岭地区重要矿产成矿规律,划分了找矿远景区,圈定了找矿靶区,指出了找矿方向,为南岭成矿带下一步规划部署提供了依据;培养了人才,巩固了"华南花岗岩与成矿作用研究团队"。

# 主要参考文献

柏道远,贾宝华,刘伟,等,2010.湖南城步火成岩锆石 SHRIMP U-Pb 年龄及其对江南造山带构造演化的制约[J].地质学报,84(12):1 715-1 726.

柏道远,钟响,贾朋远,等,2014.南岭西段加里东期苗儿山岩体锆石 SHRIM PU-Pb 年龄、地球化学特征及其构造意义[J].岩石矿物学杂志,3:407-423.

蔡明海,陈开旭,屈文俊,等,2006.湘南荷花坪锡多金属矿床地质特征及辉钼矿 Re-Os 测年[J].矿床地质,25(3):263-268.

蔡明海,何龙清,刘国庆,等,2006.广西大厂锡矿田侵入岩 SHRIMP 锆石 U-Pb 年龄及其意义[J].地质论评,52(3):409-414.

陈江峰,郭新生,汤加富,等,1999.中国东南地壳增长与 Nd 同位素模式年龄[J].南京大学学报(自然科学版),35(6):649-658.

陈骏,陆建军,陈卫锋,等,2008.南岭地区钨锡铌钽花岗岩及其成矿作用[J].高校地质学报,14(4):459-473.

陈骏,王汝成,朱金初,等,2014.南岭多时代花岗岩的钨锡成矿作用[J].中国科学:地球科学,1:111-121.

陈毓川,毛景文,1995.桂北地区矿床成矿系列和成矿历史演化轨迹[M].南宁:广西科学技术出版社.

陈毓川,毛景文,王平安,1994.桂北地区金属矿床成矿历史演化程式[J].地质学报(4):32-46.

程顺波,付建明,马丽艳,等,2013.桂东北越城岭—猫儿山地区印支期成矿作用:油麻岭和界牌矿区成矿花岗岩锆石 U-Pb 年龄和 Hf 同位素制约[J].中国地质,40(4):1 189-1 201.

程顺波,付建明,马丽艳,等,2014.南岭地区成钨、成锡花岗岩组合的几个判别标志[J].华南地质与矿产(4):352-360.

程顺波,付建明,马丽艳,等,2016.桂东北越城岭岩体加里东期成岩作用:锆石 U-Pb 年代学、地球化学和 Nd-Hf 同位素制约[J].大地构造与成矿学,4:853-872.

广东省地质矿产局,1996.广东省岩石地层[M].武汉:中国地质大学出版社.

广东省地质矿产局,1988.广东省区域地质志[M].北京:地质出版社.

广西壮族自治区地质矿产局,1985.广西壮族自治区区域地质志[M].北京:地质出版社.

广西壮族自治区地质矿产局,2016.广西壮族自治区区域地质志[M].北京:地质出版社.

湖南省地质调查院,2017.中国区域地质志·湖南志[M].北京:地质出版社.

湖南省地质矿产局,1988.湖南省地质志[M].北京:地质出版社.

湖南省地质矿产局,1988.湖南省区域地质志[M].北京:地质出版社.

湖南省地质矿产局,1997.湖南省岩石地层[M].武汉:中国地质大学出版社.

华仁民,张文兰,陈培荣,等,2013.初论华南加里东花岗岩与大规模成矿作用的关系[J].高校地质学报,1:1-11.

江西省地质矿产局,1984.江西省区域地质志[M].北京:地质出版社.

凌文黎,任邦方,段瑞春,等,2007.南秦岭武当山群、耀岭河群及基性侵入岩群锆石 U-Pb 同位素年代学及其地质意义[J].中国科学:地球科学,52(12):1 445-1 456.

卢友月,付建明,程顺波,等,2013.湘南界牌岭锡多金属矿床含矿花岗斑岩锆石 SHRIMP U-Pb 年代学研究[J].华南地质与矿产,29(3):33-40.

卢友月,付建明,程顺波,等,2015.湘南铜山岭铜多金属矿田成岩成矿作用年代学研究[J].大地构造与成矿学(12):1 061-1 071.

马铁球,柏道远,邝军,等,2005.湘东南茶陵地区锡田岩体锆石 SHRIMP 定年及其地质意义[J].地质通报,24(5):415-419.

马铁球,柏道远,邝军,等,2006.南岭大东山岩体北部$^{40}$Ar-$^{39}$Ar 定年及地球化学特征[J].高校地质学报,35(4):346-358.

马铁球,陈立新,柏道远,等,2009.湘东北新元古代花岗岩体锆石 SHRIMP U-Pb 年龄及地球化学特征[J].中国地质,36(1):65-73.

毛景文,谢桂青,李晓峰,等,2004.华南地区中生代大规模成矿作用与岩石圈多阶段伸展[J].地学前缘(1):45-55.

舒良树,周新民,邓平,等,2006.南岭构造带的基本地质特征[J].地质论评,52(2):251-265.

孙涛,2006.新编华南花岗岩分布图及其说明[J].地质通报,25(3):332-335.

孙涛,王志成,陈培荣,等,2007.南岭地区晚中生代北带花岗岩研究:苗儿山越城岭岩体[M]//周新民.南岭地区晚中生代花岗岩成因与岩石圈动力学演化[M].北京:科学出版社.

王孝磊,周金城,邱检生,等,2006.桂北新元古代强过铝花岗岩的成因:锆石年代学和 Hf 同位素制约[J].岩石学报,22(2):326-342.

魏道芳,鲍征宇,付建明,2007.湖南铜山岭花岗岩体的地球化学特征及锆石 SHRIMP 定年[J].大地构造与成矿学,31(4):482-489.

魏道芳,邹先武,潘仲芳,等,2015.中南地区重要矿产成矿规律(上、下册)[M].武汉:湖北人民出版社.

伍静,梁华英,黄文婷,等,2012.桂东北苗儿山-越城岭南西部岩体和矿床同位素年龄及华南印支期成矿分析[J].科学通报,57(13):51-61.

伍静,梁华英,黄文婷,等,2012.桂东苗儿山-越城岭西部岩体和矿床同位素年龄及华南印支期成矿分析[J].科学通报,57(13):1 126-1 136.

杨怀宇,2014.湘桂地区泥盆纪岩相古地理重建[J].西南石油大学学报(自然科学版),36(1):1-8.

曾允孚,陈洪德,张锦泉,等,1992.华南泥盆纪沉积盆地类型和主要特征[J].沉积学报,19(3):104-112.

张迪,张文兰,王汝成,等,2015.桂北苗儿山地区高岭印支期花岗岩及石英脉型钨成矿作用[J].地质论评,61(4):818-834.

张建国,陈蹊,2011.湖南省新宁县界牌钨铜矿床地质特征及控矿因素分析[J].四川地质学报,106(2):153-156.

赵盼捞,袁顺达,原垭斌,2016.湘南魏家钨矿区祥林铺岩体锆石 LA-MC-ICP-MS U-Pb 测年——对南岭西端晚侏罗世钨矿成岩成矿作用的指示[J].中国地质,43(1):120-131.

赵小明,张开明,毛新武,等,2015.中南地区大地构造相特征与成矿地质背景研究[M].武汉:湖北人民出版社.

邹和平,杜晓东,劳妙姬,等,2014.广西大明山地块寒武系碎屑锆石 U-Pb 年龄及其构造意义[J].地质学报,88(10):1 800-1 819.

ANDERSON J L, 1983. Proterozoic anorogenic granite plutonism of North America[J]. Geological Society of America Memoir, 161:133-154.

MANNING D A C, 1981. The effect of fluorine on liquidus phase relationships in the system Qz-Ab-Or with excess water at 1 kb[J]. Contributions to Mineralogy and Petrology, 76(2):206-215.

PEARCE J A, HARRIS N B W, TINDLE A G, 1984. Trace element discrimination diagrams for the tectonic interpretation of granitic rocks[J]. J Petrol, 25(4):956-983.

PECCERILLO A, BARBERIO M R, YIRGU G, et al., 2003. Relationships between mafic and peralkaline silicic magmatism in continental rift settings: a petrological, geochemical and isotopic study of the gedemsa volcano, central ethiopian rift[J]. Journal of Petrology, 44(11):2 003-2 032.

RUSHMER T, 1991. Partial melting of two amphibolites: contrasting experimental results under fluid-absent conditions[J]. Contributions to Mineralogy and Petrology, 107(1):41-59.